北京理工大学“双一流”建设精品出版工程

Flight Vehicle Guidance and Control Methods and Its Application

飞行器制导控制方法及其应用

熊芬芬　单家元　王佳楠　张　成　姜　欢◎编著

北京理工大学出版社
BEIJING INSTITUTE OF TECHNOLOGY PRESS

内容简介

本书面向飞行器制导控制系统设计，在简要给出被控对象数学模型的基础上，主要介绍滑模变结构控制、鲁棒变增益控制、协同控制以及基于数值计算的计算制导等先进控制方法的基本原理及其流程，同时通过给出这些方法在实际飞行器制导控制中具体应用的设计流程以及仿真验证，让读者能快速理解这些方法的原理，并明确其在飞行器制导控制系统设计中的应用及实现。

本书可作为高等院校飞行器制导与控制、飞行器总体设计相关专业的研究生教材以及高年级本科生教学参考书，也可供从事弹箭类飞行器和无人机制导控制方面研究和总体设计工作的工程技术人员和科研人员参考使用。

图书在版编目（CIP）数据

飞行器制导控制方法及其应用 / 熊芬芬等编著. —北京：北京理工大学出版社，2021.1（2022.6重印）

ISBN 978-7-5682-9362-4

Ⅰ.①飞…　Ⅱ.①熊…　Ⅲ.①飞行器-制导系统②飞行器-飞行控制系统　Ⅳ.①V47

中国版本图书馆 CIP 数据核字（2020）第 257291 号

出版发行 / 北京理工大学出版社有限责任公司
社　　址 / 北京市海淀区中关村南大街 5 号
邮　　编 / 100081
电　　话 / （010）68914775（总编室）
　　　　　（010）82562903（教材售后服务热线）
　　　　　（010）68944723（其他图书服务热线）
网　　址 / http：//www. bitpress. com. cn
经　　销 / 全国各地新华书店
印　　刷 / 廊坊市印艺阁数字科技有限公司
开　　本 / 787 毫米 × 1092 毫米　1/16
印　　张 / 13. 75
字　　数 / 322 千字
彩　　插 / 1
版　　次 / 2021 年 1 月第 1 版　2022 年 6 月第 2 次印刷
定　　价 / 52. 00 元

责任编辑 / 张海丽
文案编辑 / 张海丽
责任校对 / 周瑞红
责任印制 / 李志强

PREFACE

前言

在过去的二三十年中，我国空天技术实力不断提升，飞行器信息化和智能化程度不断提高，为适应高精度、大机动、强鲁棒等需求，飞行器的制导和控制面临新的挑战。随着现代控制理论的不断发展、现代科学技术的不断交叉融合以及机载计算机计算能力的显著提升，如何在飞行器制导控制系统设计中应用最优控制、鲁棒控制、变结构控制等先进控制理论以及数值计算和优化算法，在满足各类约束的同时提高制导精度和抗干扰能力，已成为国内外研究的重要课题，近几年涌现出了丰硕的研究成果。

本书以编者的部分研究成果为基础，同时综合参考了大量的国内外文献资料，在对传统的飞行器制导控制理论进行简要描述的基础上，重点介绍了目前在飞行器制导控制中具有较好应用前景的几种现代控制方法，内容上较为新颖前沿。在介绍上紧扣飞行器这一被控对象，方法推导过程追求简明扼要，行文中尽量避免复杂的控制理论与数学运算，重视理论内涵而非数学上的完备性析构证明，使得读者既能方便地理清控制方法的来龙去脉又可较快地将方法应用于工程实践。

本书共包含7章内容。第1章绪论，介绍了飞行器制导控制系统的基本组成与功能。第2章介绍了飞行器制导控制的基本原理与实施控制的一些技术途径。第3章介绍了飞行器制导控制的数学建模方法与分析手段。第4章介绍了几类基于滑模变结构控制的制导律及其在飞行器制导中的应用。第5章介绍了预测–校正、牛顿迭代求根、滚动凸优化几类计算制导方法及其应用。第6章介绍了飞行器鲁棒变增益控制方法及其应用。第7章介绍了多飞行器系统协同制导方法及其应用。

本书由单家元和熊芬芬制定提纲，第1章、第2章由熊芬芬和张成共同编写，第3章、第4章和第6章由熊芬芬编写，第5章由熊芬芬和姜欢共同编写，第7章由王佳楠编写。全书由熊芬芬统稿和审核。在本书的编写中编者参考和引用了国内外众多学者的研究成果，在此向这些学者表示衷心感谢。本书初稿曾作为研究生课程讲义的形式使用，历届授课学生提出了许多宝贵意见。在编著教材的过程中得到了课题组李超、林启璋、安泽、吴杰、梁卓楠、冉雨林等研究生的大力支持，他们也参与了部分章节内容的文字录入、编写和全书的整理校核工作。在此一并对他们表示感谢。本书受北京理工大学研究生精品教材项目资助，在此深表感谢。

由于编者在时间和经验上的欠缺，书中难免出现不足，敬请广大读者批评指正。

编　者

2020 年 8 月 26 日

目　录
CONTENTS

第 1 章

绪　论

现代战争需要武器具有快速性、长距离及高空作战的性能；同时要提高飞行器的射程、杀伤效率和攻击精度。因此，飞行器不能任意飞行，其运动性能是受一定限制的，如最大过载、打击精度和飞行稳定性等。最大过载限制了飞行器不能做任意的机动，如转弯半径太小，需用过载可能超过飞行器能够承受的过载。对某些传统的飞行器，飞行攻角不能太大，否则会带来非线性、失速问题，影响飞行器的稳定性。实现导弹等飞行器的飞行自稳并且按某种规律导引至目标点的过程，必须对飞行器进行制导与控制，从而控制飞行器沿着预定的轨迹稳定地运动，以保证最终到达目的地。

现代战争对导弹提出的要求越来越多，如打击目标高速机动，飞行过程参数大范围、快时变，制导中存在落速、落角、位置、过载、动压等诸多约束，且约束条件苛刻，这些都对传统的制导控制方法提出了新的挑战。到了 20 世纪 90 年代，随着导航系统、无线电、传感器和机载计算机等技术的不断升级，飞行器制导精度大为提高，并且已经向高度智能化、高精度、强机动和强抗干扰等方向发展。其中，随着现代控制理论的发展以及现代科学技术不断交叉融合，在飞行器制导控制系统设计中应用现代先进控制理论，如最优控制、鲁棒控制、自适应控制、变结构控制、反演控制、智能控制等，以提高制导控制精度和鲁棒性，已成为当前的主要发展方向。同时，随着机载计算机计算能力的显著提升，应用数值计算、优化算法等在线生成制导控制指令，在满足各类约束条件的同时改善飞行器的性能，提高飞行器的制导精度和抗干扰性，也成为近几年来的研究热点。

本章先从飞行器制导控制系统的基本组成和功能出发进行介绍，然后引出制导控制系统现代设计方法研究的必要性、基本原理和实现思路，最后对本书的主要内容进行概述。

1.1　制导控制系统的组成及功能

以导弹为例，飞行器制导控制系统结构框图如图 1.1 所示，受控对象（弹体）、执行机构（舵机）、误差测量装置（传感器、敏感元件）、控制规律是构成制导控制系统的四项基本要素，它们通过反馈构成闭环控制。整个制导控制系统的工作过程如下：导弹发射后，导弹导引敏感器（导引头）不断测量飞行器和目标相对位置或预期轨迹（弹道）的偏差，并将此偏差经由导引指令形成装置加以变换和计算形成导引指令，由指令指示飞行器改变航向或速度。导引指令信号送往飞行器的稳定控制系统，经过控制规律的变换、放大后指示作动装置（舵机）驱动操纵面偏转，改变导弹的飞行方向，使导弹沿着预期的弹道或方向飞行。当飞行器受到气动环境的干扰，如姿态角发生改变时，姿态敏感元件检测出姿态偏差，并形成电信号送入机载计算机，从而操纵导弹的执行机构恢复到期望姿态，以保证导弹稳定地沿着目标弹道飞行。

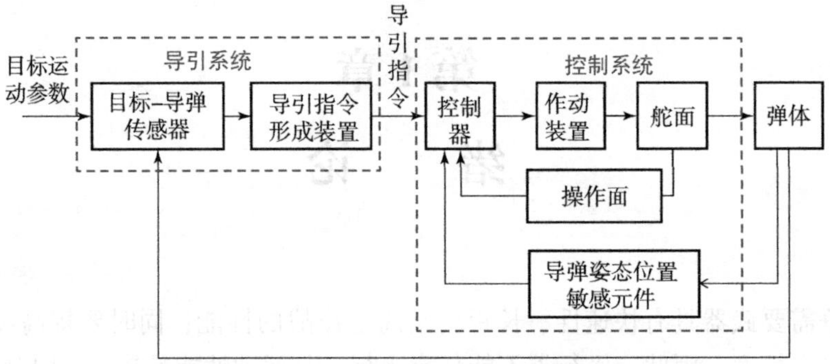

图 1.1　飞行器制导控制系统结构框图

受控对象：空间飞行器（大气层内如：飞机、火箭、导弹、炮弹等；大气层外如：人造卫星、宇宙飞船、航天飞机等）。本书以大气层内飞行的火箭、导弹为主要研究对象。

执行机构：执行机构即为舵机系统，随着受控对象的不同而不同，针对姿态控制和轨道控制的需要（产生控制力矩和控制力），根据控制信号去控制相应的空气动力控制面的运动或改变推力矢量的方向，以产生操纵飞行器运动的控制力矩。

误差测量装置：只测量飞行器本身的姿态和位置，或测量飞行器与被攻击目标间的相对位置。常用的惯性器件有自由陀螺仪、测速陀螺仪和线加速度计，分别用于测量飞行器的姿态角、姿态角速度和线加速度等。

控制规律：正是制导控制系统设计要解决的问题，对应于图 1.1 则包括导引指令和控制器的设计。作为制导控制系统的施令“中枢”，其是构建自动驾驶仪和制导回路的关键环节。

一般的飞行器制导控制系统都包括控制系统（稳定回路或内回路）和导引系统（外回路）两部分，如图 1.1 所示。对于具有自稳特性的小型导弹尤其是旋转弹，经常没有内回路。也就是说，不对姿态进行控制，只对飞行轨迹进行控制。导引系统可以全部安装在飞行器上，也可以分装在飞行器及外部制导站（地面、舰船、飞机甚至卫星）上，但保持飞行稳定的控制系统必须全部安装在飞行器上。控制系统和导引系统的主要功能如下。

控制系统，又称稳定控制系统，是制导控制系统的内回路，通常由敏感设备、综合设备、放大变换设备、执行机构（伺服装置）和控制对象（飞行器本身）组成，起到稳定与控制的作用。飞行器在飞行中，当舵面发生偏转或推力方向改变的时候，飞行器会按要求的方式做上下左右机动，如飞行器上装有加速度计和陀螺仪等惯性测量元件，基于这些测量元件的输出信息，对弹体形成反馈，以修正飞行器的运动。通常把执行机构、敏感元件和控制电路合称为自动驾驶仪。自动驾驶仪是飞行器制导与控制的重要组成部分，它与飞行器构成的闭合回路称为稳定控制系统或稳定回路。在导引段，自动驾驶仪的主要任务是按照导引指令的要求，准确、快速、稳定地控制导弹的飞行。

导引系统，稳定控制回路加上获取飞行器位置以及空间运动学环节的测量元件又形成一个新回路，称为制导回路或导引回路，主要担负“制导”功能，也就是制导控制系统中最外侧的大回路，由观测跟踪装置（如导引头）、指令形成装置、执行机构及弹体构成的闭合回路。探测设备用于对目标和导弹运动状态的测量，包括位置标量、速度和加速度矢量等。指令形成装置是信息计算、变换和处理设备。导引系统的任务是在整个飞行空域内，针对规定的目标特性，将导弹导引到目标附近的区域内，使导引精度达到战术技术指标的要求。

作为制导控制系统，从控制的角度必须具备两方面的基本功能。

第一，在飞行器飞向目标的整个过程中，不断地测量飞行器的实际飞行轨迹相对于理想（规定）飞行轨迹的偏差，或者测量飞行器与目标的相对位置及其偏差，按照一定的制导规律（简称导引律），计算出飞行器击中目标所必需的控制指令（如过载），以便自动地控制飞行器，修正偏差，准确飞向目标。这就是所谓的“制导”功能（质心的控制）。

第二，按照导引律所要求的控制指令，驱动伺服系统工作，操纵控制机构，产生控制力矩，改变飞行器的飞行姿态，保证飞行器稳定地按照所需要的轨迹飞行直至击中目标。这就是常说的“控制”功能（姿态的控制）。

对于飞行器的制导系统与控制系统，二者相互融合、相互影响。控制是制导的基础，以人的行走为例，首先需要站得稳（保持身体平衡），才能完成行走或奔跑等动作。而没有制导谈控制也是没有意义的。制导控制系统是飞行器的核心和关键部分，在很大程度上决定导弹的战术技术性能，特别是制导精度。

1.2 制导控制系统设计方法

1.2.1 传统设计思路

制导体制是影响导弹总体设计的决定性因素之一。许多分系统设计都与制导体制密切相关，如结构部件安排方案、发动机方案及地面制导站方案等。战术类导弹设计中最先需要拟订的是速度方案和弹道方案，而这两点都必须由制导回路参与才能确定。在制导系统设计时通常将导弹作为一个质点研究，只考虑其在运动学中的速度、加速度变化等因素，进而通过导弹在三维空间中的质点弹道仿真，确定导弹的脱靶量、机动能力和飞行轨迹等。因此，制导系统的设计通常都是制导控制系统设计的首要步骤，通过制导系统的设计初步达到了导弹设计的战术指标后，才考虑如何控制导弹使其实现制导系统所需求的过载。

实现机动飞行到达目标点所需的过载，正是控制系统的设计任务。控制系统的设计之所以要在确定了速度和弹道方案之后进行，主要是因为实现飞行过载的控制系统也称（过载）驾驶仪的动力学特性受飞行速度和高度的影响比较大。从飞行力学可知，由于导弹的法向过载和导弹的攻角有关，对控制系统的设计实际上就是对导弹攻角或者姿态角的控制。此外，导引头视场限制和攻击效果等都会对导弹的姿态角提出额外要求。控制系统设计完成后，需要联合制导回路进行弹体六自由度制导控制系统仿真，一方面用以检验制导和控制环节各项指标是否满足要求；另一方面通过模拟再现飞行轨迹对速度和弹道方案进行验证，为提出改进设计提供依据。

对于速度和高度跨度较大的导弹类飞行器来说，决定质点运动轨迹的制导环节与实现机动过载的控制系统设计密切相关。传统设计模式下，采取分时标设计的原则，认为制导和控制回路运行在完全不同的频段，将制导回路与控制回路分离，分开为两部分单独进行设计，首先将导弹自动驾驶仪视为理想环节进行制导律设计，然后设计自动驾驶仪使得导弹的实际加速度能够快速、稳定地跟踪制导回路产生的制导指令，最后将设计好的控制回路嵌入制导回路中进行联调，直到达到期望的要求为止。通过这两个设计环节的交替迭代尽可能将整个制导控制系统调整到最佳水平。

1.2.2　关键技术

图 1.2 展示了制导控制系统中涉及的关键技术，包括理论和装置。飞行器作为一个被控的运动体，要实现对其制导控制，首先需要进行信息获取，基于力学、声、光、电、磁等物理特性，利用各种传感器，如陀螺、加速度传感器等，获得飞行器自身和目标的相关状态数据，如位置、速度等，这里涉及探测原理和导航原理。然后，需要对这些信息进行处理，如滤波、信息融合等。处理之后的信息传给控制决策使用，实现相关的制导控制理论和方法，其中涉及的主要内容有弹道/轨迹规划、制导律以及稳定控制律的设计。最后，需要将这些设计的控制算法施加到被控对象上，这需要一些装置来改变被控对象受力的大小和方向，进而实现对飞行器这类特殊的运动体的控制。当然，这其中离不开系统建模与仿真技术，因为所有的制导控制系统设计都要依托于仿真去实现，而仿真的前提是系统模型的构建。本书主要针对制导控制系统中的控制决策环节，介绍各种现代先进控制理论在飞行器制导控制中的现实应用。

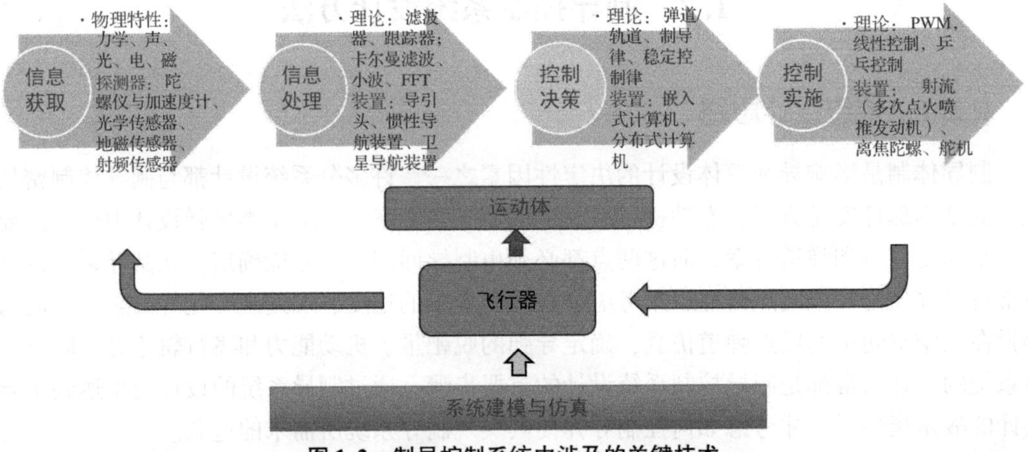

图 1.2　制导控制系统中涉及的关键技术

随着国防需求的提高，导弹精确打击能力、大机动能力和快速反应能力的要求越来越高，从而对制导与控制技术的要求也就越来越高。原来以古典控制理论为基础的建立在三通道解耦和对模型的大幅度简化基础上的导弹单输入单输出控制系统传统设计方法很难再适用。另外，在末制导阶段大的不确定性以及扰动因素对制导精度的影响也更加严重，传统的制导律设计方法已经不能适应现代化战争的要求。这就使得在新型导弹的制导律与控制律设计中寻求和应用新的方法，如非线性控制、智能控制和鲁棒控制等先进控制方法，成为必然趋势。

1.2.3　自动驾驶仪设计

自动驾驶仪是飞行器制导与控制的重要组成部分，是稳定回路设计中的关键内容。传统导弹自动驾驶仪系统设计与制导回路设计基于分时标理论分开进行，自动驾驶仪系统设计采用回路拓扑的形式，并根据不同的拓扑结构命名为不同的自动驾驶仪。典型的回路拓扑结构包括阻尼回路、姿态驾驶仪、过载驾驶仪以及三回路驾驶仪等。这些传统的基于单输入单输出控制的设计思路已无法满足未来战争对导弹的战术指标要求，因此基于现代控制理论的设计方法应运而生，研究较为活跃。

目前，针对战术导弹的自动驾驶仪设计方法包括线性控制技术和非线性控制技术。线性控制技术包括线性二次控制（linear quadratic control）、线性 H_∞ 控制、线性变参数（linear parameter varying，LPV）控制等，这些控制策略采用线性模型设计控制律。例如，文献［1］研究了一种导弹具有终端约束的线性二次型微分对策制导律，当导弹具有足够的机动能力时，可满足较小的脱靶量和碰撞角误差要求，从而改善导弹的杀伤性能。文献［2］针对高超声速滑翔飞行器再入制导问题，建立了更具通用性和一般性的线性化模型，并基于线性二次型理论提出了离线及在线计算参考轨迹跟踪制导方法。文献［3］针对旋转弹参数大范围快时变的特性，将 LPV 鲁棒变增益控制应用于其自动驾驶仪设计，具有更好的参数自适应性和动态响应性能。文献［4］基于飞行器的线性化系统，设计了飞行器的 H_2/H_∞ 鲁棒控制器，使系统具有满意的鲁棒稳定性和闭环噪声抑制性能。

非线性控制技术包括动态逆控制、滑模变结构控制、非线性 H_∞ 控制等，这些控制策略直接利用系统的非线性模型设计控制律。例如，文献［5］针对自旋弹存在的非线性耦合特性，研究了以时标分离方法进行分段设计的动态逆理论解决途径，得到过载驾驶仪控制器的基本结构。文献［6］针对无人机的飞行控制系统，对其俯仰通道进行基于滑模变结构控制理论的控制律设计。文献［7］针对高超声速飞行器存在模型参数不确定和外部干扰的特点，提出了一种自适应滑模变结构控制律设计方法，仿真结果表明所设计的滑模变结构控制系统对高超声速飞行器具有良好的控制效果，可以满足速度和高度精确跟踪控制的要求，并具有较强的鲁棒性。文献［8］针对高超声速飞行器倾斜转弯姿态跟踪控制问题，设计了非线性 H_∞ 姿态控制器。文献［9］针对导弹存在参数不确定性以及外界未知干扰的情况，提出了一种结合非线性 H_∞ 和 PD（比例微分）的复合控制方法。

从研究方法上来讲，利用现代控制理论和方法设计自动驾驶仪，首先需要建立被控对象的数学模型，如线性变参数控制需要首先建立控制系统设计的 LPV 模型，然后选择希望采用的控制理论或优化方法，则可构建相应的控制器。除此之外，近年来机器学习（如深度学习）等基于数据驱动的方法在控制律设计中逐渐开始应用，通过构建控制器输入和输出映射关系的深层神经网络模型，完成控制策略的计算。例如，有利用深度学习模型拟合 PID（比例－积分－微分）控制器的报道[10]，其主要思想是对一个线性定常系统，首先设计一个能够满足控制要求的 PID 控制器，然后以深层神经网络替代 PID 控制器，网络的参数由 PID 控制器的输入输出数据训练。这项工作虽然没有说明深度学习用于此处的必要性和优势，但是却证明了深度学习可以用于控制策略计算。

1.2.4 导引律设计

在导引律方面，经典的比例导引法在对付高速机动目标和复杂电子对抗环境时显得无能为力，而且现代导弹的发展对导引律设计提出了越来越高的要求，经典导引律无法满足。应用现代控制理论和方法的研究非常活跃，如采用最优控制的最优导引律、采用自适应控制的自适应导引律、采用滑模变结构控制的滑模变结构导引律、采用鲁棒控制理论的鲁棒制导律、随机预测制导律、微分对策制导律等。最优控制理论从 20 世纪 50 年代提出之后，很快在航空航天及其他很多领域获得广泛应用。滑模变结构控制主要围绕滑模面的选取和滑模控制量的设计两个方面展开。鲁棒制导律的研究成果也颇多，如 H_∞鲁棒制导律、三维鲁棒制导律。在飞行器导引律设计应用方面，文献［11］针对如何提高制导炮弹的打击能力与打击效果的问题，提出了带有落角约束的最优导引律，有效提高了炮弹的制导范围与制导精度。文献［12］针对飞行器模型系统存在不确定性的情况，提出了一种基于模型参考自适应模糊控制理论的飞行器导引律设计方法，保证了系统的稳定性。文献［13］针对在大气层中高速机动的飞行器，基于滑模变结构控制，结合自适应控制与导引控制一体化方程，设计高速飞行器导引律以提高飞行器的整体性能。文献［14］针对采用变流量固体火箭冲压发动机的空空导弹速度可调的特点，提出了一种非线性鲁棒末制导律，在保证系统稳定性的同时明显缩短了导弹拦截时间。文献［15］针对具有有界干扰的随机离散系统，利用随机极小值原理，推导了一种迭代形式的有限时域滚动反馈预测导引律，实现了弹道预测并有效减小了弹道末段过载。文献［16］针对采用传统最优追赶导引律的导弹容易被护卫弹拦截的情况，基于微分对策理论设计了导引律。文献［17］针对存在非线性和不确定性的 BTT（bank－to－turn，倾斜转弯）导弹姿态控制问题，提出基于干扰估计的鲁棒方差控制方法，从而有效保证了系统具有良好的动态与稳态特性。

原则上说，各种现代控制理论和优化方法（包括数值优化）均可用于导引律的研究。研究方法上来讲，一般也是首先建立导弹－目标相对运动方程，提出目标函数，选择希望采用的控制理论和优化方法，则可推导计算出所希望的导引律。与自动驾驶仪的设计一样，近年来机器学习（如深度学习）在制导律设计中也得到一些应用。整体而言，深度学习在制导控制领域的应用相较于深度学习在其他领域如视觉导航等的应用，研究较少。

1.2.5 制导控制一体化设计

传统的飞行器制导控制系统基于时标分离原则，尽管这种设计方法在过去被证明是有效的，且简单易行，但这种方法的突出缺陷是两个回路以不同频率运行，两个回路之间存在延迟。为提高导弹的制导精度和整体性能，制导控制一体化（integrated guidance and control，IGC）设计将导弹制导控制系统作为一个整体进行设计，充分考虑导弹的姿态控制系统对导弹制导系统的影响，充分利用制导系统和控制系统之间固有的耦合关系，提高制导控制系统的整体性能，在提高制导武器制导精度方面具有很大潜力。

目前，飞行器制导控制一体化设计方法已经产生了诸多研究成果。制导控制一体化设计的目标是，根据弹目相对运动状态和导弹自身运动信息直接产生舵偏指令控制弹体飞行。从实现上讲，IGC 其实很简单，首先需要建立制导控制一体化模型，这是实现制导控制一体化的关键。IGC 模型主要包含两个关键模型：一是弹目相对运动模型，用以解决如何导引导弹至目标的制导问题；二是导弹的刚体弹体动力学模型。基于构建好的 IGC 模型，就可以采用现有的诸多现代先进控制方法，如滑模变结构控制[18－21]、反演控制[10,22－23]、最优控制[24－25]、鲁棒控制[26]等，实现飞行器的制导控制一体化。

1.3 本书主要内容

本书面向飞行器制导控制系统设计，主要介绍滑模变结构控制、鲁棒变增益控制、协同控制以及基于数值计算的计算制导等先进控制方法，及其在飞行器制导控制中的应用。同时，需要注意的是本书默认飞行器的动力学特性具备良好的时标分离特性，分别介绍制导和控制两个环节的设计方法，不对制导控制一体化方法做专门介绍。对于这些控制理论和方法，除了计算制导控制，其自身基本都各成体系，目前都有相关书籍专门进行系统的介绍。本书的主要目的并非对这些现代先进控制方法从原理上进行全面而深入的介绍，而是紧密结合飞行器这个被控对象，简明扼要地阐述方法的原理及其流程，同时通过给出这些方法在实际飞行器制导控制中具体应用的若干案例和实现流程，让读者能快速理解这些方法的特点、原理和实现步骤，并快速明确其在飞行器制导控制中的应用。此外，对于固定翼和多旋翼无人机特有的动力学特性和飞行要求，本书中有关导弹制导控制系统设计的基本原理和方法仍然具有很好的参考价值。

1.4 小　　结

本章作为全书的引子，介绍了飞行器制导控制系统的组成及功能，概述了制导控制系统设计方法涉及的基本思路和关键技术等，并对本书的主要内容进行了介绍。

参 考 文 献

[1] 花文华，刘杨，陈兴林，等. 具有终端约束的线性二次型微分对策制导律［J］. 兵工学报，2011，32（12）：1448－1455.

[2] 李强. 高超声速滑翔飞行器再入制导控制技术研究［D］. 北京：北京理工大学，2015.

[3] 周伟. 旋转弹动态稳定性与鲁棒变增益控制［D］. 北京：北京理工大学，2016.

[4] 唐治理，雷虎民. 混合 H_2/H_∞ 鲁棒控制在飞行器控制中的应用［J］. 弹箭与制导学报，2005，25（4）：11－12，23.

[5] 闫晓勇，李克勇，杨树兴. 基于动态逆理论的自旋弹控制方法［J］. 弹箭与制导学报，2009，29（5）：83－86.

[6] 韩慧超. 基于滑模变结构的飞行器控制系统设计［D］. 哈尔滨：哈尔滨工程大学，2013.

[7] 刘涛，闫斌斌，顾文娟，等. 基于滑模变结构的高超声速飞行器控制律设计［J］. 飞行力学，2014，32（4）：325－328.

[8] 王延，周凤岐，周军，等. 高超声速飞行器非线性 H_∞ 姿态控制设计［J］. 哈尔滨工业大学学报，2011，43（9）：128－133.

[9] 查旭，崔平远，关世义，等. 导弹飞行非线性 H_∞ 与 PD 复合控制［J］. 宇航学报，2004（4）：48－54.

[10] 周觐，雷虎民，李炯，等. 基于神经网络的导弹制导控制一体化反演设计［J］. 航空学报，2015，36（5）：1661－1672.

[11] 李宏宇，王旭刚. 导引头动力学滞后下带落角约束的最优制导律［J］. 兵器装备工程学报，2018，39（7）：40－44.

[12] 李正. 导弹的模糊自适应制导律与控制律研究 [D]. 南京：南京航空航天大学，2009.
[13] 张力丹. 寻的导弹末端导引律及导引与控制一体化研究 [D]. 哈尔滨：哈尔滨工业大学，2018.
[14] 史鲲，梁晓庚. 速度可调空空导弹鲁棒末制导律 [J]. 弹道学报，2013，25 (2)：17 - 21.
[15] 李锐，方洋旺，轩永波，等. 基于滚动随机预测控制的逼近制导律设计 [J]. 弹道学报，2012，24 (2)：15 - 19.
[16] 孙启龙，齐乃明，赵钧，等. 攻击主动防御飞行器的微分对策制导律 [J]. 国防科技大学学报，2018，40 (3)：7 - 14.
[17] 蒋瑞民，周军，郭建国，等. 基于干扰估计的 BTT 导弹鲁棒方差姿态控制 [J]. 系统工程与电子技术，2019，41 (9)：2080 - 2086.
[18] 冯淞琪，赵国荣. 一种适用于制导控制一体化系统的设计方法 [J]. 现代防御技术，2014，42 (4)：98 - 102，198.
[19] 马晨，赵国荣，张超. 适用于制导控制一体化的反馈线性化滑模控制方法 [J]. 现代电子技术，2014 (22)：60 - 63，67.
[20] 王建华. 高超声速飞行器制导控制一体化设计方法研究 [D]. 长沙：国防科学技术大学，2017.
[21] 潘瑞，于云峰，凡永华. 带落角约束的鸭/尾舵复合控制导弹制导控制一体化设计 [J]. 弹箭与制导学报，2017，37 (4)：23 - 26.
[22] 王祥，赵武军，王涛. 一种基于反演控制的一体化制导律设计方法 [J]. 计算机仿真，2014 (7)：23 - 25，48.
[23] 张金鹏，周池军，雷虎民. 基于滑模反演控制方法的纵向制导控制一体化设计 [J]. 固体火箭技术，2013，36 (1)：11 - 16.
[24] 苗昊春，马清华，董国才，等. 反坦克导弹最优一体化制导与控制 [J]. 系统仿真技术，2013 (1)：13 - 17，32.
[25] 付主木，赵晨东 孙兴龙. 带落角约束的导弹制导控制一体化最优控制律设计 [J]. 电光与控制，2017 (8)：5 - 8，43.
[26] 王建华，刘鲁华，赵暾，等. 带落角约束的超声速飞行器制导控制一体化设计 [J]. 电机与控制学报，2017 (2)：76 - 86.

第 2 章

飞行器制导控制基本原理和方法

本章以导弹为研究对象，介绍飞行器制导控制的基本方法和共性技术，作为后面章节所介绍的现代制导控制方法的基础。首先，介绍飞行器飞行控制的基本原理、制导方案的分类及原理，然后围绕飞行器的控制方式，从飞行控制技术、鸭/正常式气动布局控制的异同、控制执行方式及原理、单/双/三通道控制的原理及特点分别进行介绍。

2.1 飞行控制基本原理

以导弹为例，导弹之所以能够准确地击中目标，是由于制导控制系统能够按照一定的导引律对导弹实施控制。控制的目的在于改变导弹的运动方向和速度，其根本方法是产生与导弹飞行速度矢量平行和垂直的控制力。例如，在大气层中飞行的有翼导弹主要受发动机推力 $\boldsymbol{P}$、空气动力 $\boldsymbol{R}$ 和导弹重力 $\boldsymbol{G}$ 的作用，它们的合力可分解为平行于导弹飞行方向的切向力和垂直于导弹飞行方向的法向力。显然，前者可改变导弹的飞行速度大小，后者能改变导弹的飞行方向。通常，切向力大小由改变推力进行控制，而法向力大小则主要通过改变空气动力或推力方向来控制。对于在大气层外飞行的无翼导弹等，则只能通过改变推力矢量和燃气动力的方法控制导弹飞行的方向和法向力。

下面以改变导弹空气动力的方法为例说明导弹机动飞行的基本原理，而所谓的机动性是指飞行器改变其飞行速度大小和方向的能力。传统的导弹制导控制是依靠操纵气动舵面来改变作用于弹体上的空气动力得以实现，其空气动力可沿速度坐标系分解成升力、侧向力和阻力，其中升力和侧向力垂直于导弹的飞行方向，分别在导弹的纵对称平面和侧对称平面内。图 2.1 展示了导弹在纵对称平面内的受力情况。

显然，导弹所受的可改变的法向力为

$$\boldsymbol{N}_y = \boldsymbol{Y} + \boldsymbol{P}\sin\alpha \qquad (2.1)$$

式中，$\boldsymbol{Y}$ 为导弹所受的升力；$\boldsymbol{P}$ 为推力；α 为攻角；各力在弹道法线方向上的投影表达式为

$$F_y = \boldsymbol{Y} + \boldsymbol{P}\sin\alpha - \boldsymbol{G}\cos\theta \qquad (2.2)$$

式中，$\boldsymbol{G}$ 为导弹的重力；θ 为弹道倾角。

又知，$F_y = ma$，即

$$\boldsymbol{N}_y - \boldsymbol{G}\cos\theta = m\frac{V^2}{\rho} \qquad (2.3)$$

式中，V 为导弹飞行速度；m 为导弹质量；ρ 为

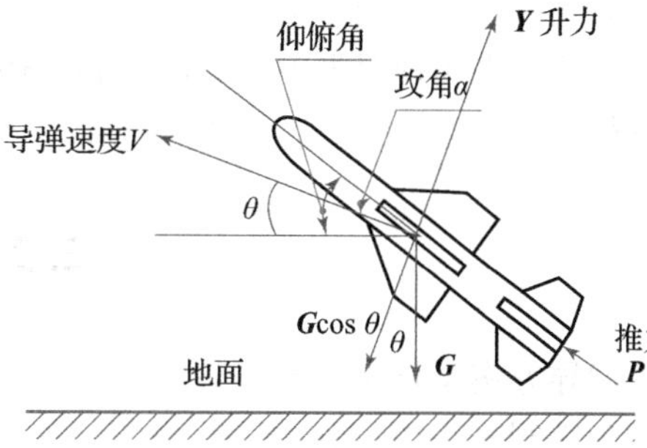

图 2.1　导弹纵向平面受力示意图

弹道曲率半径，且 $\rho = \frac{V}{\dot{\theta}}$。

将 $\rho = \frac{V}{\dot{\theta}}$ 代入式（2.3），得

$$\dot{\theta} = \frac{\boldsymbol{N}_y - \boldsymbol{G}\cos\theta}{mV} \tag{2.4}$$

由式（2.1）和式（2.4）可见，要使导弹在纵对称平面内向上或向下改变飞行方向，必须控制导弹法向力的变化，而这种变化将借助控制系统操纵气动舵面偏转产生操纵力矩使导弹绕质心转动，改变导弹的攻角来实现。由式（2.4）可进一步看出，当导弹飞行速度一定时，法向力越大，弹道倾角的变化率就越大，即导弹在纵向对称平面内的飞行方向改变就越快。同理，为了实现导弹在侧向平面内的向左或向右改变飞行方向，就必须通过控制系统作用改变侧滑角 β，使侧向力 N_z 发生变化，从而改变控制力。

一般地，工程实践上采用法向过载来衡量导弹的机动能力。法向过载是指除重力以外所有作用在导弹上的合外力在法向方向上的分力与重力的比，其可以写成

$$n = \frac{\boldsymbol{N}_y}{\boldsymbol{G}} \text{或} n = \frac{a}{g} \tag{2.5}$$

其中，a 为导弹的法向加速度；g 为重力加速度。

在简化的平面运动中，法向加速度与导弹的运动速度和速度方向变化有关。在上述铅垂平面内，导弹在铅垂平面的瞬时速度分量为 V、弹道倾角为 θ，则此时的法向加速度可表示为

$$a = V\dot{\theta} \tag{2.6}$$

此外，根据导弹设计环节的需要通常还会引入需用过载、极限过载和可用过载的概念，具体可以参见文献[1]。

综上所述，导弹制导控制实质是按照一定导引律由制导系统实施对作用于导弹上的法向力 $\boldsymbol{N}_y$ 与侧向力 $\boldsymbol{N}_z$ 进行控制，通过改变其相应的攻角 α 和侧滑角 β，获得导弹飞行方向的变化，使其不断调整飞行线路，导向目标。制导控制的大致流程为：控制信号→舵（偏转）或喷口（喷气）→控制力（矩）变化→姿态变化→攻角（侧滑角）变化→空气动力变化→加速度变化→速度和方向变化→质心位置变化。也就是说，通过对导弹进行姿态控制间接达到质心控制的目的。如果要实现导弹速度的变化，必须控制其推力的变化。

为完成导弹空间运动的控制，原理上除了可以如上所述提供对导弹的俯仰、偏航和滚转的姿态控制来实现对导弹质心的控制，还可以直接在飞行器的质心附近施加控制力，直接控制飞行器的质心加速度，即采用直接力进行弹道控制。

2.2 制导方案

制导方案是指飞行器在整个飞行过程中涉及的制导方法和制导律等，如某飞行器初始段利用程序制导，中段利用惯性制导，末段利用自寻的制导。一般而言，飞行器的飞行弹道形式决定了采用什么样的制导方案。图 2.2 展示了制导方案的分类。

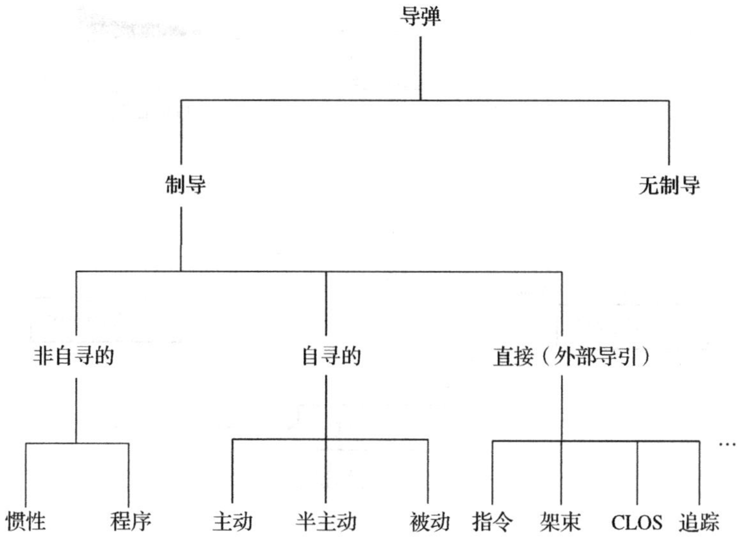

图 2.2　制导方案的分类

实际上制导方案很多，建议采用如下方式分类和理解，可以分为两大类。

1. 飞行器相对于惯性空间的导引

此种制导方案下，导弹应该提前预知目标的运动信息，其示意图见图 2.3。惯性导航、程序制导、GPS（全球定位系统）/星光/GLONASS（格洛纳斯）/伽利略（GALILEO）/北斗、地形/图像匹配等都属于这类制导方式。

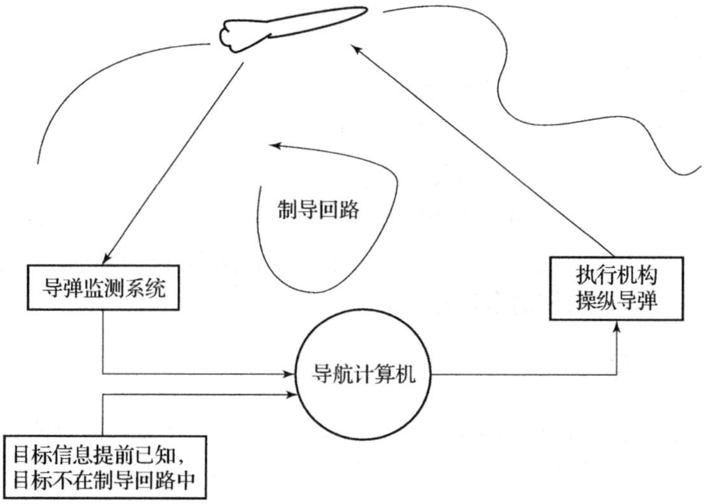

图 2.3　提前预知目标运动信息的制导

2. 飞行器相对于目标运动的导引

导弹需实时感知目标的运动信息，其示意图见图 2.4。导弹需要利用目标监测系统去实时感知目标运动信息，并将其传给导航计算机，结合导弹的运动信息形成制导指令，控制导弹飞向目标。指令制导和寻的制导属于这类制导方案。

接下来，将对常见的一些制导方案进行一一介绍。

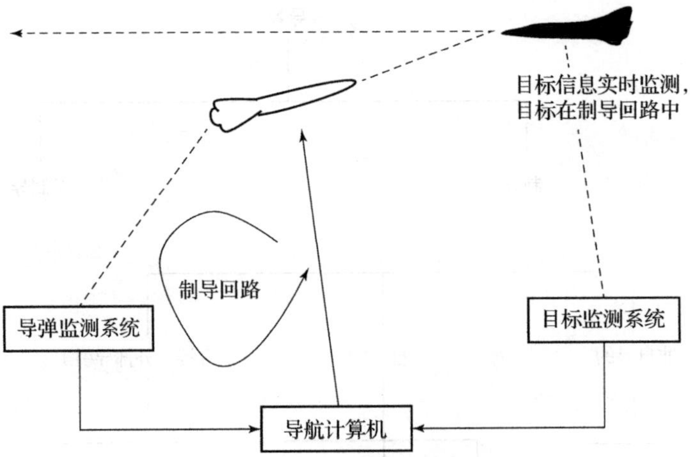

图 2.4　实时感知目标运动信息的制导

2.2.1　程序制导

程序制导（programmed guidance）也称方案制导或自主制导，由导弹的制导系统按照预定程序控制导弹飞向目标的制导技术，导弹在飞行中的导引指令根据导弹的实际参量值与预定值的偏差来形成。程序制导从执行方式上讲，包括控制导弹的弹道曲线和控制弹体姿态。程序制导的特点：设备简单，制导系统与外界无联系，抗干扰性好，但导引误差会随飞行时间的增加而增加，通常不能独立完成全程制导。程序制导应用场景主要有以下几个。

（1）垂直发射转弯。导弹什么时候应该转弯要进行精确控制，一般采用程序制导。

（2）机载/舰载发射离轨。

（3）越肩发射。越肩发射是导弹载机利用机载火控系统控制机载空空导弹攻击尾后敌机的一种新型的攻击方式，决定导弹在什么时候应该转弯，一般采用程序制导。

程序制导常用于弹道导弹的主动段、有翼战术导弹的初始段和中段制导以及无人驾驶侦察机和靶机的全程制导。C－300 系列和“爱国者”地空导弹的初始段即采用程序制导，由于此期间制导雷达不需要控制导弹飞行，大大节约了雷达时序，使雷达有时间处理其他目标或导弹信息，增强了武器系统的多目标能力。

2.2.2　惯性制导

利用惯性导航系统（inertial navigation system，INS）引导飞行器形成制导环节的技术称为惯性制导，惯性导航系统也称作惯性参考系统，是一种不依赖于外部信息、也不向外部辐射能量（如无线电导航要向外部辐射能量）的自主式导航系统。其工作环境不仅包括空中、地面，还可以在水下。惯性导航系统的基本工作原理以牛顿力学定律为基础，通过测量载体在惯性参考系的加速度，将它对时间进行积分，且把它变换到导航坐标系中，就能够得到飞行器在导航坐标系中的速度、偏航角和位置等信息。在惯性导航系统中会广泛用到 MEMS（微机电系统）。

按照惯性测量装置在运动体上的安装方式，可将惯性导航系统分为平台式和捷联式两类。对于平台式惯性导航系统，测量装置装在惯性平台的台体上，平台则装在运动物体上。

惯性平台能隔离运动物体角运动对测量装置的影响，因此测量装置的工作条件较好，并能直接测到所需要的运动参数，计算量小，容易补偿和修正仪表的输出，但重量和尺寸较大。对于捷联式惯性导航系统，陀螺仪和加速度计直接装在运动物体上。由于敏感元件直接装在运动物体上，振动较大，工作的环境条件较差并受其角运动的影响，必须通过计算机计算才能获得所需要的运动参数。这种系统对计算机的容量和运算速度要求较高，但整个系统的重量和尺寸较小。

惯性制导的优点：隐蔽性好，不受无线电干扰，因而为世界各国弹道导弹所采用；可全天候、全球、全时间地工作于空中、地表甚至水下；能提供位置、航向、速度、姿态角等数据，且提供的信息连续性好、噪声低；数据更新率高，短期精度和稳定性好。

惯性制导的缺点：由于导航信息由积分而产生，如利用陀螺仪测得加速度，进行两次积分可得到位置，定位误差随时间增大，长期精度较差；每次使用之前需要长时间的初始对准；设备的价格较昂贵。为此，可以对惯性制导进行修正，较为常用的是采用组合导航，利用 GPS 卫星导航、天文导航、地形匹配等来修正惯性制导的误差。

2.2.3　卫星导航制导

目前世界四大全球卫星定位系统：美国全球定位系统、俄罗斯“格洛纳斯”系统、欧洲“伽利略”系统、中国“北斗”系统。卫星导航制导方式在国内主要用于组合导航，如：GPS/INS。由于 GPS 和 INS 的精度和使用范围都有一定的限制，因而如何将各种传感器的测量信息加以综合利用，既能克服 GPS 定位间断或失效的缺点，又能克服 INS 定位误差随时间积累的缺点，最大限度地提取有用信息，保障定位的连续性，成为导航系统要解决的基本问题。而解决这一问题的最佳方案就是采用多传感器融合技术，研制各种实用的组合导航系统。GPS/INS 综合克服了各自缺点，取长补短，利用卡尔曼滤波融合方法使用 GPS 信息修正惯导系统的信息，减小系统误差，使综合后的导航精度显著提高。组合导航分为松组合、紧组合、超紧组合，其中卡尔曼滤波方法的应用是产生组合导航的关键。

2.2.4　遥控制导

遥控制导是由导弹指挥站发出指令信号来控制导弹飞行的制导技术，目标信息不由弹上装置测得，而是由外界（如制导站、地面设备或基站）提供。指挥站可设于地面、海上（舰载）或空中（机载），它测量目标和导弹的运动参数，并将导弹的运动参数同目标的运动参数（或事先装定的飞行程序）进行比较，根据选定的制导规律形成制导指令，通过指令传输装置发送到导弹上。导弹接收到的信号经过变换、放大，发送给执行机构，执行机构根据指令调整导弹的飞行方向，最后使其接近或命中目标。根据导引指令在制导系统中形成的部位不同，遥控制导分为波束制导（beam riding）和遥控指令制导。

1. 波束制导

波束制导又称驾束制导，它是由地面、机载或舰载的制导站向目标发射一束定向辐射的圆锥形波束（无线电波束、激光波束），导弹在波束内飞行，弹上的制导设备感受它偏离波束中心的方向和距离，并产生相应的导引指令，操纵导弹飞向目标。在多数波束制导系统中，制导站发出的波束应始终跟踪目标。它是一种相对较简单的制导系统，主要在早期的导弹系统中应用。由于有很多缺陷，其主要用于短程导弹。波束制导主要有雷达波束制导和激光波束制导两种，如美国“打击者”反坦克导弹就是采用了激光波束制导。波束制导的缺点是随着距离增加，驾束会衰减，因此精度会降低，而且无法发射后不管（fire and forget），只要打一发，就会暴露，人员、设备等不能及时撤离，因此应用越来越少，只有在低成本的制导弹药中应用。

2. 遥控指令制导

由制导站的导引设备同时测量目标、导弹的位置和其他运动参数，并在制导站形成导引指令，该指令通过无线电波或传输线传送至弹上，弹上控制系统操纵导弹飞向目标。根据指令传输形式的不同，遥控指令制导可分为有线指令制导和无线指令制导。其中，无线指令制导系统中导引指令是通过指令发射装置以无线电的方式传送给导弹的，包括雷达指令制导和电视指令制导。

2.2.5 寻的制导

寻的制导（homing guidance）是利用弹上导引头获取目标辐射或反射的能量（如无线电波、红外线、激光、可见光、声音等），测量导弹-目标相对运动参数，并形成相应的导引指令，控制导弹操纵其控制面，使导弹飞向目标的制导系统，系统组成如图2.5所示。自寻的制导有声学自寻的系统，多用于水下自寻的鱼雷；雷达自寻的系统是广泛应用的自寻的制导系统，因为很多军事上的重要目标本身就是电磁能的辐射源，如雷达站、无线电干扰站、导航站等。自寻的制导一般用于空对空、地对空、空对地导弹和某些弹道导弹，用于巡航导弹的末飞行段，以提高末制导精度。自寻的制导适合打击运动目标，但是在有些情况尤其是近程导弹中全程都会用自寻的制导。

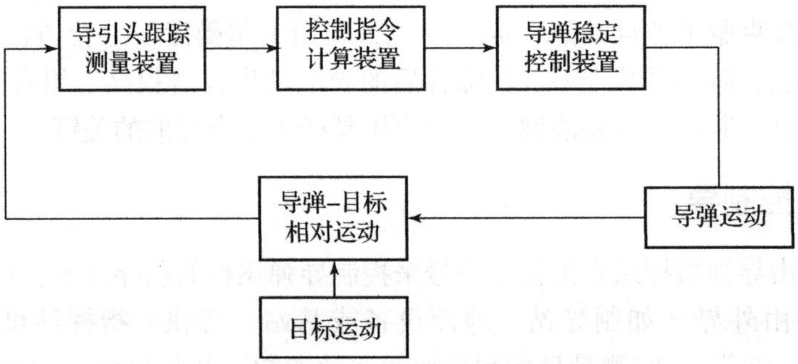

图2.5 自寻的制导系统组成

应用寻的制导的导弹基本都采用比例导引律，原因是：第一，比例导引在发射情况受限时，对于拦截低操纵性的导弹非常有效；第二，比例导引的相关参数弹目视线角速率 $\dot{q}$ 利用现成的硬件就很容易测量，较容易实现；第三，大多数制导控制律对于攻击静止或低速的目标非常容易，但是当攻击高机动性目标时，这些控制律都需要做修改，比较复杂，而基于线性化的比例导引可以降低复杂性。

寻的制导主要涉及导引头技术，在拦截或攻击目标的过程中，导引头需要不停转动，使其目标位于其光轴中心，而且为了成功捕获目标，目标必须位于其光轴中心。自寻的系统的制导设备全部在弹上，具有发射后不管的特点，可攻击高速目标，制导精度较高。寻的制导可以分为主动式、半主动式、被动式。

1. 主动式

主动式寻的制导系统照射目标的能源在导弹上，对目标辐射能量，同时由导引头接收目标反射回来的能量，其示意图见图 2.6。用主动寻的制导的导弹，当弹上的主动导引头截获目标并转入正常跟踪后，就可以完全独立地工作，不需要导弹以外的任何信息。主动式自寻的制导的特点：随着能量发射装置的功率增大，系统作用距离也增大，同时弹上设备的体积和重量也增大，但是通常弹上基本不可能有功率很大的发射装置，因而主动式寻的系统作用的距离一般不是太远，已实际应用的典型的主动式寻的系统主要是雷达寻的系统。

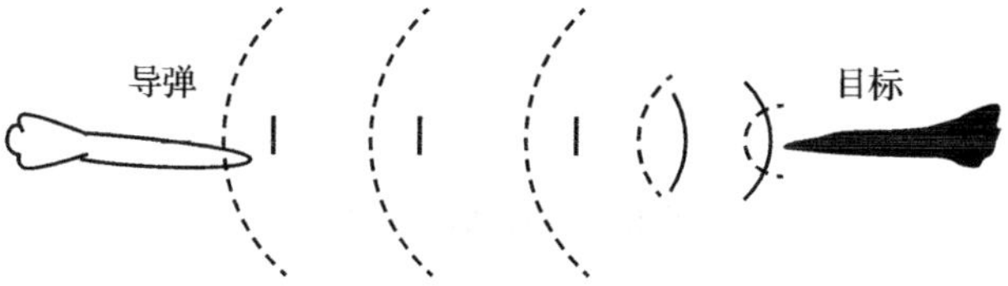

图 2.6　主动式寻的制导

2. 半主动式

半主动式寻的制导系统照射目标的能源不在导弹上，弹上只有接收装置，能量发射装置设在导弹以外的制导站或其他位置，功率可以很大，作用距离比主动式要大。半主动式寻的制导见图 2.7。

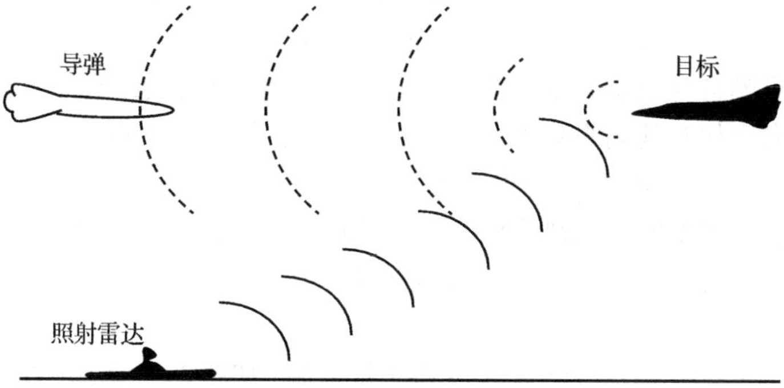

图 2.7　半主动式寻的制导

3. 被动式

被动式自寻的制导系统中，目标本身就是辐射源，不需要发射装置，由弹上导引头直接感受目标辐射的能量，导引头将以目标的特定物理特性作为跟踪的信息源，其示意图见图 2.8。被动式自寻的系统的作用距离不大，典型的被动式自寻的系统是红外自寻的系统。被动式自寻的制导靠来自目标辐射或反射的能量来测定导弹的飞行偏差，作用距离有限，抗干扰能力差。

自寻的制导系统涉及的关键技术有：

- 导引头装置及其工作原理；
- 目标识别和成像技术，对于目标识别目前难点是复杂背景下的目标识别；

- 信号处理和滤波技术；
- 捷联导引头技术。

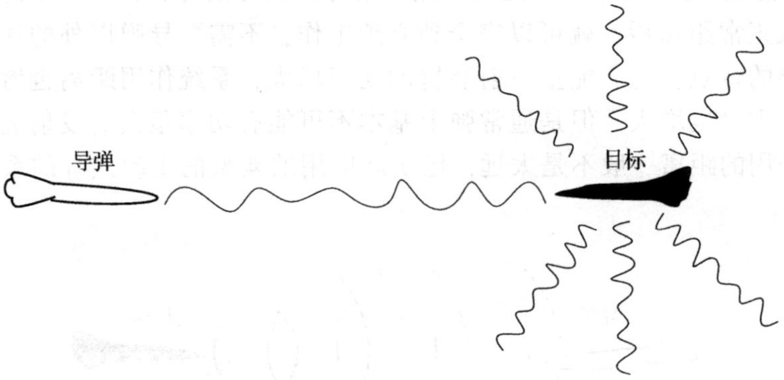

图 2.8　被动式寻的制导

导引头的光轴和惯性坐标系参考坐标轴的夹角包含两项内容：由目标运动引起的导引头光轴指向变化；由弹体自身姿态变化引起的导引头光轴指向变化。后者是一个误差源，需要一个系统来隔离弹体姿态变化对导引头光轴的影响。传统的方法是使用机械稳定平台，使导引头的光轴在惯性空间中保持稳定。但是，随着高精度、小型化导引头的发展，传统的光轴稳定技术受到限制。因此，目前较为常用的方式是采用捷联稳定的方法来解决导引头光轴的稳定问题，也就是捷联导引头。捷联导引头是指导引头的光轴中心时刻跟踪目标，这与捷联惯导的概念很相似。在拦截或攻击目标的过程中，导引头光轴的空间指向不仅随目标的运动而变化，而且随导弹自身姿态的变化而改变。捷联导引头相比传统框架式导引头，由于完全取消了传统的万向支架及其伺服系统等机械运动部分，将目标探测系统直接与弹体固连，无陀螺，无法隔离弹体的运动，导引头输出信号中含有弹体的姿态信息，并且捷联导引头不能直接获取比例导引所需要的惯性视线角速率，因此需要对隔离运动进行解算，然后加入控制回路。捷联导引头具有结构简单、可靠性高、体积小、质量轻以及对弹体过载不敏感等优点。

自寻的制导也可按照系统敏感的频率谱段来分类，如图 2.9 所示，按照工作的波长范围有红外制导、毫米波制导、激光制导等。红外成像制导技术是通过镜头采集物体自身产生的红外辐射，通过传感器转化成红外图像，从而进行目标检测与跟踪，并使用导弹等武器进行精确打击的技术。因其具有作用距离远、抗干扰能力强、精度高等特点，近年来在精确制导领域占据十分重要的地位。红外成像制导技术于 20 世纪 70 年代第一次在国际上被提出，经过几十年的不断研究，伴随着信息技术与半导体技术的兴起，已经取得了长远的发展，并在中东战争、海湾战争、科索沃战争、阿富汗战争、伊拉克战争等所有重大实战中都发挥出了显著的效果，对战争局势与走向起到了至关重要的作用。毫米波自动寻的制导工作原理同雷达自动寻的制导一样，不同的是工作的波长不同。雷达工作在微波波段，波长在 1 ~ 10 cm，毫米波是指波长为 1 ~ 10 mm、频率范围为 30 ~ 300 GHz 的电磁波，具有很好的穿透烟尘、雨、雾的传播特性和良好的全天候工作能力。

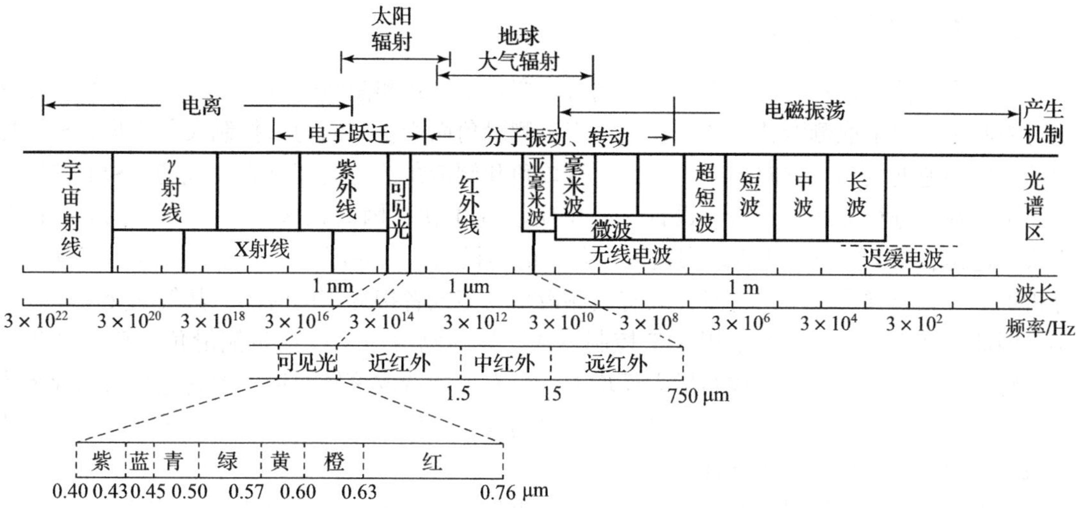

图 2.9　频率谱段

2.2.6　复合制导

当对制导系统要求较高时，如导弹必须击中很远的目标或者必须增加对远距离的目标命中率，可把上述几种制导方式以不同的形式组合起来，采用复合制导，以进一步提高制导系统的性能。例如，采用垂直发射的武器系统通常应用惯性自主 + 寻的制导的制导方式，在垂直发射后的快速转弯控制段，主要采用惯性自主制导，弹体上的惯性测量系统提供导弹的姿态基准及运动参数，与预先设计的转弯飞行程序进行比较后形成控制指令，一旦完成转弯控制，即可进入寻的制导控制。再如，导弹在飞行初始段用自主制导，将导弹导引到要求的区域；中段采用遥控指令制导，比较精确地把导弹导引到目标附近；末段采用自寻的制导。这不仅增大了制导系统的作用距离，而且提高了制导精度。为了满足远程导弹制导精度的要求，可以采用遥控 + 寻的制导，先用遥控制导方式把导弹控制到距离目标一定的距离上，该距离的大小取决于导引头探测距离的远近，当导弹接近目标且导引头截获并稳定跟踪目标后，转入寻的制导。除此之外，也有采用惯性自主 + 遥控 + 寻的制导的复合制导。

复合制导的交接班需要满足一定的条件，使得导弹的飞行路径在交班点具有较好的衔接。以末制导为例，在转入寻的制导时，导弹的运动状态接近寻的制导所要求的理想初始状态。当末段采用寻的制导时，导引头天线指向的预定控制误差应该不超过给定的允许范围，此范围是由保证导引头可靠截获目标的要求所确定的。

2.3　控制方式

本节以导弹为例，主要介绍飞行器涉及的控制方式。首先从飞行控制角度介绍倾斜转弯和侧滑转弯（skid - to - turn，STT）两类典型的飞行控制技术；然后从气动布局的角度，介绍正常式和鸭式气动布局导弹受力特点和控制方式异同；接着从控制执行的角度，介绍空气动力控制/推力矢量控制/直接力控制/质量矩控制的原理；最后从控制通道的选择角度，介绍单、双和三通道控制的特点。

2.3.1 飞行控制技术

目前飞行控制技术主要分为两种：侧滑转弯控制方式和倾斜转弯控制方式。传统导弹的飞行控制中一般采取侧滑转弯技术，通过产生侧滑角而产生侧向力来控制飞行方向，STT 导弹的弹体加速度大小与方向的变化，是通过攻角和侧滑角的协调变化来完成的。STT 控制方式简单，易于进行分通道分析与设计，且反应较 BTT 快，因此很多导弹都采取 STT 的控制方式。但是，STT 控制方式难以实现大攻角下的高机动，其原因是：从导弹大攻角气动特性分析可知，当导弹大攻角飞行时，只有当侧滑角为零或者接近零的时候，其气动交叉耦合最小。因此，在大攻角时，若采用 STT 控制方式，导弹侧滑运动（产生侧滑角）就会产生诱导滚转力矩，且该力矩随着攻角增大而增大，极有可能造成滚转通道舵控制饱和引起导弹失稳。因此，虽然气动设计中给出了足够大的可用攻角，但是攻角限幅限制了导弹的最大可用过载，因此限制了导弹的机动性能。

随着机动性要求的提高和新的气动布局的出现，逐渐出现了倾斜转弯控制方式，就如飞机转弯一样，通过倾斜使得升力面偏转，在侧向产生分力，从而来控制导弹侧向转弯。BTT 控制技术是当今世界导弹控制领域的一项先进控制技术，这种控制技术在导弹拦截目标的过程中，滚动控制系统迅速把导弹的最大升力面转到理想的机动方向，同时俯仰控制系统令导弹在最大升力面内产生所需的机动加速度。

BTT 控制方式具有很多优点：①舒适性好；②充分利用导弹的升阻比，一对升力面，阻力小，升阻比大，明显地提高了导弹的末速，缩短了作战时间，扩大了导弹的作战空域，能够达到高精度、高命中概率拦截机动目标的目的；③节约空间，只有一对升力面，储放方便，便于舰载、机载。虽然 BTT 控制技术优势显著，但是需要先倾斜，使得升力的分量产生侧向力，相较 STT 控制技术反应慢，瞬时机动性存在不足。导弹虽然可以滚转，但每次滚转都给导弹本身的速度带来极大的衰减，所以导弹在最后冲刺的末制导阶段还是应以 STT 控制技术为主。现代导弹控制方式很多采用 BTT 和 STT 结合，在接近目标的最后阶段使用 STT，而在发射后飞行的过程中使用 BTT，以同时保证射程、精度和灵活性。另外，BTT 导弹具有很大的滚动角速度，使得俯仰和偏航通道之间具有较强的耦合，因此传统的分通道设计方法不再适用，而且滚动角速度时变，造成导弹的数学模型非线性时变，给导弹的控制系统设计带来很大困难。

2.3.2 气动布局

正常式布局中，弹翼配置于弹身的中段，压心与质心很接近，舵面也就是控制面位于导弹质心之后的弹身尾段。通常发动机布置在导弹的中心，这样导弹质心不会因为发动机燃料的燃烧而发生较大变化，而战斗部和引信以及一些与导引相关的电子设备布置在弹体前部，控制系统布置到导弹的尾部。采用正常式布局主要是因为正常式布局积累的知识和设计经验比较丰富，采用正常式布局的导弹很多，例如我国的 YJ8（鹰击）系列、俄罗斯的“无风”系列。

正常式布局导弹受力情况如图 2.10 所示。当导弹打正的舵偏角，产生负的法向力 $\boldsymbol{N}_c$，在正舵偏角下导弹必然产生抬头力矩，进而产生正攻角，正攻角则产生正的法向力 $\boldsymbol{N}$。可见对于正常式布局，舵偏角与攻角的作用力方向相反，总的全弹合成法向力是攻角产生的力减去舵偏角产生的力，因此法向力受到一定损失，升力特性较鸭式布局要差。但是由于舵面靠后，离质心远，舵面可以做得比较小（力臂大），而且设计过程中改变舵面尺寸和位置对全弹的基本气动力特性影响很小，这对总体设计而言非常有利。另外，由于弹翼是固定不偏转的，它对其后舵面带来的洗流影响要小些，气动特性线性度较高，其控制系统设计更容易。

控制面的位置应尽可能远离重心是设计控制面的一条重要原则，因此前控制面尽可能靠前也就成了合乎逻辑的另一个选择，由此产生了鸭式布局。早期的鸭式布局飞起来像一只鸭子，“鸭式布局”由此得名。面积较小的舵面（控制面）位于导弹质心之前的弹身头部，面积较大的弹翼位于弹身的后部。

图 2.11 展示了前控制面的一种可能的动态平衡情况。可以看出，导弹作为一个整体产生的法向力 $\boldsymbol{N}$ 同控制面偏转 δ 所产生的法向力 $\boldsymbol{N}_c$ 同向。因此，前控制面比尾控制面将更为有效，产生的总升力较大，或者要达到相同的操作效能的情况下，可以减小主翼面积，减轻飞机重量。

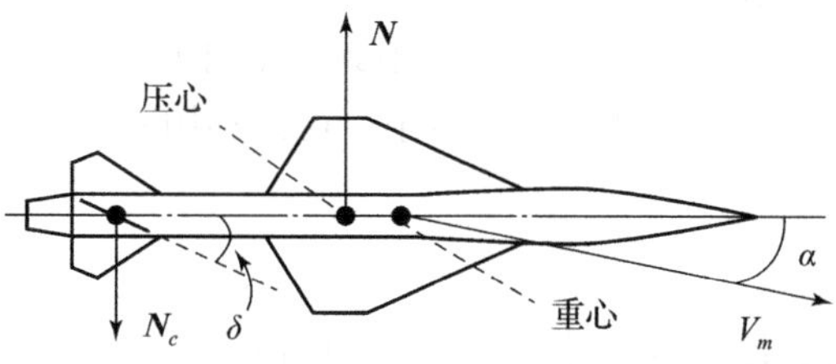

图 2.10　正常式布局导弹受力情况

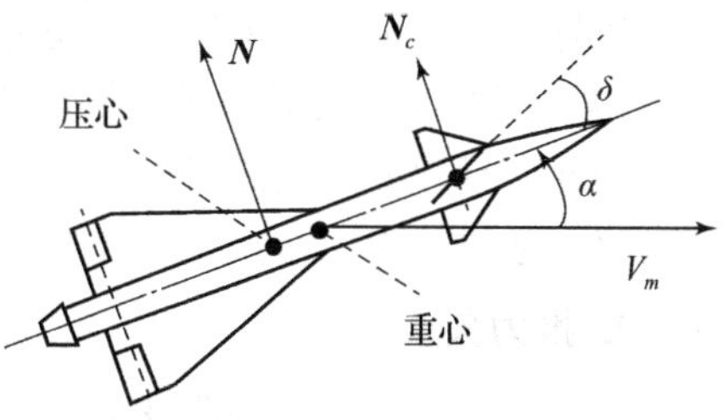

图 2.11　鸭式布局导弹受力情况

但是，为什么还是有这么多的导弹采用正常式布局呢？原因如下。

（1）鸭式布局导弹机动性更强，虽然鸭式布局可以提供更大的法向力，但是由于有了自动驾驶仪，很多导弹都可以做成静稳定度为 0 甚至负，因此鸭式布局在这点的优势几乎可以忽略。

（2）从布置上看，正常式布局是很方便的布局方式，前面也提到，中间装发动机，前部装战斗部等，理所当然后部安装控制系统。

（3）鸭式布局前控制面对后面的主升力面带来的下洗的影响，使得导弹难以进行滚转控制。

2.3.3　控制执行方式

从控制执行技术的角度出发，可以将导弹所采用的控制方式分为：空气动力控制、推力矢量控制（thrust vector control，TVC）、直接力控制以及变质心控制。导弹在大气中飞行，受到总作用力 $\boldsymbol{F}$ = 推力 $\boldsymbol{P}$ + 空气动力 $\boldsymbol{R}$ + 重力 $\boldsymbol{G}$。对导弹进行控制飞行可以通过改变其所受的总作用力的大小和方向，显然重力 $\boldsymbol{G}$ 是不能控制改变的，实际上只能改变推力 $\boldsymbol{P}$ 和空气动力 $\boldsymbol{R}$。因此控制系统只能依靠改变空气动力或改变推力或直接施加力的途径来改变飞行器受到的总作用力的大小或方向，这也是空气动力控制、推力矢量控制、直接力控制的基本工作原理。众所周知，外力和外力臂是构成外力矩的两种因素，除了改变外力，还可以通过改变外力臂的方式来实现飞行器控制，也就是变质心控制技术，也称作质量矩控制（moving –

mass control）技术或质量矩平衡控制（moving mass trim control，MMTC）。

1. 空气动力控制

空气动力控制是利用操纵舵翼取得的空气动力来控制弹体的飞行方向和姿态角，由于依靠打舵产生空气动力来控制导弹，显著的优势是可以持续工作，而推力矢量控制由于需要发动机始终工作，因此不能持续工作。空气动力控制是较为常用的一种控制执行方式。原则上在稠密大气内飞行的制导武器，尤其是带翼导弹多采用空气动力控制，而在稀薄大气层内或在大气外层飞行的制导武器则可采用推力矢量控制。但也不绝对，由于特殊需要，大气层内飞行的导弹，某些情况下也不能使用空气动力控制，需要推力矢量控制，如：

（1）洲际弹道式导弹在其垂直发射阶段，由于缓慢发射动压 $q=0.5\rho V^2$ 太小，可用过载太小，不能使用空气动力控制。

（2）导弹发射后必须立即机动，同样可用过载太小，采用空气动力控制，达不到立即机动的目的。

（3）某些短程空空导弹，飞行时间只有几秒钟，必须具有特殊的机动性能，才能给系统以较好的覆盖范围，采用空气动力控制满足不了这一要求。

（4）浮升的潜射导弹必须尽早地修正航向，采用空气动力控制达不到这个目的。

因此当导弹的速度或者空气密度很低的时候，气动力和力矩都很小，可以利用一类自动驾驶仪，通过推力矢量控制来控制导弹姿态。

2. 推力矢量控制

推力矢量控制是利用改变火箭发动机等推进装置产生的燃气流方向，即改变产生的推力方向来控制弹体的飞行方向和姿态角等，因此称为推力矢量控制。推力矢量控制技术具有不依赖气动力、响应速度快等特点，可以起到在稀薄大气环境甚至无大气环境下补偿气动力或者取代气动力的作用。推力矢量控制能够提供较大控制力，在飞行器存在较大姿态偏差时迅速响应，对飞行器姿态进行调节。在飞行器姿态控制精度要求较高时，往往要与其他控制执行方式结合使用，如推力矢量与空气动力复合控制、推力矢量与直接力复合控制等。常用的推力矢量可以分为摆动喷管、流体二次喷射以及喷流偏转三类。其中摆动类喷管推力矢量具有控制效率高、推力损失较小等优点，一般在火箭与弹道导弹上应用广泛。

3. 直接力控制

直接力控制技术[2-3]是指通过安装在飞行器上的侧向喷流机构的侧向喷流来调节飞行器姿态的一种控制技术，同样具有不依赖气动力、响应速度快的特点。此外，直接力喷流提供的侧向推力为恒定推力，具有喷流过程离散化等特点。虽然直接力为恒定值，但可以通过脉宽调制方式实现近似连续的推力。相比推力矢量控制，直接力控制对姿态的精确控制能力要更强。目前工程上常用的主要有四种产生直接力的方式：连续侧向喷流、一次侧向喷流、高压气瓶冷喷以及发动机尾气侧喷控制方式。其中，连续侧向喷流直接力控制随着技术的成熟正逐渐得到广泛的应用，相比一次侧向喷流、连续侧向喷流技术可以使一个侧向喷管多次间断地喷流，这种喷流技术使直接力控制方式设计更简单。

采用直接力控制的时候，由于控制力的作用点不一定都能保证在质心，因此也存在有产生绕质心运动的控制力矩，从而改变了弹体的姿态，而姿态的变化引起附加的气动力与直接控制力相比如果不能忽略，如超高速导弹，由于速度在5倍音速以上，尽管攻角不大，也会产生很大的附加气动力，这实质上就形成一种直接力和气动力的复合控制。

4. 质量矩控制

近年来，随着高超声速导弹的发展，如弹道导弹弹头、对付弹头的防空拦截弹等，导弹需要在提高速度的同时保证很高的机动性。传统的方法如气动力控制方式通过偏转舵和副翼来实施导弹机动，通过打舵产生气动力来改变姿态角的方式，响应速度较慢，不能及时调整导弹的姿态。这个问题在高超声速飞行时尤其严重。此外在高超声速阶段，导弹表面材料的烧蚀也非常严重，容易影响弹翼和舵面产生的气动力，甚至可能导致控制失效。因此产生了一种全新的控制技术——质量矩控制技术[4-6]。与传统控制模式相比，质量矩的执行机构全部位于弹体内部，可避免气动烧蚀和羽流的影响。与传统控制模式产生机理不同，质量矩控制技术是依靠调整外力臂来实现飞行器机动飞行的。

早期对质心偏移的研究工作很大一部分是研究质心偏移的负面影响，如安装误差、运动过程中的液体燃料晃动、空间机器人等对运动稳定性造成的影响，其关键问题是如何消除质心偏移产生的干扰力矩，在设计上对质心的定位做了严格的技术要求。与之相反，质量矩控制技术是应用质心偏移的正面效果，它是通过移动内部质量块的位置，改变整个飞行器的质心，进而改变弹体的气动配平力矩，使飞行器姿态发生改变，产生攻角，最终产生期望的气动力实现机动飞行，这是一种全新的控制思路。

通过改变质心对飞行器进行控制具有很久的历史。早在 19 世纪末，李林塔尔所设计的滑翔机就是通过驾驶员身体的移动，调整相对升力面的位置来控制滑翔机的飞行，这也是我们最常见的变质心控制。其通常用于航空体验飞行、飞行表演、空中广告和航空拍摄等活动，现今在商业上用得比较少了。目前，质量矩控制技术的应用对象主要包括弹头机动/再入、反导拦截、水下航行器、卫星稳定控制。其中在弹头机动领域，据报道俄罗斯的白杨 M 弹道导弹弹头已经成功地应用了变质心控制技术[7]，通过改变弹头质心的方法产生机动飞行的控制力和控制力矩，实现弹头的位置修正。还有研究应用变质心技术，通过一个惯性质量块在沿着弹体纵轴的中心线上移动，来改变弹体质心，从而改变弹体的静稳定度。静稳定度高，操纵性就低，在炮弹发射的初始时刻，容易受到随机不确定性因素的影响，因此通过移动质量块，使得弹体静稳定度变小，从而操纵性变好，弹体受初始扰动的影响变小。当控制力有限时，这种方法可以明显降低圆概率误差、减小脱靶量。

美国科学家从 20 世纪 80 年代中期开始对质量矩控制方法进行系统的理论和实验研究。而据俄罗斯宣称，从 20 世纪 80 年代该国已经实现了变质心机动弹头控制技术的工程应用。美、俄两大军事强国在变质心控制技术方面研究已经很成熟，但是技术资料严格保密，公开的很少。20 世纪 60 年代 Delpino 等便提出了航天器质量矩控制方案[8]，70 年代 Childs 将航天员等效为活动质量块，研究空间站的稳定性问题[9]。虽然国内在这方面研究起步比较晚，但理论研究发展迅速。西北工业大学是我国跟踪该技术较早的单位，主要以自旋式再入飞行器为研究背景，研究了变质心飞行器配平角产生机理、稳定性分析、鲁棒控制等方面的问题。随后航天科工集团二院于本水院士及其课题组，进一步研究了变质心动力学机理分析、稳定性分析、敏捷性分析、鲁棒控制等方面问题；哈尔滨工业大学、北京航空航天大学、北京理工大学等高校也开展了此方面的理论研究工作。

按照导弹内部可移动质量块的数目，可将质量矩导弹分为三种（图 2. 12）：①单滑块质量矩导弹［图 2. 12 (a)］，滑块可于弹体内径向移动，也就是运动方向与弹体纵轴正交，导弹采用自旋的方式，使得单质量块移动对弹头的俯仰和偏航两个通道都能产生控制作用，这时俯仰和偏航运动是铰链耦合在一起的；②双滑块质量矩导弹［图 2.12（b）］，在导弹内径向与轴向各布置一个质量块，导弹采用自旋的方式；③三滑块质量矩导弹［图 2.12（c）］，在导弹内径向布置两个正交的质量块，轴向布置一个质量块，导弹采用三轴稳定的方式，三活动质量块分别沿弹体轴向、法向、横向三个方向运动，轴向滑块用于调整系统的静稳定度，法向和横向质量块用于调整系统质心在导弹横截面内的位置。究竟采用哪种布局方案与拟定的控制方式（自旋或三轴稳定）有很大关系。

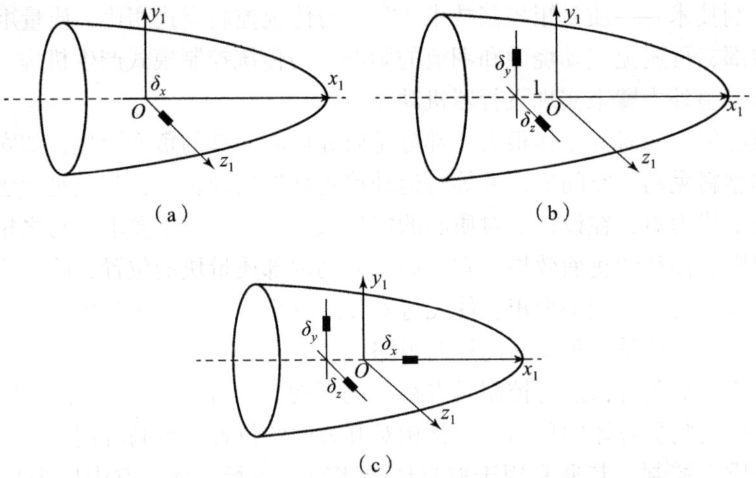

图 2.12　质量矩控制示意图

（a）单个质量块；（b）两个质量块；（c）三个质量块

质量矩控制方式的优点如下。

（1）与传统的气动舵控制方式相比，质量矩控制的控制机构完全在弹头内部，弹身和弹翼设计起来方便，使导弹具有良好的气动外形，有利于获得较高的末端弹道精度。例如，对于空气动力舵面控制的飞行器，当副翼偏转的时候产生滚转力矩，而滚转反过来会产生偏航方向的力矩（马格努斯力矩）。如果采取质量矩控制的话，这个问题就不存在了。

（2）质量矩控制的控制机构完全在弹头内部，减小了机动弹头气动外形的热载荷，不存在结合缝隙，也不必考虑舵面烧蚀问题，因而无须特殊解决控制装置的烧蚀问题。例如，由于中程弹道导弹弹头再入大气层时，速度高达十几倍音速，气动加热使弹头表面产生 3 000 ℃以上的温度，热流量高达几万千卡。为解决弹头再入大气层时的防热问题，早期曾采用热沉式弹头。它是在弹头顶端装上一个用热容量较大的金属（如钨、钼、铜等）制成的钝头形吸热帽，利用吸热的方法来达到防热目的。如美国的“宇宙神”“雷神”等导弹都是采用这种弹头。但其吸热量有限，又较笨重，在再入大气层后，弹头需拉起减速以避免舵面在高速与大气摩擦过程中被烧蚀，此后导弹才能精确变轨对准目标。

（3）与传统的气动舵控制方式相比，利用弹头高速再入产生的气动力和力矩进行姿态和机动控制，能获得很大的控制力和力矩，避免了气动舵面控制效率低下（弹头矮粗，控制力臂小，因此效率低）问题，质量矩控制方法过载响应速度要快于气动舵控制。

（4）与直接力控制方式相比，不存在侧喷扰动的问题，利用质量矩控制的飞行器只需提供一个尾部发动机，不需另外的侧喷发动机，节省能量，结构简单。

（5）在大大提高响应速度的同时，又省去推力矢量控制、姿态控制等大量部件，导弹的质量更轻、速度更快。

（6）既能够在大气层内，也能在大气层外工作。

质量矩控制也有明显的问题。

（1）弹身必须要有足够的空间来装质量块，同时需要弹身有近乎中立的气动静稳定特性，而如何在质量块运动的同时，保证中立静稳定度也是一个难题。

（2）质量矩导弹气动、惯性交叉耦合问题。质量矩控制导弹属于典型的多体系统，基于多体系统动力学理论，目前对其建模方法、动力学机理分析等方面的研究已经基本成熟。质量矩控制导弹是通过空气动力实现机动飞行的，导弹在大气层内飞行时，弹体受空气动力和活动质量块共同作用，系统耦合相当严重。活动质量块的频繁往复运动，导致弹体急剧地抖动，导弹受到的空气动力效应极其复杂，这在自旋弹上显得尤为突出。基于气动力相对于弹体纵轴对称这一假设前提得到的结论很难反映实际飞行情况。而且，质心偏移产生气动控制力矩的同时，一方面由于质量块的运动对弹体产生了惯性作用力，另一方面由于质量块的运动直接改变了导弹的转动惯量、惯性主轴方向，这些都会对弹体的动力响应带来较大的影响，严重地影响系统的动态品质，必须加以合理控制，才能达到所需的精度要求。因此，如何解决质量矩导弹气动、惯性交叉耦合问题，是实现质量矩技术的基础。有关文献对这一问题的基本分析方法是在一定的假设前提下，如假设移动质量块的质量比较小等，对动力学方程进行简化后，进行控制系统的设计工作。但在假设条件不成立的情况下，这种处理方法显得不恰当，而且也没有进行严格的理论证明。因而，质量矩控制导弹的关键问题之一是动力学特性的分析和动力学方程的简化。

（3）便于工程化的执行机构配置问题。关于活动质量块的配置形式，已有公开文献普遍采用活动质量块运动通道平行于弹体坐标系某一坐标轴，或者重合于坐标轴。正如直角坐标系三坐标轴彼此正交一样，活动质量块之间也彼此正交，这样最多放置三块活动质量块即可实现系统质心向任意方向的移动。这种质量块互相正交的布局方式是系统质心可向任意方向移动的数学表现形式。实际工程中，系统质心的移动并不拘泥于此种形式，而且这种完全正交的形式也给弹体内部结构布局带来了极大的困难。因为需要三套滑块机构，每套滑块机构又包含滑块、电机、传动机构等系列部件，可想而知在有限的弹体空间内这给系统布局带来了极大的困难。因此从工程化的角度看，必须研究如何合理布置活动质量块。

（4）系统动态品质问题。活动质量块与弹体相互作用而产生的耦合因素严重地影响系统的动态品质，为了提高控制系统跟踪制导指令的能力，活动质量块必须频繁往复运动，因此而引起的弹体抖动问题将严重地影响系统的动态品质；此外，系统质心的频繁变化将产生惯性主轴偏移问题，由此而产生的通道间交叉耦合严重问题同样制约着系统的动态品质。为了改善系统动态品质，一方面应当深入分析质量矩导弹动力学特性，阐明在运动学耦合、惯性耦合、气动交叉耦合情况下导弹的运动机制，研究哪些因素影响了系统的稳定性，哪些因素影响了系统的可操纵性；另一方面应从这些因素中提炼出特征变量，进行优化设计。

因此并不是说质量矩控制就绝对优于舵面控制，决定是否需要采用质量矩控制，主要要看两点：第一，将气动控制面拿掉之后是否能够带来明显的优势；第二，是否不需要给飞行控制系统增加很多重量和复杂度，就能够产生足够大和快的力矩来操纵飞行器机动。

质量矩控制未来的研究方向如下。

(1) 质量矩控制动力学建模和动力学特性分析，为了改善系统动态品质，应当深入分析质量矩导弹动力学特性，阐明在运动学耦合、惯性耦合、气动交叉耦合情况下导弹的运动机制，研究哪些因素影响了系统的稳定性，哪些因素影响了系统的可操纵性。

(2) 滑块的运动规律成为质量矩控制导弹技术的关键，它决定了导弹的响应性能，因此如何寻求更快、更稳定的质量矩控制方案及滑块的运动规律将会是接下来研究的重点。

(3) 如何从机械上实现滑块的各种复杂的衰减振荡运动，也是质量矩控制导弹在实际应用之前必须解决的问题。

2.3.4 单/双/三通道控制

为完成导弹空间运动的控制，如果以控制通道的选择作为分类原则，控制方式可分为三类：单通道控制、双通道控制和三通道控制[10]。

1. 单通道控制

当导弹以稳定的角速度绕纵轴自旋，可以用一个控制通道来控制导弹在空间的运动，称单通道控制，也称极坐标控制。其适用于如小型战术导弹、反坦克导弹等小型导弹，它们一般利用尾喷管斜置和尾翼斜置产生自旋，只有通过弹体滚转，让控制力加到所需方向，才可以完成俯仰、偏航双通道控制。这类导弹的目标探测可采用点元探测，如红外测角仪、红外导引头，激光驾束、激光导引头等。

在实现方式上，采用单通道控制的导弹可采用“一”字舵面、继电式舵机，利用弹体自旋，使一对舵面在弹体旋转中不停地按一定规律从一个极限位置向另一个极限位置交替偏转，其综合效果产生的控制力，使导弹沿基准弹道飞行。通过分别调节正反向偏角的时间和换向时间来控制力的大小和方向。

单通道控制方式的优点如下。

(1) 由于只有一套执行机构，降低成本，弹上设备较少，结构简单，重量轻，可靠性高。

(2) 弹体自旋能减少推力偏心、气动不对称对弹带来的干扰，从而可以降低生产中对发动机推力的对称性及弹形对称性的要求，降低成本。

(3) 省去了滚转稳定所需的滚转控制通道。

(4) 削弱激光武器对自身的打击能力。

但由于仅用一对舵面控制导弹在空间的运动，对制导系统来说，有不少特殊问题要考虑。

(1) 研究弹体运动需采用不随弹体旋转的准弹体坐标系和准速度坐标系。

(2) 导弹自旋，将产生由陀螺力矩引起的旋转惯性交连项和弹翼斜置引起的旋转气动交连项，使得导弹在相互垂直的两平面内的运动有耦合，一般不能分成俯仰、偏航两通道独立设计，制导控制系统设计时要考虑对通道间耦合的影响。

(3) 舵系统一周内要不停换向，动作要快，否则将产生相位延迟，对舵机系统要求高。

（4）一般情况下等效控制力仅为瞬时控制力的 60%~70%，控制效率较低，所以做大机动飞行的导弹不宜采用单通道控制方式。

2. 双通道控制

常见的制导系统对导弹实施横向机动控制，故可将其分解为在互相垂直的俯仰和偏航两个通道内进行的控制，对于滚转通道仅由稳定系统对其进行稳定，而不需要进行控制，这种控制方式称为双通道控制方式，即直角坐标控制，见图 2.13。其中，滚动回路的稳定方式分倾斜稳定和滚动稳定两类，若对滚动角进行稳定，称之为倾斜稳定；若对滚动角速度进行稳定，称之为滚动稳定。

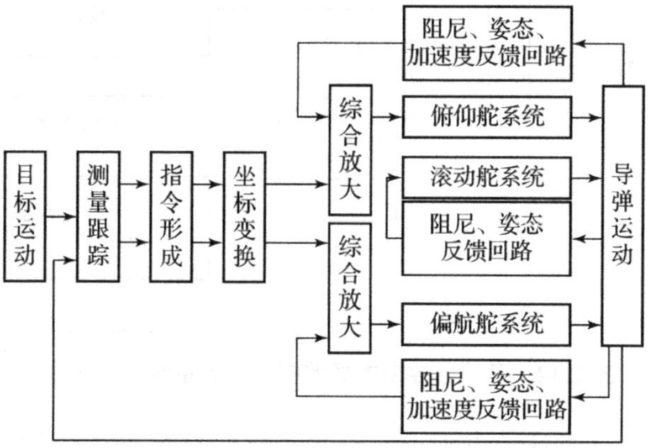

图 2.13　双通道控制方式制导控制系统原理

工作原理：观测跟踪装置测量出导弹和目标在测量坐标系的运动参数，按导引规律分别形成俯仰和偏航两个通道的控制指令。这部分工作一般包括导引规律计算，动态误差和重力误差补偿计算，以及滤波校正网络设计等内容。导弹控制系统将两个通道的控制信号传送到执行坐标系的两对舵面上（＋字型或×字型），控制导弹向减少误差信号的方向机动。靠攻角产生升力，靠侧滑角产生侧向力，从而得到需要的侧向过载（加速度）。双通道控制方式是制导系统中使用得最多的一种控制模式。

由于双通道控制的导弹是倾斜稳定的，则俯仰与偏航通道之间的耦合较弱，在控制系统设计时，甚至可以忽略两通道间的耦合关系。将三个通道分开设计，视通道间的耦合为扰动，协调分析与设计物理概念清楚，易于理解。若导弹具有轴对称气动外形，则描述侧向扰动运动的传递函数与描述纵向扰动运动的传递函数具有相同的形式，稳定控制系统设计中俯仰和偏航两个通道可取相同参数。

3. 三通道控制

制导系统对导弹实施控制时，对俯仰、偏航和倾斜三个通道都进行控制的方式，称为三通道控制方式。采用三通道控制方式的制导控制系统的工作原理，如图 2.14 所示。首先测量跟踪系统给出目标和导弹的运动信息或两者相对运动的信息，然后形成三个控制通道的制导控制指令，包括姿态控制的参量计算及相应的坐标转换、导引律计算、误差补偿、控制指令计算等。所形成的三个通道的制导控制指令与三个通道的某些状态量的反馈信号综合，构成发送给质心机构的控制指令。

采用三通道控制方式的制导控制系统设计时需注意以下问题。

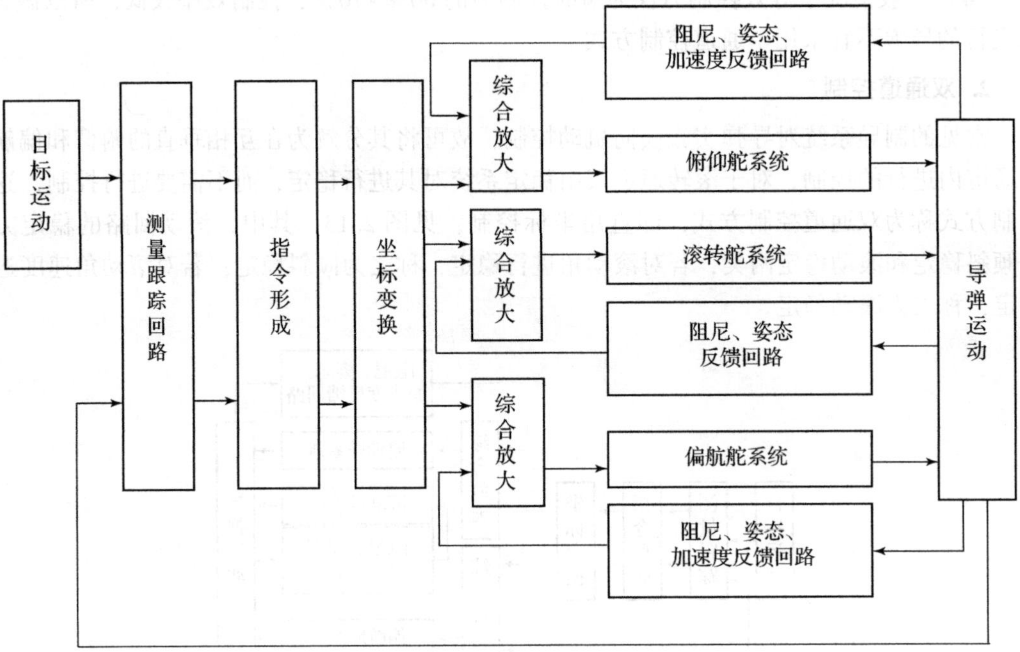

图 2.14　三通道控制方式的制导控制系统的工作原理

（1）制导控制指令的形成。由于不同的武器系统或不同武器系统的不同飞行段，制导控制系统采用三通道控制方式的目的不同，因而指令形成要满足具体的系统要求。制导控制指令的形成不仅与导引规律的选择有关，而且与武器系统中其他分系统的设计对控制系统的限制等有关。

（2）稳定控制系统的设计。采用三通道控制方式时，一般情况下弹体会以较大的速率绕纵轴滚动某一角度，使得三通道之间的气动、运动、惯性及控制作用的耦合较强，因此不能再将三个通道分开独立设计。

（3）不论是制导控制指令，还是稳定控制回路的结构、参数的选择均应特别注意尽量减少通道间的耦合。

三通道控制方式适用于一些特殊要求的情况，如垂直发射导弹的发射段的控制及倾斜转弯控制等，应用较少。

2.4 小　结

本章对飞行器制导控制涉及的基本原理和共性技术进行了介绍，主要介绍了飞行器制导控制的基本原理、制导方案、控制方式，其中控制方式具体包括飞行控制技术、正常式/鸭式气动布局操控特性、不同的执行控制方式、单/双/三通道控制。

参考文献

[1] 钱杏芳，林瑞雄，赵亚男．导弹飞行力学［M］．北京：北京理工大学出版社，2000.

[2] 樊宗臣，吴晓燕．直接力控制在防空导弹中的应用［J］．电光与控制，2008，15（1）：88 –91.
[3] 高建军．空空导弹直接力控制技术［J］．战术导弹控制技术，2011（3）：24 –30.
[4] 姜春旺．质量矩飞行器制导控制问题研究［D］．哈尔滨：哈尔滨工业大学，2017.
[5] 王林林，于剑桥，王亚飞．变质心再入弹头螺旋机动突防弹道设计［J］．航空学报，2016，37（5）：89 –98.
[6] 郭鹏飞．旋转弹质量矩控制技术与末制导技术研究［D］．北京：北京理工大学，2013.
[7] 秦之瑾，张宗美．俄罗斯的白杨 –M 洲际弹道导弹［J］．导弹与航天运载技术，2001，1（1）：55 –62.
[8] DELPINO F H，NELSON R L，PRICE D A. A new concept for controlled lifting entry flight experiments［R］. NASA –CR –66718，1967：1 –40.
[9] CHILDS D W. An investigation of a movable mass – attitude stabilization system for artificial – G space［R］. NASA –CR –124081，1972.
[10] 孟秀云．导弹制导与控制系统原理［M］．北京：北京理工大学出版社，2003.

第3章

被控对象的运动方程

要对飞行器进行控制，首先需要对制导系统的控制对象进行数学建模，它不仅是控制对象，还是制导系统回路中的一个环节，因此其在制导控制系统中具有特殊地位。由于它是控制对象，因此要求它在整个飞行中，在保证动态稳定的同时保持良好的操纵性。作为制导控制系统回路的一个环节，必然通过输入输出关系对整个回路性能发生影响。因此，研究飞行器制导控制系统的工作原理并进行设计，必须首先对受控对象进行建模，在此基础上对飞行器的动力学特性进行分析。

飞行器制导控制系统的传统设计思路是基于时标分离原则，将制导回路与控制回路分离，分开为两部分单独进行设计（图 3.1），首先将导弹自动驾驶仪视为理想环节进行制导律设计，然后设计自动驾驶仪使得导弹的实际加速度能够快速、稳定地跟踪制导回路产生的制导指令，最后将设计好的控制回路嵌入制导回路中进行联调，直至达到期望的要求为止。尽管这种设计方法在过去被证明是有效的，且简单易行，但这种方法的突出缺陷是两个回路以不同频率运行，两个回路之间存在延迟。在制导律的设计中，一般不包含弹体的姿态、转速等状态信息，因此当目标具有高机动性时，产生的制导指令容易超出自动驾驶仪的性能限制。而在实际中，大多数的制导律是“剩余飞行时间”（time - to - go）的函数，导弹与目标之间的距离越短，制导指令的变化会越快，因此对自动驾驶仪的要求也随之增加。所以，采用分离理论设计时，制导控制系统在制导末端存在固有的不稳定性。特别是针对导弹打击快速机动目标的末制导段，导弹与目标之间的相对运动很快，飞行器制导回路、控制回路的频率接近，制导系统与控制系统之间的耦合作用开始凸显，不再满足时标分离条件，分离设计会导致弹体失稳和较大脱靶量等问题。

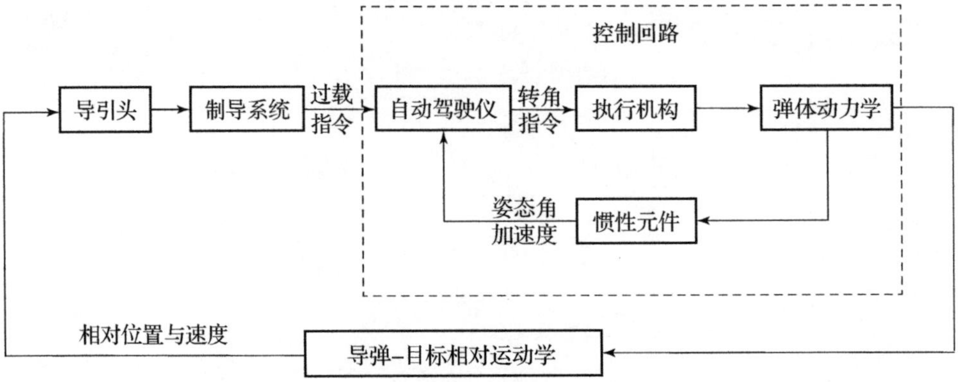

图 3.1　传统飞行器制导控制系统设计结构

为此，产生了制导控制一体化设计的思路，该方法由 Williams 最早在 1983 年提出[1]，其主要设计思想是将导弹制导控制系统作为一个整体进行设计，充分考虑导弹的姿态控制系统对导弹制导系统的影响，充分利用制导系统和控制系统之间固有的耦合关系，提高制导控制系统的整体性能，在提高制导武器制导精度方面具有很大潜力。IGC 设计结构如图 3.2 所示，一体化控制器综合原来的导弹制导回路与控制回路的作用，根据导弹 – 目标的相对运动信息直接产生舵偏指令，而省略了中间环节即过载的生成和跟踪，从而达到精确打击目标的目的。该设计实现制导与控制的无缝结合，最大限度地发挥了飞行器的机动能力，实现精确打击。另外，它仅仅考虑一个闭环系统，简化控制器的设计过程，使系统可靠性得到提高，降低武器的生产和维护成本。

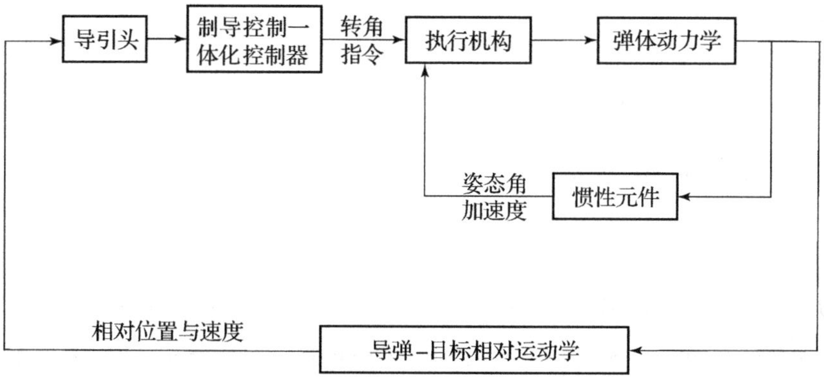

图 3.2　IGC 设计结构

本章以导弹为例，介绍其运动方程组，在此基础上首先针对传统的制导控制分时标设计方式，建立为控制回路（自动驾驶仪）设计所用的弹体传递函数以及弹体状态空间表达，并对弹体动力学特性进行分析，了解其作为被控对象的典型特性，以及之所以要引入自动驾驶仪对导弹姿态进行控制的原因；同时，针对制导回路，介绍了为制导律设计所广泛使用的弹目相对运动方程以及几种传统的经典导引律。然后，针对制导控制一体化现代设计方式，给出了制导控制一体化建模的主要思路和示例。这些数学模型的建立和动力学特性分析，为飞行器制导控制系统的设计奠定了基础。

3.1　飞行器运动方程组

描述飞行器的空间运动方程组如下[1]：

$$\begin{cases} m\dfrac{\mathrm{d}V}{\mathrm{d}t}=P\cos\alpha\cos\beta-X-mg\sin\theta \\ mV\dfrac{\mathrm{d}\theta}{\mathrm{d}t}=P(\sin\alpha\cos\gamma_V+\cos\alpha\sin\beta\sin\gamma_V)+Y\cos\gamma_V-Z\sin\gamma_V-mg\cos\theta \\ -mV\cos\theta\dfrac{\mathrm{d}\psi_V}{\mathrm{d}t}=P(\sin\alpha\sin\gamma_V-\cos\alpha\sin\beta\cos\gamma_V)+Y\sin\gamma_V-Z\cos\gamma_V \\ J_x\dfrac{\mathrm{d}\omega_x}{\mathrm{d}t}+(J_z-J_y)\omega_z\omega_y=M_x \end{cases}$$

$$
\begin{cases}
J_y \dfrac{\mathrm{d}\omega_y}{\mathrm{d}t} + (J_x - J_z)\omega_z\omega_x = M_y \\
J_z \dfrac{\mathrm{d}\omega_z}{\mathrm{d}t} + (J_y - J_x)\omega_x\omega_y = M_z \\
\dfrac{\mathrm{d}x}{\mathrm{d}t} = V\cos\theta\cos\psi_V \\
\dfrac{\mathrm{d}y}{\mathrm{d}t} = V\sin\theta \\
\dfrac{\mathrm{d}z}{\mathrm{d}t} = -V\cos\theta\sin\psi_V \\
\dfrac{\mathrm{d}\vartheta}{\mathrm{d}t} = \omega_y\sin\gamma + \omega_z\cos\gamma \\
\dfrac{\mathrm{d}\psi}{\mathrm{d}t} = \dfrac{1}{\cos\vartheta}(\omega_y\cos\gamma - \omega_z\sin\gamma) \\
\dfrac{\mathrm{d}\gamma}{\mathrm{d}t} = \omega_x - \tan\vartheta(\omega_y\cos\gamma - \omega_z\sin\gamma) \\
\dfrac{\mathrm{d}m}{\mathrm{d}t} = -m_c \\
\sin\beta = \cos\theta[\cos\gamma\sin(\psi-\psi_V) + \sin\vartheta\sin\gamma\cos(\psi-\psi_V)] - \sin\theta\cos\vartheta\sin\gamma \\
\sin\alpha = \{\cos\theta[\sin\vartheta\cos\gamma\cos(\psi-\psi_V) - \sin\gamma\sin(\psi-\psi_V)] - \sin\theta\cos\vartheta\cos\gamma\}/\cos\beta \\
\sin\gamma_V = [\cos\alpha\sin\beta\sin\vartheta - \sin\alpha\sin\beta\cos\gamma\cos\vartheta + \cos\beta\sin\gamma\cos\vartheta]/\cos\theta \\
\phi_1 = 0 \\
\phi_2 = 0 \\
\phi_3 = 0 \\
\phi_4 = 0
\end{cases}
\tag{3.1}
$$

其中，$\phi_i(i=1, \cdots, 4)$ 为控制方程组，分别表示控制飞行器的飞行方向、速度大小等。

以上为标量形式的飞行器空间运动方程组，是一组非线性的常微分方程组，包含 20 个未知数 $V(t)$，$\theta(t)$，$\psi_V(t)$，$\omega_x(t)$，$\omega_y(t)$，$\omega_z(t)$，$x(t)$，$y(t)$，$z(t)$，$\vartheta(t)$，$\psi(t)$，$\gamma(t)$，$m(t)$，$\alpha(t)$，$\beta(t)$，$\gamma_V(t)$，$\delta_x(t)$，$\delta_y(t)$，$\delta_z(t)$，$\delta_P(t)$，其中后四个未知数包含在式（3－1）中后四个方程中，分别控制俯仰、偏航、滚转方向运动和推力。方程组有描述导弹质点空间位置的运动学方程，描述气动力和推力作用下的姿态和速度变化的动力学方程、质量变化方程以及几何关系方程，在补充了控制关系方程后，上述方程组构成了导弹飞行的闭合形式。给定初始条件后，用数值积分法可以解得有控弹道及其相应的 20 个参数的变化规律。关于方程中各状态量和相关参数的物理意义可参见文献［1］。

为了便于研究，一般将导弹运动方程分为独立的纵向运动方程组和侧向运动方程组，基于式（3.1）可得到导弹纵向平面运动的方程组为

$$
\begin{cases}
m\dfrac{\mathrm{d}V}{\mathrm{d}t}=P\cos\alpha-X-mg\sin\theta\\
mV\dfrac{\mathrm{d}\theta}{\mathrm{d}t}=P\sin\alpha+Y-mg\cos\theta\\
J_z\dfrac{\mathrm{d}\omega_z}{\mathrm{d}t}=M_z\\
\dfrac{\mathrm{d}\vartheta}{\mathrm{d}t}=\omega_z\\
\dfrac{\mathrm{d}x}{\mathrm{d}t}=V\cos\theta\\
\dfrac{\mathrm{d}y}{\mathrm{d}t}=V\sin\theta\\
\dfrac{\mathrm{d}m}{\mathrm{d}t}=-m_c\\
\alpha=\vartheta-\theta\\
\phi_1=0\\
\phi_2=0
\end{cases}
\tag{3.2}
$$

同理，也可得到导弹侧向运动的方程组，以及导弹质心运动方程组等。在这些运动方程组的基础上，就可以推导制导控制中飞行器作为被控对象的数学模型。

3.2　控制回路被控对象建模

飞行器制导控制系统的传统设计思路是基于时标分离原则，将动态特性相差较大的制导回路与控制回路分离，分开为两部分单独进行设计。对于控制回路，较为常用的被控对象描述有线性时不变（linear time invariant，LTI）系统的传递函数和状态空间表达。对于传统方法，基于这些模型就能根据实际问题需求选取合适的自动驾驶仪拓扑结构，如两回路过载驾驶仪、三回路过载驾驶仪、姿态驾驶仪等，采用根轨迹、极点配置等方法[2]，进行自动驾驶仪的设计。为了进一步改善控制系统的性能，往往需要用到校正网络进行校正。

3.2.1　导弹传递函数的建立

目前有三种比较成熟的线性系统描述形式，分别为线性时不变系统、线性时变（linear time varying，LTV）系统以及线性变参数系统。LTI 系统是控制类中最为常见的一种系统，也是目前研究最为成熟的线性系统。以下介绍的弹体传递函数及状态空间表达模型都属于 LTI。关于目前较为常用的 LPV 系统，其描述及构建将在本书第 6 章进行介绍。

古典控制理论所能处理的是线性定常系统，即 LTI，而导弹作为一个被控系统，本质上来说是非线性时变的，这给工程计算和分析带来很大的困难。在这种情况下，如果采用古典控制理论设计导弹控制器就必须将导弹动力学描述成为能为其所接受的形式，由此产生了导弹扰动运动方程组的概念，它是对导弹非线性动力学的一种线性化近似。实践证明，在许多情况下，导弹的运动方程组可以根据“小扰动法”，用线性化方程组来近似。

在3.1节构建的飞行器运动方程组的基础上，采取小扰动线性化、系数冻结、纵向/侧向/滚转通道分离、长短周期分离，得到扰动运动方程组，进一步应用拉普拉斯变换，可以推导构建各个通道的飞行器的传递函数，从而用于控制系统设计。飞行器运动方程组的线性化过程是飞行力学研究的主要内容，在诸多的教材专著中都有介绍，本书不再赘述。基于式（3.2），利用小扰动线性化，质心位置方程在制导控制系统设计中一般很少用到，最终可得到导弹纵向扰动运动方程组如下[1,3]：

$$\begin{cases} \dfrac{\mathrm{d}\Delta V}{\mathrm{d}t} = a_{11}\Delta V + a_{14}\Delta\alpha + a_{13}\Delta\theta \\ \dfrac{\mathrm{d}^2\Delta\vartheta}{\mathrm{d}t^2} = a_{21}\Delta V + a_{22}\dfrac{\mathrm{d}\Delta\vartheta}{\mathrm{d}t} + a_{24}\Delta\alpha + a'_{24}\dfrac{\mathrm{d}\Delta\alpha}{\mathrm{d}t} + a_{25}\Delta\delta_z \\ \dfrac{\mathrm{d}\Delta\theta}{\mathrm{d}t} = a_{31}\Delta V + a_{34}\Delta\alpha + a_{33}\Delta\theta + a_{35}\Delta\delta_z \\ \Delta\alpha - \Delta\vartheta + \Delta\theta = 0 \end{cases} \tag{3.3}$$

其中，ΔV、$\Delta\alpha$、$\Delta\theta$、$\Delta\vartheta$ 分别表示导弹的速度、攻角、弹道倾角和俯仰角的扰动量；a_{11}，…，a_{21}，…系数体现了导弹的动力学特性，称为动力系数，动力系数的大小取决于导弹的结构参数、几何参数以及未扰动弹道参数，其定义如表3.1所示。

表3.1 动力系数描述

动力系数	描述
$a_{11} = \dfrac{P^V - X^V}{m}$ (1/s)	P^V和X^V分别为推力和阻力对飞行速度的导数
$a_{13} = -g\cos\theta$ (m/s²)	考虑重力影响的系数
$a_{14} = \dfrac{-P\alpha - X^\alpha}{m} = \dfrac{-P\alpha - C_x^\alpha qS}{m}$ (m/s²)	X^α 和C_x^α分别为阻力及阻力系数对攻角的导数
$a_{21} = \dfrac{M_z^V}{J_z}$ (1/s)	M_z^V 为俯仰力矩对飞行速度的导数
$a_{22} = \dfrac{M_z^{\omega_z}}{J_z} = \dfrac{m_z^{\omega_z} qSb_A}{J_z}\dfrac{b_A}{V}$ (1/s)	导弹的气动阻尼系数，表示单位角速度增量引起的导弹转动角加速度增量
$a_{24} = \dfrac{M_z^\alpha}{J_z} = \dfrac{m_z^\alpha qSb_A}{J_z}$ (1/s²)	表征导弹的纵向静稳定性，表示单位攻角增量引起的导弹转动加速度增量，若$a_{24}<0$，即$M_z^\alpha<0$，则由攻角偏量 $\Delta\alpha$ 引起的角加速度偏量的方向与偏量 $\Delta\alpha$ 的方向相反，弹体为静稳定，反之则静不稳定
$a'_{24} = \dfrac{M_z^{\dot\alpha}}{J_z} = \dfrac{m_z^{\dot\alpha} qSb_A}{J_z}\dfrac{b_A}{v}$ (1/s)	洗流延迟对俯仰力矩的影响

续表

动力系数	描述
$a_{25}=\dfrac{M_z^{\delta_z}}{J_z}=\dfrac{m_z^{\delta_z}qSb_A}{J_z}$ （$1/s^2$）	表征导弹舵面效率系数，表示单位舵面增量所引起的导弹角加速度增量，尾舵控制，则$m_z^{\delta_z}<0$，$a_{25}<0$；鸭舵控制，则$m_z^{\delta_z}>0$，$a_{25}>0$
$a_{31}=\dfrac{P^V\alpha+Y^V}{mV}$ （1/s）	P^V和 Y^V分别为推力和升力对飞行速度的导数
$a_{33}=\dfrac{g\sin\theta}{V}$ （1/s）	考虑重力影响的系数
$a_{34}=\dfrac{P+Y^\alpha}{mV}=\dfrac{P+C_y^\alpha qS}{mV}$ （1/s）	表示当攻角偏量为一个单位时所引起的法向过载的偏量
$a_{35}=\dfrac{Y^{\delta_z}}{mV}=\dfrac{C_y^{\delta_z}qS}{mV}$ （1/s）	表示舵偏角偏量为一个单位时所引起的法向过载的偏量

注意，上述动力系数涉及空气动力和力矩系数的导数计算，要注意其单位，在国际单位制中角度单位为 rad，而角速度则以 rad/s 表示，如：$[C_y^{\delta_z}]=\text{rad}^{-1}$和 $[C_y^\alpha]=\text{rad}^{-1}$。

上述方程组（3.3）虽然具有线性形式，但由于导弹飞行过程中质量、转动惯量随着燃料的消耗在不断变化，导弹的攻角和俯仰角也是时间的函数，因此式（3.3）为变系数线性微分方程组，其时变特性仍然不能为古典控制理论所接受，于是就有了飞行力学中的“系数冻结”概念。所谓“系数冻结”就是在研究导弹的动态特性时，若未扰动弹道已经给出，则在该弹道上任意一点的运动参数和结构参数都是已知的，近似认为所研究的弹道点（特征点）附近小范围内未扰动运动的运动参数、气动参数、结构参数和制导系统参数都固定不变。也就是说，认为式（3.3）各扰动运动方程中扰动偏量前的系数在特征点附近冻结不变。这样，就将导弹在一个小的研究范围内变成了一个线性定常系统，基于此建立弹体的传递函数。

对于导弹和大多数其他的飞行器而言，其旋转惯性较小，而受到干扰后产生的干扰力矩相对比较大，所以比较容易使导弹相对质心旋转，并很快改变攻角。在相同时间内，导弹飞行速度的惯性较大，而受到干扰后产生的干扰力相对又比较小，因此导弹的速度变化比较小。在扰动运动的初始时刻，导弹的转动总是比飞行速度变化剧烈。因此，通常将弹道的扰动运动分解为两个独立的阶段，在第一个阶段（短周期运动）速度不变（ΔV），仅 $\Delta\alpha$、$\Delta\theta$、$\Delta\omega_z$、$\Delta\vartheta$ 有变化。同时当第一个阶段结束时，$\Delta\alpha$ 和 $\Delta\omega_z$ 都衰减掉了；在第二个阶段（长周期运动），把 $\Delta\alpha$ 和 $\Delta\omega_z$ 看作零，只研究 ΔV、$\Delta\theta$、$\Delta\vartheta$ 的变化，这样得以将运动方程简化。当设计导弹及其控制系统时，只研究其扰动运动的短周期阶段。控制飞行必须控制法向力，而控制法向力是通过改变攻角和侧滑角来达到的，攻角实际上仅在短周期阶段变化。因此，忽略速度变化的影响，去掉式（3.3）中描述 ΔV 变化的第一个方程，在其余方程中令 $\Delta V=0$，则得到导弹的短周期扰动运动方程组。

$$
\begin{aligned}
&\frac{\mathrm{d}^2\Delta\vartheta}{\mathrm{d}t^2}-a_{22}\frac{\mathrm{d}\Delta\vartheta}{\mathrm{d}t}-a_{24}\Delta\alpha-a'_{24}\Delta\dot{\alpha}=a_{25}\Delta\delta_z\\
&\frac{\mathrm{d}\Delta\theta}{\mathrm{d}t}-a_{34}\Delta\alpha-a_{33}\Delta\theta=a_{35}\Delta\delta_z\\
&\Delta\alpha-\Delta\vartheta+\Delta\theta=0
\end{aligned}
\tag{3.4}
$$

由上述方程组所描述的导弹动力学是一个三阶系统，主要描述导弹的角运动。注意该方程组的假设前提是：小扰动、未扰动运动的侧向参数及纵向角速度足够小、只适用于不超过几秒的短暂时间。进一步忽略重力对导弹的作用效果及气流下洗的作用效果，即令

$$
\begin{aligned}
a_{33}&=0\\
a'_{24}&=0
\end{aligned}
\tag{3.5}
$$

可得

$$
\begin{aligned}
&\frac{\mathrm{d}^2\Delta\vartheta}{\mathrm{d}t^2}=a_{22}\frac{\mathrm{d}\Delta\vartheta}{\mathrm{d}t}+a_{24}\Delta\alpha+a_{25}\Delta\delta_z\\
&\frac{\mathrm{d}\Delta\theta}{\mathrm{d}t}=a_{34}\Delta\alpha+a_{35}\Delta\delta_z\\
&\Delta\alpha=\Delta\vartheta-\Delta\theta
\end{aligned}
\tag{3.6}
$$

方程组（3.6）在导弹控制系统分析与设计中应用非常广泛，它将导弹描述成一个二阶系统，使得我们可以非常方便地应用增益、阻尼以及固有频率等时域指标，对导弹的动力学特性进行描述。进一步对式（3.6）进行拉氏变换，可得到一组常用的关于弹体动力学的传递函数（为描述简便，略去偏量符号 Δ）。

$$
\begin{aligned}
&\frac{\dot{\vartheta}(s)}{\delta_z(s)}=\frac{a_{25}s+(a_{25}a_{34}-a_{24}a_{35})}{s^2+(a_{34}-a_{22})s+(-a_{22}a_{34}-a_{24})}\\
&\frac{\dot{\theta}(s)}{\delta_z(s)}=\frac{a_{35}s^2+(-a_{22}a_{35})s+(a_{25}a_{34}-a_{24}a_{35})}{s^2+(a_{34}-a_{22})s+(-a_{22}a_{34}-a_{24})}\\
&\frac{f_y(s)}{\delta_z(s)}=V\frac{\dot{\theta}(s)}{\delta_z(s)}=V\frac{a_{35}s^2+(-a_{22}a_{35})s+(a_{25}a_{34}-a_{24}a_{35})}{s^2+(a_{34}-a_{22})s+(-a_{22}a_{34}-a_{24})}
\end{aligned}
\tag{3.7}
$$

其中，$f_y=V\dot{\theta}$为导弹的纵向法向过载。

需要注意的是，在研究导弹动态特性时，并不是对导弹所有可能的弹道逐条逐点进行分析，而是选取典型弹道上的特征点进行分析，如起始点、发动机开关机点、速度最大点、高度最大点等。基于这些特征点上的气动、质量等数据，计算动力系数，代入式（3.7），进而可得到相应的传递函数。

3.2.2 弹体运动的状态空间表达

在以古典控制理论为背景讨论导弹系统建模问题时，通常将导弹动力学描述为传递函数的形式。这种描述方式可以建立起系统的输入量和输出量之间的关系。然而，实际的系统除了输出量外，还包括其他相互独立的变量，而传递函数对这些内部的中间变量是不便描述的。因此，传递函数不能包含系统的所有信息。也就是说，从揭示系统的全部运动状态来说，传递函数有其不足之处。此外，在古典控制理论中已经学过的根轨迹法告诉我们，基于

传递函数这种系统描述手段而建立起来的输出反馈控制是不能任意配置极点的，这也是古典控制在进行系统综合时要使用校正网络的原因。校正网络事实上是通过增加开环零、极点的方法改变根轨迹的走向，从而使其通过指定的期望极点位置，达到期望的性能。

近年来，随着现代控制理论的发展，其在导弹控制领域得到越来越广泛的应用。状态空间表达式是现代控制理论描述被控对象的基本手段。在采用状态空间表达式对被控对象进行描述时，系统的动态特性是由状态变量构成的一阶微分方程组来描述的。它能反映系统的全部独立变量的变化规律、确定系统的全部内部运动状态，而且还可以方便地处理初始条件。采用这种方法来描述被控对象，使得系统在综合过程中，不再局限于输入量和输出量，而可以采用所谓的全状态反馈来实现系统极点的任意配置。

足以完全表征系统运动状态的最小个数的一组系统内部变量称为状态变量。同一个系统，究竟选取哪些变量作为状态变量不是唯一的，重要的是这些变量应该是相互独立的，并且状态变量的个数应该等于描述该系统的一阶微分方程组的个数。以系统的状态变量x_1，x_2，…，x_n 为基底所构成的 n 维空间称为系统的状态空间。系统状态随时间的推移在状态空间所绘出的轨迹称为状态轨线。状态变量既可以是物理上可测或可观测的量，也可以是不代表物理量的变量，状态变量选择的自由性是状态空间法的一个优点。考虑到工程实用性，状态变量应尽量选择容易测量的量。

设系统的状态方程如下所示：

$$\begin{aligned} \boldsymbol{x}' &= \boldsymbol{Ax} + \boldsymbol{Bu} \\ \boldsymbol{y} &= \boldsymbol{Cx} \end{aligned} \tag{3.8}$$

其中，$\boldsymbol{A}$ 为$n \times n$ 方阵；$\boldsymbol{B}$ 为 $n \times p$ 矩阵；$\boldsymbol{C}$ 为 $q \times n$ 矩阵；$\boldsymbol{u}$ 为 p 维输入向量；$\boldsymbol{y}$ 为 q 维输出向量。

针对以上状态空间表达的线性定常系统，可以进行状态反馈 $\boldsymbol{u} = -\boldsymbol{Kx} + \boldsymbol{v}$（图 3.3），或输出反馈 $\boldsymbol{u} = -\boldsymbol{Hy} + \boldsymbol{v}$（图 3.4），进行闭环控制。前者在满足一定条件下可实现任意极点配置，而后者无法实现任意极点配置。

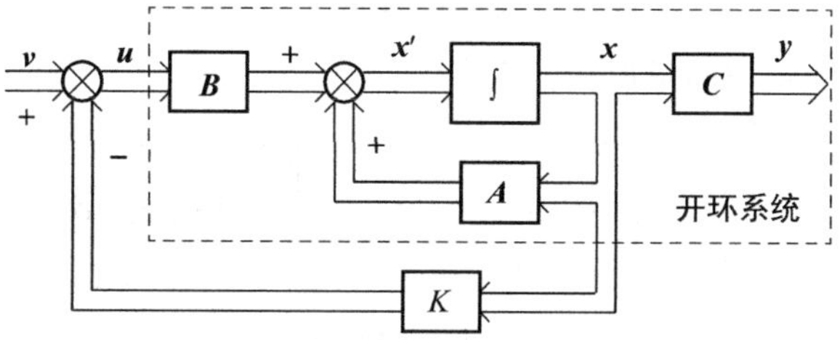

图 3.3　线性定常系统的状态反馈结构

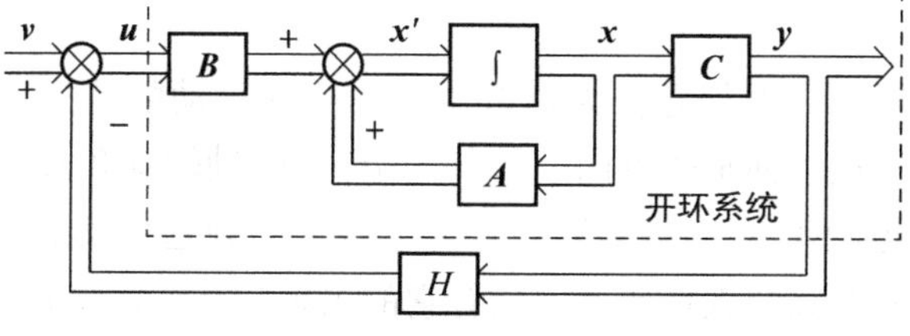

图 3.4　线性定常系统的输出反馈结构

下面将给出基于导弹扰动运动方程组的导弹状态空间表达。对方程组（3.6）进行处理，取俯仰角速度偏量 $\Delta\dot{\vartheta} = \Delta\omega_z$，并由几何关系方程 $-\Delta\vartheta + \Delta\theta + \Delta\alpha = 0$ 消去弹道倾角偏量

$\Delta\theta$ 及其角速度偏量 $\Delta\dot{\theta}$，可得如下矩阵向量形式的导弹扰动运动方程组：

$$\begin{bmatrix}\Delta\dot{V}\\ \Delta\dot{\omega}_z\\ \Delta\dot{\alpha}\\ \Delta\dot{\vartheta}\end{bmatrix}=\begin{bmatrix}a_{11} & 0 & a_{14}-a_{13} & a_{13}\\ a_{21}-a'_{24}a_{31} & a_{22}+a'_{24} & -a'_{24}a_{34}+a'_{24}a_{33}+a_{24} & -a'_{24}a_{11}\\ -a_{31} & 1 & -a_{34}+a_{33} & -a_{33}\\ 0 & 1 & 0 & 0\end{bmatrix}\begin{bmatrix}\Delta V\\ \Delta\omega_z\\ \Delta\alpha\\ \Delta\vartheta\end{bmatrix}+\begin{bmatrix}0\\ a_{25}-a'_{24}a_{35}\\ -a_{35}\\ 0\end{bmatrix}\Delta\delta_z \tag{3.9}$$

式（3.9）事实上就是描述导弹长周期扰动运动状态方程的一种形式，其中状态向量由导弹速度偏量 ΔV、俯仰角速度偏量 $\Delta\omega_z$、攻角偏量 $\Delta\alpha$ 及俯仰角偏量 $\Delta\vartheta$ 构成。

下面推导导弹短周期扰动运动状态方程，由式（3.4）去掉增量符号 Δ，得

$$\begin{aligned}&\frac{\mathrm{d}^2\vartheta}{\mathrm{d}t^2}-a_{22}\frac{\mathrm{d}\vartheta}{\mathrm{d}t}-a_{24}\alpha=a_{25}\delta_z\\ &\frac{\mathrm{d}\theta}{\mathrm{d}t}-a_{34}\alpha-a_{33}\theta=a_{35}\delta_z\\ &\alpha-\vartheta+\theta=0\end{aligned} \tag{3.10}$$

将 $\alpha=\vartheta-\theta$ 代入式（3.10）的第一个方程和第二个方程，得

$$\begin{aligned}&\frac{\mathrm{d}^2\vartheta}{\mathrm{d}t^2}-a_{22}\frac{\mathrm{d}\vartheta}{\mathrm{d}t}-a_{24}(\vartheta-\theta)=a_{25}\delta_z\\ &\frac{\mathrm{d}\theta}{\mathrm{d}t}-a_{34}(\vartheta-\theta)-a_{33}\theta=a_{35}\delta_z\end{aligned} \tag{3.11}$$

令 $x_1=\vartheta$，$x_2=\frac{\mathrm{d}\vartheta}{\mathrm{d}t}$，$x_3=\theta$，则有

$$\begin{aligned}&\dot{x}_1=x_2\\ &\dot{x}_2=a_{24}x_1+a_{22}x_2-a_{24}x_3+a_{25}\delta_z\\ &\dot{x}_3=a_{34}x_1+(a_{33}-a_{34})x_3+a_{35}\delta_z\end{aligned} \tag{3.12}$$

将式（3.12）写成矩阵向量形式，则有

$$\begin{bmatrix}\dot{x}_1\\ \dot{x}_2\\ \dot{x}_3\end{bmatrix}=\begin{bmatrix}0 & 1 & 0\\ a_{24} & a_{22} & -a_{24}\\ a_{34} & 0 & a_{33}-a_{34}\end{bmatrix}\begin{bmatrix}x_1\\ x_2\\ x_3\end{bmatrix}+\begin{bmatrix}0\\ a_{25}\\ a_{35}\end{bmatrix}\delta_z \tag{3.13}$$

由此，导弹短周期扰动运动的状态可以被描述为 $[\vartheta\quad\dot{\vartheta}\quad\theta]^{\mathrm{T}}$，当然，$[\vartheta\quad\dot{\vartheta}\quad\alpha]^{\mathrm{T}}$ 和 $[\alpha\quad\dot{\vartheta}\quad\theta]^{\mathrm{T}}$ 也可作为导弹短周期扰动运动的一组状态，其相应的状态方程组也可以按照上述过程推导得到。

细心的读者可能提出以下问题：为什么短周期扰动运动的状态空间表达中只有三个状态，而这三个状态只描述了弹轴的方向（俯仰角 ϑ）、弹轴转动角速度（俯仰角速度 $\dot{\vartheta}$）以及速度矢量方向（弹道倾角 θ），速度矢量转动角速度（弹道倾角角速度 $\dot{\theta}$）哪里去了？的确，弹道倾角角速度 $\dot{\theta}$ 对我们太重要了，只有它的出现，才能产生过载 $f_y=V\dot{\theta}$，导弹的质心位置才会最终得到改变。那么它为什么没有被包含在导弹的状态向量中呢？考察式（3.11）的第二个方程，可见弹道倾角角速度可由 ϑ、θ 和 δ_z 唯一确定，因此它不能成为导弹的一个状态。

下面给出导弹短周期扰动运动状态方程的两种简化形式。

在式（3.10）中，将 $\theta=\vartheta-\alpha$ 代入第二个微分方程得

$$\begin{aligned}&\frac{\mathrm{d}^2\vartheta}{\mathrm{d}t^2}-a_{22}\frac{\mathrm{d}\vartheta}{\mathrm{d}t}-a_{24}\alpha=a_{25}\delta_z\\&\frac{\mathrm{d}\vartheta}{\mathrm{d}t}-\frac{\mathrm{d}\alpha}{\mathrm{d}t}-a_{33}\vartheta+a_{33}\alpha-a_{34}\alpha=a_{35}\delta_z\end{aligned}\tag{3.14}$$

令 $a_{33}\vartheta$ 中的$a_{33}=0$，由于$a_{33}=\dfrac{g\sin\theta}{V}$，其实就是忽略了重力的一部分作用效果，可以在后期控制系统设计中进行补偿，由此得到

$$\begin{aligned}&\frac{\mathrm{d}^2\vartheta}{\mathrm{d}t^2}=a_{22}\frac{\mathrm{d}\vartheta}{\mathrm{d}t}+a_{24}\alpha+a_{25}\delta_z\\&\frac{\mathrm{d}\alpha}{\mathrm{d}t}=\frac{\mathrm{d}\vartheta}{\mathrm{d}t}+a_{33}\alpha-a_{34}\alpha-a_{35}\delta_z\end{aligned}\tag{3.15}$$

令$x_1=\alpha$，$x_2=\dfrac{\mathrm{d}\vartheta}{\mathrm{d}t}=\dot{\vartheta}$，则

$$\begin{aligned}&\dot{x}_1=(a_{33}-a_{34})x_1+x_2-a_{35}\delta_z\\&\dot{x}_2=a_{24}x_1+a_{22}x_2+a_{25}\delta_z\end{aligned}\tag{3.16}$$

式（3.16）写成矩阵向量形式有

$$\begin{bmatrix}\dot{x}_1\\\dot{x}_2\end{bmatrix}=\begin{bmatrix}a_{33}-a_{34}&1\\a_{24}&a_{22}\end{bmatrix}\begin{bmatrix}x_1\\x_2\end{bmatrix}+\begin{bmatrix}-a_{35}\\a_{25}\end{bmatrix}\delta_z\tag{3.17}$$

此时短周期扰动运动状态可以被描述为$[\alpha\quad\dot{\vartheta}]^{\mathrm{T}}$。

再由式（3.10）中的第二个方程可得

$$\frac{\mathrm{d}\theta}{\mathrm{d}t}=a_{34}\alpha+a_{33}\theta+a_{35}\delta_z\tag{3.18}$$

将 $\theta=\vartheta-\alpha$ 代入式（3.18）右侧，得

$$\frac{\mathrm{d}\theta}{\mathrm{d}t}=(a_{34}-a_{33})\alpha+a_{33}\vartheta+a_{35}\delta_z\tag{3.19}$$

令$a_{33}\vartheta=0$，$a_{35}\delta_z=0$（忽略舵面控制力的作用，通常该力相比于攻角产生的升力是小量），可得

$$\frac{\mathrm{d}\theta}{\mathrm{d}t}=(a_{34}-a_{33})\alpha\tag{3.20}$$

又由

$$f_y=V\frac{\mathrm{d}\theta}{\mathrm{d}t}=(a_{34}-a_{33})V\alpha\tag{3.21}$$

得

$$\alpha=\frac{f_y}{(a_{34}-a_{33})V}\tag{3.22}$$

将式（3.22）代入式（3.15）可得

$$\begin{aligned}&\frac{d^2\vartheta}{dt^2}=a_{22}\frac{d\vartheta}{dt}+\frac{a_{24}}{(a_{34}-a_{33})V}f_y+a_{25}\delta_z\\&\frac{1}{(a_{34}-a_{33})V}\frac{df_y}{dt}=\frac{d\vartheta}{dt}+\frac{a_{33}-a_{34}}{(a_{34}-a_{33})V}f_y-a_{35}\delta_z\end{aligned}\tag{3.23}$$

进一步整理可得

$$\begin{aligned}&\frac{d^2\vartheta}{dt^2}=a_{22}\frac{d\vartheta}{dt}+\frac{a_{24}}{(a_{34}-a_{33})V}f_y+a_{25}\delta_z\\&\frac{df_y}{dt}=(a_{34}-a_{33})V\frac{d\vartheta}{dt}-(a_{34}-a_{33})f_y-(a_{34}-a_{33})Va_{35}\delta_z\end{aligned}\tag{3.24}$$

令$x_1=f_y$，$x_2=\dot{\vartheta}$，可得

$$\begin{aligned}&\dot{x}_1=-(a_{34}-a_{33})x_1+(a_{34}-a_{33})Vx_2-(a_{34}-a_{33})Va_{35}\delta_z\\&\dot{x}_2=\frac{a_{24}}{(a_{34}-a_{33})V}x_1+a_{22}x_2+a_{25}\delta_z\end{aligned}\tag{3.25}$$

写成矩阵向量形式，有

$$\begin{bmatrix}\dot{x}_1\\\dot{x}_2\end{bmatrix}=\begin{bmatrix}a_{33}-a_{34}&(a_{34}-a_{33})V\\\frac{a_{24}}{(a_{34}-a_{33})V}&a_{22}\end{bmatrix}\begin{bmatrix}x_1\\x_2\end{bmatrix}+\begin{bmatrix}(a_{33}-a_{34})Va_{35}\\a_{25}\end{bmatrix}\delta_z\tag{3.26}$$

此时导弹短周期扰动运动的状态可被描述为$[f_y \quad \dot{\vartheta}]^{\mathrm{T}}$。

3.2.3 动力学特性分析

飞行器动力学特性分析是总体设计中的一个核心问题，它联系着飞行器的速度方案、控制分系统、气动分系统和结构分系统等一系列的设计环节。例如，以导弹为例，现在要增加弹体的固有频率，要么调整静稳定度，要么调整转动惯量J_z。但是，通常调整J_z是非常困难的，因此首先我们想到通过调整焦点及质心的距离来调整静稳定度，这要相对容易。但是静稳定度的调整会直接影响舵机分系统的设计难度，速度方案也需调整，甚至可能会需要调整导弹的质量和外形尺寸。因此，看似很简单的调整静稳定度，实际中并不简单。只有真正理解飞行器作为一个被控的动力学系统相关的动力学特征，如其制导控制中的“被控特性”和实际物理参数之间的关系，才能从控制的角度对飞行器动力学所提出的设计要求做出合理的把握，从而更好地进行制导控制系统的设计。

1. 弹体环节的特点

弹体环节具有以下特点。

1）运动状态多样性

导弹是一种空间运动体，作为刚体它有六个自由度，实际上它是一种变质量的弹性体，除了基于刚体假设的质心运动和绕质心运动的六种状态之外，还有弹性振动（尤其如：火箭弹通常具有大长细比，弹性振动较为明显）、带有液体推进剂时的液体晃动、推力矢量控制情况下发动机喷管摆动等，所以最终导弹的运动是这些运动的复合。

2）各种运动状态的相关性

弹体的运动存在多种耦合关系，弹体在空间的姿态可分为俯仰、偏航、滚转三个通道，

它们之间通过惯性、阻尼、气动力或者电气环节发生相互耦合。气动力与结构变形存在耦合，弹体变形将改变气动力的大小与分布，而气动力的变化又进一步使弹体变形，此即为气动弹性问题。刚体运动与弹性体运动的耦合，弹性变形将改变推力方向、气动力分布，从而改变力的平衡状态，使得刚体运动发生变化，而刚体运动改变了弹体的姿态，又反过来影响弹性弹体所受的力。

3）弹体结构和气动参数的时变性

弹体结构特征的量：质量、转动惯量、质心位置等，在飞行过程中随着推进剂的消耗，不断发生变化；与飞行状态有关的气动力系数随着时间也在发生变化。最终弹体的运动学方程是变系数的微分方程组。一般而言，导弹动力系数在飞行过程可能变化 100 倍左右。

4）非线性和多干扰性

弹体运动方程的系数不仅时变而且非线性，如非定常气流使气动力为非线性。

2. 弹体动力学特性

由 3.2.1 小节得到的弹体传递函数虽然简单，但由其出发可以清楚地认识导弹作为一个被控系统的动力学特点。不失一般性，重点讨论舵偏角 δ_z 到法向过载 f_y 的传递关系。由式（3.7）可以得到弹体作为一个二阶环节的增益 K_m、固有频率 ω_m 和阻尼 ξ_m 的表达式如下：

$$K_m = V\frac{(a_{25}a_{34} - a_{24}a_{35})}{(-a_{22}a_{34} - a_{24})} \tag{3.27}$$

$$\omega_m = \sqrt{-a_{22}a_{34} - a_{24}} \tag{3.28}$$

$$\xi_m = \frac{a_{34} - a_{22}}{2\sqrt{-a_{22}a_{34} - a_{24}}} \tag{3.29}$$

导弹作为被控对象，以下几个动力学特点值得关注[3]。

（1）式（3.7）的第三个式子的分子和分母同阶。这意味着导弹的输入量舵偏角 δ_z 与法向过载 f_y 之间是有直接传递关系的，即 f_y 中有一部分是 δ_z 没有经过导弹动力学的传递而直接产生的。产生这种现象的原因是：舵面控制力在产生力矩改变导弹姿态以产生法向加速度的同时，自身也能使得导弹产生一个小的法向加速度。这一点由式（3.7）的第三个式子也可以看出，如果表征舵面控制力的动力系数 $a_{35}=0$，则导弹就变成一个典型的二阶振荡环节，不再有直接项的存在。图 3.5 给出了由 δ_z 到 f_y 的传递过程，当对导弹施加一个舵偏角，会产生相应的力 F_{δ_z}，进而产生力矩 M_{δ_z}，该力矩将产生弹体绕质心转动的加速度 $\ddot{\vartheta}$，$\ddot{\vartheta}$ 将产生弹体绕质心转动速度 $\dot{\vartheta}$，进而改变弹体的姿态 ϑ，由于对弹道倾角而言变化相对更慢，ϑ 改变则改变弹体攻角 α，进而改变弹体升力 Y_α。最终，改变弹体的法向过载 f_y，从而改变弹体速度方向，实现对导弹的控制。

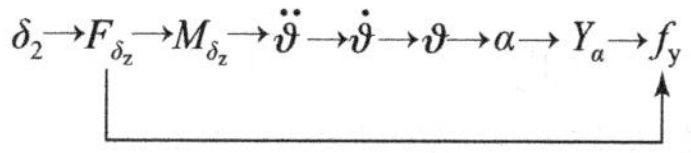

图 3.5　导弹法向加速度产生过程

对于多数导弹，在进行控制系统设计时省略直接项 $F_{\delta_z} \to f_y$ 不会造成严重后果；但是对于有些导弹，如直接力控制的导弹，直接项的应用恰恰体现了系统的特点，是导弹动力学的核心部分，因此不能被省略。事实上，直接项的存在使得导弹动力学含有比例环节的成分，而比例环节可以认为是一个无限快的动力学系统，这也是直接力控制的导弹具有更快的弹体响应速度的原因。下面一个例子给出了考虑直接项与不考虑直接项弹体阶跃响应的区别。

例 3.1：设有一鸭式布局的低空导弹，在马赫数 Ma = 3.82、飞行高度 $H = 200$ m 时，动力系数如表 3.2 所示。

表 3.2　动力系数

a_{22}/s^{-1}	a_{24}/s^{-2}	a_{25}/s^{-2}	a_{34}/s^{-1}	a_{35}/s^{-1}
−4.6	−1 296	2 012	2.1	0.13

图 3.6 和图 3.7 分别给出了考虑直接项和不考虑直接项情况下导弹的阶跃响应曲线。对比可见，当考虑直接项时，在零时刻系统的输出 f_y 虽然很小，但不为零。

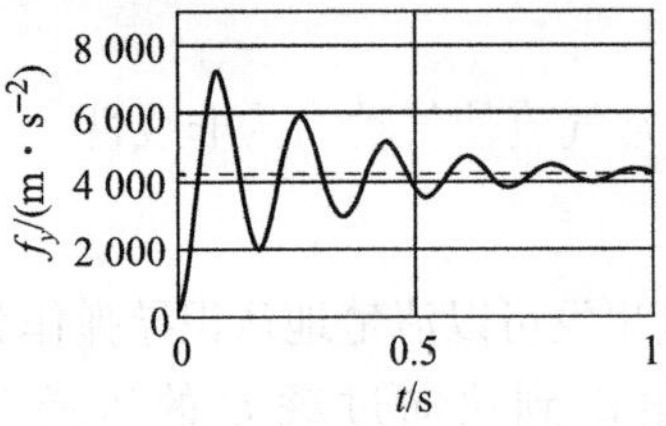

图 3.6　有直接项导弹的阶跃响应曲线

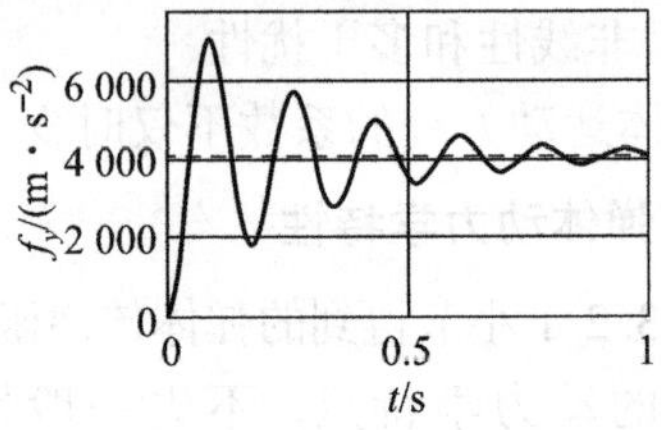

图 3.7　无直接项导弹的阶跃响应曲线

（2）弹体无阻尼自然振荡频率 ω_m。由于 a_{22}、a_{34} 与 a_{24} 相比非常小，通常 a_{24} 至少是 a_{22} 和 a_{34} 的 20 倍，因此由式（3.7）可得

$$\omega_m \approx \sqrt{-a_{24}} = \sqrt{-\frac{M_z^\alpha}{J_z}} = \sqrt{-\frac{m_z^\alpha \rho V^2 SL}{2J_z}} = \sqrt{\frac{c_y^\alpha \rho V^2 Sx''}{2J_z}} \tag{3.30}$$

式中，x'' 为焦点和质心到弹头顶点的距离之差。由式（3.30）可见，导弹的固有频率 ω_m 和静稳定度是同方向变化的，即静稳定度越大，固有频率越高。由此结论就不难理解为什么不采用过载自动驾驶仪的导弹为了实现高的命中精度，往往要求弹体具有较高的静稳定度。而且，随着飞行高度的增加，ω_m 降低。

（3）弹体阻尼 ξ_m。略去 a_{22} 和 a_{34}，由式（3.7）可得

$$\xi_m \approx \frac{a_{34} - a_{22}}{2\sqrt{-a_{24}}} \tag{3.31}$$

由此可见，导弹的阻尼与其静稳定度是反方向变化的，即静稳定度越大，阻尼越小。随着飞行高度的增加，大气密度降低，阻尼比变小，高空的时候 ξ_m 可能会非常低。ξ_m 几乎与弹体速度 V 无关。通常飞行高度较高、静稳定度较大的导弹，阻尼系数一般在 0.1 左右或更小，如小型战术导弹的阻尼系数为 0.1 左右。严重欠阻尼特性会产生诸多不良影响，如过渡过程严重超调和振荡。对于高性能导弹，控制系统必须解决被控对象阻尼过小的问题，通过自动驾驶仪设计提高导弹体阻尼。显然，增大导弹的升力面使得单位攻角能够产生更大的升力，无疑可以改变导弹的阻尼特性。

由式（3.31）还可以发现一个有趣的现象，当导弹的俯仰阻尼力矩导数为零时，即 $M_z^{\omega_z} = 0(a_{22} = 0)$ 时，导弹的阻尼并不等于零，动力系数 a_{34} 表明导弹的升力因素对导弹的阻尼是有贡献的。在例 3.1 中，令 $a_{22} = 0$ 进行仿真，可得如图 3.8 所示的导弹阶跃响应曲线，导弹的响应过程是收敛的。

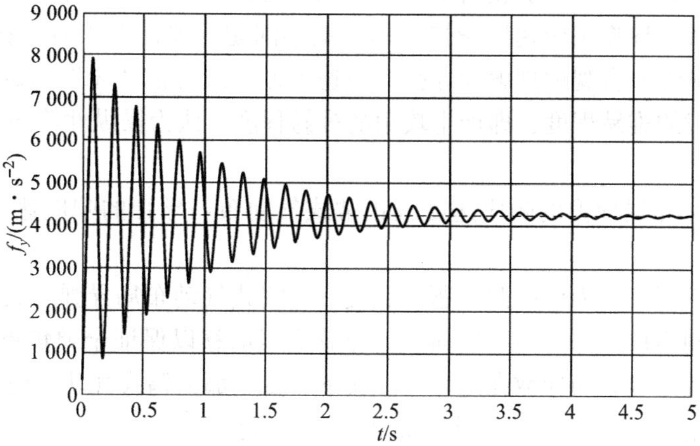

图 3.8　$a_{22}=0$ 时导弹阶跃响应曲线

可以从以下角度来理解这种现象：导弹法向加速度的收敛过程取决于攻角的收敛过程，而攻角的收敛过程取决于俯仰角及弹道倾角的变化规律。在阻尼计算公式中，a_{22}体现了俯仰角的因素，而a_{34}体现了弹道倾角的因素。

（4）弹体开环增益。见式（3.27）中弹体开环增益的表达式。某典型的正常式舵面布局的面对空导弹，相关参数为：Ma = 1.4，$h=1\ 500$ m，$V=467$ m/s，$l=2$ m，$m=53$ kg，$J_z=13.8\ \mathrm{kg\cdot m^2}$，$a_{24}=-144.3$，$a_{34}=2.73$，$a_{22}=-2.89$，计算得$K_m=-4\ 303\ \mathrm{m/s^2/rad}$，显然这个增益是较大的。也就是说 0.1 rad(5.7°）的舵偏角可以产生 430 m/s² 的法向加速度，约 44g 的过载。为什么导弹要设计如此大的增益呢？从自动控制理论讲，一个闭环系统（图 3.9）其闭环传递函数为

$$\frac{y(s)}{u(s)}=\frac{G(s)}{1+H(s)G(s)} \tag{3.32}$$

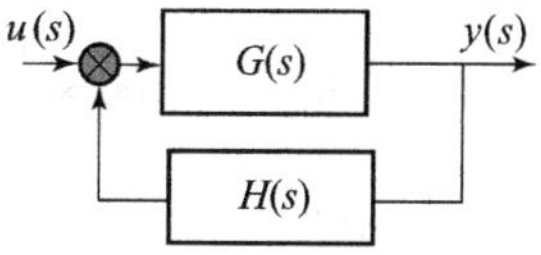

图 3.9　典型的闭环系统框图

当系统开环增益足够大时，传递函数可近似为

$$\frac{y(s)}{u(s)}=\frac{1}{H(s)} \tag{3.33}$$

此时，系统闭环特性受被控对象动力学特性变化的影响非常小。导弹在飞行过程中飞行速度、高度和攻角都会发生变化，且速度和高度经常发生大范围变化，对于某些地空导弹其动力系数的变化范围可达到 100 倍左右，此时可以通过大的开环增益实现稳定自动驾驶仪增益的目的，减小稳态误差。因此，通常自动驾驶仪设计中都要设计较大气动增益，可以更好地抵抗干扰。

由以上几条分析可知，大的静稳定度将导致：小的稳态增益、高的短周期振荡频率、低的阻尼系数。因此，压心和重心的位置是导弹控制系统设计者极为关心的内容。

（5）导弹的稳定性与操纵性是一对矛盾，是否也可以说导弹的稳定性与快速性，即其响应速度也是一对矛盾呢？

答案是否定的。系统响应的快速性可以用阶跃响应的上升时间来描述，此时有

$$t_r=\frac{\pi-\arccos\xi_m}{\omega_m\sqrt{1-\xi_m^2}} \tag{3.34}$$

由式（3.34）可知，当导弹的静稳定度增大，即ω_m 增大、ξ_m 减小时，t_r 将减小，这意味着静稳定度越大，导弹响应速度越快。理解上述问题的关键在于对“操纵性”概念的理解，不应该将操纵性差直观地理解为导弹响应速度慢，或者很“笨”。操纵性应该被理解为导弹产生法向过载的难易程度，即产生攻角的难易程度。认为操纵性等同于快速性的理解是错误的。

（6）鸭式气动布局导弹的响应速度较正常式气动布局导弹的响应速度快，这种说法严谨吗？

这种提法并不严谨。为说明此问题，假设有一鸭式气动布局导弹，其动力系数如表 3.1 所示。现将其控制面挪到弹体质心后面，将弹翼适当前移以保证全弹焦点和质心位置不变，同时假设所有的气动参数的导数在绝对值意义下不变。那么鸭式气动布局与正常式气动布局导弹的唯一区别是$M_z^{\delta_z}$ 符号不同所引起的a_{25}的符号不同。

对于鸭式气动布局的导弹，$a_{25}>0$；对于正常式气动布局的导弹，$a_{25}<0$。再考察式（3.34）可见，t_r 与 a_{25}无关，由此可见在上述假设条件下，鸭式气动布局导弹与正常式气动布局导弹的响应速度并没有区别。那么，对于上述鸭式气动布局与正常式气动布局导弹，它们动力学特性区别在哪里呢？a_{25}符号的变化改变的是弹体增益的符号和大小。考察式（3.27），对于鸭式气动布局导弹，a_{34}，a_{35}，$a_{25}>0$ 且 a_{22}，$a_{24}<0$，所以$K_{mc}>0$；对于正常式气动布局的导弹：a_{34}，$a_{35}>0$，a_{22}，a_{24}，$a_{25}<0$ 且 $|a_{25}a_{34}|>|a_{24}a_{35}|$，所以 $K_{mn}<0$。此外，在鸭式气动布局导弹传递函数的分子项中，$a_{25}a_{34}>0$，$a_{24}a_{35}<0$，在正常式气动布局导弹传递函数的分子项中，$a_{25}a_{34}<0$，$a_{24}a_{35}<0$，因此$|K_{mc}|>|K_{mn}|$。

对于表 3.1 所列的动力参数，有

$$K_{mc}=1\ 300\times\frac{2\ 012\times 2.1+1\ 296\times 0.13}{4.6\times 2.1+1\ 296}\ \mathrm{m/s^2/rad}=4\ 374.6\ \mathrm{m/s^2/rad}$$

改变a_{25}的符号，可得

$$K_{mn}=1\ 300\times\frac{-2\ 012\times 2.1+1\ 296\times 0.13}{4.6\times 2.1+1\ 296}\ \mathrm{m/s^2/rad}=-4\ 039.1\ \mathrm{m/s^2/rad}$$

图 3.10 和图 3.11 分别为鸭式气动布局导弹和正常式气动布局导弹阶跃方向舵输入下的法向加速度曲线。为了方便对比，图中正常式布局输入 −1 rad 的舵偏角，鸭式布局输入 +1 rad 舵偏角。可以看到鸭式布局在刚开始时刻响应为正，而正常式为负，而且最终鸭式布局的稳态值要略大。这也验证了前面所得出结论的正确性。

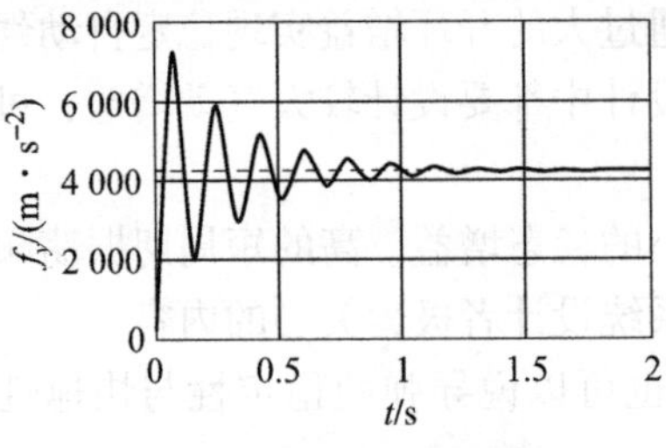

图 3.10　鸭式气动布局导弹阶跃响应

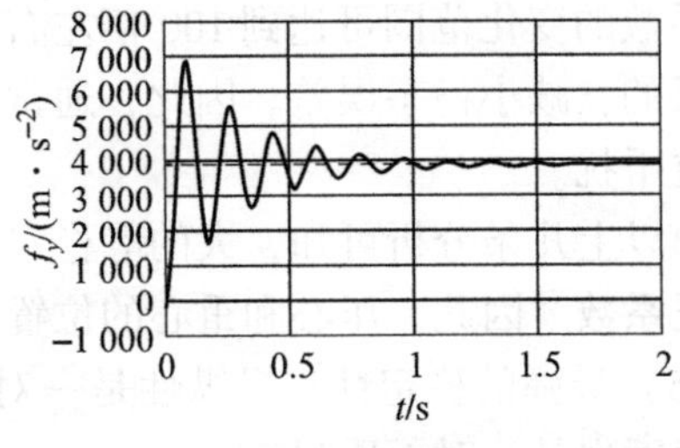

图 3.11　正常式气动布局导弹阶跃响应

产生上述现象的物理原因如下。图 3.12 和图 3.13 展示了鸭式和正常式气动布局导弹的受力图。对于鸭式气动布局的导弹，在舵偏角δ_z 的作用下产生的法向加速度为

$$f_y = \frac{Y_\alpha + F_{\delta_z}}{m} \tag{3.35}$$

即舵面控制力 F_{δ_z} 与攻角升力 Y_α 的作用效果是一样的，故最开始都为正。

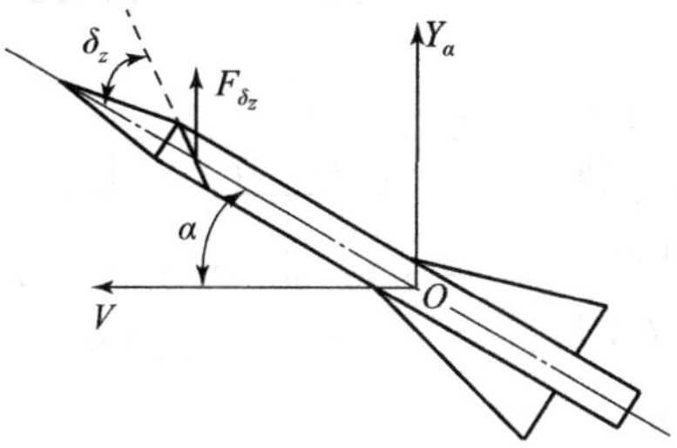

图 3.12　鸭式气动布局导弹受力图

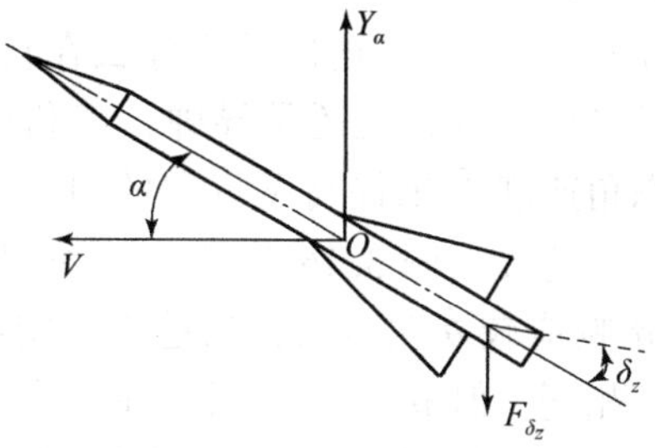

图 3.13　正常式气动布局导弹受力图

对于正常式气动布局的导弹，在舵偏角 $-\delta_z$ 的作用下产生的法向加速度为

$$f_y = \frac{Y_\alpha - F_{\delta_z}}{m} \tag{3.36}$$

即舵面控制力F_{δ_z}与攻角升力 Y_α 的作用效果相反，而刚开始攻角产生的法向力很小，故综合后为负。

这就解释了为什么鸭式气动布局导弹的稳态增益大于正常式气动布局导弹的稳态增益。同时，鸭式气动布局导弹在零时刻的法向加速度与稳态加速度方向相同，而正常式气动布局导弹零时刻法向加速度与稳态加速度方向相反。

（7）俯仰角（角速度）与弹道倾角（角速度）。图 3.14 给出了俯仰角与弹道倾角的关系示意图。

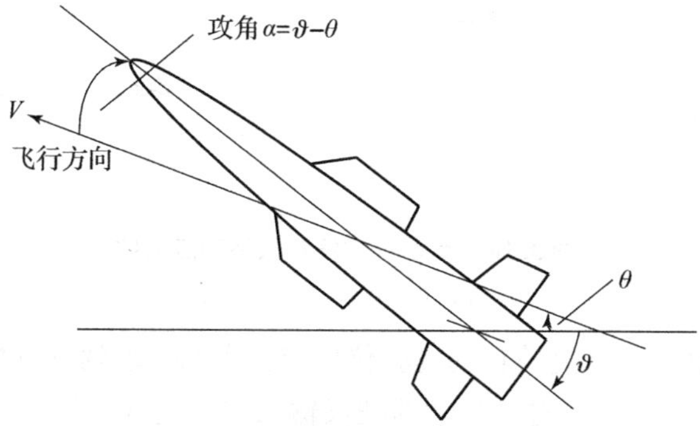

图 3.14　俯仰角与弹道倾角的关系示意图

前面式（3.7）建立了关于俯仰角速度$\dot{\vartheta}$与弹道倾角角速度$\dot{\theta}$的传递函数为

$$\begin{aligned} \frac{\dot{\vartheta}(s)}{\delta_z(s)} &= \frac{a_{25}s + (a_{25}a_{34} - a_{24}a_{35})}{s^2 + (a_{34} - a_{22})s + (-a_{22}a_{34} - a_{24})} \\ \frac{\dot{\theta}(s)}{\delta_z(s)} &= \frac{a_{35}s^2 + (-a_{22}a_{35})s + (a_{25}a_{34} - a_{24}a_{35})}{s^2 + (a_{34} - a_{22})s + (-a_{22}a_{34} - a_{24})} \end{aligned} \tag{3.37}$$

可见，两者具有相同的分母，都是振荡环节且具有相同的振荡频率和阻尼。由于舵面升力通常较小，忽略小量a_{35}，可得到$\dot{\theta}$、$\dot{\vartheta}$和法向过载 a_y之间的近似关系如图 3.15 所示。

从图 3.15 中可以看出，从 $\dot{\theta}$ 到 $\dot{\vartheta}$ 存在一个一阶微分环节，因此 $\dot{\vartheta}$ 相位超前 $\dot{\theta}$ 和 a_y。时间常数 T_i的值不小，通常在 0.25 ~2 s。这也是为什么在自动驾驶仪设计中，不论是飞机、直升机还是导弹，都利用速率陀螺反馈弹体姿态角速度 $\dot{\vartheta}$ 来提高飞行器的阻尼，以保证自动驾驶仪的响应速度。图 3.16 是负单位舵偏输入下响应曲线，可见 $\dot{\vartheta}$ 响应较 $\dot{\theta}$ 明显快，当趋于稳定状态时，$\dot{\vartheta}$ 和 $\dot{\theta}$ 的值趋于相同，但 ϑ 和 θ 之间存在一个常值差。这是因为 $\alpha=\vartheta-\theta$，则 $\dot{\alpha}=\dot{\vartheta}-\dot{\theta}$，在阶跃输入作用下，弹体攻角不断变化直至趋于稳态 $\dot{\alpha}=0$，稳态下 $\dot{\vartheta}-\dot{\theta}=0$。从物理意义上解释为，当打舵之后产生控制力（力矩），俯仰角速度（弹体姿态）是立即变化的，而弹道倾角（代表速度方向）由于惯性不会立即变化，首先需要控制力来改变攻角，攻角变化之后气动力改变，弹体受力变化，从而改变弹道倾角（速度方向）。因此，$\dot{\vartheta}$ 响应较 $\dot{\theta}$ 明显快。

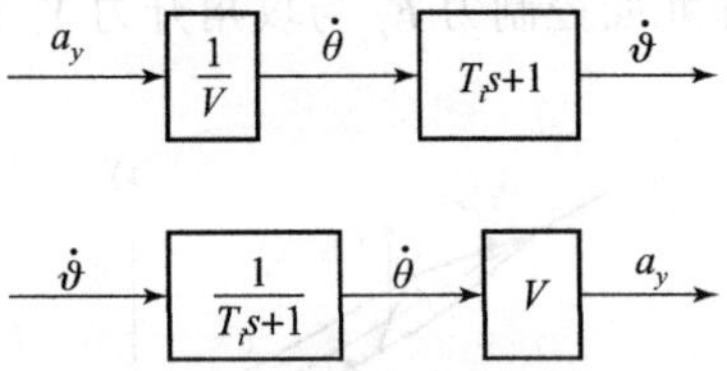

图 3.15 $\dot{\theta}$、$\dot{\vartheta}$和法向过载 a_y 之间的近似关系

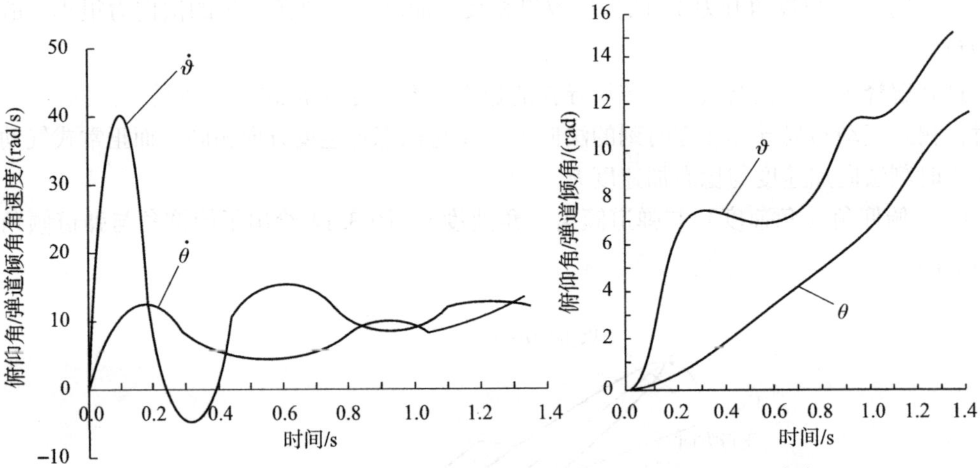

（a）　　　　　　　　（b）

图 3.16 负单位舵偏输入下响应曲线

（a）角速度；（b）角运动

由此，也可以解释为什么过载自动驾驶仪反应比姿态自动驾驶仪快，二者的结构框图分别见图 3.17 和图 3.18。可见，过载自动驾驶仪输入的是过载，过载直接对应力，力可以直接改变导弹的飞行姿态（俯仰角）；而姿态自动驾驶仪输入的是姿态角速度，需要经过惯性环节继而得到过载，来改变导弹的飞行姿态。正是因为俯仰角速度响应超前弹道倾角角速度，所以我们说过载自动驾驶仪较姿态自动驾驶仪反应快，因此应用更为广泛。

3. 自动驾驶仪引入的原因

从以上对弹体环节特点的描述及其动力学特性的分析，可以解释为什么导弹控制要引入自动驾驶仪。自动驾驶仪的功能是控制和稳定导弹的飞行，对导弹姿态进行控制，保证导弹在飞行过程中的稳定性。引入自动驾驶仪的原因可以从以下两个方面来分析。

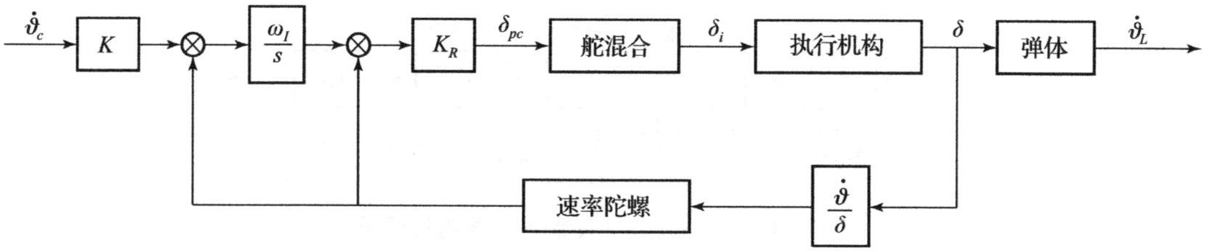

图 3.17　姿态自动驾驶仪结构框图

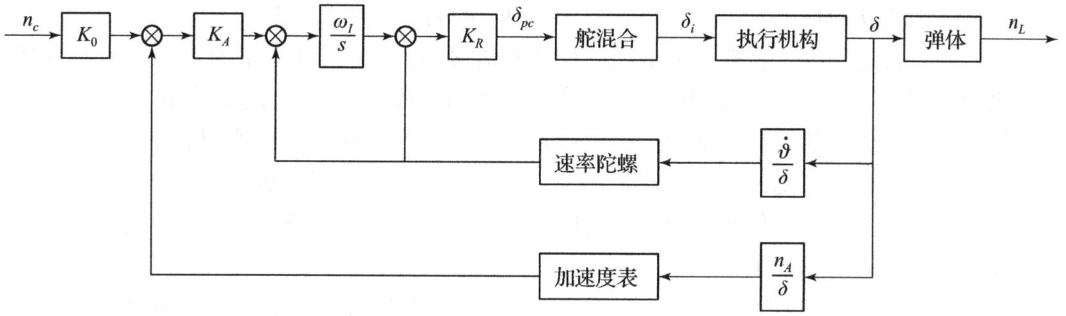

图 3.18　过载自动驾驶仪结构框图

第一，从弹体自身传函来看，3.2.1 小节中对导弹运动方程组在小扰动假设、固化系数等条件下，得到纵向通道弹体短周期运动的传函以及弹体作为典型二阶系统的增益、固有频率和阻尼。纵向通道是以舵偏角δ_z 为输入、以法向加速度f_y为输出的二阶振荡环节，阻尼比ξ_m 和固有频率ω_m 均是弹体动力系数，如阻尼系数a_{22}、法向动力系数a_{34}、俯仰静稳定系数a_{24}等的函数。如果弹体没有任何反馈控制，单单是一个开环控制系统，这些动力系数随着导弹飞行马赫数、高度和攻角变化而发生变化，对于某些地空导弹变化范围可达 100 倍左右。而导弹的固有频率ω_m 和阻尼比ξ_m 是必须满足一定要求的，如系统阻尼比不能过大也不能过小。弹体的阻尼系数不可能总能满足所有飞行状态下控制系统的要求，而且通常弹体自身阻尼比非常小，阻尼比小容易导致响应超调量大，则弹体极有可能产生很大的攻角，进而超过弹体结构强度极限。同时，超调量大，产生的攻角大，诱导阻力大，使得导弹射程大大减小。在末段严重超调和振荡，会直接增大导弹的脱靶量，导弹的打击精度也会一定程度降低。尤其对于波束制导的导弹，有可能造成导弹脱离波束的控制空域，造成失控等。另外，从上面分析知弹体的短周期振荡频率ω_m 是衡量弹体产生侧向加速度时响应速度的一个标准，往往需要响应速度尽可能快，ω_m 是静稳定度和气动力导数的函数，显然ω_m 随着导弹飞行也是在变化的。因此必须引入自动驾驶仪，形成反馈控制，来改善弹体阻尼和频率。

第二，从制导回路来分析[4]。图 3.19 是俯仰通道指令制导回路简化框图。图中，R_d为导弹距发射点距离。闭环系统的输出量为导弹高低角，输入量为目标的高低角。假设弹上指令接收机和执行机构响应都非常快，可以近似为比例环节，弹上指令接收机的增益为 k_1，这里执行机构简化为一个线性系统，增益为 k_2，舵偏角到弹体侧向加速度之间的传递系数为 k_3（气动增益），那么经过弹体运动学环节（双积分环节），最终可以得到制导回路的开环增益为 k_1、k_2、k_3。

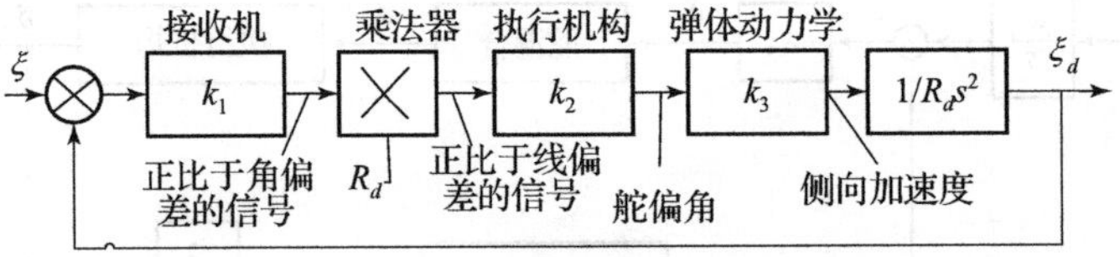

图 3.19　俯仰通道指令制导回路简化框图

现在来分析弹体的开环增益的变化情况，首先在导弹运行过程中，可以认为 k_1、k_2 不变。通过前面建立的传函，可知 $k_3=K_m$，其中 K_m 的表达式见式（3.27）。

在导弹飞行过程中，燃料不断消耗，加之制造误差，因此质心位置在变化；攻角和速度的变化会带来弹体动压很大范围的变化，都会引起压心的变化。因此 k_3 会在很大范围内变化。例如，长约 2 m 的导弹，如果静稳定度从 2 cm 变为 10 cm，k_3 的值很容易变为以前的 5 倍；加之飞行高度的变化，气动增益 k_3 的变化很容易超过 100 倍。然而，弹体的气动力外形是不能随着飞行条件的变化而改变的，所以不能保证在各种飞行条件下都能满足系统对稳定性、稳态误差等方面的要求。

而且，为了使制导回路具有足够的稳定裕度，弹体的固有频率应该是系统开环截止频率的 4 ~ 5 倍或更高。这样才能使弹体动力学在制导系统开环截止频率处造成的相角滞后尽可能小，从而保证系统在校正网络下达到相角裕度的要求。然而，对于那些要求高命中精度、攻击高机动目标的高性能导弹，上述对弹体动力学的要求难以达到。弹体固有频率主要取决于静稳定度的大小，高的固有频率是需要大的静稳定度来保证的。然而，对于攻击高机动目标的导弹，往往需要以很大的攻角进行机动飞行，若静稳定度设计太大，根据瞬时平衡假设，将给舵机系统造成很大的设计压力，甚至对舵机功率和舵偏提出不合理的要求，因此导弹的固有频率设计将受到限制。一方面为了保证攻击精度，制导回路开环增益很大，那么系统的开环截止频率很高，于是导弹的固有频率就必须很高；另一方面弹体的固有频率的提高又受到限制（如舵机系统的限制）。此时对于总体设计师，将无法在现有条件下通过调整各个分系统的设计，来满足这些要求，因此必然需要引入自动驾驶仪来解决这个矛盾。因此对于具有较小静稳定度的高机动性导弹，特别是那些不能保持飞行高度和速度不变的导弹，基本不可能采用开环控制系统，必须引入自动驾驶仪，来改善弹体的动力学特性。

当然并非所有导弹都需要自动驾驶仪，如反坦克导弹，用于攻击慢速目标，最大过载也就 3 ~ 4g，且它们主要采用助推，以近似不变的速度飞行，这种情况下几乎不存在保持气动增益不变的问题。因此，这类导弹往往不需要自动驾驶仪。

3.3　制导回路建模

导弹的运动方程组由其质心的运动和绕其质心的转动所组成，由于导弹制导系统研究的主要是导弹质心的运动和控制规律，因此，为了简捷地得到导弹的飞行弹道，可将导弹当作一个可操纵质点，这种假设并不影响对于制导规律的研究结果。相对运动方程正是指描述导弹、目标以及制导站之间相对运动关系的方程。建立相对运动方程是导引弹道运动学分析和导引律设计的基础。这里主要介绍自动瞄准制导的相对运动方程，其相对运动方程实质是描述导弹和目标之间相对运动关系的方程，导弹 – 目标的相对位置见图 3.20。

$$\begin{cases} \dfrac{dr}{dt} = V_T\cos\eta_T - V\cos\eta \\ r\dfrac{dq}{dt} = V\sin\eta - V_T\sin\eta_T \\ q = \sigma + \eta \\ q = \sigma_T + \eta_T \\ \varepsilon_1 = 0 \end{cases} \tag{3.38}$$

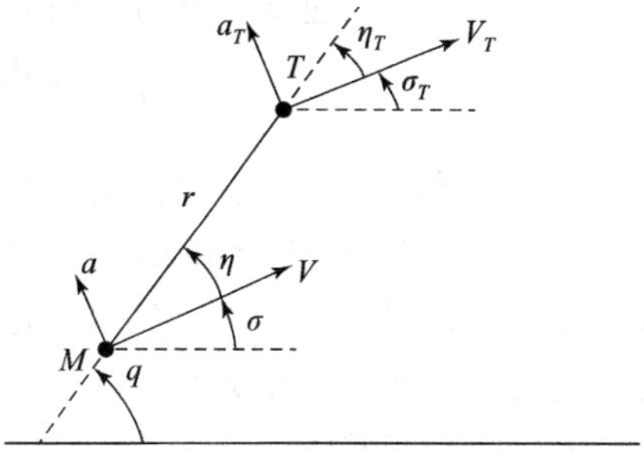

图 3.20　导弹 – 目标的相对位置

其中，$\varepsilon_1 = 0$ 为描述导引方法的导引关系方程；r 为导弹相对目标的距离；q 为目标线与基准线之间的夹角，称为目标线角；V 和 V_T 分别为导弹和目标的速度。

在自动瞄准制导中常见的导引方法有追踪法、平行接近法、比例导引法等，相应的导引关系方程为

追踪法：$\eta = 0$，$\varepsilon_1 = \eta = 0$；

平行接近法：$q = q^0 =$ 常数，$\varepsilon_1 = \dfrac{dq}{dt} = 0$；

比例导引法：$\dfrac{d\sigma}{dt} = k\dfrac{dq}{dt}$，$\varepsilon_1 = \dfrac{d\sigma}{dt} - k\dfrac{dq}{dt} = 0$（$k$ 为比例导引系数）。

追踪法是最早应用的一种制导方法，其思想是使导弹在飞向目标的过程中速度矢量始终指向目标，即导引关系方程为 $\eta = 0$，$\varepsilon_1 = \eta = 0$；但是，导弹的绝对速度总是指向目标，使得相对速度总是落后于弹目视线，导弹总是要绕到目标的后方尾追攻击，这就造成了导弹的弹道较为弯曲，需用的方向过载较大。特别是在特定的初始相对关系下，导弹在命中点附近的法向过载极大，从而使得导弹丧失全向攻击的能力。

平行接近法是指在整个制导过程中，目标瞄准线在空间保持平行移动的一种导引方法。实际上，平行接近法通过不断引导导弹飞向一个预测的交会点达到制导目的。理论分析可知，不论目标做何种机动，采用平行接近法的导弹的需用法向过载总是小于目标的法向过载，因此导弹的弹道弯曲程度比拦截目标的航迹弯曲程度小，这样对导弹机动性的要求就可以小于目标的机动性。然而，平行接近法则要求制导系统在每一瞬时都要准确地测量目标及导弹的速度和前置角，对制导系统的硬件水平提出了很高的要求，工程实现难度较大。

比例导引法是指在攻击目标的导引过程中，导弹速度矢量的旋转角速度与目标视线的旋转角速度成比例的一种导引方法，其中 k 为比例系数，通常取 2 ~ 6 之间。实际上追踪制导和平行接近制导是比例制导的两种特殊情况，当 $k = 0$ 且 $\eta = 0$ 时，就是追踪制导；当 $k \to \infty$ 时，成为平行接近制导。因此说比例导引是介于追踪导引和平行接近导引两种方法之间的一种导引方法，其弹道特性也介于两者之间。实际工程中，为了提高制导回路适应范围还可以采用所谓的广义比例导引法，即 $n = k\dfrac{dq}{dt}$（n 为法向过载），如此可以节省速度量测的设备成本。

比例制导律的弹道需用过载受到导弹切向加速度、目标切向加速度、目标机动以及重力等的影响。为了降低这些影响，可以对引起目标线转动的几个因素进行补偿，使得由它们产

生的弹道需用法向过载在命中点附近尽量小，称之为修正比例制导律。例如在铅垂平面内，考虑对导弹切向加速度和重力作用进行补偿的情况，相应的导引关系表述为

$$n = kV\frac{\mathrm{d}q}{\mathrm{d}t} + \frac{N\dot{V}}{2g}\tan(\sigma - q) + \frac{N}{2}\cos\sigma \tag{3.39}$$

除了上述经典的导引律，通过引入现代控制理论来设计制导律，能够满足落角、过载等约束，获得更优的性能和更强的鲁棒性，这方面的研究也非常活跃。这往往需要在式（3.38）的基础上，根据实际问题需求选取合适的状态变量，构建相应的弹目运动的状态空间表达。此外，在实际的制导问题中，自动驾驶仪的滞后可能较大，不考虑自动驾驶仪的延迟可能会造成很大的脱靶量，通常可以考虑用惯性环节来描述自动驾驶仪的动力学滞后特性[5]：

$$\frac{a_M(s)}{a_c(s)} = \frac{1}{1/\tau s + 1} \tag{3.40}$$

式中，a_M 为导弹的法向加速度；a_c 为设计的过载指令；τ 为自动驾驶仪时间常数的倒数。

3.4 制导控制一体化建模

制导控制一体化设计的目标是根据弹目相对运动状态和导弹自身运动信息直接产生舵偏指令控制弹体飞行。尽管目前飞行力学诸多教材上给出了弹目相对运动状态的描述，但是很难直接利用这些方程来设计制导控制一体化算法，因此需要重新建立导弹制导控制一体化模型，用于控制算法的设计。制导控制一体化模型中涉及两个关键模型：一是弹目相对运动模型，用以解决如何导引导弹至目标的制导问题；二是导弹的弹体刚体动力学模型。IGC 实质是通过舵面偏转同时控制导弹的位置与姿态，实现制导控制的一体化。

为了方便读者理解，首先给出 IGC 模型推导中涉及的关键状态变量与控制变量。前面提到，IGC 模型包含保证导弹准确制导的关键模型——弹目相对运动模型，该模型中的关键状态变量包括弹目视线角速率在铅垂平面和水平平面的投影。因为 IGC 问题还包含飞行器的控制，所以增加了导弹刚体动力学模型，涉及的状态变量包括弹体绕质心转动的三个方向的角速率（ω_x、ω_y 和 ω_z），以及联系制导与控制的关键状态变量攻角 α 和侧滑角 β。IGC 的控制量为导弹三个方向（俯仰、偏航和滚转）的舵偏角。对于三维 IGC 模型而言，包含上述 7 个状态变量和 3 个控制变量。

本节以某种类型的轴对称导弹为例，介绍其 IGC 模型的建立过程，此处主要参考文献[6]。关于倾斜转弯导弹的 IGC 模型建立可参见文献[7]。

1. 弹目相对运动关系

以俯仰通道为例，纵向平面内的弹目相对运动关系，如图 3.21 所示。图中，R 为弹目相对距离；q_0 为初始时刻的视线倾角；q 为当前时刻的视线倾角；l 为 Δt 时刻内导弹和目标在垂直于初始视线方向的相对位移。定义：$\tilde{q}$ 为 Δt 时刻内视线倾角的变化，则 $\tilde{q} = q - q_0$。

假设在末制导过程中 R 很小，有

$$\tilde{q} \approx l/R \tag{3.41}$$

对式（3.41）进行微分有

$$\dot{\tilde{q}} = (\dot{l}R - l\dot{R})/R^2 \tag{3.42}$$

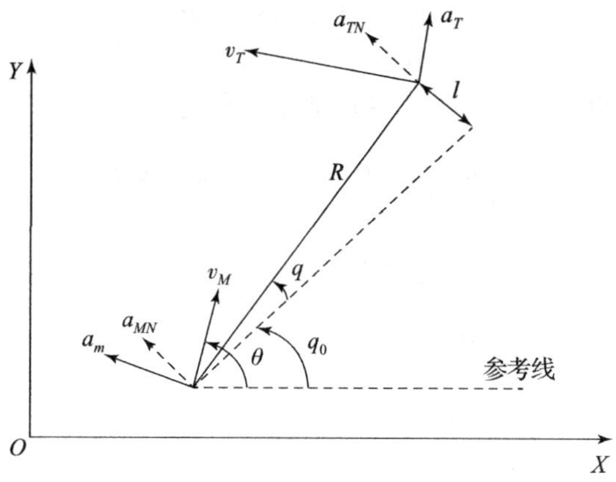

图 3.21 弹目相对运动关系

再对式（3.42）微分有

$$\ddot{\tilde{q}} = -\frac{2\dot{R}}{R}\dot{\tilde{q}} + \frac{\ddot{l}}{R} - \frac{\ddot{R}}{R}\tilde{q} \tag{3.43}$$

其中，$\ddot{l} = -a_{MN} + a_{TN}$，式中 a_{MN}、a_{TN}分别为导弹和目标加速度在垂直于视线方向上的分量，当导弹速度与视线方向夹角很小时，图 3.21 中 $a_{MN} \approx a_M$，则

$$\ddot{\tilde{q}} = -\frac{2\dot{R}}{R}\dot{\tilde{q}} + \frac{a_{TN}}{R} - \frac{a_M}{R} - \frac{\ddot{R}}{R}\tilde{q} \tag{3.44}$$

由于在导弹攻击地面目标的俯冲攻击段的 $\ddot{R}$ 很小，并且 $\tilde{q}$ 是个小量，另对于地面目标其机动加速度不大所以 a_{TN}/R 也是个小量，所以可以将 $-\ddot{R}\tilde{q}/R$ 及 a_{TN}/R 两项当作一个未知有界的不确定项 d_q 处理。式（3.44）简化为

$$\ddot{\tilde{q}} = -\frac{2\dot{R}}{R}\dot{\tilde{q}} - \frac{a_M}{R} + d_q \tag{3.45}$$

由于本设计中的导弹为正常式布局的导弹，同理可得，侧向平面内的弹目相对运动关系为

$$\ddot{\tilde{q}}_v = -\frac{2\dot{r}}{r}\dot{\tilde{q}}_v - \frac{a_z}{r} + d_{q_v} \tag{3.46}$$

其中，r 为侧向平面内的弹目相对距离；$\tilde{q}_v$ 为 Δt 时刻内视线偏角的变化，$\tilde{q}_v = q_{v0} - q_v$，$q_{v0}$ 为初始时刻的视线偏角，q_v 为当前时刻的视线偏角。

2. 俯仰通道一体化模型

为了简化起见，对一体化控制器设计的基本假设如下。

（1）导弹弹体几乎不发生滚转。

（2）攻角 α 和侧滑角 β 都为小量。

（3）导弹三通道之间的耦合项是未知有界的。

基于这些假设建立导弹制导控制一体化设计数学模型。

基于上述假设并参考相关文献，若导弹朝目标方向飞行且弹体纵轴的指向相对视线方向的偏离不大，存在：

由牛顿第二定律 $F=ma$，则俯仰通道 $a_M=(57.3qSc_y^{\alpha}+P)\alpha/m$，考虑 $\dot{q}=\dot{\tilde{q}}$，得

$$\ddot{q}=-\frac{2\dot{R}}{R}\dot{q}-\frac{57.3qSc_y^{\alpha}+P}{mR}\alpha+d_q \tag{3.47}$$

基于式（3.1），可得导弹纵向平面的运动学方程为

$$\begin{cases} mV\dfrac{\mathrm{d}\theta}{\mathrm{d}t}=P\sin\alpha+Y-mg\cos\theta \\ J_z\dfrac{\mathrm{d}\omega_z}{\mathrm{d}t}=M_z \\ \dfrac{\mathrm{d}\vartheta}{\mathrm{d}t}=\omega_z \\ \alpha=\vartheta-\theta \end{cases} \tag{3.48}$$

其中，升力 Y 和俯仰力矩 M_z 分别为

$$\begin{cases} Y=57.3qS(c_y^{\alpha}\alpha+c_y^{\delta_z}\delta_z) \\ M_z=57.3qSlm_z^{\alpha}\alpha+\dfrac{qSl^2m_z^{\omega_z}}{V}\omega_z+57.3qSlm_z^{\delta_z}\delta_z \end{cases} \tag{3.49}$$

导弹末制导段推力 $P=0$，且速度大小变化不大，假设速度为一常数 V，则

$$\begin{aligned} \dot{\alpha}&=\dot{\vartheta}-\dot{\theta}=\omega_z-\frac{Y-mg\cos\theta}{mV} \\ &=\omega_z+\frac{g\cos\theta}{V}-\frac{57.3qS(c_y^{\alpha}\alpha+c_y^{\delta_z}\delta_z)}{mV} \\ &=-\frac{57.3qSc_y^{\alpha}\alpha}{mV}+\omega_z+\frac{g\cos\theta}{V}-\frac{57.3qSc_y^{\delta_z}\delta_z}{mV} \end{aligned} \tag{3.50}$$

$$\dot{\omega}_z=\frac{M_z}{J_z}=\frac{57.3qSlm_z^{\alpha}}{J_z}\alpha+\frac{qSl^2m_z^{\omega_z}}{J_zV}\omega_z+\frac{57.3qSlm_z^{\delta_z}}{J_z}\delta_z \tag{3.51}$$

由于舵偏产生的升力远远小于攻角产生的升力，所以忽略舵偏角 d_z 引起的升力项。简化后的俯仰通道一体化方程可表示为

$$\begin{cases} \ddot{q}=-\dfrac{2\dot{R}}{R}\dot{q}-\dfrac{57.3qSc_y^{\alpha}}{mR}\alpha+d_q \\ \dot{\alpha}=-\dfrac{57.3qSc_y^{\alpha}}{mV}\alpha+\omega_z+\dfrac{g\cos\theta}{V}+d_{\alpha} \\ \dot{\omega}_z=\dfrac{57.3qSlm_z^{\alpha}}{J_z}\alpha+\dfrac{qSl^2m_z^{\omega_z}}{J_zV}\omega_z+\dfrac{57.3qSlm_z^{\delta_z}}{J_z}\delta_z+d_{\omega_z} \end{cases} \tag{3.52}$$

其中，d_q、d_{α}、d_{ω_z} 为攻角、俯仰角速度和舵偏角的非线性函数，为未知有界的不确定性量。

3. 偏航通道一体化模型

同样基于上述假设并参考相关文献，类似于俯仰通道，偏航通道 $a_z=(57.3qSc_z^{\beta}-P)\alpha/m$，考虑到 $\dot{q}_v=-\dot{\tilde{q}}_v$，得

$$\ddot{q}_v=-\frac{2\dot{r}}{r}\dot{q}_v-\frac{57.3qSc_z^{\beta}-P}{mr}\beta+d_{q_v} \tag{3.53}$$

在式（3.1）的基础上，考虑前面“导弹三通道之间的耦合项是未知有界的”的假设，

可得导弹侧向平面的运动学方程为

$$\begin{cases}-mV\dfrac{\mathrm{d}\psi_v}{\mathrm{d}t}=-P\cos\alpha\sin\beta+Y\\ J_y\dfrac{\mathrm{d}\omega_y}{\mathrm{d}t}=M_y\\ \dfrac{\mathrm{d}\psi}{\mathrm{d}t}=\dfrac{\omega_y}{\cos\vartheta}\\ \beta=\psi-\psi_v\end{cases}\tag{3.54}$$

其中，升力 Y 和俯仰力矩 M_z 分别为

$$\begin{cases}Y=57.3qS(c_z^{\beta}\beta+c_z^{\delta_y}\delta_y)\\ M_z=57.3qSlm_y^{\beta}\beta+\dfrac{qSl^2m_y^{\omega_y}}{V}\omega_y+57.3qSlm_y^{\delta_z}\delta_y\end{cases}\tag{3.55}$$

同样定义导弹末制导段推力 $P=0$，且速度大小变化不大，假设为一常数 V，有：由于舵偏产生的侧向力远远小于侧滑角产生的侧向力，所以忽略舵偏角 d_y 引起的侧向力项。结合导弹偏航通道的运动学方程，同俯仰通道，可得偏航通道的一体化数学模型为

$$\begin{cases}\ddot{q}_v=-\dfrac{2\dot{r}}{r}\dot{q}_v-\dfrac{57.3qSc_z^{\beta}}{mr}\beta+d_{q_v}\\ \dot{\beta}=\dfrac{57.3qSc_z^{\beta}}{mV}\beta+\omega_y+d_{\beta}\\ \dot{\omega}_y=\dfrac{57.3qSlm_y^{\beta}}{J_y}\beta+\dfrac{qSl^2m_y^{\omega_y}}{J_yV}\omega_y+\dfrac{57.3qSlm_y^{\delta_y}}{J_y}\delta_y+d_{\omega_y}\end{cases}\tag{3.56}$$

其中，d_{q_v}、d_{β}、d_{ω_y} 为侧滑角、偏航角速度和舵偏角的非线性函数，是未知有界的不确定量。

上述各式中 r、q_v、R、q 的计算公式如下：

$$\begin{cases}r=\sqrt{(x_t-x)^2+(z_t-z)}\\ q_v=-\arctan\left(\dfrac{z_t-z}{x_t-x}\right)\\ R=\sqrt{(x_t-x)^2+(y_t-y)^2+(z_t-z)^2}\\ q=\arctan\left(\dfrac{y_t-y}{\sqrt{(x_t-x)^2+(z_t-z)^2}}\right)\end{cases}\tag{3.57}$$

当建立好 IGC 模型之后，就可以采用各种方法进行 IGC 控制器的设计。IGC 设计将制导回路与控制回路结合在一起考虑，由于飞行器自身特性导致的强非线性、快时变、强耦合的要求，致使采用非线性控制方法成为 IGC 控制系统设计的必然选择。主流的 IGC 控制器设计方法有滑模变结构控制法、反馈线性化法、最优控制、反演法、动态面法等。其中反馈线性化方法已经应用于空天飞行器 X－36，反演法和滑模变结构控制法已经广泛应用于新型飞行器的简化模型 IGC 设计和仿真中。

需要注意的是，以上给出的只是导弹 IGC 建模的一个示例，在建模中做了诸多相关假设。对于具体问题，应结合问题的特点，在弹目相对运动关系和导弹动力学方程的基础上，围绕上述提到的 7 个状态变量和 3 个控制变量，针对性地构建其 IGC 模型。

3.5 小　结

本章主要介绍了飞行器作为被控对象的数学模型建立，在飞行器运动方程组的基础上，给出了用于控制回路的传递函数和状态空间模型，以及制导回路模型，同时介绍了制导控制一体化模式下的数学模型。

参考文献

[1] 钱杏芳，林瑞雄，赵亚男. 导弹飞行力学 [M]. 北京：北京理工大学出版社，2000.

[2] 林德福，王辉，王江，等. 战术导弹自动驾驶仪设计与制导律分析 [M]. 北京：北京理工大学出版社，2012.

[3] 于剑桥. 战术导弹总体设计 [M]. 北京：北京航空航天大学出版社，2010.

[4] 孟秀云. 导弹制导与控制系统原理 [M]. 北京：北京理工大学出版社，2003.

[5] 佘文学，周军，周凤岐. 一种考虑自动驾驶仪动态特性的自适应变结构制导律 [J]. 宇航学报，2003 (3)：26-30.

[6] 刘名玥. 小型导弹导引与控制一体化设计 [D]. 南京：南京理工大学，2015.

[7] 宋海涛，张涛，张国良. 飞行器制导控制一体化技术 [M]. 北京：国防工业出版社，2017.

第4章
滑模变结构制导律

变结构控制（variable structure control，VSC）是目前非线性系统中较普遍、较系统的一种控制方法，其非线性表现为控制器输出的不连续性。这种控制策略与其他控制的不同之处在于系统的“结构”并不固定，而是可以在动态过程中根据当时的状态（偏差及其各阶导数），以跃变的方式有目的地变化，迫使系统沿预定“滑动模态”的状态轨迹运动，所以又常称变结构控制为滑动模态控制（slide model control，SMC），即滑模变结构控制。由于滑动模态可以进行设计且与对象参数及扰动无关，具有滑动模态的变结构系统不仅对外界干扰和参数摄动具有较强的鲁棒性，而且可以通过滑动模态的设计来获得满意的动态品质，简单易行，在实际工程中逐渐得到推广应用，如电机与电力系统控制、机器人控制、导弹控制、卫星姿态控制等。特别是进入20世纪80年代之后，模糊系统、神经网络等先进智能技术在滑模变结构控制中的综合应用，弥补了滑模变结构控制自身抖振的影响。

飞行控制系统是飞行器制导控制的核心，当前飞行器飞行空域越来越复杂，这也对控制系统的性能提出了更高的要求。经典的控制方法难以处理、协调系统的多变量输入输出特性。此外，由于对模型线性化和模型不确定因素的存在，传统的控制方法性能并不理想。这也促使了滑模变结构控制在飞行器制导控制中的广泛应用[1-4]。

本章首先引入滑模变结构控制的基本概念和原理，然后分别介绍两种应用较多的滑模变结构控制方法——普通滑模变结构控制和非奇异终端滑模控制，最后给出滑模变结构控制在飞行器制导控制方面的应用实例。本章仅对两类较为经典的滑模变结构控制算法进行了介绍，目前自适应控制、反步法、模糊控制、神经网络及遗传算法等先进方法也被应用于滑模变结构控制系统的设计，相应地产生了自适应滑模变结构控制、反步滑模变结构控制、模糊滑模变结构控制等。

4.1 滑模变结构控制的基本概念

4.1.1 变结构控制的发展历史简介

滑模变结构控制理论出现于20世纪50年代，最早由苏联学者Emelyanov提出，经历60余年的发展已形成了一个相对独立的研究分支，成为自动控制系统的一种设计方法。以滑模为基础的变结构控制系统理论经历了三个发展阶段。第一阶段为以误差及其导数为状态变量研究单输入单输出线性对象的变结构控制；20世纪60年代末开始了变结构控制理论研究的第二阶段，研究的对象扩大到多输入多输出系统和非线性系统；进入20世纪80年代以来，随着计算机、大功率电子切换器件、机器人及电机等技术的迅速发展，变结构控制的理论和应用研究进入了一个新的阶段，所研究的对象已涉及离散系统、分布参数系统、滞后系统、非线性大系统及非完整力学系统等众多复杂系统。同时，自适应控制、神经网络、模糊控制及遗传算法等先进方法也被应用于滑模变结构控制系统的设计中。

4.1.2 滑动模态的数学描述

变结构控制是一类特殊的非线性控制，其非线性表现为控制的不连续性。这种控制策略与其他控制的主要区别在于系统结构并非固定，而是在过程中随着时间不断地改变。该控制特性可迫使系统在一定特性下沿规定的状态轨迹做小幅度、高频率的上下运动，即所谓的滑动模态或滑模运动。这种滑动模态是可以设计的，且与系统的参数及扰动无关，从而保证系统具有较好的鲁棒性。

普通的控制系统通常采用状态反馈，反馈量是状态量的一个连续函数，假设系统是时不变的，且参考输入为零，系统结构在反馈过程中保持不变。在滑模变结构控制中，反馈控制量为状态量的一个非连续函数。如图 4.1 所示，控制量 $\boldsymbol{u}$ 通过一个开关 S 按一定的法则切换到 $\boldsymbol{u}^+(\boldsymbol{x}, t)$ 或 $\boldsymbol{u}^-(\boldsymbol{x}, t)$。当控制量 $\boldsymbol{u}$ 接通 $\boldsymbol{u}^+(\boldsymbol{x}, t)$ 时，闭环系统是一种结构，当控制量 $\boldsymbol{u}$ 接通 $\boldsymbol{u}^-(\boldsymbol{x}, t)$ 时，闭环系统是另外一种结构。当系统状态反复穿越状态空间的滑动超平面时，这种结构就随之发生变化，这样就满足了系统状态轨迹到达滑动超平面的条件，并且渐进收敛到原点。滑动模态参数的设计决定了系统在滑模面上的运动性能，如果滑模参数设计合理，则可以达到预期的控制效果。通常的开关控制并不一定改变其结构，为了与通常的开关控制相区别，称滑模变结构控制为非连续型控制。

考虑下列非线性系统：

$$\dot{\boldsymbol{x}} = f(t, \boldsymbol{x}, \boldsymbol{u}) \tag{4.1}$$

其中，$\boldsymbol{x} \in \mathbb{R}^n$ 和 $\boldsymbol{u} \in \mathbb{R}^m$ 分别为系统的状态量和控制量。

针对上述系统，在状态空间中存在一个切换面 $\boldsymbol{s}(\boldsymbol{x}) = \boldsymbol{s}(x_1, x_2, \cdots, x_n) = 0$，它将状态空间分成两部分 $\boldsymbol{s}(\boldsymbol{x}) < 0$ 和 $\boldsymbol{s}(\boldsymbol{x}) > 0$。$\boldsymbol{s}(\boldsymbol{x}) = 0$ 是一个超平面，通常称为切换面、开关面，又称为滑模面。在切换面上有三种情况[5]（图 4.2）。

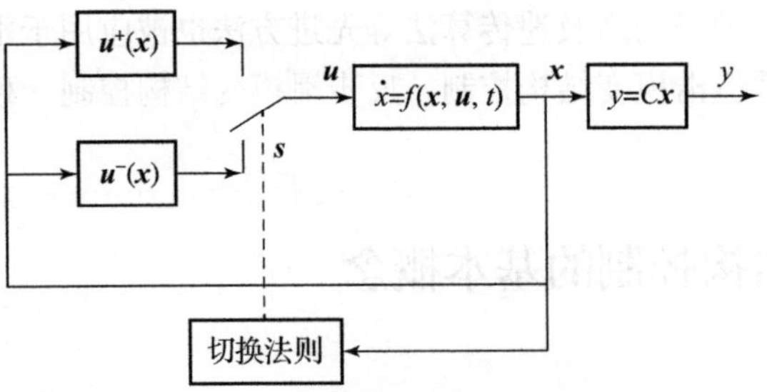

图 4.1　变结构控制系统原理图

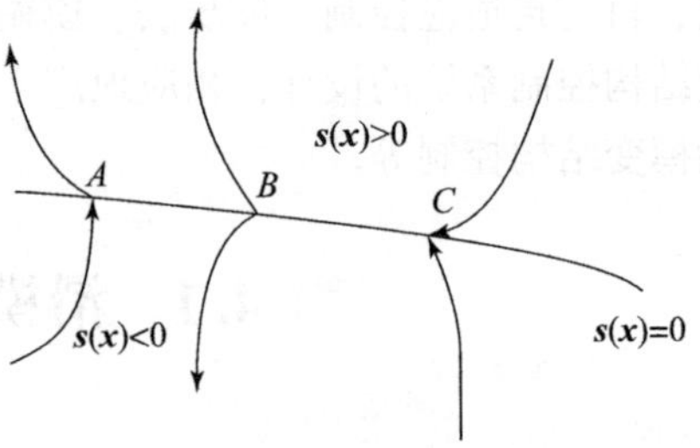

图 4.2　切换面上的三种点的特性

常点——系统运动点到达切换面 $\boldsymbol{s}(\boldsymbol{x}) = 0$ 附近时，穿过此点而过，如图 4.2 中 A 点。

起点——系统运动点到达切换面 $\boldsymbol{s}(\boldsymbol{x}) = 0$ 附近时，向切换面的该点两边离开，如图 4.2 中 B 点。

止点——系统运动点到达切换面 $\boldsymbol{s}(\boldsymbol{x}) = 0$ 附近时，从切换面的两边趋于该点，如图 4.2 中 C 点。

在滑模变结构中，常点和起始点无多大意义，而止点却有特殊的含义。因为如果在切换面上某一区域内所有点都是止点的话，则一旦运动点趋近于该区域，就被“吸引”在该区域上运动。此时，就称切换面 $\boldsymbol{s}(x)=0$ 上所有的点都是止点的区域为滑动模态区，简称为滑模区。系统在滑模区的运动称为“滑模运动”。

根据控制系统 Lyapunov（李雅普诺夫）稳定性原理可知，按照处于滑动模态上的点都必须为止点这一要求，当运动点到达切换面 $\boldsymbol{s}(x)=0$ 附近时，必有

$$\begin{cases}\lim\limits_{s\to 0^+}\dot{s}\leqslant 0\\ \lim\limits_{s\to 0^-}\dot{s}\geqslant 0\end{cases} \tag{4.2}$$

对式（4.2）进行扩展得

$$\lim_{s\to 0} s\frac{\mathrm{d}s}{\mathrm{d}t}\leqslant 0 \tag{4.3}$$

实际应用时，式（4.3）应将等号去掉。因为 $\boldsymbol{s}\dfrac{\mathrm{d}\boldsymbol{s}}{\mathrm{d}t}=0$ 的运动点刚好在切换面上，但是实际上此时的连续控制 $\boldsymbol{u}(\boldsymbol{x},\ t)$ 并不存在，则得到滑动模态存在的充分条件，也称为局部到达条件：

$$\lim_{s\to 0}\boldsymbol{s}\frac{\mathrm{d}\boldsymbol{s}}{\mathrm{d}t}<0 \tag{4.4}$$

式（4.4）意味着在切换面 $s(\boldsymbol{x})=0$ 邻域内，系统运动轨线将于有限时间内到达切换面。当系统状态穿越滑模面 $s(\boldsymbol{x})=0$，进入 $\boldsymbol{s}(\boldsymbol{x})<0$ 时，将使控制量 $\boldsymbol{u}(\boldsymbol{x})$ 从 $\boldsymbol{u}^+(\boldsymbol{x})$ 变化为 $\boldsymbol{u}^-(\boldsymbol{x})$，而到达条件式（4.4）使得系统状态又迅速穿越滑模面，进入 $s(\boldsymbol{x})>0$，从而形成了滑动运动。这里，仅为了能够形象地说明问题，给出了一个二阶系统取线性滑模面的滑模控制下状态轨迹示意图，如图 4.3 所示。从图中可见系统状态穿越滑模面，时而进入 $s(\boldsymbol{x})>0$ 区域，时而进入 $s(\boldsymbol{x})<0$ 的区域。

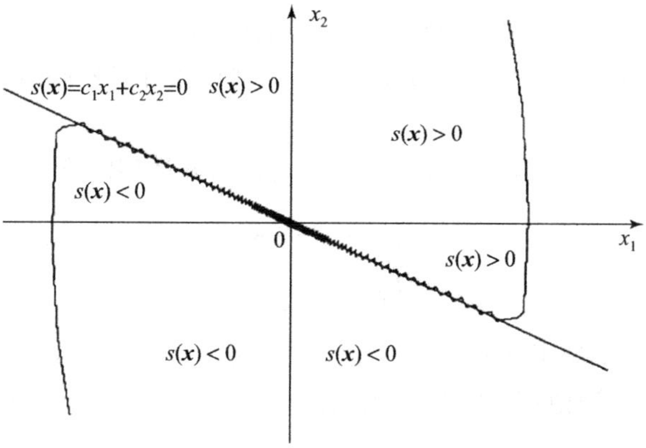

图 4.3　二阶系统的状态轨迹滑模运动示意图

4.1.3　滑模变结构控制的基本要素

对于式（4.1）所示的系统，需要确定切换函数 $\boldsymbol{s}(\boldsymbol{x})\ (\boldsymbol{s}\in\mathbb{R}^m)$，并求解控制函数 $\boldsymbol{u}=$

$\boldsymbol{u}(t,\ \boldsymbol{x})$：

$$u_i(t,\boldsymbol{x}) = \begin{cases} u_i^+(\boldsymbol{x},t), & s_i(\boldsymbol{x},t) > 0 \\ u_i^-(\boldsymbol{x},t), & s_i(\boldsymbol{x},t) < 0 \end{cases} \quad (i = 1, \cdots, m) \tag{4.5}$$

其中，$u_i^+(\boldsymbol{x},\ t) \neq u_i^-(\boldsymbol{x},\ t)$，使得：

（1）滑动模态存在，即式（4.4）成立。

（2）满足可达性条件，即在切换面以外的状态点都能在有限时间内到达切换面。

（3）满足滑模运动的稳定性条件。

这三项是滑模变结构控制的三个基本问题。只要满足了这三个条件的控制就叫作滑模变结构控制，构成的控制系统就叫作滑模变结构控制系统[6]。注意，式（4.5）描述的系统是多输入的，$\boldsymbol{s}$ 具有的维数一般等于控制量 $\boldsymbol{u}$ 的维数，则 $\boldsymbol{s} = [s_1,\ \cdots,\ s_m]^{\mathrm{T}}$。但是也不排除 $\boldsymbol{s}$ 和 $\boldsymbol{u}$ 维数不相等的情况，实际使用中应结合具体问题合理选择，最终都要求能够使得控制律符合要求，系统能到达滑模面。

首先变结构控制是通过切换函数实现的，切换函数可以根据控制的需要来选择，它们是系统状态变量的函数，记作 $\boldsymbol{s}(\boldsymbol{x})$，需要满足可微、过原点（即 $\boldsymbol{s}(\boldsymbol{x}) = 0$）。当 $\boldsymbol{s}(\boldsymbol{x})$ 随着系统状态的变化到达切换面 $\boldsymbol{s}(\boldsymbol{x}) = 0$ 时，变结构控制的控制输出由一种形式切换到另一种形式。切换的目的是当系统的状态偏离超平面 $\boldsymbol{s}(\boldsymbol{x}) = 0$ 时，能以有限的时间回到开关面，并沿着开关面滑动。系统到达开关面之前的运动称为正常运动，其运动规律取决于系统固有部分的结构和参数。系统在开关面上的滑动称为滑模运动，也称为滑动模态。滑模运动构成一种具有独特性质的运动方式，其特点是独立于系统本身的特性，只取决于开关面方程 $\boldsymbol{s}(\boldsymbol{x}) = 0$。

其次考虑滑动模态的可达性。当系统的起始点并不在切换面 $\boldsymbol{s}(\boldsymbol{x}) = 0$ 附近，而是在状态空间的任意位置，此时要求系统的运动必须趋向于切换面 $\boldsymbol{s}(\boldsymbol{x}) = 0$，即必须满足可达性条件。如果没有条件来满足这个要求的话，那么系统的滑模运动也就无法启动了。通常采用式（4.6）来保证这样的可达性：

$$\boldsymbol{s}\frac{\mathrm{d}\boldsymbol{s}}{\mathrm{d}t} \leqslant 0 \tag{4.6}$$

式（4.6）表示状态空间中的任意点必须向切换面靠近的趋势，称为广义滑动模态的存在条件，也称为全局到达条件。显然系统满足广义滑模条件必然同时满足滑模存在性及可达性条件。

此外，通常还可以将式（4.6）表达成李雅普诺夫函数型的到达条件：

$$\begin{cases} V(\boldsymbol{x}) = \dfrac{1}{2}\boldsymbol{s}^2 \\ \dot{V}(\boldsymbol{x}) = \boldsymbol{s}\dot{\boldsymbol{s}} \leqslant 0 \end{cases} \tag{4.7}$$

显然，李雅普诺夫函数 V 正定，$\dot{V}$ 负定，且不恒为零，在 $\boldsymbol{s} = 0$ 附近 V 是一个非递增函数，系统在 $\boldsymbol{s} = 0$ 附近渐进稳定，满足上述到达条件，状态点将向切换面趋近，切换面为止点区。

最后考虑滑模运动的稳定性。如果满足滑模的存在性及可达性条件，则运动进入滑动模态区以后，就开始滑模运动。对通常的反馈控制而言，都希望滑模运动是渐进稳定的。通常稳定性分析是根据具体的系统实现从不同的方面分析。通常情况下滑模变结构控制系统满足广义的滑模条件或者滑模存在性条件后，可以按照菲力普夫理论[5]来分析，如果切换面包含控制系统的一个稳定平衡点 $x=0$，而且滑模运动方程在平衡点附近渐进稳定的话，那么控制系统在滑动模态下的运动是渐进稳定的。

4.1.4　等效控制及滑动模态方程

设单输入系统的状态方程为

$$\dot{\boldsymbol{x}}=\boldsymbol{f}(\boldsymbol{x},\boldsymbol{u},t),\quad \boldsymbol{x}\in\mathbb{R}^n,\boldsymbol{u}\in\mathbb{R} \tag{4.8}$$

其中，$\boldsymbol{u}$ 为控制输入；t 为时间。

如果达到理想的滑动模态控制，则 $\dot{s}=\boldsymbol{0}$，即

$$\dot{s}=\frac{\partial s}{\partial \boldsymbol{x}}\frac{\partial \boldsymbol{x}}{\partial t}=\boldsymbol{0}\ 或\ \dot{s}=\frac{\partial s}{\partial \boldsymbol{x}}\boldsymbol{f}(\boldsymbol{x},\boldsymbol{u},t)=\boldsymbol{0} \tag{4.9}$$

则式中 $\boldsymbol{u}$ 的解 $\boldsymbol{u}_{eq}$（如果存在）称为系统在滑动模态区内的等效控制。等效控制往往是针对确定性系统在无外加干扰情况下进行设计的。

例如，对于系统，有

$$\dot{\boldsymbol{x}}=\boldsymbol{f}(\boldsymbol{x},t)+\boldsymbol{B}(\boldsymbol{x},t)\boldsymbol{u},\quad \boldsymbol{x}\in\mathbb{R}^n,\boldsymbol{u}\in\mathbb{R} \tag{4.10}$$

取线性滑模面，有

$$\boldsymbol{s}=\boldsymbol{C}^{\mathrm{T}}\boldsymbol{x} \tag{4.11}$$

其中系数 $\boldsymbol{C}$ 在 4.4.1 小节中会有介绍。

对式（4.11）求导，并代入式（4.10）可得

$$\dot{\boldsymbol{s}}=\boldsymbol{C}^{\mathrm{T}}\dot{\boldsymbol{x}}=\boldsymbol{C}^{\mathrm{T}}\boldsymbol{f}+\boldsymbol{C}^{\mathrm{T}}\boldsymbol{B}\boldsymbol{u} \tag{4.12}$$

那么，根据式（4.12）推导可得

$$\tilde{\boldsymbol{u}}=-(\boldsymbol{C}^{\mathrm{T}}\boldsymbol{B})^{-1}\boldsymbol{C}^{\mathrm{T}}\boldsymbol{f}+(\boldsymbol{C}^{\mathrm{T}}\boldsymbol{B})^{-1}\dot{\boldsymbol{s}} \tag{4.13}$$

因此，可将控制律写为

$$\tilde{\boldsymbol{u}}=\boldsymbol{u}_{eq}+\boldsymbol{u}_{d} \tag{4.14}$$

令 $\boldsymbol{C}^{\mathrm{T}}\boldsymbol{f}+\boldsymbol{C}^{\mathrm{T}}\boldsymbol{B}\boldsymbol{u}=0$ 可以求得等效控制 $\boldsymbol{u}_{eq}=-(\boldsymbol{C}^{\mathrm{T}}\boldsymbol{B})^{-1}\boldsymbol{C}^{\mathrm{T}}\boldsymbol{f}$，则 $\boldsymbol{u}_d=(\boldsymbol{C}^{\mathrm{T}}\boldsymbol{B})^{-1}\dot{\boldsymbol{s}}$，称为切换控制。

针对带有不确定性和外加干扰的系统，一般采用的控制律为等效控制加切换控制，即其中的切换控制 $\boldsymbol{u}_d$ 保证系统的状态不离开滑模面，实现对不确定性和外加干扰的鲁棒控制；等效控制 $\boldsymbol{u}_{eq}$ 保证系统的状态在滑模面上。所设计的控制律 $\tilde{\boldsymbol{u}}$ 需要满足滑模稳定条件，同时具有优良动态品质，这都取决于切换函数 $\boldsymbol{s}$ 及其参数的选择。

有了等效控制之后，可以写出滑动模态运动方程。将等效控制 $\boldsymbol{u}_{eq}$ 代入系统的状态方程（4.10），可得

$$\dot{\boldsymbol{x}}=\boldsymbol{f}(\boldsymbol{x},t)+\boldsymbol{B}(\boldsymbol{x},t)\boldsymbol{u}_{eq},\quad \boldsymbol{x}\in\mathbb{R}^n,\boldsymbol{u}\in\mathbb{R} \tag{4.15}$$

将 $\boldsymbol{u}_{eq}=-(\boldsymbol{C}^{\mathrm{T}}\boldsymbol{B})^{-1}\boldsymbol{C}^{\mathrm{T}}\boldsymbol{f}$ 代入式（4.15），有

$$\begin{cases}\dot{\boldsymbol{x}}=\boldsymbol{f}-\boldsymbol{B}(\boldsymbol{C}^{\mathrm{T}}\boldsymbol{B})^{-1}\boldsymbol{C}^{\mathrm{T}}\boldsymbol{f}=[\boldsymbol{I}-\boldsymbol{B}(\boldsymbol{C}^{\mathrm{T}}\boldsymbol{B})^{-1}\boldsymbol{C}^{\mathrm{T}}]\boldsymbol{f}\\ \boldsymbol{s}(\boldsymbol{x})=\boldsymbol{C}\boldsymbol{x}=\boldsymbol{0}\end{cases} \tag{4.16}$$

式中，$\boldsymbol{I}$ 为单位矩阵。

滑动模态运动是系统沿切换面 $\boldsymbol{s}(\boldsymbol{x})=\boldsymbol{0}$ 的运动，到达理想终点时，满足 $\boldsymbol{s}(\boldsymbol{x})=\boldsymbol{0}$ 和 $\dot{\boldsymbol{s}}(\boldsymbol{x})=\boldsymbol{0}$，同时切换开关必须是理想开关，这是一种理想的极限情况。实际上，系统的运动

点沿切换面上下穿行。所以式（4.16）是滑模变结构控制在滑动模态附近的平均运动方程，这种平均运动方程描述了系统在滑动模态下的主要动态特性。通常希望这个动态特性既是渐进稳定的，又具有优良的动态品质。从式（4.16）中可以看出，滑动模态的渐进稳定性和动态品质取决于切换函数 **s** 及其参数的选择。

4.2 变结构控制的动态品质

变结构控制系统的运动分成两部分：第一部分是系统在初始点进入切换面的运动阶段，位于切换面之外，如图 4.4 的$x_0 \to A$，称为趋近运动段，即 $s \to 0$ 的过程；第二部分是系统在切换面上的运动阶段，如图 4.4 的 $A \to O$，即滑模段，这部分的品质可由滑模方程来决定。

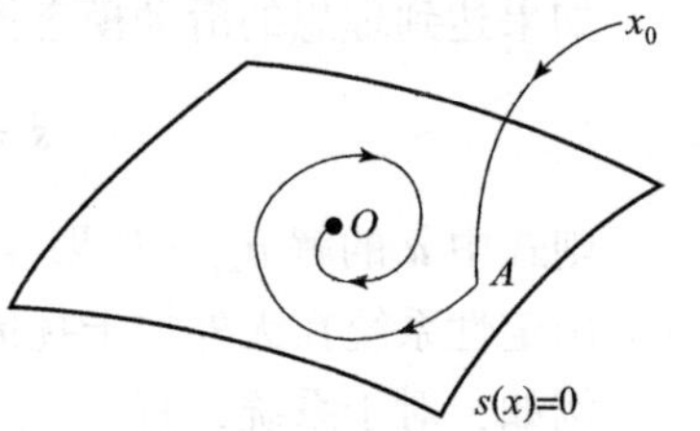

图 4.4 变结构控制系统的两个运动阶段

要求系统过渡过程有良好的品质，就必须使两段都具有良好的品质。由于尚不能一次性地改善整个运动过程品质，因而要求选择控制律 $\boldsymbol{u}^{\pm}(\boldsymbol{x})$ 使正常运动段的品质得到提高，选择切换函数 $\boldsymbol{s}(\boldsymbol{x})$ 使滑动模态运动段的品质改善。只有在滑动模态阶段，滑模变结构控制才表现出优越的鲁棒性，而在趋近阶段控制系统仍然受参数不确定性和外部干扰的影响。滑模可达性条件仅实现了在状态空间任意点必然于有限时间内到达切换面，至于如何运动，未做任何规定。可以通过缩短系统由初始状态到达滑模面的时间来提高系统的鲁棒性，趋近律方法[5]是缩短趋近过程的一个有效方法，同时也是削弱滑模变结构控制抖振的一个很好的方法。主要原因是该方法能控制系统到达滑模面的速度，避免过大，从而削弱抖振。一个好的趋近律，既要使系统快速到达滑模面，又要使系统在到达滑模面的瞬时，速度尽可能的小，实现与滑模面的光滑过渡，以削弱抖振。以下介绍几种常用的趋近律，为简单清楚，以单个控制输入的情况进行描述。

1. 等速趋近律

$$\dot{s} = -\varepsilon \operatorname{sgn} s, \varepsilon > 0 \tag{4.17}$$

其中，常数 ε 表示系统的运动点趋近切换面 $s=0$ 的速度。

它的特点是控制简单，控制信号 $u(x)$ 易求，但是趋近速度单一，在系统到达滑模面的整个过程中速度都是不变的。下面分析等速趋近律的性质，假设趋近律的初始速度为 $s(0)$，并假设 $s>0$，此时有

$$\dot{s} = -\varepsilon \tag{4.18}$$

两边积分可得

$$s(t) - s(0) = -\varepsilon t \tag{4.19}$$

到达切换面的时候，必有 $s(t)=0$，因此可求得从初始时刻到切换面的时间为

$$t^* = \frac{s(0)}{\varepsilon} \tag{4.20}$$

可见 ε 越大，系统到达切换面的时间越短，但是到达切换面时，$\dot{s} = -\varepsilon \operatorname{sgn} s$ 的变化率值很大，系统仍具有较大速度，这样将引起较大的抖动。ε 越小，从初始时刻到达切换面的时间越长，导致系统不稳定，故这种最简单的趋近律运动的品质有时不太理想。

2. 指数趋近律

$$\dot{s} = -\varepsilon \operatorname{sgn} s - ks, \varepsilon > 0, k > 0 \tag{4.21}$$

式中，$\dot{s} = -ks$ 是指数趋近项，其解为 $s = s(0)\mathrm{e}^{-ks}$。

趋近速度从较大值逐步减小到零，不仅缩短了趋近时间，而且使运动点到达切换面时速度较小。当状态点远离切换面时，趋近速度主要取决于 $-ks$ 项，当到达切换面附近时，由于 s 变得很小，趋近速度则主要取决于 $-\varepsilon\operatorname{sgn}s$ 项的大小。对于单纯的指数趋近，运动点逼近切换面是一个渐进的过程，不能保证有限时间内到达，切换面上也就不存在滑动模态了。所以，要增加一个等速趋近项 $\dot{s} = -\varepsilon\operatorname{sgn}s$，使当 s 趋近零时，趋近速度是 ε 而不是零，可以保证有限时间内到达。

当 $s<0$ 时，$s(t) = \frac{\varepsilon}{k} + \left(s(0) - \frac{\varepsilon}{k}\right)\mathrm{e}^{-kt}$；当 $s>0$ 时，$s(t) = \frac{-\varepsilon}{k} + \left(s(0) + \frac{\varepsilon}{k}\right)\mathrm{e}^{-kt}$，因此可以解出到达时间 $t^* = -\frac{1}{k}\left[\ln\left(s(0) + \frac{\varepsilon}{k}\right) - \ln\frac{\varepsilon}{k}\right]$，可见 t 充分大时趋近律比按等速规律趋近还要快。为了减小抖动，可以减小到达滑模面的速度 $\dot{s} = -\varepsilon$，即减小 ε 增大 k 可以加速趋近过程，同时削弱抖振。

3. 幂次趋近律

$$\dot{s} = -k|s|^a \operatorname{sgn} s, k > 0, 1 > a > 0 \tag{4.22}$$

特别地，当 $a = \frac{1}{2}$，则有

$$\dot{s} = -k\sqrt{|s|}\operatorname{sgn} s \tag{4.23}$$

积分后，得 $s(t)^{1-a} = -(1-a)kt + s(0)^{1-a}$，所以到达时间 $t^* = \frac{s(0)^{1-a}}{(1-a)k}$，显然从到达时间上可以看出它的最大特点是在有限时间内到达能得以保证。

4. 一般趋近律

$$\dot{s} = -\varepsilon\operatorname{sgn} s - f(s), \varepsilon > 0 \tag{4.24}$$

其中，$f(0) = 0$，当 $s \neq 0$ 时，$sf(s) > 0$。

当 $s \neq 0$ 时，如果 ε 及函数 $f(s)$ 取不同值，可得到以上各种趋近律。

对于以上趋近律，如果系统是多输入的，则

$\boldsymbol{s} = [s_1, \cdots, s_m]^{\mathrm{T}}$

$\boldsymbol{\varepsilon} = \operatorname{diag}[\varepsilon_1, \cdots, \varepsilon_m]^{\mathrm{T}}, \varepsilon_i > 0$

$\operatorname{sgn}\boldsymbol{s} = [\operatorname{sgn}s_1, \cdots, \operatorname{sgn}s_m]^{\mathrm{T}}$

$\boldsymbol{k} = \operatorname{diag}[k_1, \cdots, k_m]^{\mathrm{T}}, k_i > 0$

$\boldsymbol{f}(\boldsymbol{s}) = [f(s_1), \cdots, f(s_m)]^{\mathrm{T}}$

显然，上述几种趋近律都满足滑模到达条件 $\boldsymbol{s}\frac{\mathrm{d}\boldsymbol{s}}{\mathrm{d}t} < 0$，这样就有两种到达条件：

对趋近不加限制的趋近到达为

$$s_i\frac{\mathrm{d}s_i}{\mathrm{d}t} < 0, i = 1, \cdots, m \tag{4.25}$$

按规定趋近律的趋近到达为

$$\dot{s}_i = -\varepsilon_i \operatorname{sgn} s_i - f_i(s), i = 1, \cdots, m \tag{4.26}$$

选取趋近律的原则是保证系统的状态点远离切换面时具有较快的趋近速度，在接近切换面时，过大的趋近速度会导致剧烈抖振，应该适当选择趋近律，使系统以适当速度趋近切换面。

在以上趋近律基础上，也有研究提出在趋近律中引入与系统状态相关的量，使得系统趋近滑动模态的速度随着该状态量的变化，自适应地进行调整，从而在保证滑模变结构控制满足到达条件的同时，具有良好的动态特性。例如，在导弹制导律设计中，按照变结构控制的基本理论，考虑形式为 $s(t) = R\dot{q}$ 的滑动面函数（$\dot{q}$ 为弹目视线角速度，R 为弹目视线距离），希望在制导过程中能使 $\dot{q}$ 的绝对值达到极小，从而达到精确击中目标的目的。引入简单的自适应思想，选取趋近速度自适应调整的滑模趋近律为

$$\dot{\boldsymbol{s}} = -k\frac{|\dot{R}|}{R}\boldsymbol{s} - \xi \operatorname{sgn}(\boldsymbol{s}) \tag{4.27}$$

式中，k 和 ξ 为大于零的常数。

以上趋近律可以使趋近运动的速度随着弹目视线距离 R 的变化而自适应调整，当 R 较大时适当放慢趋近速度；当 R 趋近于 0 时，趋近速度迅速上升，从而保证视线角变化率的变化 $\Delta\dot{q}$ 不发散，提高命中精度。

4.3 滑模变结构控制的性质

4.3.1 模型降阶

在滑动模态下，系统的运动被约束在某个子空间内，所以采用一个低阶方程便可描述系统的行为。实际上，既然滑模轨迹位于 m 维超平面 $\boldsymbol{s}(\boldsymbol{x}) = 0$ 上，所以子空间为 $(n-m)$ 维，滑模方程的阶次为 $(n-m)$ 维，比原系统降低了 m 阶。以一个简单的单输入系统为例，系统在滑动面上运动时，其状态满足如下约束：

$$\begin{aligned} &\dot{\boldsymbol{x}} = f(t, \boldsymbol{x}, \boldsymbol{u}), \boldsymbol{x} \in \mathbb{R}^n, \boldsymbol{u} \in \mathbb{R}^1 \\ &\boldsymbol{s}(\boldsymbol{x}) = 0 \end{aligned} \tag{4.28}$$

因为有 $\boldsymbol{s}(\boldsymbol{x}) = 0$ 的约束，n 个状态变量已不再是独立的量，它们之间只有 $n-1$ 个独立变量，任意消去一个变量，如消去 x_n，得到 $n-1$ 个独立变量的运动方程，称为滑动模态运动方程。

4.3.2 系统解耦

在滑模控制系统中，一旦系统进入滑动模态，系统的状态与系统参数和系统结构无关，仅取决于滑模平面的设计，所以实现了系统的解耦。

4.3.3 鲁棒性和不变性

滑模控制的最大优点就是系统一旦进入滑模状态，系统状态的转移就不再受系统原有参数变化和外部扰动的影响，对系统参数和外部扰动具有完全的或较强的鲁棒性和不变性。因此，它能同时兼顾动态精度和静态精度的要求。其性能类似于一个高增益控制系统，却不需要过大的控制动作。滑模控制系统的鲁棒性和不变性已经成为滑模控制得到普遍重视和应用

的一个重要特性。

4.3.4 抖振问题

变结构控制系统的滑模运动是系统状态沿着希望轨线前进的运动。由于执行机构存在一定的延迟或者惯性（控制切换伴有滞后），结构切换的过程不可能具有理想的开关特性（无空间及时间滞后），且系统状态测量存在误差，因此在状态滑动时总伴有抖振，即系统状态实际上沿着希望轨线来回穿行而不是滑动，实际应用中得不到理想滑模。而且，实际应用中抖振是必然存在的，若消除了抖振，也就是消除了变结构控制的抗干扰能力，因此消除抖振是不可能的，只能在一定程度上削弱它。抖振是滑模变结构控制的一个突出缺点，它可能激发起系统的未建模高频特性，引起系统性能变差，甚至使系统不稳定，严重影响了变结构系统的实用性，制约着滑模变结构控制技术的发展，因此削弱和抑制抖振现象是一个重要问题。目前抑制抖振现象的方法有以下几种。

1. 准滑动模态方法

准滑动模态方法也称为开关函数连续化方法，它源于 20 世纪 80 年代在滑模控制中引入准滑动模态和边界层的概念。该方法下系统的运动轨迹被限制在理想滑动模态的某个 Δ 邻域内的模态，从相轨迹方面来说，具有理想滑动模态的控制使得一定范围内的状态点均被吸引至切换面。而准滑动模态控制则是指一定范围内的状态点均被吸引至切换面的某一 Δ 邻域内，通常称此 Δ 邻域为滑动模态切换面的边界层。在边界层内准滑动模态不要求满足滑动模态的存在条件，因此准滑动模态不要求在切换面上进行控制结构的切换。它可以是在边界层上进行结构变换的控制系统，也可以是根本不进行结构变换的连续状态反馈控制系统，准滑动模态在实现上的这种差别，使它从根本上削弱或避免了抖振，从而在实际中得到广泛应用。另外，边界层厚度 Δ 越小，控制效果越好，但同时又会使控制增益变大，抖振增强；相反，边界层厚度 Δ 越大，抖振越小，但是又会使控制增益变小，控制效果变差。为了获得最佳的抗抖振效果，可以自适应调整边界层厚度。

在连续系统中，常用的准滑动模态控制有以下两种方法。

1）用饱和函数 $\mathrm{sat}(s)$ 代替理想滑动模态中的符号函数 $\mathrm{sgn}(s)$

$$\mathrm{sat}(s)=\begin{cases}1, & s>\Delta \\ ks, & |s|\leqslant\Delta, \quad k=\dfrac{1}{\Delta} \\ -1, & s<-\Delta\end{cases} \tag{4.29}$$

其中，Δ 称为边界层。饱和函数如图 4.5 所示。

控制律中采用饱和函数代替符号函数，其控制作用在本质上已经变为：在边界层外，采用正常的切换函数控制（滑模控制）；在边界层内，为连续状态的反馈控制，采用线性化反馈控制。

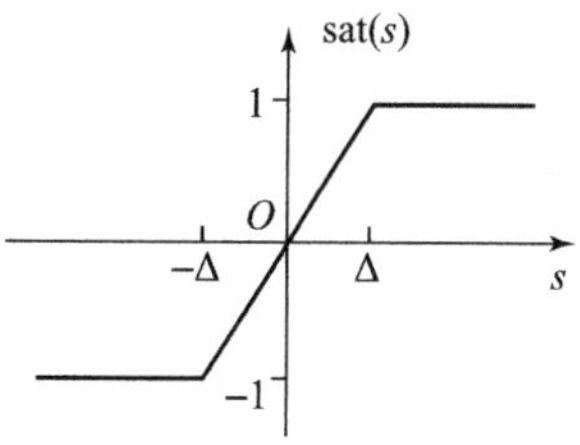

图 4.5 饱和函数

2）将继电特性连续化，用连续函数 $\theta(s)$ 取代 $\mathrm{sgn}(s)$

$$\theta(s)=\frac{s}{|s|+\delta} \tag{4.30}$$

式中，δ 为很小的正常数。

图 4.6 展示了对符号函数进行连续化近似后和原始曲线对比。

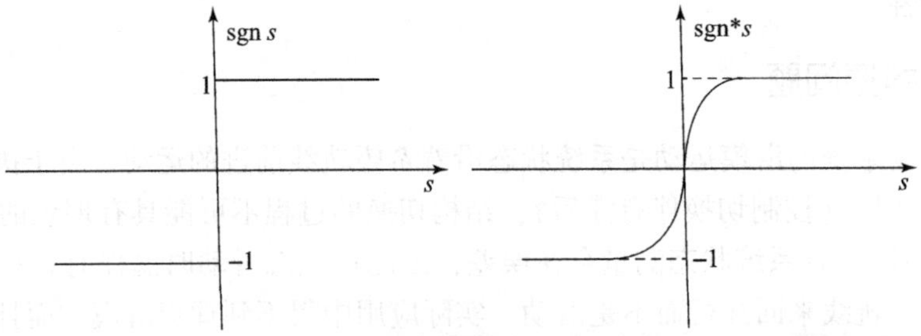

图 4.6　连续化近似后的曲线对比

2. 调整趋近律法

调整趋近律法在 4.2 节中已经有介绍，该方法能控制系统到达滑模面的速度，避免接近切换面时趋近速度过大，从而有利于削弱抖振。

3. 滤波方法

滤波方法对控制信号进行平滑滤波，是削弱抖振的有效方法。

4. 观测器重构状态法

在常规滑模控制中，往往需要很大的切换函数增益来消除外加干扰及不确定性项，因此利用观测器来消除外界干扰和不确定性项成为解决抖振研究的重点。

5. 与智能控制方法相结合

这类方法近年来研究较多，如神经网络方法、遗传算法优化方法与滑模变结构控制相结合。

4.4　普通滑模变结构控制器的设计

设计滑模变结构控制器的基本步骤包括两个相对独立的部分。

（1）设计切换函数 $\boldsymbol{s}(\boldsymbol{x})$，使它所确定的滑动模态渐进稳定且具有良好的动态品质。

（2）求取控制律 $\boldsymbol{u}=\boldsymbol{u}^{\pm}(\boldsymbol{x})$，从而使到达条件满足时，在切换面上形成滑动模态区。

通常可以采取两种方法进行设计，一是直接依据到达条件 $s\dot{s}\leqslant 0$ 或李雅普诺夫型到达条件（李雅普诺夫函数 V 正定，$\dot{V}$ 半负定），推导求得关于控制量的不等式，然后在满足此不等式的条件下选择合适的控制律；二是结合到达条件和趋近律方法，通过求解等式获取控制律。

4.4.1　滑模面的设计

线性滑模面是较为常见的选择，线性滑模面设计方法是根据期望的控制目标合理地选择切换函数，通过配置合理的系数来保证系统的稳定性和良好的动态品质。线性切换函数形式为

$$\boldsymbol{s}=\boldsymbol{C}^{\mathrm{T}}\boldsymbol{x} \tag{4.31}$$

式中，$\boldsymbol{s}=[s_1, \cdots, s_m]^{\mathrm{T}}$，$\boldsymbol{C}$ 为 $m\times n$ 矩阵，其元素为 $c_{ij}(i=1, \cdots, m;\ j=1, \cdots, n)$。

确定切换函数的问题，实质上是选择系数矩阵 $\boldsymbol{C}$ 的问题，系数 c_{ij} 的求取方法有很多，

如极点配置法、几何法、二次型最优控制法、H_∞优化[7]等。确定了切换函数，也就决定了滑模运动的稳定性与动态品质。线性滑模面主要适用于速度和精度要求都不高的非线性系统。除了线性滑模面，还有非线性滑模面[8]，如：terminal（终端）滑模面[9]和积分滑模面[10-11]、模糊滑模面[12]。以下介绍利用极点配置法和二次型性能指标最优化方法确定系数矩阵 $\boldsymbol{C}$[7]。

1. 极点配置法确定 $\boldsymbol{C}$

这里给出极点配置法计算切换函数系数矩阵 $\boldsymbol{C}$ 的基本思路。对于一般线性系统，设置线性滑模面，系统表示如下：

$$\begin{gathered}\dot{\boldsymbol{x}}=\boldsymbol{A}\boldsymbol{x}+\boldsymbol{B}\boldsymbol{u},\boldsymbol{s}=\boldsymbol{C}\boldsymbol{x}\\ \boldsymbol{x}\in\mathbb{R}^n,\boldsymbol{u}\in\mathbb{R}^m,\boldsymbol{s}\in\mathbb{R}^m\end{gathered}\tag{4.32}$$

首先对系统做基本假设：

（1）$\boldsymbol{A}$，$\boldsymbol{B}$ 可控。

（2）$\boldsymbol{CB}$ 为 $m\times m$ 非奇异方阵。

对于上述线性系统式（4.32），由等效控制方法（见 4.1.4 小节）可知

$$\dot{\boldsymbol{s}}=\boldsymbol{C}\dot{\boldsymbol{x}}=\boldsymbol{CAx}+\boldsymbol{CBu}=0$$

可求得

$$\boldsymbol{u}_{eq}=-(\boldsymbol{CB})^{-1}\boldsymbol{CAx}\tag{4.33}$$

由此可见 $\boldsymbol{CB}$ 非奇异是滑模存在且可达的充分必要条件。

把式（4.33）代入式（4.32）得滑模方程为

$$\begin{cases}\dot{\boldsymbol{x}}=[\boldsymbol{I}-\boldsymbol{B}(\boldsymbol{CB})^{-1}\boldsymbol{C}]\boldsymbol{Ax}\\ \boldsymbol{s}=\boldsymbol{Cx}=0\end{cases}\tag{4.34}$$

设 rank$\boldsymbol{B}=m$，故存在非奇异线性变换 $\boldsymbol{x}=\boldsymbol{T}\tilde{\boldsymbol{x}}$，使得式（4.32）化为下列能控标准型：

$$\begin{bmatrix}\dot{\tilde{x}}_1\\ \dot{\tilde{x}}_2\end{bmatrix}=\begin{bmatrix}\boldsymbol{A}_{11} & \boldsymbol{A}_{12}\\ \boldsymbol{A}_{21} & \boldsymbol{A}_{22}\end{bmatrix}\begin{bmatrix}\tilde{x}_1\\ \tilde{x}_2\end{bmatrix}+\begin{bmatrix}0\\ \boldsymbol{B}_2\end{bmatrix}\boldsymbol{u}\tag{4.35}$$

其中，$\tilde{x}_1\in\mathbb{R}^{n-m}$，$\tilde{x}_2\in\mathbb{R}^m$，$\boldsymbol{B}_2$为 $m\times m$ 可逆方阵。

$$\boldsymbol{T}^{-1}\boldsymbol{AT}=\begin{bmatrix}\boldsymbol{A}_{11} & \boldsymbol{A}_{12}\\ \boldsymbol{A}_{21} & \boldsymbol{A}_{22}\end{bmatrix},\boldsymbol{T}^{-1}\boldsymbol{B}=\begin{bmatrix}0\\ \boldsymbol{B}_2\end{bmatrix}\tag{4.36}$$

由线性系统理论可知（$\boldsymbol{A}$，$\boldsymbol{B}$）能控，（$\boldsymbol{A}_{11}$，$\boldsymbol{A}_{12}$）必是能控的。

相应的切换面变为

$$\boldsymbol{s}=\boldsymbol{CT}\tilde{\boldsymbol{x}}=\boldsymbol{C}_1\tilde{x}_1+\boldsymbol{C}_2\tilde{x}_2=0\tag{4.37}$$

其中，$\boldsymbol{C}_2$为可逆方阵，在切换面上有

$$\tilde{x}_2=-\boldsymbol{C}_2^{-1}\boldsymbol{C}_1\tilde{x}_1=-\boldsymbol{F}\tilde{x}_1\tag{4.38}$$

根据式（4.35）中第一个方程，可得如下降阶方程：

$$\dot{\tilde{x}}_1=\boldsymbol{A}_{11}\tilde{x}_1+\boldsymbol{A}_{12}\tilde{x}_2\tag{4.39}$$

从而滑模运动满足式（4.38）和式（4.39）。

于是线性系统的滑动模可视为由式（4.39）描述且具有反馈式（4.38）的 $n-m$ 维子系

统，从而可根据通常的线性反馈设计方法（如极点配置法、最优化方法等）确定反馈系数矩阵 $\boldsymbol{F}$。不失一般性，取 $\boldsymbol{C}_2=\boldsymbol{I}_m$，因此

$$\boldsymbol{C}=(\boldsymbol{F},\boldsymbol{I}_m)\boldsymbol{T}^{-1} \tag{4.40}$$

因此，一旦给出系统期望的极点 λ_1 和 λ_2，即可计算得到滑模面系数 $\boldsymbol{C}$，$\boldsymbol{C}$ 一旦确定，切换函数也就确定了。以下给出一个算例，展示如何利用极点配置法计算线性滑模面的系数矩阵 $\boldsymbol{C}$。

例 4.1：考虑如下线性系统

$$\dot{\boldsymbol{x}}=\begin{bmatrix}0 & 2 & -2\\ 1 & 1 & -2\\ 2 & -2 & 1\end{bmatrix}\boldsymbol{x}+\begin{bmatrix}2\\1\\1\end{bmatrix}\boldsymbol{u} \tag{4.41}$$

利用极点配置方法确定切换函数 s。

解：此系统为单一输入系统，很容易判断此系统是完全能控的，$\det(s\boldsymbol{I}-\boldsymbol{A})=s^3-2s^2-s+2$，把其转化为能控标准型为

$$\begin{bmatrix}\dot{\tilde{x}}_1\\ \dot{\tilde{x}}_2\\ \dot{\tilde{x}}_3\end{bmatrix}=\begin{bmatrix}0 & 1 & 0\\ 0 & 0 & 1\\ -2 & 1 & 2\end{bmatrix}\begin{bmatrix}\tilde{x}_1\\ \tilde{x}_2\\ \tilde{x}_3\end{bmatrix}+\begin{bmatrix}0\\0\\1\end{bmatrix}\boldsymbol{u} \tag{4.42}$$

其中，对应于式（4.35）中各个矩阵为

$$\boldsymbol{A}_{11}=\begin{bmatrix}0 & 1\\ 0 & 0\end{bmatrix},\boldsymbol{A}_{12}=\begin{bmatrix}0\\1\end{bmatrix},\boldsymbol{A}_{21}=[-2\quad 1],\boldsymbol{A}_{22}=[2],\boldsymbol{B}_2=[1] \tag{4.43}$$

非奇异线性变换矩阵为

$$\boldsymbol{T}=[\boldsymbol{B},\boldsymbol{AB},\boldsymbol{A}^2\boldsymbol{B}]\begin{bmatrix}-1 & -2 & 1\\ -2 & 1 & 0\\ 1 & 0 & 0\end{bmatrix}=\begin{bmatrix}2 & 0 & -4\\ 1 & 1 & -5\\ 1 & 3 & 1\end{bmatrix}\begin{bmatrix}-1 & -2 & 1\\ -2 & 1 & 0\\ 1 & 0 & 0\end{bmatrix}=\begin{bmatrix}-6 & -4 & 2\\ -8 & -1 & 1\\ -6 & 1 & 1\end{bmatrix} \tag{4.44}$$

$$\boldsymbol{T}^{-1}=\begin{bmatrix}\frac{1}{12} & -\frac{1}{4} & \frac{1}{12}\\ -\frac{1}{12} & -\frac{1}{4} & \frac{5}{12}\\ -\frac{7}{12} & -\frac{15}{12} & \frac{13}{12}\end{bmatrix} \tag{4.45}$$

所以，在切换面上系统满足为

$$\begin{cases}\begin{bmatrix}\dot{\tilde{x}}_1\\ \dot{\tilde{x}}_2\end{bmatrix}=\begin{bmatrix}0 & 1\\ 0 & 0\end{bmatrix}\begin{bmatrix}\tilde{x}_1\\ \tilde{x}_2\end{bmatrix}+\begin{bmatrix}0\\1\end{bmatrix}\tilde{x}_3\\ \dot{\tilde{x}}_3=[-\boldsymbol{F}]\begin{bmatrix}\tilde{x}_1\\ \tilde{x}_2\end{bmatrix}\end{cases} \tag{4.46}$$

下面利用极点配置方法确定 $\boldsymbol{F}$。

设系统具有期望极点为 λ_1 和 λ_2，则期望的特征多项式方程为

$$(\lambda-\lambda_1)(\lambda-\lambda_2)=\lambda^2-(\lambda_1+\lambda_2)\lambda+\lambda_1\lambda_2 \tag{4.47}$$

引入状态反馈 $\boldsymbol{K}$ 后闭环系统的特征多项式为

$$|\lambda \boldsymbol{I}-(\boldsymbol{A}'-\boldsymbol{B}'\boldsymbol{K})|=\begin{vmatrix}\lambda & -1\\ k_1 & \lambda+k_2\end{vmatrix}=\lambda^2+k_2\lambda+k_1 \tag{4.48}$$

比较式（4.47）和式（4.48），可得

$$\boldsymbol{K}=[k_1,k_2]=[\lambda_1\lambda_2,-(\lambda_1+\lambda_2)] \tag{4.49}$$

则有

$$\boldsymbol{F}=-\boldsymbol{K}=[-\lambda_1\lambda_2,\lambda_1+\lambda_2] \tag{4.50}$$

因此

$$\begin{aligned}\boldsymbol{C}&=(\boldsymbol{F}\quad \boldsymbol{I}_m)\boldsymbol{T}^{-1}=[-\lambda_1\lambda_2\quad \lambda_1+\lambda_2\quad 1]\begin{bmatrix}\frac{1}{12} & -\frac{1}{4} & \frac{1}{12}\\ -\frac{1}{12} & -\frac{1}{4} & \frac{5}{12}\\ -\frac{7}{12} & -\frac{15}{12} & \frac{13}{12}\end{bmatrix}\\ &=\frac{1}{12}[-\lambda_1\lambda_2-(\lambda_1+\lambda_2)-7\quad \lambda_1\lambda_2-(\lambda_1+\lambda_2)-15\quad -\lambda_1\lambda_2+5(\lambda_1+\lambda_2)+13]\end{aligned} \tag{4.51}$$

所以切换函数为

$$s=\boldsymbol{C}\boldsymbol{x}=\frac{1}{12}[-\lambda_1\lambda_2-(\lambda_1+\lambda_2)-7\quad \lambda_1\lambda_2-(\lambda_1+\lambda_2)-15\quad -\lambda_1\lambda_2+5(\lambda_1+\lambda_2)+13]\begin{bmatrix}x_1\\ x_2\\ x_3\end{bmatrix} \tag{4.52}$$

2. 二次型性能指标最优化方法确定 $\boldsymbol{C}$

也可采用二次型性能指标最优化方法来求解滑模面系数 $\boldsymbol{C}$。设系统已经表示为式（4.35），则滑模方程为

$$\begin{cases}\dot{\tilde{x}}_1=\boldsymbol{A}_{11}\tilde{x}_1+\boldsymbol{A}_{12}\tilde{x}_2=0\\ s=\boldsymbol{C}_1\tilde{x}_1+\boldsymbol{C}_2\tilde{x}_2=0\end{cases} \tag{4.53}$$

设系统（4.35）的二次型最优化指标为

$$J=\int_{t_1}^{\infty}\tilde{\boldsymbol{x}}^{\mathrm{T}}\boldsymbol{Q}\tilde{\boldsymbol{x}}\,\mathrm{d}t \tag{4.54}$$

式中，$\boldsymbol{Q}=\begin{bmatrix}\boldsymbol{Q}_{11} & \boldsymbol{Q}_{12}\\ \boldsymbol{Q}_{21} & \boldsymbol{Q}_{22}\end{bmatrix}$正定，且$\boldsymbol{Q}_{11}$及$\boldsymbol{Q}_{12}$非奇异，$\boldsymbol{Q}_{12}=\boldsymbol{Q}_{21}$。那么

$$\tilde{\boldsymbol{x}}^{\mathrm{T}}\boldsymbol{Q}\tilde{\boldsymbol{x}}=[\tilde{\boldsymbol{x}}_1^{\mathrm{T}}\quad \tilde{\boldsymbol{x}}_2^{\mathrm{T}}]\begin{bmatrix}\boldsymbol{Q}_{11} & \boldsymbol{Q}_{12}\\ \boldsymbol{Q}_{21} & \boldsymbol{Q}_{22}\end{bmatrix}\begin{bmatrix}\tilde{\boldsymbol{x}}_1\\ \tilde{\boldsymbol{x}}_2\end{bmatrix}=\tilde{\boldsymbol{x}}_1^{\mathrm{T}}\boldsymbol{Q}_{11}\tilde{\boldsymbol{x}}_1+\tilde{\boldsymbol{x}}_2^{\mathrm{T}}\boldsymbol{Q}_{21}\tilde{\boldsymbol{x}}_1+\tilde{\boldsymbol{x}}_1^{\mathrm{T}}\boldsymbol{Q}_{12}\tilde{\boldsymbol{x}}_2+\tilde{\boldsymbol{x}}_2^{\mathrm{T}}\boldsymbol{Q}_{22}\tilde{\boldsymbol{x}}_2 \tag{4.55}$$

令 $\boldsymbol{V}=\boldsymbol{Q}_{22}^{-1}\boldsymbol{Q}_{21}\tilde{\boldsymbol{x}}_1+\tilde{\boldsymbol{x}}_2$，则

$$\begin{aligned}\tilde{\boldsymbol{x}}^{\mathrm{T}}\boldsymbol{Q}\tilde{\boldsymbol{x}}&=\tilde{\boldsymbol{x}}_1^{\mathrm{T}}\boldsymbol{Q}_{11}\tilde{\boldsymbol{x}}_1+(\boldsymbol{V}-\boldsymbol{Q}_{22}^{-1}\boldsymbol{Q}_{21}\tilde{\boldsymbol{x}}_1)^{\mathrm{T}}\boldsymbol{Q}_{21}\tilde{\boldsymbol{x}}_1+\tilde{\boldsymbol{x}}_1^{\mathrm{T}}\boldsymbol{Q}_{12}(\boldsymbol{V}-\boldsymbol{Q}_{22}^{-1}\boldsymbol{Q}_{21}\tilde{\boldsymbol{x}}_1)+\\&\quad(\boldsymbol{V}-\boldsymbol{Q}_{22}^{-1}\boldsymbol{Q}_{21}\tilde{\boldsymbol{x}}_1)^{\mathrm{T}}\boldsymbol{Q}_{22}(\boldsymbol{V}-\boldsymbol{Q}_{22}{}^{-1}\boldsymbol{Q}_{21}\tilde{\boldsymbol{x}}_1)=\tilde{\boldsymbol{x}}_1{}^{\mathrm{T}}\boldsymbol{Q}_{11}^{*}\tilde{\boldsymbol{x}}_1+\boldsymbol{V}^{\mathrm{T}}\boldsymbol{Q}_{22}\boldsymbol{V}\end{aligned} \tag{4.56}$$

于是式（4.53）及最优指标变为

$$\begin{cases}\dot{\tilde{\boldsymbol{x}}}_1=\boldsymbol{A}_{11}^{*}\tilde{\boldsymbol{x}}_1+\boldsymbol{A}_{12}\boldsymbol{V}\\ \boldsymbol{J}=\int_0^{\infty}(\tilde{\boldsymbol{x}}_1{}^{\mathrm{T}}\boldsymbol{Q}_{11}^{*}\tilde{\boldsymbol{x}}_1+\boldsymbol{V}^{\mathrm{T}}\boldsymbol{Q}_{22}\boldsymbol{V})\,\mathrm{d}t\end{cases} \tag{4.57}$$

式中，$\boldsymbol{Q}_{11}^{*}=\boldsymbol{Q}_{11}-\boldsymbol{Q}_{12}\boldsymbol{Q}_{22}^{-1}\boldsymbol{Q}_{21}$，$\boldsymbol{A}_{11}^{*}=\boldsymbol{A}_{11}-\boldsymbol{A}_{12}\boldsymbol{Q}_{22}^{-1}\boldsymbol{Q}_{21}$。

由最优控制理论可知，式（4.57）的解为

$$\boldsymbol{V}=-\boldsymbol{Q}_{22}^{-1}\boldsymbol{A}_{12}^{\mathrm{T}}\boldsymbol{P}\tilde{\boldsymbol{x}}_1 \tag{4.58}$$

其中，矩阵 $\boldsymbol{P}$ 为下列黎卡提方程之解：

$$\boldsymbol{P}\boldsymbol{A}_{11}^{*}+\boldsymbol{A}_{11}^{*\mathrm{T}}\boldsymbol{P}-\boldsymbol{P}\boldsymbol{A}_{12}\boldsymbol{Q}_{22}^{-1}\boldsymbol{A}_{12}^{\mathrm{T}}\boldsymbol{P}-\boldsymbol{Q}_{11}^{*}=\boldsymbol{0} \tag{4.59}$$

因此系统的滑模方程为

$$\dot{\tilde{\boldsymbol{x}}}_1=(\boldsymbol{A}_{11}^{*}-\boldsymbol{A}_{12}\boldsymbol{Q}_{22}{}^{-1}\boldsymbol{A}_{12}^{\mathrm{T}}\boldsymbol{P})\tilde{\boldsymbol{x}}_1 \tag{4.60}$$

并且可证明当$\boldsymbol{D}^{\mathrm{T}}\boldsymbol{D}=\boldsymbol{Q}_{11}^{*}$及（$\boldsymbol{D}$，$\boldsymbol{A}_{11}^{*}$）为可观时，$\boldsymbol{P}$ 为正定，而且滑模运动方程必渐近稳定。

将 $\boldsymbol{V}=\boldsymbol{Q}_{22}^{-1}\boldsymbol{Q}_{21}\tilde{\boldsymbol{x}}_1+\tilde{\boldsymbol{x}}_2$ 代入式（4.58），得

$$(\boldsymbol{A}_{12}^{\mathrm{T}}\boldsymbol{P}+\boldsymbol{Q}_{21})\tilde{\boldsymbol{x}}_1+\boldsymbol{Q}_{22}\tilde{\boldsymbol{x}}_2=\boldsymbol{0} \tag{4.61}$$

因此，滑模面系数矩阵 $\boldsymbol{C}$ 可由式（4.62）计算得出：

$$\begin{cases}\boldsymbol{C}_1=\boldsymbol{A}_{12}^{\mathrm{T}}\boldsymbol{P}+\boldsymbol{Q}_{21}\\ \boldsymbol{C}_2=\boldsymbol{Q}_{22}\\ \boldsymbol{C}=[\boldsymbol{C}_1\quad \boldsymbol{C}_2]\end{cases} \tag{4.62}$$

4.4.2 控制函数设计

基本控制策略一般采用广义滑模条件 $s\dfrac{\mathrm{d}s}{\mathrm{d}t}<0$ 和满足一定的趋近律来求取。关于趋近律的介绍见4.2节。当系统的状态不在滑动模态区时，即 $s(\boldsymbol{x})\neq 0$，应采取控制使系统的状态在有限时间内到达滑动模态区。以单输入系统为例，系统状态方程为 $\dot{\boldsymbol{x}}=f(t,\boldsymbol{x},\boldsymbol{u}(\boldsymbol{x},t))$，根据广义滑模条件可知：

当 $s(\boldsymbol{x})>0$ 时，应取 $\boldsymbol{u}=\boldsymbol{u}^{+}(\boldsymbol{x},t)$，使 $\dot{s}(\boldsymbol{x})<0$；

当 $s(\boldsymbol{x})<0$ 时，应取 $\boldsymbol{u}=\boldsymbol{u}^{-}(\boldsymbol{x},t)$，使 $\dot{s}(\boldsymbol{x})>0$。

换句话说，当 $s(\boldsymbol{x})>0$ 时，应由

$$\dot{s}(\boldsymbol{x})=\frac{\mathrm{d}s(\boldsymbol{x})}{\mathrm{d}\boldsymbol{x}^{\mathrm{T}}}\dot{\boldsymbol{x}}=\frac{\mathrm{d}s(\boldsymbol{x})}{\mathrm{d}\boldsymbol{x}^{\mathrm{T}}}f(t,\boldsymbol{x},\boldsymbol{u}^{+}(\boldsymbol{x},t))<0 \tag{4.63}$$

求出在满足上述不等式条件下的控制律 $\boldsymbol{u}^+(\boldsymbol{x},t)$。

当 $\boldsymbol{s}(\boldsymbol{x})<0$ 时，应由

$$\dot{\boldsymbol{s}}(\boldsymbol{x})=\frac{\mathrm{d}\boldsymbol{s}(\boldsymbol{x})}{\mathrm{d}\boldsymbol{x}^{\mathrm{T}}}\dot{x}=\frac{\mathrm{d}\boldsymbol{s}(\boldsymbol{x})}{\mathrm{d}\boldsymbol{x}^{\mathrm{T}}}f(t,\boldsymbol{x},\boldsymbol{u}^-(\boldsymbol{x},t))>0 \tag{4.64}$$

求出在满足上述不等式条件下的控制律 $\boldsymbol{u}^-(\boldsymbol{x},t)$。

对于任意多输入控制系统，在实行滑模变结构控制策略时，通常有常值切换控制、函数切换控制和比例切换控制三种控制方式[7]。

（1）常值切换控制（bang – bang 控制）：

$$u_i=\begin{cases}k_i^+, & s_i(\boldsymbol{x})>0\\ k_i^-, & s_i(\boldsymbol{x})<0\end{cases} \tag{4.65}$$

式中，k_i^+ 和 k_i^- 均为实数，$i=1,2,\cdots,m$。

（2）函数切换控制：

$$u_i=\begin{cases}u_i^+(\boldsymbol{x}), & s_i(\boldsymbol{x})>0\\ u_i^-(\boldsymbol{x}), & s_i(\boldsymbol{x})<0\end{cases} \tag{4.66}$$

式中，$u_i^+(\boldsymbol{x})$ 和 $u_i^-(\boldsymbol{x})$ 均为连续函数，$i=1,2,\cdots,m$。

（3）比例切换控制：

$$u_j=\Psi_{ij}x_i \tag{4.67}$$

$$\Psi_{ij}=\begin{cases}\alpha_{ij}, & s_j(\boldsymbol{x})x_i>0\\ \beta_{ij}, & s_j(\boldsymbol{x})x_i<0\end{cases} \tag{4.68}$$

式中，α_{ij}和β_{ij}均为实数，$i=1,2,\cdots,n$，$j=1,2,\cdots,m$。

为了使系统的状态在有限时间内到达滑动模态区，对趋近速度施加限制，规定趋近率 $\dot{s}=\mathrm{slaw}$。则在上述基础上，综合考虑趋近律，可以直接推导出控制函数。

4.4.3　控制器设计示例

1. 示例 1

首先对线性系统设计滑模变结构控制器 u：

$$\begin{cases}\dot{x}_1=x_2\\ \dot{x}_2=-a_1x_1-a_2x_2-bu\end{cases} \tag{4.69}$$

选择线性切换函数为

$$s(x)=c_1x_1+x_2,c_1>0 \tag{4.70}$$

取函数控制为

$$u=\begin{cases}u^+(x), & s(x)>0\\ u^-(x), & s(x)<0\end{cases} \tag{4.71}$$

$$\dot{s}(x)=c_1\dot{x}_1+\dot{x}_2=-a_1x_1+(c_1-a_2)x_2-bu \tag{4.72}$$

为满足滑模条件 $s\dfrac{\mathrm{d}s}{\mathrm{d}t}<0$，有

$$u=\begin{cases}u^+(x)>[-a_1x_1+(c_1-a_2)x_2]/b,s(x)>0\\ u^-(x)<[-a_1x_1+(c_1-a_2)x_2]/b,s(x)<0\end{cases} \tag{4.73}$$

选取满足以上不等式的控制量 u，即可作为滑模变结构的控制量。当取等速趋近率时，有

$$\dot{s} = -a_1x_1 + (c_1 - a_2)x_2 - bu = -\varepsilon\text{sgn}(s) \tag{4.74}$$

从式（4.74）可以看出，控制器（u）的抖振程度取决于趋近律 $\dot{s}$ 表达式中的切换项。根据式（4.74）和式（4.72），直接求解方程，解出控制量为

$$u = \begin{cases} u^+(x) = [\varepsilon - a_1x_1 + (c_1 - a_2)x_2]/b, s(x) > 0 \\ u^-(x) = [-\varepsilon - a_1x_1 + (c_1 - a_2)x_2]/b, s(x) < 0 \end{cases} \tag{4.75}$$

2. 示例 2

被控对象的传递函数为

$$G_p(s) = \frac{b}{s^2 + as}$$

其中，$a = 25$，$b = 133$。

针对以上系统，控制律推导过程如下。

$G_p(s)$ 可表示为如下状态方程：

$$\dot{\boldsymbol{x}} = \boldsymbol{A}\boldsymbol{x} + \boldsymbol{B}u$$

$$\boldsymbol{A} = \begin{bmatrix} 0 & 1 \\ 0 & -25 \end{bmatrix}, \boldsymbol{B} = \begin{bmatrix} 0 \\ 133 \end{bmatrix} \tag{4.76}$$

其中，$\boldsymbol{x} = [x_1, x_2]$，$x_2$为传递函数表示下的系统输出。采用线性滑模面和指数趋近律：

$$\begin{aligned} s &= \boldsymbol{C}\boldsymbol{x} \\ \dot{s} &= -\varepsilon\text{sgn}(s) - ks \end{aligned} \tag{4.77}$$

对线性滑模面求导，结合式（4.76）和式（4.77）有

$$\begin{aligned} \dot{s} &= \boldsymbol{C}\dot{\boldsymbol{x}} = \boldsymbol{C}\boldsymbol{A}\boldsymbol{x} + \boldsymbol{C}\boldsymbol{B}u \\ &= -\varepsilon\text{sgn}(s) - ks \end{aligned} \tag{4.78}$$

由式（4.78）可得控制量为

$$u = (\boldsymbol{C}\boldsymbol{B})^{-1}(-\boldsymbol{C}\boldsymbol{A}\boldsymbol{x} - \varepsilon\text{sgn}(s) - ks) \tag{4.79}$$

其中，滑模面系数取为 $\boldsymbol{C} = [15 \quad 1]$，$\varepsilon = 5$，$k = 10$。

对滑模变结构控制系统进行仿真，仿真步长设为 0.001 s，仿真结果如图 4.7 ~ 图 4.11 所示。

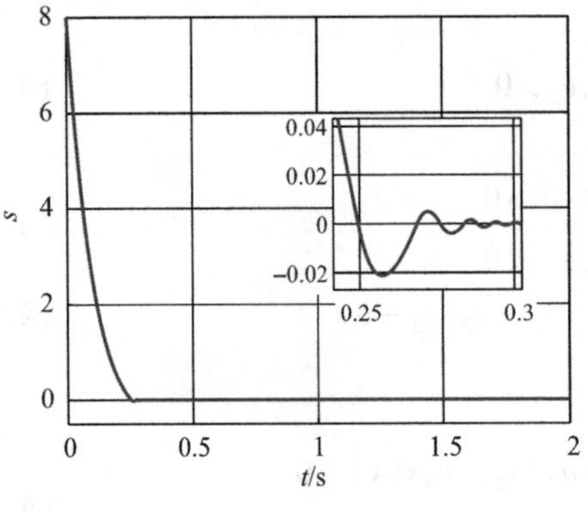

图 4.7　切换函数 s（$\boldsymbol{x}$）

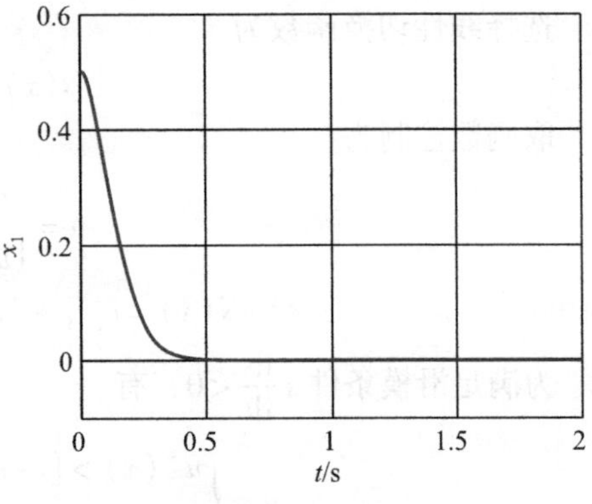

图 4.8　状态变量 $\boldsymbol{x}_1$

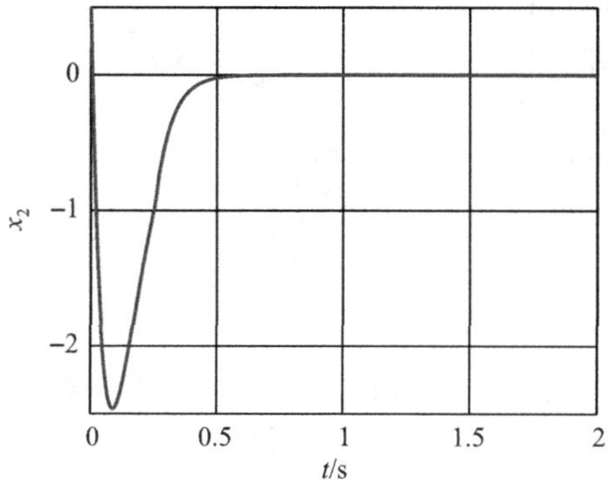

图 4.9　状态变量 x_2

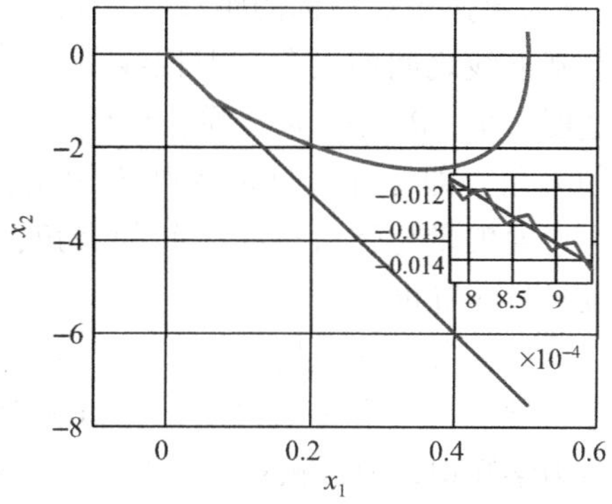

图 4.10　滑模运动的相轨迹

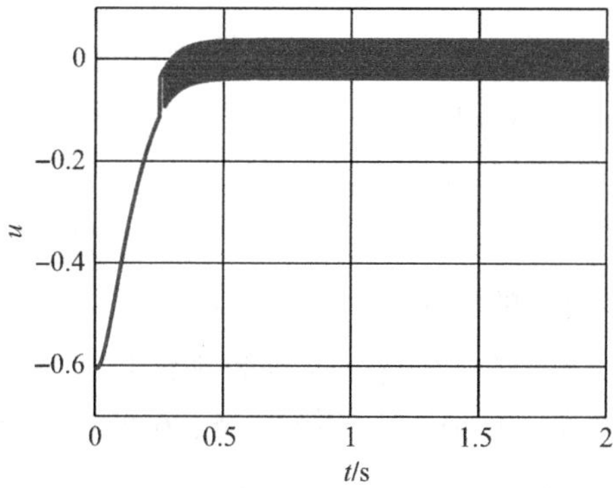

图 4.11　控制器的输出（传递函数输入）

从图 4.7 ~ 图 4.11 中所示结果可以看出，系统是稳定的。图 4.7 所示的切换函数 $s(\boldsymbol{x})$ 随时间逐渐减小，在 $t=0.306$ s 左右趋近于 0。相应地，图 4.8 和图 4.9 所示的两个状态量随时间的推进也皆趋于 0。图 4.10 中，直线为 $s=Cx=0$ 对应的线性滑模面。曲线为系统的相轨迹，这是一条收敛于（0，0）的抛物线，可以看到系统在远离滑模面 $s(\boldsymbol{x})=0$ 时具有较大的趋近速度，在接近滑模面时，趋近速度减小，在滑模面处来回滑动（见局部放大图），随着 s 的减小（即随着系统状态接近滑模面），趋近速度减小。同时，从图 4.11 可以看到，当 $t>0.306$ s 左右开始，控制量会在 0 附近来回穿越，这与前面描述的结果一致。该算例所得结果与 4.2 节中对指数趋近律的特性描述是一致的。

4.5　基于普通滑模变结构控制的制导律设计

滑模变结构控制在飞行器制导控制中得到广泛应用，这部分将其应用到某制导侵彻弹的制导律设计中。制导侵彻弹无动力，利用投弹载机获得初始速度后滑翔。基于剩余飞行时间概念设计了带视线角约束的变结构制导律，可满足落点落角双重约束。

4.5.1　数学模型

将导弹与目标均视为质点，考虑二维平面内的弹目相对运动，如图 4.12 所示，图中箭头指向表示正角度，相关物理参数定义如下：

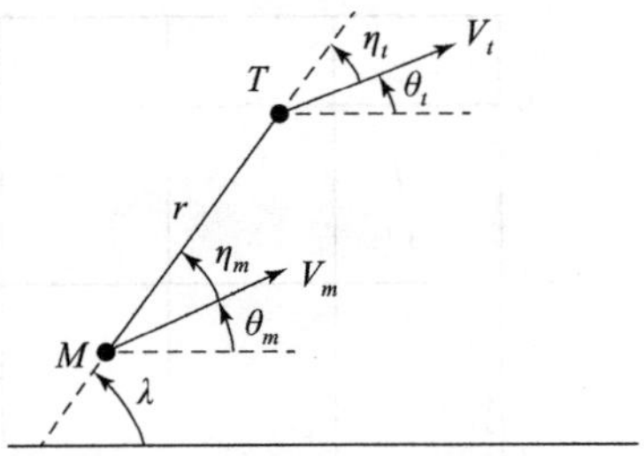

图 4.12　导弹－目标相对运动关系

r 为导弹相对目标的距离（弹目距离）；λ 为弹目视线与基准线之间的夹角，即视线角；V_m、V_t 为导弹、目标速度大小；θ_m、θ_t 为导弹、目标速度矢量与基准线之间的夹角，即导弹、目标的弹道倾角；η_m、η_t 为导弹、目标速度矢量与弹目视线之间的夹角，即导弹、目标的速度矢量前置角。

要进行滑模变结构控制，首先需要建立被控对象的数学模型。基于第 3 章建立的弹目相对运动方程，结合飞行力学知识，弹目相对运动方程可以表示为

$$\left.\begin{aligned}&\dot{\theta}_t = a_t/V_t\\&\dot{\theta}_m = a_m/V_m\\&\dot{r} = -V_m\cos(\eta_m) + V_t\cos(\eta_t)\\&r\dot{\lambda} = V_m\sin(\eta_m) - V_t\sin(\eta_t)\\&\eta_m = \lambda - \theta_m\\&\eta_t = \lambda - \theta_t\end{aligned}\right\} \tag{4.80}$$

式中，a_m、a_t 分别为导弹和目标的加速度，垂直于对应速度方向。

此处要进行制导，通常以弹目视线角 λ 及弹目视线角速率 $\dot{\lambda}$ 为状态变量，因此要构建关于 $\dot{\lambda}$ 和 λ 的状态方程。对式（4.80）中的第4、5、6 个式子分别求导，可得

$$r\ddot{\lambda} + \dot{r}\dot{\lambda} = \dot{V}_m\sin(\eta_m) - \dot{V}_t\sin(\eta_t) + V_m\cos(\eta_m)\dot{\eta}_m - V_t\cos(\eta_t)\dot{\eta}_t \tag{4.81}$$

$$\dot{\eta}_m = \dot{\lambda} - \dot{\theta}_m \tag{4.82}$$

$$\dot{\eta}_t = \dot{\lambda} - \dot{\theta}_t \tag{4.83}$$

将式（4.82）和式（4.83）代入式（4.81）得

$$r\ddot{\lambda} + \dot{r}\dot{\lambda} = \dot{V}_m\sin(\eta_m) - \dot{V}_t\sin(\eta_t) + V_m\cos(\eta_m)(\dot{\lambda} - \dot{\theta}_m) - V_t\cos(\eta_t)(\dot{\lambda} - \dot{\theta}_t) \tag{4.84}$$

将式（4.80）前两个式子代入式（4.84），有

$$r\ddot{\lambda} + \dot{r}\dot{\lambda} = \dot{V}_m\sin(\eta_m) - \dot{V}_t\sin(\eta_t) + V_m\cos(\eta_m)\dot{\lambda} - a_m\cos(\eta_m) - V_t\cos(\eta_t)\dot{\lambda} + a_t\cos(\eta_t) \tag{4.85}$$

又有 $\dot{r} = -V_m\cos(\eta_m) + V_t\cos(\eta_t)$［式（4.80）第 3 个式子］，代入式（4.85），整理得

$$r\ddot{\lambda} + 2\dot{r}\dot{\lambda} = \dot{V}_m\sin(\eta_m) - \dot{V}_t\sin(\eta_t) - a_m\cos(\eta_m) + a_t\cos(\eta_t) \tag{4.86}$$

不失一般性，在末制导律设计中，通常假设导弹、目标速度矢量只改变方向，不改变大小，导弹和目标的加速度垂直于对应速度方向，则有

$$\dot{V}_m = 0, \dot{V}_t = 0 \tag{4.87}$$

将式（4.87）代入式（4.86），得

$$r\ddot{\lambda} + 2\dot{r}\dot{\lambda} = -a_m\cos(\eta_m) + a_t\cos(\eta_t) \tag{4.88}$$

另外，假设控制系统无滞后（即导弹加速度 $a_m = a_c$）。取状态变量 $x_1 = \lambda$，$x_2 = \dot{\lambda}$，结合式（4.88），可得系统状态方程为

$$\begin{bmatrix}\dot{x}_1\\ \dot{x}_2\end{bmatrix}=\begin{bmatrix}0 & 1\\ 0 & -\dfrac{2\dot{r}}{r}\end{bmatrix}\begin{bmatrix}x_1\\ x_2\end{bmatrix}+\begin{bmatrix}0\\ -\dfrac{\cos(\eta_m)}{r}\end{bmatrix}a_c+\begin{bmatrix}0\\ \dfrac{\cos(\eta_t)}{r}\end{bmatrix}a_t \tag{4.89}$$

4.5.2　滑模变结构制导律设计

为实现准平行接近法导引律，即弹目视线角速率为零（$\dot{\lambda}=0$），同时满足零脱靶量和视线角约束双重要求，选取滑模面切换函数为

$$s(t)=\dot{\lambda}(t)+\frac{k_1}{t_{go}}(\lambda(t)-\lambda_d)=x_2+\frac{k_1}{t_{go}}(x_1-\lambda_d) \tag{4.90}$$

式中，k_1 为大于 0 的常数；t_{go}为导弹的剩余飞行时间，采用 $t_{go}\approx-\frac{r}{\dot{r}}$进行估计；$\lambda_d$ 为末端视线角要求值。右边第一项保证弹目视线角速率为零，第二项保证视线角约束的满足。

由上也可以注意到，通常在实际应用中滑模面的选取需要考虑实际的任务需求，这里要实现精确制导和落角约束，自然需要满足 $\dot{\lambda}(t)$ 和 $\lambda(t)-\lambda_d$ 都趋于零，因此将其考虑到切换函数设计中。

一般采用普通的指数趋近律可得到满意的动态性能，趋近律为

$$\dot{s}=-\sigma s-\varepsilon\,\mathrm{sgn}(s) \tag{4.91}$$

式中，σ 和 ε 分别为趋近律系数和开关项系数，均为大于 0 的常数。

对于导弹末制导，系统为一快时变系统，为了提高制导性能，在普通的指数趋近律基础上，构造一种参数自适应滑模趋近律来保证到达条件及良好的动态特性，选取基于剩余飞行时间 t_{go}的参数自适应趋近律为

$$\dot{s}=-\frac{k_2}{t_{go}}s-\frac{\kappa}{t_{go}}\mathrm{sgn}(s) \tag{4.92}$$

式中，k_2 和 κ 均为正常数。

该趋近律的物理意义是：系统状态到达滑模面的速率与剩余时间 t_{go}成反比，当 t_{go}较大时，放慢趋近滑模面的速率，确保启控指令不致过大；当 t_{go}较小时，加快趋近滑模面速率，确保滑模运动来实现准平行接近法导引律，以期望视线角精确命中目标。

以下利用李雅普诺夫型到达条件（李雅普诺夫函数 V 正定，$\dot{V}$ 半负定），设计控制律。取 Lyapunov 函数 $V=\frac{1}{2}s^2$，并对其求导得 $\dot{V}=s\dot{s}=-\frac{k_2}{t_{go}}s^2-\frac{\kappa}{t_{go}}s\,\mathrm{sgn}(s)$。显然，当 $s\neq0$ 时，$\dot{V}<0$，且 $\lim\limits_{|s|\to\infty}V=\infty$，故系统是全局渐进稳定的。

对式（4.90）求导有

$$\dot{s}(t)=\dot{x}_2+\frac{k_1}{t_{go}}\dot{x}_1-\frac{k_1}{t_{go}^2}(x_1-\lambda_d) \tag{4.93}$$

将式（4.92）、式（4.89）分别代入式（4.93）的左右边，整理可得如下变结构制导律：

$$a_c=\left[r\left(-\frac{2\dot{r}}{r}+\frac{k_1+k_2}{t_{go}}\right)\dot{\lambda}+\frac{k_1 r}{t_{go}^2}(k_2+1)(\lambda-\lambda_d)+a_t\cos(\eta_t)+\frac{\kappa r}{t_{go}}\mathrm{sgn}(s)\right]\Big/\cos(\eta_m) \tag{4.94}$$

该制导律由四部分组成，第一项保证导弹精确击中目标，获得零脱靶量；第二项保证满足导弹视线角约束的要求；第三项是对目标机动进行补偿；第四项是变结构开关项，使满足滑模运动的到达条件。

4.5.3 仿真分析

目标距导弹水平距离为6 km，导弹投放高度 $H_0 = 3$ km，初始速度 $V_0 = 260$ m/s，水平投放，期望视线角 λ_d 设定 $-30°$。为了避免制导指令抖振，采用4.3.4小节中的准滑动模态方法，将符号函数 $\mathrm{sgn}(s)$ 用式（4.95）表示的饱和函数 $\mathrm{sat}(s)$ 代替：

$$\mathrm{sat}(s)=\begin{cases}1, & s\geqslant 0.1\\ s/0.1, & |s|<0.1\\ -1, & s\leqslant -0.1\end{cases} \tag{4.95}$$

分别采用基于普通指数趋近律和参数自适应趋近律的滑模变结构控制。仿真中参数 $k_1=1$，普通的指数趋近律参数取值为 $\sigma=0.2$ 和 $\varepsilon=0.002$，基于 t_{go} 的自适应趋近律参数取值为 $k_2=1$ 和 $\kappa=0.01$。仿真步长设为0.001 s，仿真结果如图4.13所示。

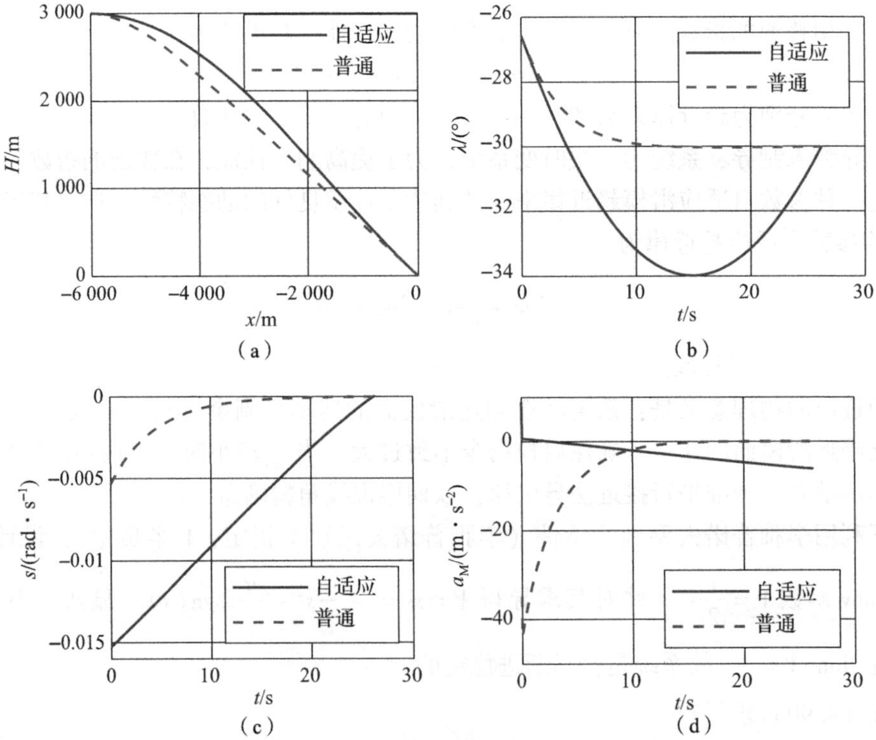

图4.13 仿真结果

(a) 弹道；(b) 视线角；(c) 切换函数；(d) 加速度

从图4.13（a）可见，两种趋近律均能击中目标，满足落点精度要求；从图4.13（b）可见，两者末端均能满足期望的视线角值；从图4.13（c）可见，两种趋近律下，切换函数的值均渐进收敛至0；由图4.13（d）可以看出，普通的指数趋近律在启控初期需要的控制量更大，而自适应的趋近律启控初期指令较小，随着剩余飞行时间的减少，加速度指令增大，以达到期望的末端视线角要求，这与对式（4.92）的描述一致。可见，通过设定不同的趋近律，可以改变飞行器的过载分布形式，从而更好地满足实际需求。

4.6　非奇异 terminal 滑模控制

4.4 节介绍了普通滑模控制的设计方法，通常选择一个线性的滑动平面，使系统到达滑动模态后，切换函数的值渐进收敛到零，渐进收敛的速度可以通过调整滑模面的参数来实现，但是无论如何切换函数的值始终不会在有限时间内收敛到零。为了获得更好的性能，产生了终端（terminal）滑模控制策略[13-14]，即在滑动超平面的设计中引入非线性函数，构造 terminal 滑模面，使系统的状态在“有限时间内”收敛至平衡点，突破了普通滑模控制在线性滑模面条件下的状态渐进收敛特点，而且 terminal 滑模控制对系统的不确定性和干扰有很好的鲁棒性。但普通 terminal 滑模控制方法在求解控制律时可能会存在奇异点，为此产生了非奇异终端滑模控制[15]。终端滑模控制虽然在系统的收敛速度上有了改进，但仍然存在抖振现象。

本节主要介绍非奇异 terminal 滑模控制方法的原理，以及其在导弹末制导律设计中的具体应用实现。

4.6.1　非奇异 terminal 滑模控制基本思路

考虑如下二阶不确定性动态系统：

$$\begin{cases}\dot{x}_1 = x_2 \\ \dot{x}_2 = f(\boldsymbol{x}) + g(\boldsymbol{x}) + b(\boldsymbol{x})u\end{cases} \tag{4.96}$$

其中，$\boldsymbol{x} = [x_1 \quad x_2]$，$b(\boldsymbol{x}) \neq 0$，$g(\boldsymbol{x})$ 代表不确定性及外部干扰，$g(\boldsymbol{x}) \leqslant l_g$。

选取非奇异滑模面为

$$s(t) = x_1 + \beta^{-1} x_2^{p/q} \tag{4.97}$$

式中，$\beta > 0$ 为常数；p 和 $q(p > q)$ 为正奇数，并且 $1 < p/q < 2$。

非奇异终端滑模控制器设计为

$$u = -b^{-1}(\boldsymbol{x})\left(f(\boldsymbol{x}) + \beta \frac{q}{p} x_2^{\left(2-\frac{p}{q}\right)} + (l_g + \eta)\,\mathrm{sgn}(s)\right) \tag{4.98}$$

其中，$\eta > 0$。

进行李雅普诺夫稳定性分析：

$$\begin{aligned}\dot{s} &= \dot{x}_1 + \frac{1}{\beta}\frac{p}{q} x_2^{p/q-1}\dot{x}_2 = x_2 + \frac{1}{\beta}\frac{p}{q} x_2^{p/q-1}[f(\boldsymbol{x}) + g(\boldsymbol{x}) + b(\boldsymbol{x})u] \\ &= x_2 + \frac{1}{\beta}\frac{p}{q} x_2^{p/q-1}\left[f(\boldsymbol{x}) + g(\boldsymbol{x}) - f(\boldsymbol{x}) - \beta\frac{q}{p}x_2^{2-p/q} - (l_g + \eta)\,\mathrm{sgn}(s)\right] \\ &= \frac{1}{\beta}\frac{p}{q} x_2^{p/q-1}[g(\boldsymbol{x}) - (l_g + \eta)\,\mathrm{sgn}(s)]\end{aligned} \tag{4.99}$$

则有

$$\dot{s}s = \frac{1}{\beta}\frac{p}{q} x_2^{p/q-1}[sg(\boldsymbol{x}) - (l_g + \eta)\,|s|] \tag{4.100}$$

由于 $1 < \frac{p}{q} < 2$，则 $0 < \frac{p}{q} - 1 < 1$，又由于 $\beta > 0$，p 和 q 都是正奇数，$g(\boldsymbol{x}) \leqslant l_g$，因此

$x_2^{p/q-1}>0(x_2\neq 0)$，则有

$$\dot{s}s\leqslant \frac{1}{\beta}\frac{p}{q}x_2^{p/q-1}(-\eta|s|)=-\frac{1}{\beta}\frac{p}{q}x_2^{p/q-1}\eta|s| \tag{4.101}$$

显然，$\frac{1}{\beta}\frac{p}{q}x_2^{p/q-1}\eta>0(x_2\neq 0)$。

可见，当 $x_2\neq 0$ 时，该非奇异终端滑模控制器满足李雅普诺夫稳定条件。

4.6.2 制导问题数学描述

如 4.5 节图 4.12 所示，将导弹与目标均视为质点，考虑二维平面内的弹目相对运动，设导弹和目标的加速度沿视线法向，分别用 a_{Mq} 和 a_{Tq} 表示，则弹目相对运动方程可以表示为

$$\left.\begin{aligned}
&\dot{\theta}_t=a_{Tq}\cos\eta_t/V_t\\
&\dot{\theta}_m=a_{Mq}\cos\eta_m/V_m\\
&\dot{r}=-V_m\cos(\eta_m)+V_t\cos(\eta_t)\\
&r\dot{\lambda}=V_m\sin(\eta_m)-V_t\sin(\eta_t)\\
&\eta_m=\lambda-\theta_m\\
&\eta_t=\lambda-\theta_t
\end{aligned}\right\} \tag{4.102}$$

对式（4.102）中的第 4、5、6 个式子分别求导，可得到

$$r\ddot{\lambda}+\dot{r}\dot{\lambda}=\dot{V}_m\sin(\eta_m)-\dot{V}_t\sin(\eta_t)+V_m\cos(\eta_m)\dot{\eta}_m-V_t\cos(\eta_t)\dot{\eta}_t \tag{4.103}$$

$$\dot{\eta}_m=\dot{\lambda}-\dot{\theta}_m \tag{4.104}$$

$$\dot{\eta}_t=\dot{\lambda}-\dot{\theta}_t \tag{4.105}$$

将式（4.104）和式（4.105）代入式（4.103）得

$$r\ddot{\lambda}+\dot{r}\dot{\lambda}=\dot{V}_m\sin(\eta_m)-\dot{V}_t\sin(\eta_t)+V_m\cos(\eta_m)(\dot{\lambda}-\dot{\theta}_m)-V_t\cos(\eta_t)(\dot{\lambda}-\dot{\theta}_t) \tag{4.106}$$

将式（4.102）的前两个式子代入式（4.106），得

$$r\ddot{\lambda}+\dot{r}\dot{\lambda}=\dot{V}_m\sin(\eta_m)-\dot{V}_t\sin(\eta_t)+V_m\cos(\eta_m)\dot{\lambda}-a_{Mq}\cos^2(\eta_m)-V_t\cos(\eta_t)\dot{\lambda}+a_{Tq}\cos^2(\eta_t) \tag{4.107}$$

由于此处导弹（a_{Mq}）和目标（a_{Tq}）的加速度设定为沿视线法向，有

$$\dot{V}_m=-a_{Mq}\sin\eta_m,\quad \dot{V}_t=-a_{Tq}\sin\eta_t \tag{4.108}$$

将式（4.108）代入式（4.107），得

$$r\ddot{\lambda}+\dot{r}\dot{\lambda}=-a_{Mq}\sin^2(\eta_m)+a_{Tq}\sin^2(\eta_t)+V_m\cos(\eta_m)\dot{\lambda}-a_{Mq}\cos^2\eta_m-V_t\cos(\eta_t)\dot{\lambda}+a_{Tq}\cos^2\eta_t \tag{4.109}$$

式（4.109）整理得

$$r\ddot{\lambda}+\dot{r}\dot{\lambda}=-a_{Mq}+a_{Tq}+V_m\cos(\eta_m)\dot{\lambda}-V_t\cos(\eta_t)\dot{\lambda} \tag{4.110}$$

又有 $\dot{r}=-V_m\cos(\eta_m)+V_t\cos(\eta_t)$［式（4.102）第 3 个式子］，则式（4.110）变为

$$r\ddot{\lambda}+\dot{r}\dot{\lambda}=-a_{Mq}+a_{Tq}-\dot{r}\dot{\lambda} \tag{4.111}$$

式（4.111）继续整理为

$$\ddot{\lambda} = -2\frac{\dot{r}}{r}\dot{\lambda} - \frac{a_{Mq}}{r} + \frac{a_{Tq}}{r} \tag{4.112}$$

同样，构建以弹目视线角 λ 及弹目视线角速率 $\dot{\lambda}$ 为状态变量 λ 的状态方程。取状态变量 $x_1 = \lambda$，$x_2 = \dot{\lambda}$，结合式（4.112），可得系统状态方程为

$$\begin{bmatrix} \dot{x}_1 \\ \dot{x}_2 \end{bmatrix} = \begin{bmatrix} 0 & 1 \\ 0 & -\dfrac{2\dot{r}}{r} \end{bmatrix}\begin{bmatrix} x_1 \\ x_2 \end{bmatrix} + \begin{bmatrix} 0 \\ -\dfrac{1}{r} \end{bmatrix} a_{Mq} + \begin{bmatrix} 0 \\ \dfrac{1}{r} \end{bmatrix} a_{Tq} \tag{4.113}$$

4.6.3　非奇异 terminal 滑模制导律设计

基于变结构控制的制导律通常将弹目视线角速度 $\dot{\lambda}$ 作为切换函数的构成因素，而视线角速度能否较快地收敛对导弹的脱靶量影响很大。在末制导过程中，当导弹与目标充分接近时，导弹上的探测器进入盲区，这时制导系统停控。只要在停控时刻，视线角速率充分接近于零，导弹就可以精确命中目标。为了使视线角速度 $\dot{\lambda}$ 在有限时间内收敛到零，基于 4.6.1 小节的介绍，引入非奇异 terminal 滑模面：

$$s(t) = x_1 + \beta^{-1} x_2^{p/q} \tag{4.114}$$

根据式（4.98），取变结构控制量（即导弹在视线法向上的加速度）满足关系为

$$a_{Mq} = r\left(-\frac{2\dot{r}}{r}x_2 + \beta\frac{q}{p}x_2^{\left(2-\frac{p}{q}\right)} + \left(\frac{a_{Tq}}{r} + \eta\right)\operatorname{sgn}(s)\right) \tag{4.115}$$

式中，η 为大于零的常数。

目标的加速度在实际中不能准确地测量，不过由于目标机动能力有限，因此具有上界，即 $|a_{Tq}| \leqslant N$，由上界 N 构造出具有继电控制项的控制律，以保证系统进入滑动模态。

综上，控制律可写为

$$a_{Mq} = r\left(-\frac{2\dot{r}}{r}x_2 + \beta\frac{q}{p}x_2^{\left(2-\frac{p}{q}\right)} + \left(\frac{N}{r} + \eta\right)\operatorname{sgn}(s)\right) \tag{4.116}$$

4.6.4　稳定性及有限时间到达分析

取 Lyapunov 函数为

$$V = \frac{1}{2}s^2 \tag{4.117}$$

显然 $V \geqslant 0$，当滑模面为零时，$V = 0$。将式（4.117）对时间求导有

$$\dot{V} = s\dot{s} \tag{4.118}$$

系统的滑模面如式（4.114）所示，对滑模面求导得

$$\dot{s} = \dot{\lambda} + \frac{1}{\beta}\frac{p}{q}\dot{\lambda}^{\left(\frac{p}{q}-1\right)}\ddot{\lambda} \tag{4.119}$$

将式（4.119）代入式（4.118），有

$$\dot{V} = s\left(\dot{\lambda} + \frac{1}{\beta}\frac{p}{q}\dot{\lambda}^{\left(\frac{p}{q}-1\right)}\ddot{\lambda}\right) \tag{4.120}$$

将式（4.112）代入式（4.120），有

$$\dot{V} = s\left[\dot{\lambda} + \frac{1}{\beta}\frac{p}{q}\dot{\lambda}^{\left(\frac{p}{q}-1\right)}\left(-2\frac{\dot{r}}{r}\dot{\lambda} - \frac{a_{Mq}}{r} + \frac{a_{Tq}}{r}\right)\right] \tag{4.121}$$

变结构控制量 a_{Mq} 如式（4.116）所示，将其代入式（4.121），有

$$\dot{V}=s\left\{\dot{\lambda}+\frac{1}{\beta}\frac{p}{q}\dot{\lambda}^{\left(\frac{p}{q}-1\right)}\left[-2\frac{\dot{r}}{r}\dot{\lambda}-\left(-\frac{2\dot{r}}{r}\dot{\lambda}+\beta\frac{q}{p}\dot{\lambda}^{\left(2-\frac{p}{q}\right)}+\left(\frac{N}{r}+\eta\right)\mathrm{sgn}(s)\right)+\frac{a_{Tq}}{r}\right]\right\} \tag{4.122}$$

展开可得

$$\dot{V}=s\left\{\dot{\lambda}+\frac{1}{\beta}\frac{p}{q}\dot{\lambda}^{\left(\frac{p}{q}-1\right)}\left[-\beta\frac{q}{p}\dot{\lambda}^{\left(2-\frac{p}{q}\right)}-\left(\frac{N}{r}+\eta\right)\mathrm{sgn}(s)+\frac{a_{Tq}}{r}\right]\right\} \tag{4.123}$$

继续整理有

$$\dot{V}=s\left[\frac{1}{\beta}\frac{p}{q}\dot{\lambda}^{\left(\frac{p}{q}-1\right)}\left(\frac{a_{Tq}}{r}-\left(\frac{N}{r}+\eta\right)\mathrm{sgn}(s)\right)\right] \tag{4.124}$$

将式（4.124）中的 s 挪入括号，整理可得

$$\dot{V}=\frac{1}{\beta}\frac{p}{q}\dot{\lambda}^{\left(\frac{p}{q}-1\right)}\left(\frac{a_{Tq}s-N|s|}{r}-\eta|s|\right) \tag{4.125}$$

定义 $\chi=\frac{1}{\beta}\frac{p}{q}\dot{\lambda}^{\left(\frac{p}{q}-1\right)}$。分析可知，$\chi>0$，$a_{Tq}s\leqslant N|s|$，因此 $\dot{V}\leqslant 0$，即系统在控制量的作用下是稳定的。

由式（4.125），可得 $s\dot{s}\leqslant-\chi\eta|s|\leqslant 0$。设 $s(0)$ 从任意状态到 $s=0$ 的时间为 t_r，则当 $s\geqslant 0$ 时，有

$$\dot{s}\leqslant-\chi\eta \tag{4.126}$$

两边同时对时间积分为

$$\int_{s(0)}^{s(t_r)}\mathrm{d}s\leqslant\int_0^{t_r}-\chi\eta\mathrm{d}t\Rightarrow s(t_r)-s(0)=-s(0)\leqslant-\chi\eta t_r \tag{4.127}$$

即

$$t_r\leqslant\frac{s(0)}{\chi\eta} \tag{4.128}$$

同理，当 $s\leqslant 0$ 时，有

$$t_r\leqslant\frac{s(0)}{\chi\eta} \tag{4.129}$$

也就是说，系统可以在有限时间内从任意状态到达切换面 $s=0$。

4.7　基于变结构控制的机动突防制导律设计

通过设计突防弹道，增加导弹飞行弹道的不确定性，可以使防御系统难以预测导弹的飞行轨迹，从而实现有效突防。本节根据滑模控制理论设计了导弹的机动突防制导律，将普通滑模变结构控制方法应用于制导律设计，根据系统的滑动模态的到达条件 $s\dot{s}<0$，通过设计满足不等式的控制律，得到制导指令。该制导律令导弹的视线角速率 $\dot{\lambda}$ 跟踪期望的正弦变化信号 $\dot{\lambda}_{\mathrm{d}}$，导弹的弹道会随视线角速率的变化而弯曲，从而实现蛇形/跃升弹道机动。

4.7.1　数学模型

本小节中所采用的弹目相对运动方程与 4.5 节完全相同，见式（4.80）。在实际的制导

问题中，自动驾驶仪的滞后较大，不考虑自动驾驶仪的延迟可能会造成很大的脱靶量，这里用惯性环节描述自动驾驶仪的动力学环节[1]：

$$\frac{a_{Mq}(s)}{u_q(s)}=\frac{1}{1/\tau s+1} \tag{4.130}$$

式中，a_{Mq} 为导弹沿视线法向的加速度；u_q 为设计的过载指令；τ 为自动驾驶仪时间常数的倒数，用以反映自动驾驶仪的动态延迟效应。

根据式（4.130）推导可得导弹输出的加速度与过载指令之间的关系：

$$u_q=1/\tau\dot{a}_{Mq}+a_{Mq} \tag{4.131}$$

整理可得

$$\dot{a}_{Mq}=-\tau a_{Mq}+\tau u_q \tag{4.132}$$

控制的目的是使跟踪误差趋于0，因此定义含跟踪误差的系统状态 $e_1=\dot{\lambda}-\dot{\lambda}_d$，$\dot{\lambda}_d$ 为跟踪的期望正弦变化信号。进一步便于判定系统的李雅普诺夫稳定性，定义状态量 $e_2=a_{Mq}-\alpha$（α 为虚拟控制）。相应地有

$$\begin{aligned}
&\dot{\lambda}=e_1+\dot{\lambda}_d\\
&a_{Mq}=e_2+\alpha\\
&\ddot{\lambda}=\dot{e}_1+\ddot{\lambda}_d\\
&\dot{a}_{Mq}=\dot{e}_2+\dot{\alpha}
\end{aligned} \tag{4.133}$$

将式（4.133）代入式（4.112）和式（4.132）有

$$\begin{aligned}
&\dot{e}_1+\ddot{\lambda}_d=-2\frac{\dot{r}}{r}(e_1+\dot{\lambda}_d)-\frac{e_2+\alpha}{r}+\frac{a_{Tq}}{r}\\
&\dot{e}_2+\dot{\alpha}=-\tau(e_2+\alpha)+\tau u_q
\end{aligned} \tag{4.134}$$

整理可得如下状态方程：

$$\left.\begin{aligned}
&\dot{e}_1=-\frac{2\dot{r}}{r}e_1-\frac{1}{r}e_2-\frac{1}{r}\alpha-\frac{2\dot{r}}{r}\dot{\lambda}_d-\ddot{\lambda}_d+\frac{1}{r}a_{Tq}\\
&\dot{e}_2=-\tau e_2+\tau u_q-\tau\alpha-\dot{\alpha}
\end{aligned}\right\} \tag{4.135}$$

选取滑模切换面 $\boldsymbol{s}=[e_1\quad e_2]^{\mathrm{T}}$，取正定的李雅普诺夫函数：

$$V=\frac{1}{2}s^{\mathrm{T}}s=\frac{1}{2}[e_1\quad e_2]\begin{bmatrix}e_1\\e_2\end{bmatrix}=\frac{1}{2}e_1^2+\frac{1}{2}e_2^2 \tag{4.136}$$

则李雅普诺夫函数的导数为

$$\dot{V}=e_1\dot{e}_1+e_2\dot{e}_2=e_1\left(-\frac{2\dot{r}}{r}e_1-\frac{1}{r}e_2-\frac{1}{r}\alpha-\frac{2\dot{r}}{r}\dot{\lambda}_d-\ddot{\lambda}_d+\frac{1}{r}a_{Tq}\right)+e_2(-\tau e_2+\tau u_q-\tau\alpha-\dot{\alpha}) \tag{4.137}$$

为了使系统到达所选取的滑模面，应满足李雅普诺夫函数的导数负定 $\dot{V}<0$，由此推导出如下不等式：

$$u_q=\begin{cases}u_q^+<\dfrac{1}{\tau}\left[\left(\dfrac{2\dot{r}}{r}e_1+\dfrac{1}{r}\alpha+\dfrac{2\dot{r}}{r}\dot{\lambda}_d-\ddot{\lambda}_d-\dfrac{1}{r}a_{Tq}\right)\dfrac{e_1}{e_2}+\dfrac{1}{r}e_1+\tau a_{Mq}+\dot{\alpha}\right],e_2>0\\[2ex]u_q^->\dfrac{1}{\tau}\left[\left(\dfrac{2\dot{r}}{r}e_1+\dfrac{1}{r}\alpha+\dfrac{2\dot{r}}{r}\dot{\lambda}_d-\ddot{\lambda}_d-\dfrac{1}{r}a_{Tq}\right)\dfrac{e_1}{e_2}+\dfrac{1}{r}e_1+\tau a_{Mq}+\dot{\alpha}\right],e_2<0\end{cases} \tag{4.138}$$

为简化后期控制量的推导，同时能够满足控制稳定性要求，定义虚拟控制 α 为

$$\alpha = -N\dot{r}e_1 - 2\dot{r}\dot{\lambda}_{\mathrm{d}} - r\ddot{\lambda}_{\mathrm{d}} + a_{Tq}, N = \mathrm{const} > 2 \tag{4.139}$$

那么，式（4.138）可化简为

$$u_q = \begin{cases} u_q^{+} < \dfrac{1}{\tau}\left[\dfrac{(2-N)\dot{r}e_1^2}{r}\dfrac{1}{e_2} + \dfrac{1}{r}e_1 + \tau a_{Mq} + \dot{\alpha}\right], e_2 > 0 \\ u_q^{-} > \dfrac{1}{\tau}\left[\dfrac{(2-N)\dot{r}e_1^2}{r}\dfrac{1}{e_2} + \dfrac{1}{r}e_1 + \tau a_{Mq} + \dot{\alpha}\right], e_2 < 0 \end{cases} \tag{4.140}$$

因为$\dfrac{(2-N)\dot{r}e_1^2}{r} > 0$，制导律 u_q可设计为如下形式以满足 $\dot{V} < 0$：

$$u_q = \frac{1}{\tau}\left(\frac{1}{r}e_1 + \tau a_{Mq} + \dot{\alpha} - ce_2 - \varepsilon \mathrm{sgn} e_2\right) \tag{4.141}$$

式中，$c > 0$，$\varepsilon > 0$。

此时，李雅普诺夫函数的导数是负定的，系统渐进稳定。

4.7.2 仿真验证

设定静止目标的位置为（0，0），导弹在坐标（ -3 000，3 000）m 处开始机动，此时速度为 250 m/s，弹道倾角为 45°，导弹的最大过载不超过 15g。在距离目标 900 m 时转为比例导引。给定视线角速率指令 $\dot{\lambda}_{\mathrm{d}} = 0.04 \times \sin(1.178\ 1t)$，通过仿真可得到图 4.14 ~ 图 4.16 的仿真结果。

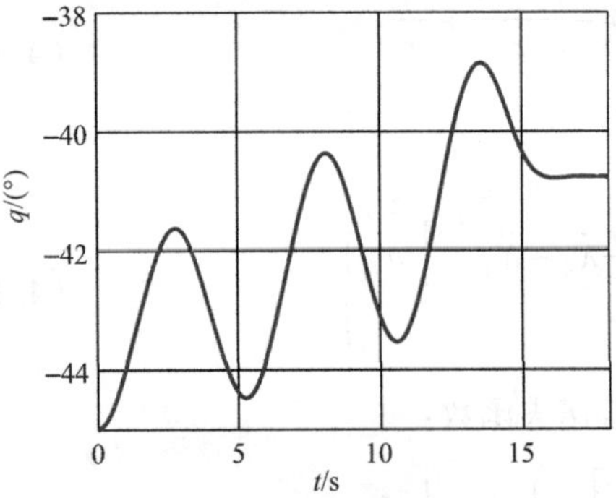

图 4.14　视线角曲线

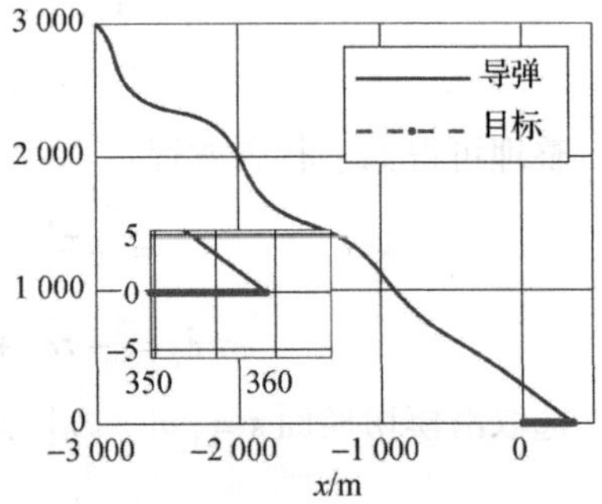

图 4.15　弹道曲线

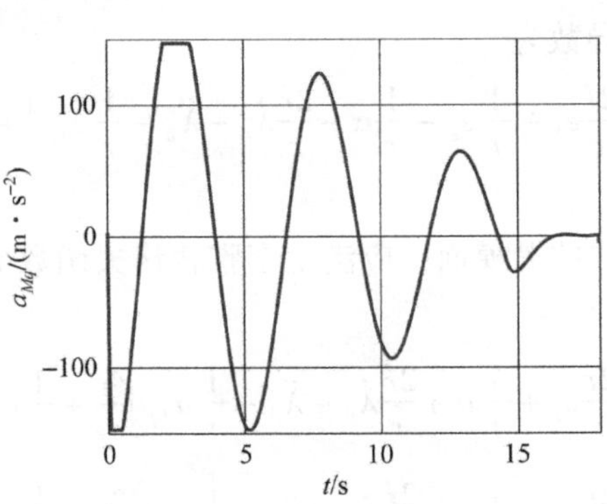

图 4.16　过载曲线

由图 4.14 和图 4.15 可以看出，导弹飞行过程中视线角不断波动，进而形成弹道的弯曲，实现机动飞行。图 4.16 给出了导弹沿视线法向的加速度随时间的变化，受最大过载限制，导弹的加速度大小在某个时间区域内保持最大值不变，然后振荡减小。通过跟踪给定的视线角速率，导弹实现了按照预定飞行弹道的相应机动。

4.8 航空炸弹的一种变结构航向控制设计

本节将普通滑模控制应用于航空炸弹的航向控制，根据系统的滑动模态的到达条件 $s\dot{s}<0$，求取在满足此不等式的条件下的合适的控制律。

4.8.1 俯仰运动学/动力学方程

炸弹为倾斜稳定的轴对称炸弹，列出俯仰通道的方程即可。炸弹的动力学方程可近似表示为

$$mV\dot{\theta}=(P+Y^{\alpha^0})\alpha^0-mg\cos\theta-Y^{\delta^0}\delta^0 \tag{4.142}$$

其中 $P=0$，尾舵控制有 $Y^{\delta^0}>0$，式中及以下符号所表示的物理量同第 3 章的介绍。

$$J_z\dot{\omega}_z=M_z^{\alpha^0}\alpha^0+M_z^{\omega_z}\omega_z+M_z^{\delta^0}\delta^0 \tag{4.143}$$

由式（4.143）可得，$\alpha^0=\dfrac{J_z\dot{\omega}_z-M_z^{\omega_z}\omega_z}{M_z^{\alpha^0}}-\dfrac{M_z^{\delta^0}}{M_z^{\alpha^0}}\delta^0$。考虑到 $M_z^{\alpha^0}<0$，$M_z^{\omega_z}<0$，$M_z^{\delta^0}>0$，有

$$\alpha^0=-\frac{J_z\dot{\omega}_z+|M_z^{\omega_z}|\omega_z}{|M_z^{\alpha^0}|}+\frac{M_z^{\delta^0}}{|M_z^{\alpha^0}|}\delta^0 \tag{4.144}$$

将式（4.144）代入式（4.142）有

$$mV\dot{\theta}=-Y^{\alpha^0}\frac{|M_z^{\omega_z}|}{|M_z^{\alpha^0}|}\left(\frac{J_z}{|M_z^{\omega_z}|}\dot{\omega}_z+\omega_z\right)+Y^{\alpha^0}\frac{M_z^{\delta^0}}{|M_z^{\alpha^0}|}\delta^0-mg\cos\theta-Y^{\delta^0}\delta^0 \tag{4.145}$$

即

$$\dot{\theta}=-\frac{Y^{\alpha^0}}{mV}\cdot\frac{|M_z^{\omega_z}|}{|M_z^{\alpha^0}|}\left(\frac{J_z}{|M_z^{\omega_z}|}\dot{\omega}_z+\omega_z\right)+\frac{Y^{\alpha^0}}{mV}\cdot\frac{M_z^{\delta^0}}{|M_z^{\alpha^0}|}\delta^0-\frac{g}{V}\cos\theta-\frac{Y^{\delta^0}}{mV}\delta^0 \tag{4.146}$$

又有

$$\dot{\vartheta}=\omega_z \tag{4.147}$$

以及角度之间的几何关系为

$$\alpha=\vartheta-\theta \tag{4.148}$$

目标相对地面静止，类似于 4.5 节，弹目相对运动方程如下：

$$\dot{r}=-V\cos\eta \tag{4.149}$$

$$r\dot{q}=V\sin\eta \tag{4.150}$$

$$q=\theta+\eta \tag{4.151}$$

4.8.2 俯仰控制切换函数的选取

炸弹采用追踪法进行导引，需要使得炸弹的速度矢量与弹目视线之间的夹角为 0，则选取俯仰控制的切换函数为

$$s=\eta=q-\theta \tag{4.152}$$

$s=0$（即 $\eta=0$，又 $\dot{q}=0$）所决定的区域

$$S^0=\{(q,r,\theta,\vartheta,\omega_z)\mid\eta=q-\theta=0\}\tag{4.153}$$

为俯仰滑动模态区，在这个区域里导引律使炸弹平行接近目标。

4.8.3 到达条件与控制求取

1. 到达条件

滑动模态区的到达条件为

$$\text{当 } s=\eta=q-\theta>0 \text{ 时}, \dot{s}=\dot{\eta}=\dot{q}-\dot{\theta}<0;\tag{4.154}$$

$$\text{当 } s=\eta=q-\theta<0 \text{ 时}, \dot{s}=\dot{\eta}=\dot{q}-\dot{\theta}>0。\tag{4.155}$$

2. 求取俯仰控制

俯仰控制应当保证俯仰滑动模态区到达条件的实现，由此求取俯仰控制。将式（4.146）和式（4.150）代入式（4.154）、式（4.155），可得

当 $\eta>0$ 时，

$$\dot{\eta}=\dot{q}-\dot{\theta}=\frac{V}{r}\sin\eta+\frac{Y^{\alpha0}}{mV}\cdot\frac{|M_z^{\omega_z}|}{|M_z^{\alpha0}|}\left(\frac{J_z}{|M_z^{\omega_z}|}\dot{\omega}_z+\omega_z\right)-\frac{Y^{\alpha0}}{mV}\cdot\frac{M_z^{\delta0}}{|M_z^{\alpha0}|}\delta^0+\frac{g}{V}\cos\theta+\frac{Y^{\delta0}}{mV}\delta^0<0\tag{4.156}$$

当 $\eta<0$ 时，

$$\dot{\eta}=\dot{q}-\dot{\theta}=\frac{V}{r}\sin\eta+\frac{Y^{\alpha0}}{mV}\cdot\frac{|M_z^{\omega_z}|}{|M_z^{\alpha0}|}\left(\frac{J_z}{|M_z^{\omega_z}|}\dot{\omega}_z+\omega_z\right)-\frac{Y^{\alpha0}}{mV}\cdot\frac{M_z^{\delta0}}{|M_z^{\alpha0}|}\delta^0+\frac{g}{V}\cos\theta+\frac{Y^{\delta0}}{mV}\delta^0>0\tag{4.157}$$

这样推导得到的控制量 δ^0 与法向加速度无关，炸弹很难抵抗会产生法向加速度的干扰，如风干扰。因此，取小数 $\varepsilon_1\geqslant0$，$\varepsilon_2>0$，且 $\varepsilon_1+\varepsilon_2=1$，令

$$\dot{\eta}=\dot{q}-\dot{\theta}=\dot{q}-(\varepsilon_1+\varepsilon_2)\dot{\theta}=\frac{V}{r}\sin\eta-\frac{\varepsilon_1}{V}(V\dot{\theta})-\varepsilon_2\dot{\theta}\tag{4.158}$$

将式（4.146）代入式（4.158），有

$$\begin{aligned}\dot{\eta}&=\frac{V}{r}\sin\eta-\frac{\varepsilon_1}{V}(V\dot{\theta})-\varepsilon_2\dot{\theta}\\&=\frac{V}{r}\sin\eta-\frac{\varepsilon_1}{V}(V\dot{\theta})+\frac{\varepsilon_2Y^{\alpha0}}{mV}\cdot\frac{|M_z^{\omega_z}|}{|M_z^{\alpha0}|}\left(\frac{J_z}{|M_z^{\omega_z}|}\dot{\omega}_z+\omega_z\right)+\varepsilon_2\frac{g}{V}\cos\theta-\frac{\varepsilon_2Y^{\alpha0}}{mV}\cdot\left(\frac{M_z^{\delta0}}{|M_z^{\alpha0}|}-\frac{Y^{\delta0}}{Y^{\alpha0}}\right)\delta^0\\&=\frac{V}{r}\sin\eta-\frac{\varepsilon_1}{V}(V\dot{\theta})+\frac{\varepsilon_2Y^{\alpha0}}{mV}\cdot\frac{|m_z^{\omega_z}|}{|m_z^{\alpha0}|}\left(\frac{J_z}{|M_z^{\omega_z}|}\dot{\omega}_z+\omega_z\right)+\varepsilon_2\frac{g}{V}\cos\theta-\frac{\varepsilon_2Y^{\alpha0}}{mV}\cdot\left(\frac{m_z^{\delta0}}{|m_z^{\alpha0}|}-\frac{c_y^{\delta0}}{c_y^{\alpha0}}\right)\delta^0\end{aligned}\tag{4.159}$$

通常而言，舵面产生升力相较于攻角产生的升力较小，而其产生的力矩则很大，易知 $\left(\frac{m_z^{\delta0}}{|m_z^{\alpha0}|}-\frac{c_y^{\delta0}}{c_y^{\alpha0}}\right)>0$。则有，当 $\eta>0$ 时，

$$\delta^0>\frac{1}{\frac{m_z^{\delta0}}{|m_z^{\alpha0}|}-\frac{c_y^{\delta0}}{c_y^{\alpha0}}}\left[\frac{mV^2}{\varepsilon_2Y^{\alpha0}r}\sin\eta-\frac{\varepsilon_1}{\varepsilon_2}\cdot\frac{m(V\dot{\theta})}{Y^{\alpha0}}+\frac{|m_z^{\omega_z}|}{|m_z^{\alpha0}|}\left(\frac{J_z}{|M_z^{\omega_z}|}\dot{\omega}_z+\omega_z\right)+\frac{mg}{Y^{\alpha0}}\cos\theta\right]\tag{4.160}$$

当 $\eta<0$ 时，

$$\delta^0 < \frac{1}{\dfrac{m_z^{\delta 0}}{|m_z^{\alpha 0}|}-\dfrac{c_y^{\delta 0}}{c_y^{\alpha 0}}}\left[\frac{mV^2}{\varepsilon_2 Y^{\alpha 0} r}\sin\eta-\frac{\varepsilon_1}{\varepsilon_2}\cdot\frac{m(V\dot{\theta})}{Y^{\alpha 0}}+\frac{|m_z^{\omega_z}|}{|m_z^{\alpha 0}|}\left(\frac{J_z}{|M_z^{\omega_z}|}\dot{\omega}_z+\omega_z\right)+\frac{mg}{Y^{\alpha 0}}\cos\theta\right] \tag{4.161}$$

为了削弱抖振，这里加宽滑动模态区，即采用 4.3.4 小节中提出的准滑动模态控制方法，并采取控制使系统进入滑动模态区后一直在滑动模态区内运动。取一个不大的正数 Δ（Δ 的值通过试验确定，需要保证在滑动模态区的状态轨迹仍能到达目标处，即满足脱靶量要求）。

$$\begin{cases}\eta>\Delta, & \dot{\eta}<0\\ -\Delta\leqslant\eta\leqslant\Delta, & \dot{\eta}=0\\ \eta<-\Delta, & \dot{\eta}>0\end{cases} \tag{4.162}$$

即

当 $\eta>\Delta$ 时，

$$\delta^0 > \frac{1}{\dfrac{m_z^{\delta 0}}{|m_z^{\alpha 0}|}-\dfrac{c_y^{\delta 0}}{c_y^{\alpha 0}}}\left[\frac{mV^2}{\varepsilon_2 Y^{\alpha 0} r}\sin\eta-\frac{\varepsilon_1}{\varepsilon_2}\cdot\frac{m(V\dot{\theta})}{Y^{\alpha 0}}+\frac{|m_z^{\omega_z}|}{|m_z^{\alpha 0}|}\left(\frac{J_z}{|M_z^{\omega_z}|}\dot{\omega}_z+\omega_z\right)+\frac{mg}{Y^{\alpha 0}}\cos\theta\right] \tag{4.163}$$

当 $-\Delta\leqslant\eta\leqslant\Delta$ 时，

$$\delta^0 = \frac{1}{\dfrac{m_z^{\delta 0}}{|m_z^{\alpha 0}|}-\dfrac{c_y^{\delta 0}}{c_y^{\alpha 0}}}\left[\frac{mV^2}{\varepsilon_2 Y^{\alpha 0} r}\sin\eta-\frac{\varepsilon_1}{\varepsilon_2}\cdot\frac{m(V\dot{\theta})}{Y^{\alpha 0}}+\frac{|m_z^{\omega_z}|}{|m_z^{\alpha 0}|}\left(\frac{J_z}{|M_z^{\omega_z}|}\dot{\omega}_z+\omega_z\right)+\frac{mg}{Y^{\alpha 0}}\cos\theta\right] \tag{4.164}$$

当 $\eta<-\Delta$ 时，

$$\delta^0 < \frac{1}{\dfrac{m_z^{\delta 0}}{|m_z^{\alpha 0}|}-\dfrac{c_y^{\delta 0}}{c_y^{\alpha 0}}}\left[\frac{mV^2}{\varepsilon_2 Y^{\alpha 0} r}\sin\eta-\frac{\varepsilon_1}{\varepsilon_2}\cdot\frac{m(V\dot{\theta})}{Y^{\alpha 0}}+\frac{|m_z^{\omega_z}|}{|m_z^{\alpha 0}|}\left(\frac{J_z}{|M_z^{\omega_z}|}\dot{\omega}_z+\omega_z\right)+\frac{mg}{Y^{\alpha 0}}\cos\theta\right] \tag{4.165}$$

这样就将状态空间按照切换函数的大小划分成了三个不同的区域，根据各区域的特点采取相应的控制，不但可以削弱抖振，还能抓住主要矛盾进而简化控制，可以用简单的控制器控制复杂的受控系统。

首先，在加宽了滑动模态区后，Δ 仍然是个不大的正数，因而 $-\Delta\leqslant\eta\leqslant\Delta$ 时，可以认为炸弹的速度矢量与弹目线基本重合，近似地认为 $\sin\eta=0$。则滑动模态区的俯仰控制（4.164）可以简化为

$$\delta^0 = \frac{1}{\dfrac{m_z^{\delta 0}}{|m_z^{\alpha 0}|}-\dfrac{c_y^{\delta 0}}{c_y^{\alpha 0}}}\left[-\frac{\varepsilon_1}{\varepsilon_2}\cdot\frac{m(V\dot{\theta})}{Y^{\alpha 0}}+\frac{|m_z^{\omega_z}|}{|m_z^{\alpha 0}|}\left(\frac{J_z}{|M_z^{\omega_z}|}\dot{\omega}_z+\omega_z\right)+\frac{mg}{Y^{\alpha 0}}\cos\theta\right] \tag{4.166}$$

其中，由于炸弹的速度矢量与弹目线基本重合，α_0 和 ω_z 可取较小的值；由于系统工作在线性区域，气动系数如 $m_z^{\delta 0}$、$m_z^{\alpha 0}$、$c_y^{\delta 0}$ 和 $c_y^{\alpha 0}$ 等变化范围本身较小，通常可取常值，对于 $M_z^{\omega_z}=0.5\rho V^2 m_z^{\omega_z}SL$，由于 $m_z^{\omega_z}SL$ 可取常值，$M_z^{\omega_z}$ 的值还与动压 $0.5\rho V^2$ 相关，可通过仿真确定。俯仰控制式（4.166）可以通过比例环节、一阶微分环节、常值补偿实现。

其次，在 $\eta>\Delta$ 的区域，炸弹的速度矢量明显落后于弹目线，俯仰控制（4.163）以第

一项为主。$\sin\eta\leqslant 1$，因此式（4.163）右端

$$\frac{1}{\dfrac{m_z^{\delta 0}}{|m_z^{\alpha 0}|}-\dfrac{c_y^{\delta 0}}{c_y^{\alpha 0}}}\left[\frac{mV^2}{\varepsilon_2 Y^{\alpha 0} r}\sin\eta-\frac{\varepsilon_1}{\varepsilon_2}\cdot\frac{m(V\dot{\theta})}{Y^{\alpha 0}}+\frac{|m_z^{\omega_z}|}{|m_z^{\alpha 0}|}\left(\frac{J_z}{|M_z^{\omega_z}|}\dot{\omega}_z+\omega_z\right)+\frac{mg}{Y^{\alpha 0}}\cos\theta\right]<$$

$$\frac{1}{\left(\dfrac{m_z^{\delta 0}}{|m_z^{\alpha 0}|}-\dfrac{c_y^{\delta 0}}{c_y^{\alpha 0}}\right)_{\min}}\left(\frac{mV^2}{\varepsilon_2 Y^{\alpha 0} r}\right)_{\max}+ \tag{4.167}$$

$$\frac{1}{\dfrac{m_z^{\delta 0}}{|m_z^{\alpha 0}|}-\dfrac{c_y^{\delta 0}}{c_y^{\alpha 0}}}\left[-\frac{\varepsilon_1}{\varepsilon_2}\cdot\frac{m(V\dot{\theta})}{Y^{\alpha 0}}+\frac{|m_z^{\omega_z}|}{|m_z^{\alpha 0}|}\left(\frac{J_z}{|M_z^{\omega_z}|}\dot{\omega}_z+\omega_z\right)+\frac{mg}{Y^{\alpha 0}}\cos\theta\right]$$

由此，$\eta>\Delta$ 区域的俯仰控制可以取为

$$\delta^0=\frac{1}{\left(\dfrac{m_z^{\delta 0}}{|m_z^{\alpha 0}|}-\dfrac{c_y^{\delta 0}}{c_y^{\alpha 0}}\right)_{\min}}\left(\frac{mV^2}{\varepsilon_2 Y^{\alpha 0} r}\right)_{\max}+$$

$$\frac{1}{\dfrac{m_z^{\delta 0}}{|m_z^{\alpha 0}|}-\dfrac{c_y^{\delta 0}}{c_y^{\alpha 0}}}\left[-\frac{\varepsilon_1}{\varepsilon_2}\cdot\frac{m(V\dot{\theta})}{Y^{\alpha 0}}+\frac{|m_z^{\omega_z}|}{|m_z^{\alpha 0}|}\left(\frac{J_z}{|M_z^{\omega_z}|}\dot{\omega}_z+\omega_z\right)+\frac{mg}{Y^{\alpha 0}}\cos\theta\right] \tag{4.168}$$

最后，在 $\eta<-\Delta$ 的区域，炸弹的速度矢量明显超前于弹目线，俯仰控制（4.165）以第一项为主。$\sin\eta\geqslant -1$，因此式（4.165）右端

$$\frac{1}{\dfrac{m_z^{\delta 0}}{|m_z^{\alpha 0}|}-\dfrac{c_y^{\delta 0}}{c_y^{\alpha 0}}}\left[\frac{mV^2}{\varepsilon_2 Y^{\alpha 0} r}\sin\eta-\frac{\varepsilon_1}{\varepsilon_2}\cdot\frac{m(V\dot{\theta})}{Y^{\alpha 0}}+\frac{|m_z^{\omega_z}|}{|m_z^{\alpha 0}|}\left(\frac{J_z}{|M_z^{\omega_z}|}\dot{\omega}_z+\omega_z\right)+\frac{mg}{Y^{\alpha 0}}\cos\theta\right]>$$

$$\frac{1}{\left(\dfrac{m_z^{\delta 0}}{|m_z^{\alpha 0}|}-\dfrac{c_y^{\delta 0}}{c_y^{\alpha 0}}\right)_{\min}}\left[-\left(\frac{mV^2}{\varepsilon_2 Y^{\alpha 0} r}\right)_{\max}\right]+ \tag{4.169}$$

$$\frac{1}{\dfrac{m_z^{\delta 0}}{|m_z^{\alpha 0}|}-\dfrac{c_y^{\delta 0}}{c_y^{\alpha 0}}}\left[-\frac{\varepsilon_1}{\varepsilon_2}\cdot\frac{m(V\dot{\theta})}{Y^{\alpha 0}}+\frac{|m_z^{\omega_z}|}{|m_z^{\alpha 0}|}\left(\frac{J_z}{|M_z^{\omega_z}|}\dot{\omega}_z+\omega_z\right)+\frac{mg}{Y^{\alpha 0}}\cos\theta\right]$$

由此，$\eta<-\Delta$ 区域的俯仰控制可以取为

$$\delta^0=\frac{1}{\left(\dfrac{m_z^{\delta 0}}{|m_z^{\alpha 0}|}-\dfrac{c_y^{\delta 0}}{c_y^{\alpha 0}}\right)_{\min}}\left[-\left(\frac{mV^2}{\varepsilon_2 Y^{\alpha 0} r}\right)_{\max}\right]+$$

$$\frac{1}{\dfrac{m_z^{\delta 0}}{|m_z^{\alpha 0}|}-\dfrac{c_y^{\delta 0}}{c_y^{\alpha 0}}}\left[-\frac{\varepsilon_1}{\varepsilon_2}\cdot\frac{m(V\dot{\theta})}{Y^{\alpha 0}}+\frac{|m_z^{\omega_z}|}{|m_z^{\alpha 0}|}\left(\frac{J_z}{|M_z^{\omega_z}|}\dot{\omega}_z+\omega_z\right)+\frac{mg}{Y^{\alpha 0}}\cos\theta\right] \tag{4.170}$$

在大气中运动的被控对象会受到空气动力学的限制，炸弹的最大攻角应小于临界攻角。在未达到而将要达到最大攻角时，应有一个警告的攻角 $\alpha_{wa}>0$，以便当 $|\alpha|\geqslant\alpha_{wa}$ 时对大幅

度的控制信号进行限制。

3. 俯仰控制的有关环节与运算结构图

根据式（4.166）、式（4.168）、式（4.170）可知，导引头输出三个值即可，如图 4.17 所示。其中 $A=\left(\dfrac{mV^2}{\varepsilon_2 Y^{\alpha^0} r}\right)_{\max}\Bigg/\left(\dfrac{m_z^{\delta 0}}{|m_z^{\alpha 0}|}-\dfrac{c_y^{\delta 0}}{c_y^{\alpha 0}}\right)_{\min}$；在滑动模态区输出为 0，可以借此空挡输出重力补偿 $B=\dfrac{mg}{Y^{\alpha^0}}\cos\theta\Bigg/\left(\dfrac{m_z^{\delta 0}}{|m_z^{\alpha 0}|}-\dfrac{c_y^{\delta 0}}{c_y^{\alpha 0}}\right)$。图 4.18 为俯仰控制的运算结构，其中 α_{wa} 为预警攻角，下标“wa”为 warring（预警）的缩写，其中的 K_1、K_2 等系数读者可由式（4.166）、式（4.168）、式（4.170）中获取其表达式。

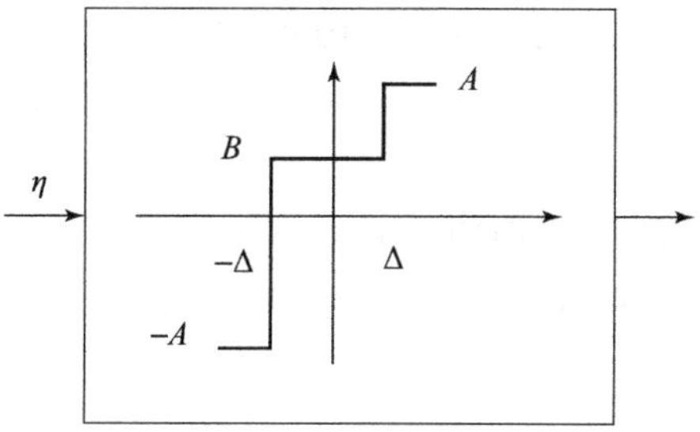

图 4.17　导引头输出示意图

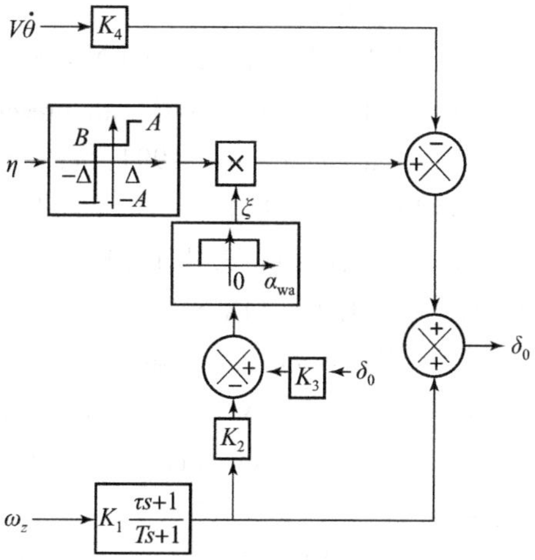

图 4.18　俯仰控制的运算结构

4.9　小　　结

本章主要对基于滑模变结构控制的制导律设计进行了介绍，从滑模变结构控制的基本原理、性质及其控制器设计思路出发，逐次介绍了基于普通滑模变结构控制的制导律、能使系统状态在“有限时间内”收敛至平衡点的非奇异终端滑模制导律，最后介绍了滑模变结构控制在机动突防制导和航空炸弹控制器设计中的应用。

参 考 文 献

[1] 佘文学，周军，周凤岐．一种考虑自动驾驶仪动态特性的自适应变结构制导律［J］．宇航学报，2003（3）：26－30.
[2] 花文华，张拥军，张金鹏，等．多导弹攻击时间协同的滑模制导律［J］．中国惯性技术学报，2018，26（1）：98－102.
[3] 周荻，慕春棣．被动式寻的导弹的运动跟踪变结构制导［J］．航空学报，1998，19（2）：179－184.

[4] 黄兴，冀四梅，付锦斌. 基于滑模控制的制导方法研究 [J]. 战术导弹技术，2016 (5)：68 -72.
[5] 高为炳. 变结构控制的理论及设计方法 [M]. 北京：科学出版社，1996.
[6] 刘金琨. 滑模变结构控制 MATLAB 仿真 [M]. 北京：清华大学出版社，2014.
[7] 陈志梅，王贞艳，张井岗. 滑模变结构控制理论及应用 [M]. 北京：电子工业出版社，2012.
[8] ZINOBER A S I. Adaptive relay control of second - order systems [J]. International journal of control, 1975, 21 (1): 81 -98.
[9] CHOI S B, PARK D W, JAYASURIYA S. A time - varying sliding surface for fast and robust tracking control of second - order uncertain systems [J]. Automatica, 1994, 30 (5): 899 -904.
[10] LEE J H, KO J S, CHUNG S K, et al. Continuous variable structure controller for BLDDSM position control with prescribed tracking performance [J]. IEEE transactions on industrial electronics, 1994, 41 (5): 483 -491.
[11] UTKIN V I, SHI J. Integral sliding mode in systems operating under uncertainty [C] // Proceedings of the 35th IEEE Conference on Decision and Control, 1996, Kobe, Japan.
[12] HWANG G C, LIN S C. A stability approach to fuzzy control design for nonlinear system [J]. Fuzzy sets and systems, 1992, 48 (3): 279 -287.
[13] MAN Z H, YU X H. Terminal sliding mode control of MIMO linear systems [J]. IEEE transactions on circuits and systems Ⅰ: fundamental theory and applications, 1997, 44 (11): 1065 -1070.
[14] WU Y Q, YU X H, MAN Z H. Terminal sliding mode control design for uncertain dynamic systems [J]. Systems & control letters, 1998, 34 (5): 281 -287.
[15] 王洪强，方洋旺，伍友利. 基于非奇异 Terminal 滑模的导弹末制导律研究 [J]. 系统工程与电子技术，2009，31 (6)：1391 -1395.

第5章

计算制导方法

传统方法在制导控制算法的设计过程中，基本都立足于对飞行动力学模型分析的基础上，综合运用控制系统设计的方法给出解析或者代数形式的反馈控制策略，如经典的比例导引，其制导指令根据实测的弹目视线角速率 $\dot{q}(t)$ 进行解析表达，为 $a_c(t)=NV\dot{q}(t)$。这种思路的首要优势是算法计算量低且具有较高的计算可靠性，算法收敛性能够得到保证。然而，现代飞行制导任务日趋复杂化，往往需要对状态量和控制量进行综合约束，如高超声速飞行器再入过程中对飞行中的热流和动压进行约束、导弹制导中对最大过载和导引头视场角的限制，且有些约束条件非常苛刻，如火箭返回着陆中对着陆点和速度的约束、导弹制导中对攻击角度的约束，此时传统的制导控制系统设计方法由于难以同时满足各种约束，难以适用。

随着计算机硬件的不断发展，计算资源已然不是制约飞行控制计算机运算要求的因素。这种背景下，能够综合飞行器的动力学模型和实时数据，通过一定规模的数值计算来设计制导控制算法的思路应运而生，即计算制导与控制（computational guidance and control, CG&C）。计算制导与控制并不是一套完整和体系化的制导技术，而是一系列综合运用数值积分、数学规划等复杂度较高的计算方法，实时生成制导控制指令的技术统称。与传统的制导控制方法相比，计算制导与控制有三个主要特点[1]：①用实时数值算法代替传统固定结构下的闭环制导控制律；②制导控制指令的产生很大程度上依赖于机载数值计算，通常涉及迭代，大量的机载数值计算需求实际上也是定义区分 CG&C 和其他计算工程和科学分支的主要依据；③制导和控制指令的生成基于模型或数据，无须提前设定参考条件或轨迹，无须进行重大任务规划、增益调节或大量的离线任务或依赖系统的设计。

对于计算制导与控制，实时反馈的制导控制量可以不再是简单的代数运算，而是具有一定规模的优化或者非线性方程问题的求解，传统制导系统中的制导律被一系列实时计算模块代替。例如，在航天器着陆以及可回收运载火箭的着陆制导中，基于滚动优化的在线计算制导方法发挥了重要作用。由于传统的制导方法难以同时考虑末端位置、角度和速度以及控制量等多种约束，Acikmese 和 Ploen 首次通过对探测器动力学方程以及约束进行一系列处理构造了一个凸优化（convex optimizaiton）（二阶锥规划）问题[2]，并进行实时求解生成制导指令，实现了火星精确着陆。凸优化问题存在唯一的全局最优解，可以通过凸优化算法中著名的内点法在多项式时间内得到符合精度要求的解。这使得实时优化计算制导指令成为可能，并在 SpaceX 的一系列火箭回收任务中发挥了关键作用。CG&C 并不是简单地对某个制导控制问题进行在线数值求解。相反，由于制导系统计算机的计算能力非常有限，对于在线应用其关键难题在于确保每个制导周期中在线指令生成的计算效率、准确性、可靠性和鲁棒性。目前在航天器再入领域广泛应用的预测 - 校正制导（predictor - corrector guidance），由于涉及对飞行器动力学方程进行落点的数值预测，某种意义上也可以看作一种计算制导方法。通常计算制导可分为两类：数据驱动（data - driven）和模型驱动（model - driven）制导律。数据驱动制导律主要利用深度学习（deep learning）或者强化学习等技术，通过设计某种机器学习机制从训练数据中来生成制导指令与飞行器当前状态之间的决策映射关系。这种方法的主要缺陷是大多数基于数据的制导律必须要处理大量的样本数据，训练过程可能非常耗时。与之不同，模型驱动制导律在对制导过程建立数学模型的基础上，运用现代控制方法，如最优控制、近似动态规划，实时计算制导指令。从这个角度出发，将模型预测控制或者滚动时域控制方法应用到飞行器制导问题中是模型驱动计算制导研究的主要途径之一。

本章首先从比例导引中蕴含的预测 - 校正思想出发，引出基于预测 - 校正的计算制导方法及其应用，接着介绍基于牛顿迭代求根法的计算制导算法及其应用，然后介绍综合能力更强的基于凸优化和滚动时域控制（本章简称为滚动凸优化）的在线制导方法，最后给出基于滚动凸优化的制导方法在火箭返回垂直着陆和导弹协同制导中的应用案例。

5.1 预测 - 校正制导

从制导策略上看，标准轨迹制导法与预测 - 校正制导法是两类常用的飞行器制导算法设计策略。前者要求飞行器事先指定理想的飞行轨迹变化历程，在实际飞行过程中，通过与理想（标称）轨迹的偏差生成修正指令来控制飞行器沿着标称轨迹飞行。标称轨迹制导方法将制导问题转化为轨迹规划和轨迹跟踪（控制）两个子问题，是一种着眼于当前误差修正的制导思路。标称轨迹制导不仅关注末端轨迹精度，也关注整个制导飞行过程跟踪误差，可以说后者是前者的基本保证。因此，在火箭上升段以及飞船再入等对于飞行过程有高要求的制导场景有广泛应用，但是存在操作灵活性不高和对初始条件敏感等固有缺点。预测 - 校正制导法着眼于每时每刻实际控制输入对最终落点的影响，通过生成末端状态或轨迹的误差并根据误差值产生控制指令对飞行器实施控制，因此是一种着眼于未来误差修正的制导思路。预测 - 校正制导法是一类具有发展潜力且鲁棒性较强的制导方法，可以达到更高的落点精度，并且对初始条件不敏感。目前在高超声速飞行器再入[3]、火星着陆制导[4]以及火箭弹弹道修正[5]中都有广泛研究和应用。

预测 - 校正制导是以消除实际飞行轨迹的预测落点和期望落点之间的偏差为目的。其基本思想是利用机载计算机在线预测飞行轨迹的终端点，并将求解出的终端点状态与理想状态比较得出预测终端误差，制导系统根据该预测终端误差校正制导指令，使得飞行轨迹的预测终端误差为零，其工作原理如图 5.1 所示。该方法包括两个步骤：①基于实际飞行状态进行终端状态的快速预测；②根据预测结果进行轨迹控制量的校正。按照预测方法的不同，预测 - 校正制导方法可分为解析预测 - 校正制导和数值预测 - 校正制导。

解析预测 - 校正制导通过将轨迹简化到特定形式而获得轨迹的近似解析解，在每一制导周期中对飞行器终端状态进行解析预测，由于采用解析公式进行在线轨迹预测计算，针对特定问题可以设计出解析形式的制导律，故计算量和存储量均很小，便于工程应用。但是解析解的推导过程通常要依赖于多种假设，以及对运动方程的大量简化，往往只能求取近似解析解，预测模型误差大，制导精度低。同时，参数扰动情况将会进一步加剧预测模型误差，大大提高制导控制的难度。因而，解析预测 - 校正制导的使用范围相对有限。

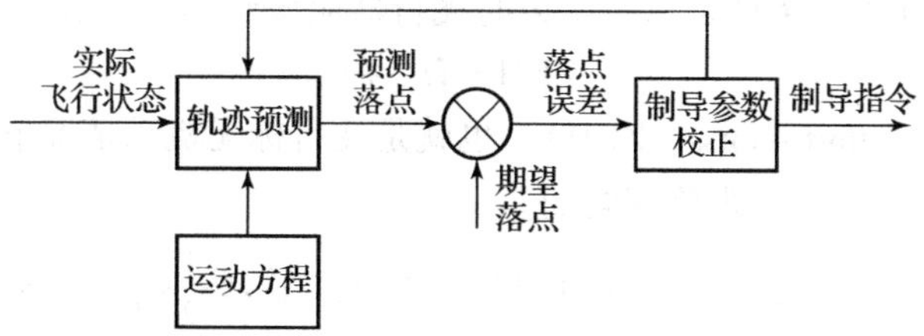

图 5.1　预测 - 校正制导方法工作原理

数值预测 - 校正制导通过对飞行器运动方程进行实时轨迹数值计算来预测轨迹，精度高于解析法，但增加了机载计算机的在线计算量和计算时间，因而限制了其早期发展。随着机载计算机计算速度的迅速提高，数值预测 - 校正制导逐渐成为国内外众多学者的研究重点，越来越有可能得到实际应用。将数值预测 - 校正制导应用于实际飞行任务之前还需重点解决两个问题：①如何进一步提高制导算法的运算效率，以满足机载/弹载计算机的实时性需求；②如何保证制导算法的可靠性，从而在各种情况下都能够给出合理的制导指令。事实上，数值预测 - 校正制导才能归属于计算制导方法，这也是本节所介绍的重点。若不做特殊说明，本章提到的预测 - 校正方法均属于数值预测 - 校正制导。

本节先介绍经典的比例导引中蕴含的预测 - 校正思想，更确切地，比例导引是一种针对速度不变假设下的解析预测 - 校正制导的制导律，然后介绍预测 - 校正思想在导弹多终端约束制导律设计中的应用。

5.1.1　比例导引中的预测 - 校正制导思想

众所周知，比例导引是飞行器制导中应用最为广泛的制导律。实际上，对于比例导引，其中也蕴含着预测 - 校正的思想。比例导引的基本原理：飞行器的加速度必须保证飞行器与目标点之间的视线角速度为零，而通常情况下视线角速度并不为零，因此可以通过与视线角速度变化率成反比的侧向加速度指令减少视线角速度，直至趋近于零。这里以平面交会的比例导引来阐述其蕴含的预测 - 校正思想。

图 5.2 展示了比例导引中导引指令示意图，n_c垂直于视线 $\boldsymbol{r}$，λ 为弹目视线角。

用 y 表示距离矢量 $\boldsymbol{r}$ 的垂直投影，视线角 λ 表示为

$$\sin\lambda = y/r \tag{5.1}$$

如果视线角 λ 较小，则可近似为

$$\lambda = y/r \tag{5.2}$$

$y(t)$ 为飞行器与交会目标点在时间 t 的位移，称为脱靶量。如此，视线角速度近似为

$$\dot{\lambda} = \frac{\dot{y}r + yv_{cl}}{r^2} \tag{5.3}$$

假定飞行器和目标点在一段时间内不做机动，速度接近恒定，式（5.2）和式（5.3）可分别表示为

$$\lambda = y/(v_{cl}t_{go}) \tag{5.4}$$

$$\dot{\lambda} = \frac{\dot{y}t_{go} + y}{v_{cl}t_{go}^2} = \frac{\mathrm{ZEM}}{v_{cl}t_{go}^2} \tag{5.5}$$

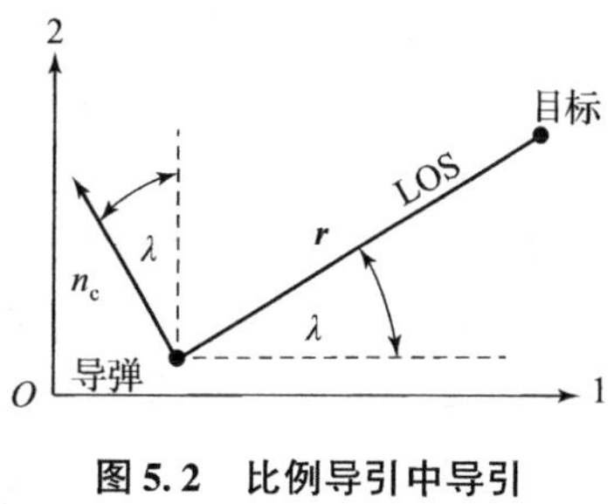

图 5.2　比例导引中导引指令示意图

式中，$t_{go} = t_F - t$ 为直到飞行结束经历的时间间隔（t_F 表示

飞行结束的时间)，其假设条件是飞行结束时飞行器应该到达目标点，令

$$\mathrm{ZEM} = \dot{y} t_{\mathrm{go}} + y \tag{5.6}$$

称为零效误差（zero - effort - miss，ZEM），也就是在目标无机动情况下，飞行器不采取任何机动，飞行器与目标点之间的距离或间隔。

如果目标按加速度 a_T 机动，计算 ZEM 时可加上二次项 $\frac{1}{2} a_T t_{\mathrm{go}}^2$，即

$$\mathrm{ZEM} = y + \dot{y} t_{\mathrm{go}} + \frac{1}{2} a_T t_{\mathrm{go}}^2 \tag{5.7}$$

假定飞行器在加速度 $a_c(t)$ 的作用下实现交会，ZEM 可视为预期的拦截坐标，而比例导引则可表示为

$$a_c(t) = N v_{cl} \dot{\lambda}(t) = N \frac{y + \dot{y} t_{\mathrm{go}}}{t_{\mathrm{go}}^2} = N \frac{\mathrm{ZEM}}{t_{\mathrm{go}}^2} \tag{5.8}$$

如果将式（5.8）中的 ZEM 理解为预期拦截点，其位置可以根据未来目标位置的有关已知信息或假定条件计算得出，而加速度控制量的作用在于消除零效脱靶量。因此，经典的比例导引式（5.8）可视为一种预测 - 校正制导，即不断去预测飞行器的预期拦截点，并相应地产生控制指令，使得飞行器进行机动改变飞行方向，消除零效脱靶量，直至击中目标。

5.1.2 导弹预测 - 校正制导

从 5.1.1 小节可以看出经典的比例导引中蕴含着预测 - 校正的思想，实际中这种预测 - 校正的思想可以用来实现飞行器的多终端约束制导，如同时对落角和落点进行约束，从而提高导弹的毁伤能力。对导弹末端落点和落角进行约束，常用的制导方法有带落角约束的比例导引。另外，对弹道末端落点和落角进行约束实际上可归结为对弹道末端弹道成形方案的设计，也可以依靠基于预测 - 校正思想的弹道成型制导律来实现。

首先，不考虑其他（如末端角度、攻击时间等）交会要求，介绍仅考虑落点约束下的预测 - 校正落点制导律。设末端落点描述为

$$x_M(t_f) = R_T \tag{5.9}$$

在应用预测 - 校正落点制导律时，首先假设一个已知的制导指令剖面 $n_c^{[0]}(t)$，将其作用于飞行器上，进而可以在当前状态处前向数值积分飞行器运动方程预测飞行器交会时的最小纵向距离 x_M。需要注意的是，对于预测 - 校正制导，此处所用的数值积分只是一种常用的预测方法，预测模型的作用是利用飞行器未来控制输入和历史信息预测未来输出，如神经网络预测、基于经验公式的近似预测等。然后，计算静止目标距离与飞行器预测距离的偏差 Δx_M，通过修正制导指令使得预测偏差为零，通常这个修正过程需要多次迭代。简单地可假设指令剖面为常值（与时间无关），然后在上一次制导指令 $n_c^{[0]}$ 基础上增加一个微量 σ，记当前更新制导指令为 $n_c^{[1]}(t)$，最后基于当前状态前向积分飞行器运动方程求解飞行器落地时的距离 x_{M2}。由于需要反复进行数值积分预测飞行器的落点，显然该方法属于计算制导方法的一种。以下给出了考虑落点约束的预测 - 校正制导律的一种实现方式。

令 $i=1$，构造飞行器纵向距离 x_M 对制导指令 n_c 的偏导数：

$$\frac{\partial x_M}{\partial n_c} = \left. \frac{x_{M2} - x_{M1}}{n_c^{[1]}(t) - n_c^{[0]}(t)} \right|_{t=0} = \frac{x_{M2} - x_{M1}}{\sigma} \tag{5.10}$$

基于式（5.10）可得落地纵向距离微分 Δx_M：

$$\Delta x_M = \frac{\partial x_M}{\partial n_c}\Delta n_c \tag{5.11}$$

因为已经计算得到距离偏差 Δx_M 和偏导数 $\partial x_M/\partial n_c$，故由式（5.11）可知制导指令修正量 Δn_c：

$$\Delta n_c = \Delta x_M \Big/ \frac{\partial x_M}{\partial n_c} \tag{5.12}$$

故预测－校正新制导指令 n_{ci} 为上一次制导指令 n_{ci-1} 加上修正量 Δn_c：

$$n_{ci} = n_{ci-1} + k\Delta n_c \tag{5.13}$$

其中，k 为修正因子，一般取 0.01～0.5，过大可能造成制导指令振荡或发散。

令 $i=i+1$，重复执行上述制导步骤，直至导弹击中目标。

对于具有末端落角约束的交会问题，需要同时预测和校正交会误差和落角误差，因此必须至少有两个参数来修正制导指令。设在该交会问题中，末端落点和落角要求描述为

$$\begin{aligned} x_M(t_f) &= R_T \\ \gamma_M(t_f) &= \gamma_T \end{aligned} \tag{5.14}$$

在该考虑落点落角约束的制导律中，采取类似的思路，这里给出了一种预测－校正制导律的实现方式。采用制导指令（过载）关于飞行时间的线性函数形式，具体函数形式由特征变量 n_A 和 n_B 决定，如图 5.3 所示。

$$n_c = -\frac{n_A - n_B}{t_R}t + n_B \tag{5.15}$$

在图 5.3 中，t_R 为参考时间（≥飞行时间 t_F），n_A 和 n_B 为制导指令特征变量，需要给定初值，这两个参数的值在制导过程中不断修正，从而据其形成相应的制导指令，去控制导弹的落点和落角满足约束。类似预测－校正落点约束，首先适当选择参考时间 t_R，给定制导指令特征变量 n_A 和 n_B 的初值，接下来首先固定特征变量 n_A，对 n_B 增加微量 σ_1：

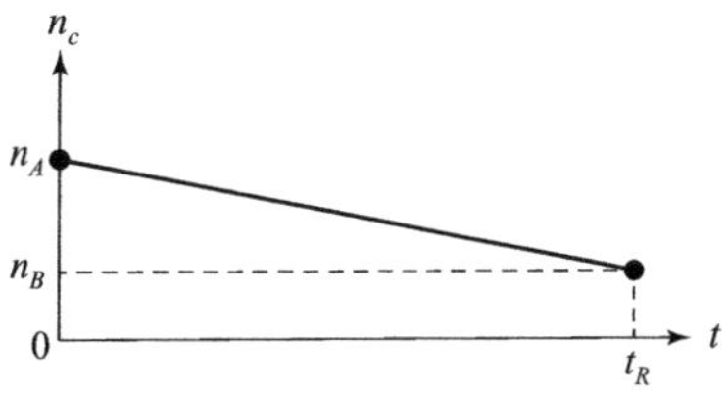

图 5.3　预测－校正制导指令曲线

$$n_{B1} = n_B + \sigma_1 \tag{5.16}$$

根据当前特征变量 n_A 的值和 n_{B1}，得到过载 n_c 关于 t 的函数表达，在当前飞行器状态上前向数值积分飞行器运动方程，求解飞行器末端落地时的纵向距离 x_{M2} 和落角 γ_{M2}。根据上述结果，计算纵向距离 x_M 和飞行器落角 γ_M 对特征变量 n_B 的偏导数：

$$\begin{aligned} \frac{\partial x_M}{\partial n_B} &= \frac{x_{M2} - x_{M1}}{n_{B1} - n_B} = \frac{x_{M2} - x_{M1}}{\sigma_1} \\ \frac{\partial \gamma_M}{\partial n_B} &= \frac{\gamma_{M2} - \gamma_{M1}}{n_{B1} - n_B} = \frac{\gamma_{M2} - \gamma_{M1}}{\sigma_1} \end{aligned} \tag{5.17}$$

然后，再固定特征变量 n_B 于当前值，对 n_A 增加微量 σ_2：

$$n_{A1} = n_A + \sigma_2 \tag{5.18}$$

根据当前特征变量 n_B 的值和 n_{A1}，得到过载 n_c 关于 t 的函数表达，在当前飞行器状态处前向积分飞行器运动方程，求解飞行器末端落地时的纵向距离 x_{M3} 和落角 γ_{M3}。根据上述结

果，计算纵向距离 x_M 和飞行器落角 γ_M 对特征变量 n_A 的偏导数：

$$\begin{aligned}\frac{\partial x_M}{\partial n_A}&=\frac{x_{M3}-x_{M1}}{n_{A1}-n_B}=\frac{x_{M3}-x_{M1}}{\sigma_2}\\ \frac{\partial \gamma_M}{\partial n_B}&=\frac{\gamma_{M3}-\gamma_{M1}}{n_{B1}-n_B}=\frac{\gamma_{M3}-\gamma_{M1}}{\sigma_2}\end{aligned} \tag{5.19}$$

由微积分学知，飞行器纵向距离 x_M 和落角 γ_M 的偏微分为

$$\begin{aligned}\Delta x_M&=\frac{\partial x_M}{\partial n_A}\Delta n_A+\frac{\partial x_M}{\partial n_B}\Delta n_B\\ \Delta \gamma_M&=\frac{\partial \gamma_M}{\partial n_A}\Delta n_A+\frac{\partial \gamma_M}{\partial n_B}\Delta n_B\end{aligned} \tag{5.20}$$

将式（5.20）写成矩阵形式：

$$\begin{bmatrix}\Delta x_M\\ \Delta \gamma_M\end{bmatrix}=\begin{bmatrix}\frac{\partial x_M}{\partial n_A} & \frac{\partial x_M}{\partial n_B}\\ \frac{\partial \gamma_M}{\partial n_A} & \frac{\partial \gamma_M}{\partial n_B}\end{bmatrix}\begin{bmatrix}\Delta n_A\\ \Delta n_B\end{bmatrix} \tag{5.21}$$

式（5.21）中，Δx_M 和 $\Delta \gamma_M$ 及偏导数都已知，偏导数具体表达见式（5.17）和式（5.19），只有 Δn_A 和 Δn_B 未知。若矩阵 $\begin{bmatrix}\frac{\partial x_M}{\partial n_A} & \frac{\partial x_M}{\partial n_B}\\ \frac{\partial \gamma_M}{\partial n_A} & \frac{\partial \gamma_M}{\partial n_B}\end{bmatrix}$ 非奇异，则式（5.21）有唯一解：

$$\begin{bmatrix}\Delta n_A\\ \Delta n_B\end{bmatrix}=\begin{bmatrix}\frac{\partial x_M}{\partial n_A} & \frac{\partial x_M}{\partial n_B}\\ \frac{\partial \gamma_M}{\partial n_A} & \frac{\partial \gamma_M}{\partial n_B}\end{bmatrix}^{-1}\begin{bmatrix}\Delta x_M\\ \Delta \gamma_M\end{bmatrix} \tag{5.22}$$

若矩阵 $\begin{bmatrix}\frac{\partial x_M}{\partial n_A} & \frac{\partial x_M}{\partial n_B}\\ \frac{\partial \gamma_M}{\partial n_A} & \frac{\partial \gamma_M}{\partial n_B}\end{bmatrix}$ 奇异，则令

$$\begin{bmatrix}\Delta n_A\\ \Delta n_B\end{bmatrix}=\begin{bmatrix}0\\ 0\end{bmatrix} \tag{5.23}$$

求解出特征量变化量 Δn_A 和 Δn_B 之后，当前制导指令特征变量 n_{Ai} 和 n_{Bi} 为

$$\begin{bmatrix}n_{Ai}\\ n_{Bi}\end{bmatrix}=\begin{bmatrix}n_{Ai-1}\\ n_{Bi-1}\end{bmatrix}+k\begin{bmatrix}\Delta n_A\\ \Delta n_B\end{bmatrix} \tag{5.24}$$

其中，标量 k 为修正因子。

上述步骤往往需要多次执行，对特征参数不断进行修正，从而达到对制导指令修正的目的，直到飞行器按预定落角击中目标，即同时满足落点和落角约束。预测－校正多终端约束制导律计算的关键在于获得制导指令修正参数和预测误差之间的扰动关系，以上主要通过在偏差后的制导指令上对飞行器动力方程进行数值积分获得。

若除了落点和落角约束，还有其他的终端约束，可采用类似的方法，将控制指令从线性形式修改为高阶多项式的形式，如式（5.25）所示。通常每增加一个终端约束，就需要增加多项式的阶数一次，增加一个特征量，采用同样的方法求取终端误差与特征量（即多项式系数）的偏导数关系，再通过预测终端误差对特征量进行修正，即可实现多终端约束。

$$n_c = n_A\left(\frac{t}{t_R - t_{\text{qikong}}}\right)^2 + n_B\left(\frac{t}{t_R - t_{\text{qikong}}}\right) + n_C \tag{5.25}$$

其中，t_{qikong}表示开始控制的时间，如 $t_{\text{qikong}}=15$ s 表示 0 ~ 15 s 飞行器处于无控状态，15 s 后才启动预测－校正控制，t_{qikong}也可以设置为 $t_{\text{qikong}}=0$。

5.1.3　案例：导弹预测－校正制导仿真

以一种正常式的制导导弹为研究对象，仅考虑其在纵向飞行平面内的运动，基于第3章中介绍的飞行器空间运动方程组（3.1），其纵向平面内的运动方程表示为

$$\begin{cases} m\dfrac{\mathrm{d}V}{\mathrm{d}t} = P\cos\alpha - X - mg\sin\theta \\ mV\dfrac{\mathrm{d}\theta}{\mathrm{d}t} = P\sin\alpha + Y - mg\cos\theta \\ \dfrac{\mathrm{d}x}{\mathrm{d}t} = V\cos\theta \\ \dfrac{\mathrm{d}y}{\mathrm{d}t} = V\sin\theta \end{cases} \tag{5.26}$$

其中，X、Y分别为导弹在飞行过程中受到的阻力和法向升力，其大小表示为

$$\begin{aligned} X &= \frac{1}{2}\rho V^2 S \cdot C_D \\ Y &= \frac{1}{2}\rho V^2 S \cdot C_N \end{aligned} \tag{5.27}$$

其中，大气密度 ρ 表示为 $\rho=\rho_0\cdot \mathrm{e}^{\beta y}$；$S$ 为导弹的特征面积；C_D 和 C_N 分别为阻力系数和升力系数，分别近似地进行如下处理：

$$\begin{aligned} C_D &= C_{D0} \\ C_N &= C_N^{\alpha}\cdot\alpha \end{aligned} \tag{5.28}$$

其中，C_{D0}和 C_N^{α} 根据气动数据表拟合插值得到。

为了与预测校正的仿真结果进行对比，首先使导弹无控飞行，仿真参数如下：初始发射条件为 $V_0=1\,000$ m/s，$\theta_0=45°$，$x_0=0$ m，$y_0=0$ m。导弹全程无推力（即 $P=0$ N），其仿真曲线如图5.4所示。

由图5.4的仿真结果可以看出：在无控情况下，导弹飞行射程约为15 678 m，终端速度为277.44 m/s；仿真所得落角为－67.86°。为了验证预测－校正制导律的效果，首先进行预测－校正落点制导律仿真。

1. 落点约束

通过预测－校正落点制导律对导弹的落点进行控制，所考虑的运动方程如式（5.26）所示。取静止地面目标纵向距离分别为RT1＝13 km、15 km、18 km、20 km，初始15 s无制导，即制导指令 n_{c0}为0，微量 $\sigma=0.1$，修正因子 $k=0.2$，参考时间 $t_R=80$ s。仿真结果如图5.5所示。

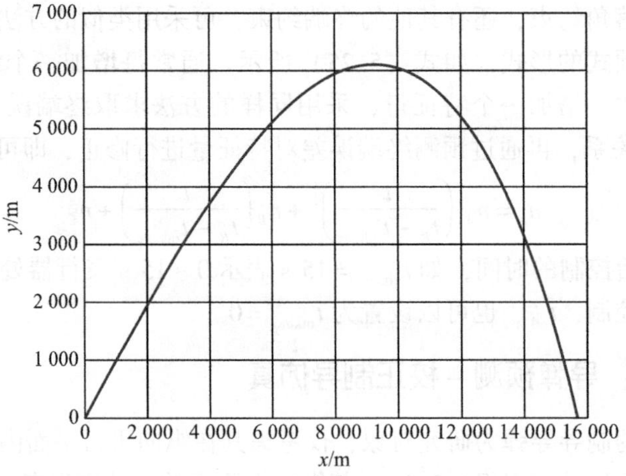

(a)

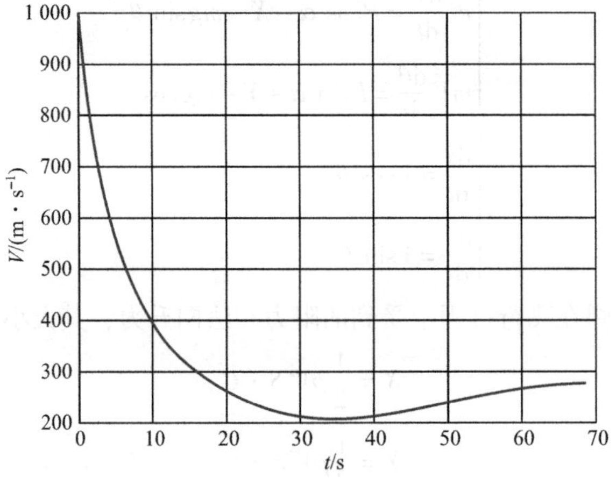

(b)

图 5.4　无控弹道仿真曲线

(a) 弹道曲线；(b) 速度曲线

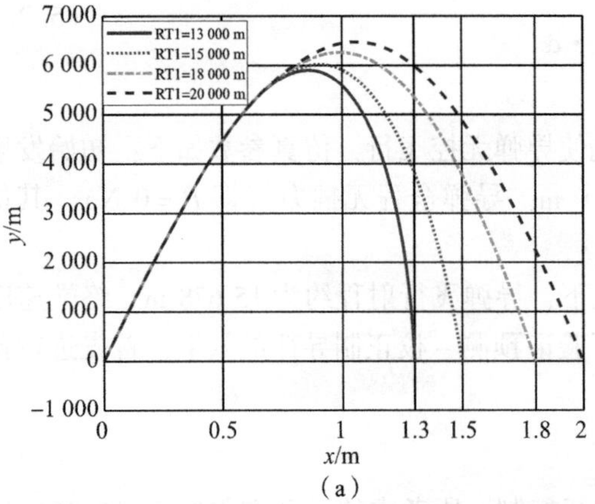

(a)

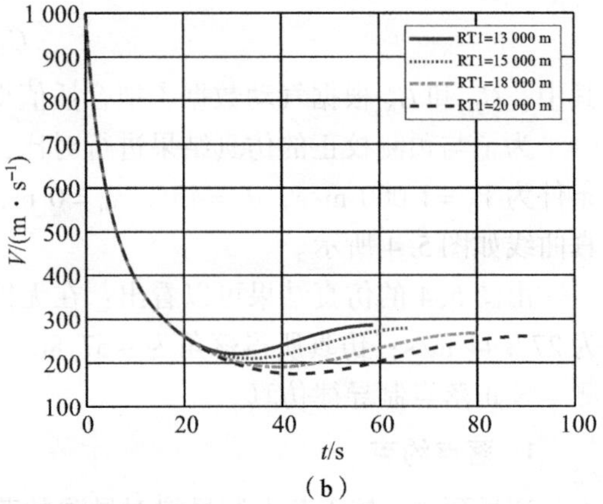

(b)

图 5.5　预测 – 校正落点制导律仿真

(a) 弹道；(b) 速度

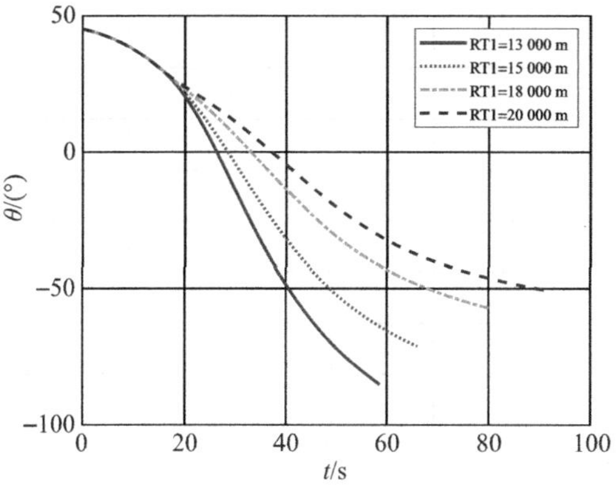

（c）

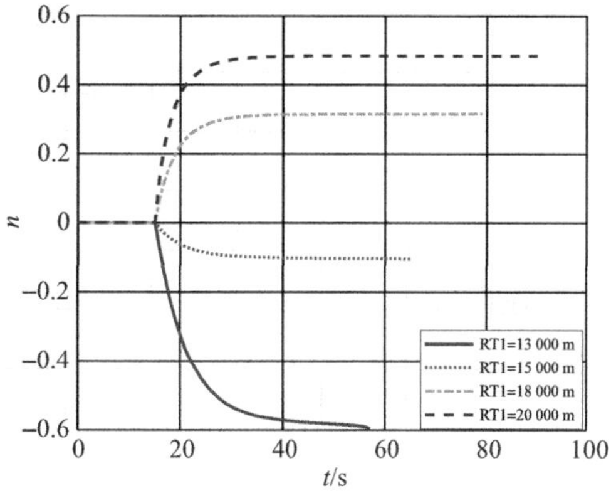

（d）

图 5.5　预测 – 校正落点制导律仿真（续）

（c）弹道倾角；（d）过载

从图 5.5（a）中的弹道曲线可以看出，当设置不同的目标纵向距离，该制导律均可以精确击中目标。从图 5.5（d）中的过载曲线可以看出，过载在飞行末段基本上是一个常数，这是因为仿真中选取的过载初始形式是常数，在启控后过载指令迅速得到修正，变化很大，但是到了制导后期几乎呈平直的直线，说明修正量非常小。这是因为仿真中未考虑各种干扰误差等因素，仅需对过载量进行微量修正就能达到精确打击目标的目的。

2. 落点落角约束

1）目标距离 10 km

在相同的发射条件下，设定不同的期望落角，通过数值仿真来检验预测 – 校正末制导律的制导效果。制导律参数设为：初始特征变量 $n_A = 1.5$、$n_B = 1$，微量 $\sigma_1 = 0.001$、$\sigma_2 = 0.001$，修正因子 $k = 0.2$，参考时间为 $t_R = 80$ s。期望末端弹道角 γ_{MF} 分别设定为 $-30°$、$-60°$、$-90°$。其仿真结果如图 5.6 所示。由图 5.6 可知，攻击设定的静止地面目标均能满足不同的期望落角要求。从过载曲线可以看到，在制导启控之后，过载指令前期很快得到修正，且在约 17 s 之后近乎趋于一条直线，说明后期所需的修正量很小就能保证导弹的落点和落点约束同时满足要求。若考虑飞行过程中的干扰，对特征参数 n_A 和 n_B 的修正会更为明显，制导指令曲线就不会一直呈直线形式。过载指令呈直线形式，这也与预测 – 校正制导律设计中对制导指令函数形式的设定相一致。

2）目标距离 13 km

在相同的发射条件下，设定不同的期望落角，通过数值仿真来检验预测 – 校正末端成形制导律的制导效果。制导律参数设为：初始特征变量 $n_A = 1.5$、$n_B = 1$，微量 $\sigma_1 = 0.001$、$\sigma_2 = 0.001$，修正因子 $k = 0.2$，参考时间为 $t_R = 80$ s。期望末端弹道角 γ_{MF} 分别设定为 $-30°$、$-60°$、$-90°$。其仿真结果如图 5.7 所示，从中可见攻击设定的静止地面目标均能满足不同期望落角要求。同样，从过载曲线可以看到在制导启控之后，过载指令前期很快得到修正，且在约 17 ~ 18 s 之后近乎趋于一条直线，说明在不考虑各种干扰的情况下，后面飞行中所需的修正量很小，就能保证导弹的落点和落点约束满足要求。

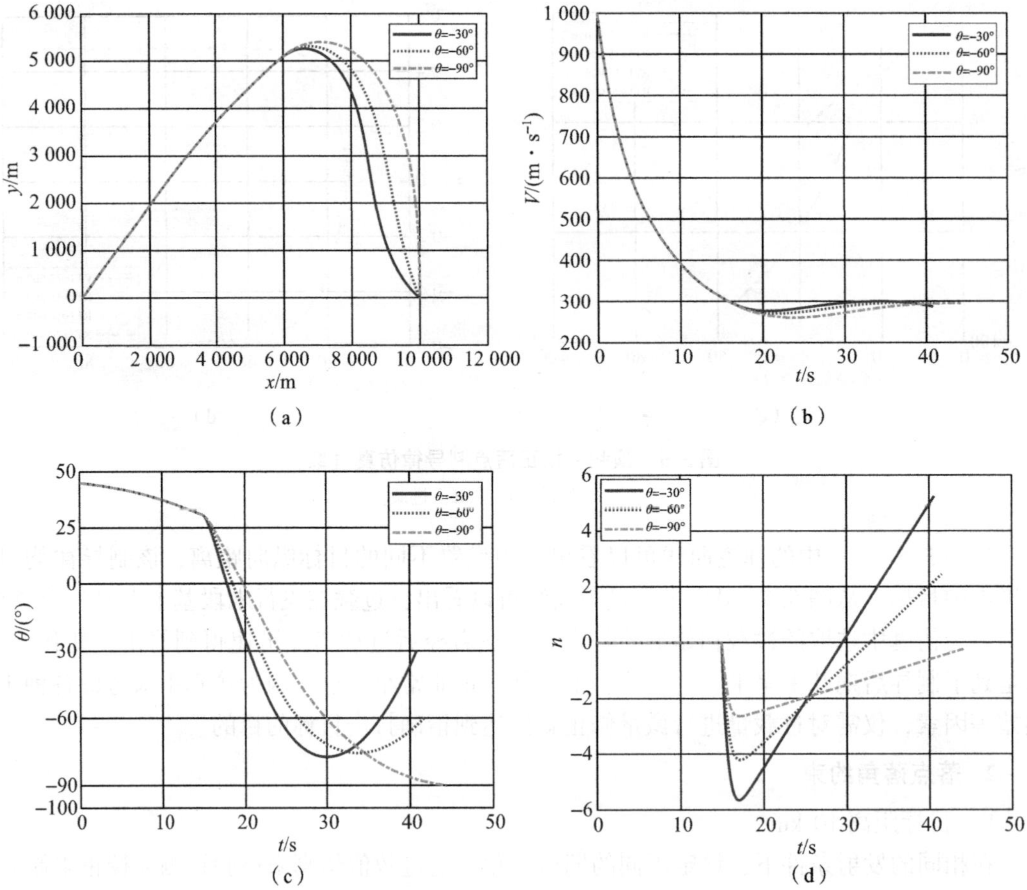

图 5.6　目标距离 10 km 制导效果曲线

(a) 弹道；(b) 速度；(c) 弹道倾角；(d) 过载

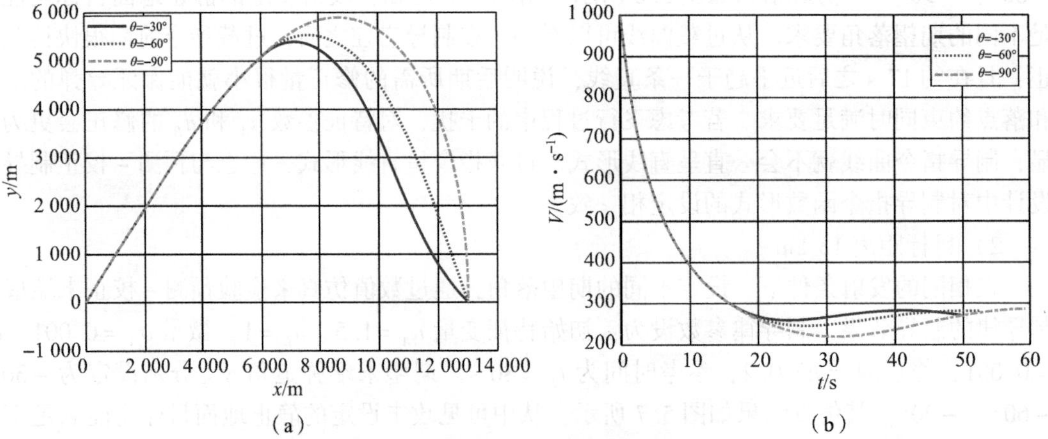

图 5.7　目标距离 13 km 制导效果曲线

(a) 弹道；(b) 速度

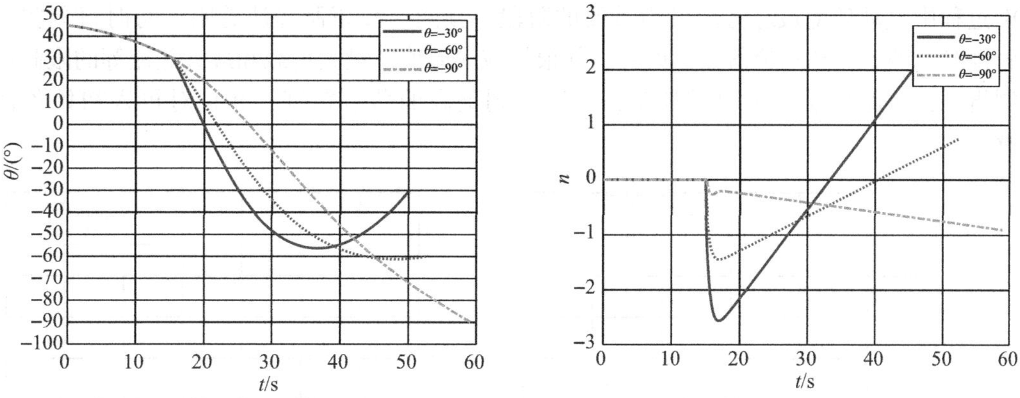

（c）　　　　（d）

图 5.7　目标距离 13 km 制导效果曲线（续）

（c）弹道倾角；（d）过载

3. 预测 – 校正制导 vs 比例导引

对于静止目标，基于落角约束的比例导引律的导引指令 n_c 可以简单地表示为式（5.29）所示，由位置约束项 $k_1 V_r \dot{q}$ 和落角约束项$\dfrac{k_2 V_r\ (q-q_f)}{t_{go}}$组成，保证飞行器以指定的角度命中目标。具体推导过程见参考文献[6]。

$$n_c = k_1 V_r \dot{q} + \frac{k_2 V_r (q-q_f)}{t_{go}} \tag{5.29}$$

其中，k_1 为导航比（通常取 3 ~ 5）；V_r 为弹目接近速度；$\dot{q}$ 为弹目视线角速度；γ_{mf}为末端期望落角；t_{go}为飞行剩余时间，文献［7］～文献［10］均对其估算进行了研究，由于本算例导弹本身速度较小，因此本文研究过程中根据式（5.30）进行估算：

$$t_{go} = \frac{r}{v_r} \tag{5.30}$$

该制导律可以保证落点和落角约束，缺点是需要对剩余时间进行估计，若估计值与实际值差距很大，实现起来效果不太理想。取静止地面目标纵向距离为 RT1 = 10 km，期望落角 $\gamma_{MF} = -60°$的制导要求。两种制导律制导效果如图 5.8 所示。由图 5.8（a）可知，两种制导律均能精确击中目标，满足脱靶量要求；由图 5.8（d）的过载图可知，预测 – 校正制导律与比例制导律相比，在整个制导过程中需用过载的平方积分较小，且过载曲线基本上呈线性，后者所需过载幅值明显大很多，保持较小的过载平方积分对于实际制导问题具有重要意义。

5.1.4　航天器再入预测 – 校正制导方法

预测 – 校正制导法在航天器再入问题中应用非常广泛。航天器再入从轨道飞行实现火星或者地球表面的软着陆就必须经历大气进入、下降以及最终着陆段（entry，descent，landing，EDL）三个过程。探测器的再入段仅利用大气进行减速消耗掉大部分动能，将飞行器速度减到合适的末端条件，其间经历制动过载、动压峰值同时产生大量的气动热，是整个EDL过程中气动环境最恶劣却最为重要的阶段。预测－校正制导法着眼于每时每刻实际再入轨迹对应的落点和理论落点的误差，并根据该误差值、最大过载和最大热流等的限制产生控制指令，对航天器实现轨道控制，可以达到更高的落点精度，并且对再入初始条件不敏感。

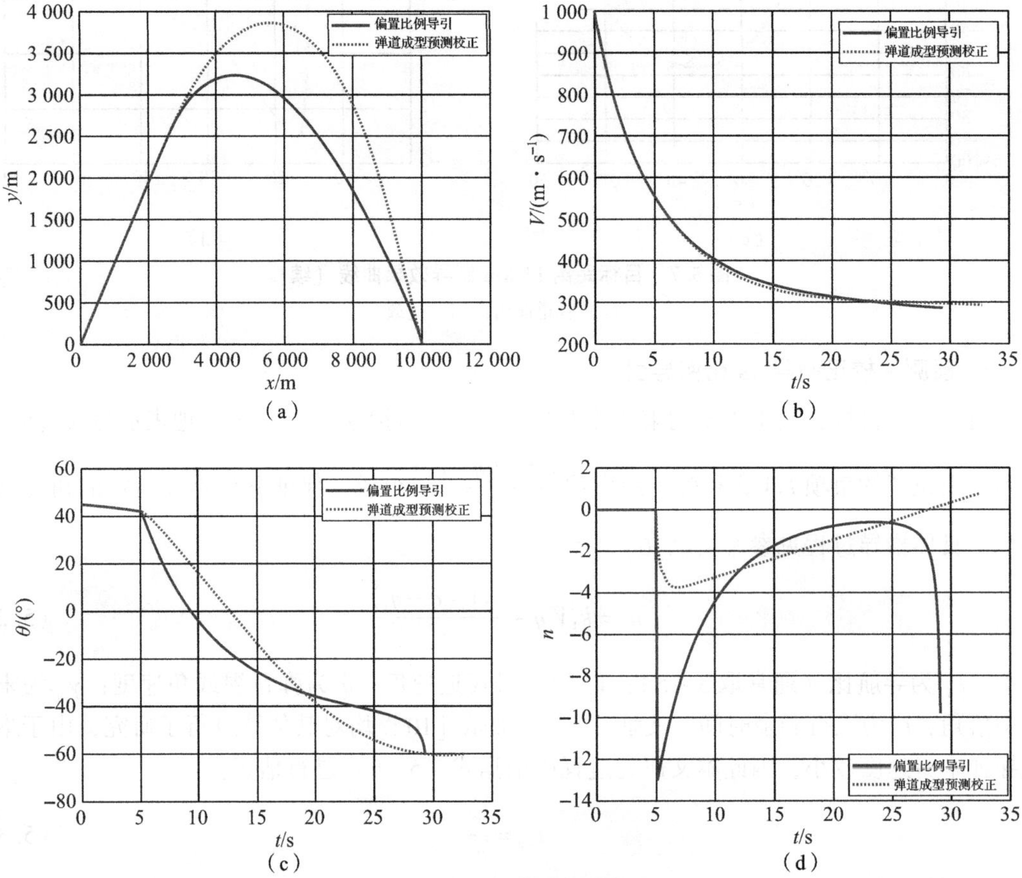

图 5.8 两种制导律制导效果

(a) 弹道；(b) 速度；(c) 弹道倾角；(d) 过载

类似于弹箭类制导控制系统设计中将运动学分为纵向和侧向两个环节，为了方便再入航天器制导算法的研究，飞行航程通常被分解为纵向航程（纵程）和横向航程（横程），其定义如图 5.9 所示。

其中，P_1点为飞行器的进入点；P_2为期望的再入末端位置；P_3为实际落点。过 P_1 和 P_2 点作经过地心的大圆弧$\overset{\frown}{P_1P_2}$，过 P_3点作一条与$\overset{\frown}{P_1P_2}$在球面垂直的大圆曲弧段$\overset{\frown}{P_3P_4}$，称$\overset{\frown}{P_1P_4}$为探测器运行的纵程，$\overset{\frown}{P_3P_4}$为横程。

通常，在航天器再入的预测－校正制导中引入再入走廊的概念，从而满足再入中对过载、热流动压等条件的约束。这些约束组成某些可行状态区域，如速度－高速走廊、速度－阻力走廊。通过对航天器的倾斜角 $\sigma(t)$ 进行修正（大小和方向，两个参数），使得飞行器在再入走廊中飞行，从而在满足约束的条件下实现精确着陆。一般而言，预测制导算法需要预先设计一个 $\sigma_0(t)$，其选择也要考虑进入过程中的热流、动压等限制，在此基础上给出倾斜角方案 $\boldsymbol{\sigma}(t)$ 的修正策略，使得预测得到的落点等误差量为零或者不断减少预测误差。例如可以建立修正量和预测误差之间的函数关系，把寻找修正量的过程作为函数求零点（根）的问题；或者选择某一性能指标，用优化方法选择修正量使得预测误差为零或者降低预测误差。显然，这里在控制指令的求解上涉及在线计算（方程求根或优化），属于一类典型的计算制导方法。在制导实现上，有纵程和横程同时控制的预测制导；也有为了降低在线计算量，将纵向制导和侧向制导分开进行，如纵向制导主要任务是通过更新倾斜角 $\sigma(t)$ 的大小使得航程得到满足或者航程误差逐步减少，而侧向制导采用开关曲线进行控制，即侧向制导仅确定倾斜角的符号。

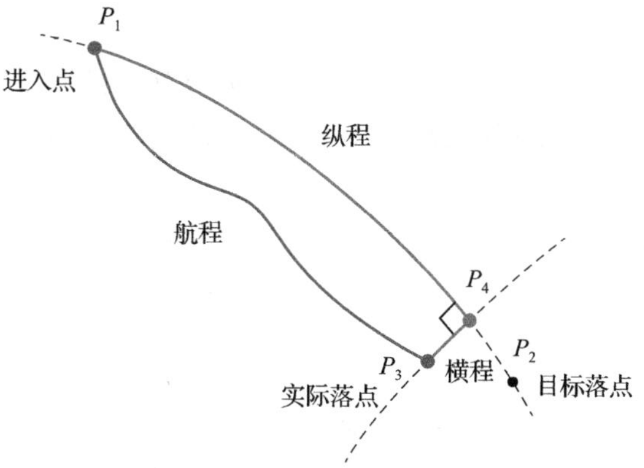

图 5.9　航程示意图

预测 – 校正制导目前在航天器再入中得到广泛应用，制导实现及制导指令修正上所采用的具体算法和方式非常多，没有一种较为统一的流程或方法，在应用时应根据具体问题具体分析设计。

5.2　牛顿求根计算制导

欠定系统的牛顿迭代方法是一种数学上常见的求根法，实际工程中的很多制导问题都可以从数学上描述为一欠定系统的求根问题，则可以非常方便地采用牛顿迭代法进行制导指令的求解[12]。本节首先介绍欠定系统的牛顿迭代方法的原理，然后介绍其在飞行器制导问题中的应用，给出将制导指令的求解转化为欠定系统的牛顿迭代求根的具体过程。

5.2.1　牛顿法基础

考虑如下的欠定求根系统：

$$\text{Find } \boldsymbol{u} \in \mathbb{R}^m \text{使得 } \boldsymbol{F}(\boldsymbol{u}) = 0 \tag{5.31}$$

其中，$\boldsymbol{F}$: $\mathbb{R}^m \to \mathbb{R}^n$ $(m > n)$ 是一个连续的非线性向量函数，它表明未知量比方程多。

这种欠定系统在实际中非常多，牛顿法和牛顿变分法是求解这类欠定系统最强大和最常用的方法。牛顿方法求解欠定系统需要给出一个初始猜测解 $\boldsymbol{u}_0$，不断迭代产生一系列解，如

$$\boldsymbol{u}^{k+1}=\boldsymbol{u}^{k}-\boldsymbol{s}^{k} \tag{5.32}$$

$$\boldsymbol{F}(\boldsymbol{u}^{k})+\boldsymbol{F}'(\boldsymbol{u}^{k})\boldsymbol{s}^{k}=0 \tag{5.33}$$

其中，$\boldsymbol{s}^k$ 为第 k 次迭代的牛顿步长，由方程（5.33）决定；$\boldsymbol{F}'(\boldsymbol{u}^k)$ 为 Jacobi 矩阵。

由于式（5.33）存在无限解，必须附加条件来确定唯一的 $\boldsymbol{s}^k$。在牛顿法中，为了使得式（5.33）存在唯一解，一种典型的做法是使得解能最小化如下目标函数：

$$J=\|\boldsymbol{s}^{k}\|^{2} \tag{5.34}$$

其中，运用了欧几里得距离。

求解由约束方程（5.33）和目标函数（5.34）构成的带约束的优化问题，得到解为

$$\boldsymbol{s}^{k}=-\boldsymbol{F}'(\boldsymbol{u}^{k})^{+}\boldsymbol{F}(\boldsymbol{u}^{k}) \tag{5.35}$$

其中，$\boldsymbol{F}'(\boldsymbol{u}^k)^+$ 是 $\boldsymbol{F}'(\boldsymbol{u}^k)$ 的伪逆。

若 $\boldsymbol{F}'(\boldsymbol{u}^k)^+$ 满秩，则伪逆可表示为

$$\boldsymbol{F}'(\boldsymbol{u}^{k})^{+}=\boldsymbol{F}'(\boldsymbol{u}^{k})^{\mathrm{T}}[\boldsymbol{F}'(\boldsymbol{u}^{k})\boldsymbol{F}'(\boldsymbol{u}^{k})^{\mathrm{T}}]^{-1} \tag{5.36}$$

线性系统的伪逆解是从当前迭代到线性系统根的最短步长，因此很自然地被选作牛顿步长。

另一种选择牛顿步长的方法是最小化下一步迭代参数 $\boldsymbol{u}^{k+1}$ 的 L_2 范数为

$$J=\frac{1}{2}\|\boldsymbol{u}^{k+1}\|^{2} \tag{5.37}$$

相应的牛顿步长为

$$\boldsymbol{s}^{k}=-\boldsymbol{F}'(\boldsymbol{u}^{k})^{+}[\boldsymbol{F}'(\boldsymbol{u}^{k})\boldsymbol{u}^{k}-\boldsymbol{F}(\boldsymbol{u}^{k})]+\boldsymbol{u}^{k} \tag{5.38}$$

除了上述两种常见的约束之外，针对特定的问题还可以设计一些其他的约束。例如，同时最小化牛顿步的欧几里得范数和解的 L^2－范数，定义如下：

$$J=(1-\omega)\|\boldsymbol{s}^{k}\|^{2}+\omega\left(\frac{1}{2}\|\boldsymbol{u}^{k+1}\|^{2}\right) \tag{5.39}$$

权重系数 $\omega\in(0,1)$，相应的牛顿步长为

$$\boldsymbol{s}^{k}=-(1-\omega)\boldsymbol{F}'(\boldsymbol{u}^{k})^{+}\boldsymbol{F}(\boldsymbol{u}^{k})-\omega\{\boldsymbol{F}'(\boldsymbol{u}^{k})^{+}[\boldsymbol{F}'(\boldsymbol{u}^{k})\boldsymbol{u}^{k}-\boldsymbol{F}(\boldsymbol{u}^{k})]+\boldsymbol{u}^{k}\} \tag{5.40}$$

众所周知，对于欠定系统，当初始解距离真实解比较近时，牛顿方法具有二次收敛性；但当初始解较差时，牛顿方法收敛速度较慢甚至难以收敛。为了改善牛顿法的收敛速度，产生了阻尼牛顿法，通过将阻尼参数 $\alpha^k\leqslant 1$ 引入方程（5.32），使非单位步长在牛顿方向上进行变化。在阻尼牛顿法中，式（5.32）可改写为

$$\boldsymbol{u}^{k+1}=\boldsymbol{u}^{k}-\alpha^{k}\boldsymbol{s}^{k} \tag{5.41}$$

其中，阻尼项满足 $\|\boldsymbol{F}(\boldsymbol{u}^k-\alpha^k\boldsymbol{s}^k)\|\leqslant\|\boldsymbol{F}(\boldsymbol{u}^k)\|$。

阻尼参数 α^k 的选取存在很多方法，文献[11]提出了一种同时具有较好的鲁棒性和收敛性的阻尼牛顿方法，其中的阻尼参数计算如下：

$$\alpha^{k}=\min\left(1,\frac{\beta^{k}}{\|\boldsymbol{F}(\boldsymbol{u}^{k})\|}\right) \tag{5.42}$$

其中，β^k 自适应进行更新。

文献[11]研究表明，自适应阻尼牛顿法在迭代初期具有线性收敛速度，在迭代不多于 $k_{\max}$ 次之后转为二次收敛速度。

$$k_{\max}=\max\left\{0,\left[\frac{2\parallel \boldsymbol{F}(\boldsymbol{u}^0)\parallel}{q^{\hat{k}}\beta}\right]-2\right\}$$
$$\hat{k}=\max\left\{0,\log_{1/q}\frac{\beta^0}{\beta}\right\} \tag{5.43}$$

其中，$\boldsymbol{u}^0$，β^0 和 q 根据表 5.1 中所示的算法给定。

表 5.1　欠定系统的自适应阻尼牛顿方法

给定 $\boldsymbol{u}^0$，β^0 和 $q\in(0,\ 1)$
$k=0$，重复以下步骤直至 $k=\infty$步
令 $\boldsymbol{s}^k=-\boldsymbol{F}'(\boldsymbol{u}^k)^+\boldsymbol{F}(\boldsymbol{u}^k)$，其中 $\boldsymbol{F}'(\boldsymbol{u}^k)^+=\boldsymbol{F}'(\boldsymbol{u}^k)^{\mathrm{T}}[\boldsymbol{F}'(\boldsymbol{u}^k)\boldsymbol{F}'(\boldsymbol{u}^k)^{\mathrm{T}}]^{-1}$
当 $\alpha^k=\min\left\{1,\ \frac{\beta^k}{\parallel \boldsymbol{F}(\boldsymbol{u}^k)\parallel}\right\}>1$ 或 $\parallel \boldsymbol{F}(\boldsymbol{u}^k-\alpha^k\boldsymbol{s}^k)\parallel\geqslant\left(1-\frac{\alpha^k}{2}\right)\parallel \boldsymbol{F}(\boldsymbol{u}^k)\parallel$
令 $\beta^k=q\beta^k$
令 $\boldsymbol{u}^{k+1}=\boldsymbol{u}^k-\alpha^k\boldsymbol{s}^k$
令 $\beta^{k+1}=\beta^k$

5.2.2　牛顿迭代计算制导

本小节介绍如何将制导问题转化为牛顿求根问题，进行制导指令的求解。考虑如下动态系统：

$$\dot{\boldsymbol{X}}(t)=\boldsymbol{f}(\boldsymbol{X}(t),\boldsymbol{U}(t),t) \tag{5.44}$$

$$\boldsymbol{Y}(t)=\boldsymbol{H}(\boldsymbol{X}(t)) \tag{5.45}$$

其中，$\boldsymbol{X}\in\mathbb{R}^n$，$\boldsymbol{U}\in\mathbb{R}^m$，$\boldsymbol{Y}\in\mathbb{R}^p$分别表示系统状态、控制输入和系统输出。假设已知初始时间 t_0 和初始状态 $\boldsymbol{X}(t_0)$，末端时间固定，末端状态满足如下形式：

$$\boldsymbol{Y}(t_f)-\boldsymbol{Y}_{N_d}=0 \tag{5.46}$$

其中，$\boldsymbol{Y}_{N_d}$为已知的期望末端输出值。

求解上述问题，即可得到控制指令 $\boldsymbol{U}$。形如式（5.44）～式（5.46）的制导控制问题在实际中广泛存在，如火箭返回着陆问题，需设计制导指令 $\boldsymbol{U}$ 使得火箭着陆到规定的地点（终端约束）；导弹制导问题，需要设计制导指令 $\boldsymbol{U}$ 使得导弹到达规定的目标点（终端约束）。利用数值方法求解上述问题，首先需要对式（5.44）和式（5.45）进行离散处理，可以采用如欧拉法，采取离散步长 $\Delta t=t_f/(N-1)$ 进行离散，关于动力学方程的离散方法可以参见 5.3.3 小节的介绍。离散后得到如下形式的方程：

$$\boldsymbol{X}_{i+1}=\boldsymbol{G}_i(\boldsymbol{X}_i,\boldsymbol{U}_i) \tag{5.47}$$

$$\boldsymbol{Y}_{i+1}=\boldsymbol{H}_{i+1}(\boldsymbol{X}_{i+1}) \tag{5.48}$$

其中，$\boldsymbol{X}_i$、$\boldsymbol{U}_i$、$\boldsymbol{Y}_i(i=1,\ 2,\ \cdots,\ N-1)$ 为离散时间点上对应的状态、控制和输出量；$i=1,\ 2,\ \cdots,\ N-1$ 为时间步，假设已知初始条件和末端时间。若末端时间未知，也有相关的解决方法，具体可参见 5.3.3 小节。

主要目标为寻求合适的控制序列 $\boldsymbol{U}_i(i=1,\ 2,\ \cdots,\ N-1)$，以满足如下的终端约束：

$$\boldsymbol{Y}_N-\boldsymbol{Y}_{N_d}=0 \tag{5.49}$$

将式（5.47）和式（5.48）代入方程（5.49）得

$$F(u)=H_N(G_{N-1}(G_{N-2}(\cdots(G_1(X_1,U_1),\cdots),U_{N-2}),U_{N-1}))-Y_{N_d}=0 \tag{5.50}$$

其中，F：$\mathbb{R}^{m(N-1)}\to\mathbb{R}^p$，$u=[U_1, \cdots, U_{N-1}]\in\mathbb{R}^{m(N-1)}$是输入待求的控制量，由于$m(N-1)>p$，所以上述方程为欠定系统。一旦解出非线性欠定系统（5.50），对应的根就是制导指令。

如5.2.1小节所述，对欠定系统（5.50），有各种数值方法可以求解，其中牛顿法是最常用的方法之一，可直接基于5.2.1小节求解，或采用阻尼牛顿法或自适应阻尼牛顿法等进行求解，得到牛顿步长s^k（k表示牛顿迭代求解中的第k次迭代），进而得到第k次迭代的制导指令u^k。牛顿迭代步可整理如下：

$$s^k=\begin{cases}-F'(u^k)^{\mathrm{T}}[F'(u^k)F'(u^k)^{\mathrm{T}}]^{-1}F(u^k), \text{if } \min\ \|s^k\|^2\\ -F'(u^k)^{\mathrm{T}}[F'(u^k)F'(u^k)^{\mathrm{T}}]^{-1}[F'(u^k)u^k-F(u^k)]+u^k, \text{if } \min\frac{1}{2}\|u^{k+1}\|^2\end{cases} \tag{5.51}$$

其中，$F'(u^k)$定义为

$$F'(u^k)=\left[\frac{\partial F}{\partial U_1^k}\cdots\frac{\partial F}{\partial U_i^k}\cdots\frac{\partial F}{\partial U_{N-1}^k}\right] \tag{5.52}$$

其中，$\frac{\partial F}{\partial U_i^k}$是$p\times m$矩阵，是针对每一个离散点处的偏导，具体表达式可以基于式（5.47）~式（5.50），进行复合求导得到

$$\frac{\partial F}{\partial U_i^k}=\left[\frac{\partial H}{\partial X_N}\right]\left[\frac{\partial G_{N-1}}{\partial X_{N-1}}\right]\left[\frac{\partial G_{N-2}}{\partial X_{N-2}}\right]\cdots\left[\frac{\partial G_{i+1}}{\partial X_{i+1}}\right]\left[\frac{\partial G_i}{\partial U_i^k}\right], i=1,\cdots,N-1 \tag{5.53}$$

需要注意的是上面涉及的上角标k表示此时是第k次牛顿迭代所对应的值，类似地式（5.53）中对应的诸多偏导数的值也是对应第k次牛顿迭代的值。

在实际应用中，利用牛顿迭代法求解制导问题主要步骤如下。

步骤1：初始化（例如：初始状态值设置X_1^0），设迭代步$k=0$，设置初始的猜想控制序列$u^0=[U_1^0, \cdots, U_{N-1}^0]$，保证初始的弹道/轨迹不出现奇异值，设置最大迭代次数$k_{\max}$。

步骤2：将第k步的解u^k代入离散模型（5.47），得到迭代第k步的状态量$x^k=[X_1^k, \cdots, X_{N-1}^k]$。

步骤3：将u^k和x^k代入式（5.51），计算相应的牛顿迭代步s^k，进一步根据式（5.32）或式（5.41）计算u^{k+1}。

步骤4：判断收敛条件是否满足，若满足，则输出控制序列$u^{k+1}=[U_1^{k+1}, \cdots, U_{N-1}^{k+1}]$；否则进行步骤5。

通常收敛条件可选为：目标函数是否足够小，如终端约束条件是否满足要求，即$|Y_N-Y_{N_d}|\leqslant\varepsilon$，该式表示向量$Y$的各个元素依次满足不等式，$\varepsilon$为较小的正数向量，其维数与$Y$相同。

步骤5：若$k+1<k_{\max}$，则$k=k+1$，进行步骤2；否则输出控制序列$u^{k+1}=[U_1^{k+1}, \cdots, U_{N-1}^{k+1}]$，此时已经达到最大迭代次数，可以考虑扩大收敛半径（增加ε）或增加迭代次数（增加$k_{\max}$），继续进行牛顿法求解。

牛顿迭代计算制导方法形式上非常简洁，通过离散，将带终端约束的制导问题转换为牛

顿求根问题，可以非常方便地利用目前成熟的数值计算方法进行求解。该方法设计的关键步骤为牛顿迭代步的计算，即如何求解式（5.51）。但是该方法仅能处理终端等式约束，无法处理终端不等式约束，更无法处理过程约束。实际制导问题中，很多情况下需要对状态在飞行过程中进行约束，如火箭着陆中的热流/动压等约束、导弹制导中导引头视场角和加速度的约束等，此时牛顿迭代制导方法无法直接处理，可行的思路之一是采用如航天器再入制导的思路，定义所谓的满足约束的走廊，相当于先确定出问题的可行域，然后在可行域中求解牛顿求根问题。

5.2.3 导弹制导牛顿法数值仿真

1. 问题描述

考虑二维平面内空对地导弹的制导问题，基于式（5.26）可得无动力飞行下导弹运动方程为

$$\begin{cases}\dot{V}=-\dfrac{D}{m}-g\sin\theta\\ \dot{\theta}=\dfrac{1}{V}(a-g\cos\theta)\\ \dot{x}=V\cos\theta\\ \dot{y}=V\sin\theta\end{cases}\tag{5.54}$$

其中，V，θ，x，y 分别为导弹的速度、弹道倾角、位置矢量的横坐标与纵坐标，统一表示为状态量 $\boldsymbol{X}=[V,\ \theta,\ x,\ y]$；$m$ 为导弹质量；g 为重力加速度；D 为导弹所受空气阻力，由 $D=\frac{1}{2}\rho V^2SC_d$ 计算可得，ρ 为导弹实时高度的空气密度，S 为导弹的参考面积，C_d 为阻力系数。

其中控制量选择 $U=a$，为导弹垂直于速度方向的控制力加速度，制导问题的目标是寻求拦截给定静止目标所需的控制指令 $a(t)$，在交会点实现以下终端状态约束：

$$\begin{aligned}x(t_f)-x_{t_d}&=0\\ y(t_f)-y_{t_d}&=0\\ \theta(t_f)-\theta_{t_d}&=0\end{aligned}\tag{5.55}$$

其中，x_{t_d}和 y_{t_d}为目标的位置；θ_{t_d}为期望的攻击角度。

2. 牛顿求根制导求解

第一步是采用欧拉法对系统的动力学方程进行离散化，设离散步长为 T，离散系统的状态方程为

$$\begin{cases}V_{i+1}=V_i+T\left(-\dfrac{\rho SC_dV_i^2}{2m}-g\sin\theta_i\right)\\ \theta_{i+1}=\theta_i+\dfrac{T}{V_i}(a_i-g\sin\theta_i)\\ x_{i+1}=x_i+T(V_i\cos\theta_i)\\ y_{i+1}=y_i+T(V_i\sin\theta_i)\end{cases}\quad(i=1,2,\cdots,N-1)\tag{5.56}$$

式（5.56）记为 $\boldsymbol{X}_{i+1}=\boldsymbol{G}_i(\boldsymbol{X}_i,\ \boldsymbol{U}_i)$，同时由于案例对导弹的末端位置与落角进行了约

束，制导所需输出量为 $\boldsymbol{Y}=[\theta \quad x \quad y]^{\mathrm{T}}$，因此系统的输出方程为

$$\boldsymbol{Y}_{i+1}=\begin{bmatrix}\theta_{i+1}\\x_{i+1}\\y_{i+1}\end{bmatrix}=\begin{bmatrix}0&1&0&0\\0&0&1&0\\0&0&0&1\end{bmatrix}\begin{bmatrix}V_{i+1}\\\theta_{i+1}\\x_{i+1}\\y_{i+1}\end{bmatrix}\tag{5.57}$$

式（5.57）记为 $\boldsymbol{Y}_{i+1}=\boldsymbol{H}_{i+1}\boldsymbol{X}_{i+1}$。进一步根据式（5.55），可得到形如式（5.56）所示的终端约束方程。

为了满足制导任务末端约束的要求，将式（5.56）和式（5.57）代入式（5.55），可得到形如式（5.50）所示的方程，通过牛顿迭代法求解式（5.50）对应的欠定系统，得到的根就是制导任务需要的制导指令。在这里，牛顿迭代法选用目标函数：

$$J=\frac{1}{2}\parallel \boldsymbol{u}^{k+1}\parallel^{2}\tag{5.58}$$

其中 $\boldsymbol{u}=[\boldsymbol{U}_1, \cdots, \boldsymbol{U}_{N-1}]\in\mathbb{R}^{m(N-1)}$。根据式（5.51）计算牛顿步，在牛顿步的求解中涉及雅可比矩阵的计算见式（5.53），如：$\dfrac{\partial \boldsymbol{G}_i}{\partial \boldsymbol{X}_i}$，$\dfrac{\partial \boldsymbol{G}_i}{\partial \boldsymbol{U}_i^k}$，它们为系统离散后对应的雅可比矩阵，根据式（5.56），可得

$$\frac{\partial \boldsymbol{G}_i}{\partial \boldsymbol{X}_i}=\begin{bmatrix}1-T\dfrac{\rho S C_d V_i}{m} & -Tg\cos\theta_i & 0 & 0\\ T\dfrac{g\cos\theta_i-a_i}{V_i^2} & T\dfrac{g\sin\theta_i}{V_i}+1 & 0 & 0\\ T\cos\theta_i & -TV_i\sin\theta_i & 1 & 0\\ T\sin\theta_i & TV_i\cos\theta_i & 0 & 1\end{bmatrix},\frac{\partial \boldsymbol{G}_i}{\partial \boldsymbol{U}_i}=\begin{bmatrix}0\\ \dfrac{T}{V_i}\\ 0\\ 0\end{bmatrix}\tag{5.59}$$

到此，我们就已经确定了系统的离散模型以及牛顿迭代步长，通过不断迭代就可以得到满足末端条件的制导指令，具体流程可参考 5.2.2 小节对牛顿迭代计算制导方法的介绍。

3. 仿真结果

仿真计算参数如表 5.2 所示。

表 5.2 仿真计算参数

参数名称	数值	参数名称	数值
导弹初始位置	[0, 2 500] m	期望飞行时间	30 s
导弹初始速度	300 m/s	参考面积	0.04 m^2
初始飞行航迹角	0°	空气密度	1 kg/m^3
目标点位置	[5 000, 0] m	阻力系数	0.1
期望末端路径角	−45°		

选取终端约束满足条件为收敛准则，$|\theta(t_f)-\theta_{t_d}|\leqslant 0.1°$，$|x(t_f)-x_{t_d}|\leqslant 1$ m，$|y(t_f)-y_{t_d}|\leqslant 1$ m。仿真所得结果展示在图 5.10 和图 5.11，其中图 5.11 展示了控制量的迭代过程。

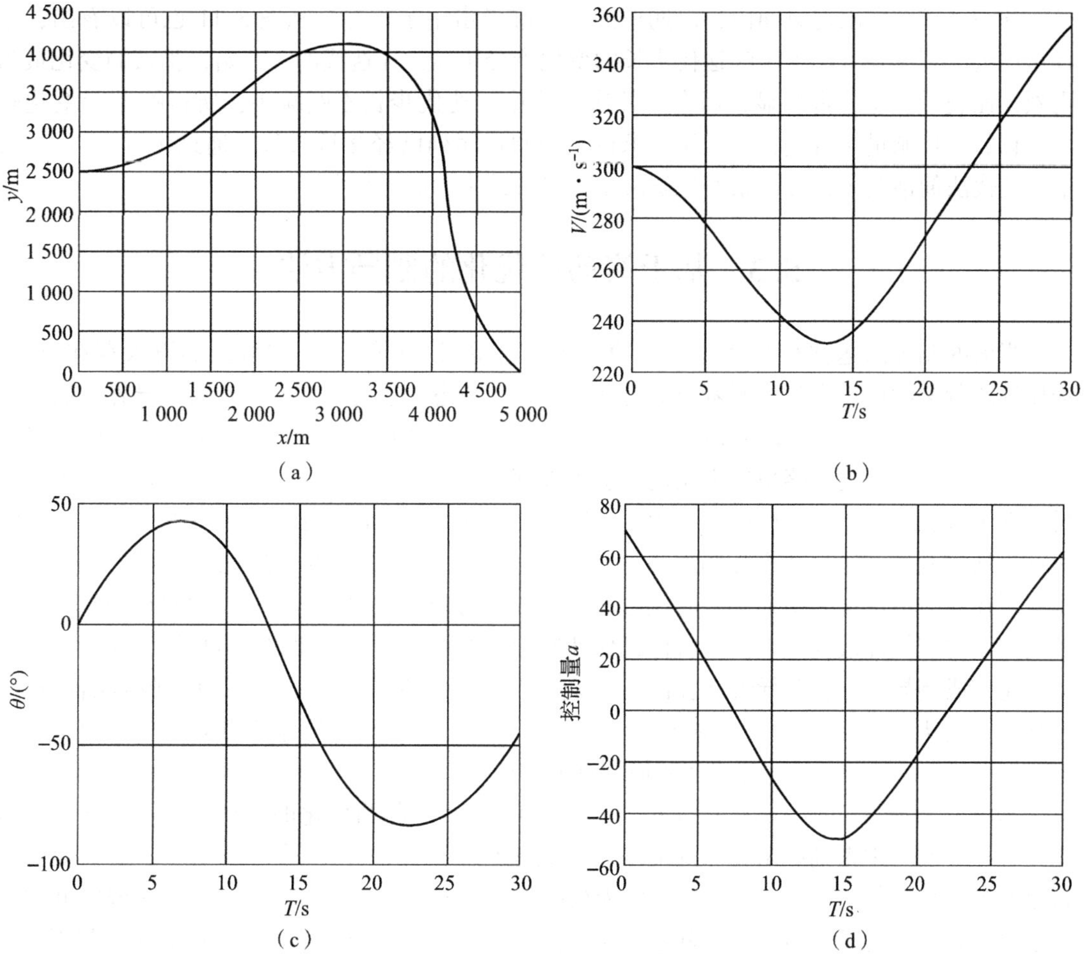

图 5.10　牛顿迭代法制导仿真结果

(a) 飞行轨迹；(b) 速度；(c) 航迹角；(d) 控制量 a

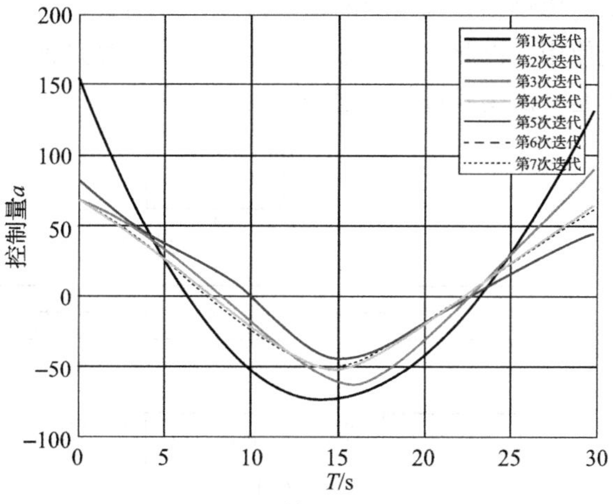

图 5.11　控制量 a 迭代

从图5.10（a）~图5.10（d）可以看出，牛顿迭代法求得的最终控制序列可以满足制导任务的要求，在限定时间内，以期望的落角准确击中了目标。从图5.11也可以看出，牛顿迭代法计算制导方法中牛顿迭代步长的变化十分明显，在迭代的一开始，步长的变化最为剧烈，控制量变化非常明显，而在后几次迭代中，迭代步长不断减小，所得控制量变化较小，相邻的控制量接近重合，这说明求得的控制量序列已经接近收敛。通过仿真可以说明，牛顿迭代法简洁明了，可以很好地解决带有末端约束的制导任务。

5.3 基于滚动凸优化的制导方法

当前的制导问题往往存在复杂的约束条件（等式/不等式），如航天器再入存在过载、动压等的苛刻约束，火箭返回着陆对着陆点位置、姿态、速度等有严格约束、导弹末制导在追求精确打击的同时还要求对落角和落速进行约束以提高打击性能。传统的制导方法如经典的比例导引及其改进的落角约束比例导引等大都存在无法处理多约束，尤其是过程约束的不足。近年来，随着计算机性能的大为提升以及高效率数值优化方法的发展，产生了基于在线滚动规划的制导方法，其充分利用数值优化算法（如凸优化）的快速性，在模型预测控制框架下在线数值求解一系列有限时域考虑复杂约束的开环最优控制问题，同时利用模型预测控制方法的非线性最优反馈控制特性，保证制导精度和对不确定性的强鲁棒性，通过在线滚动优化完成制导。这种制导方式在高超声速飞行器再入制导[3]、火箭垂直回收着陆段在线制导[5]、航天器自主交会接近制导[13]、无人机轨迹规划[14]、月球定点着陆轨迹优化[15]、导弹制导[16]和协同制导[17]等诸多领域均有成功应用。

基于模型预测控制（model predictive control，MPC）与凸优化的滚动凸优化制导方法目前在飞行器制导中得到越来越广泛的应用，其流程示意如图5.12所示。其基本思想是：在每个制导周期，将当前的状态 $x(k)$ 作为初始状态，在当前时刻 k 处预测未来一段时间内的状态量，在线优化求解最优控制问题，求得控制指令。由于凸优化求解的快速性，利用其实时求解前述有限时域开环最优控制问题，得到未来指定时域内所有时刻的最优制导指令。然后，迅速将所得控制指令序列对应的第一个周期内指令作用于飞行器，在执行指令的同时，校正飞行器与环境扰动的模型，并以预测的本阶段结束时的状态作为 $k+1$ 时刻的初始状态，以备下一阶段制导系统使用。以此类推，重复运算，直至求解完成。显然，在滚动凸优化制导方法中，优化部分不是一次离线进行，而是需要反复在线进行，这就是滚动优化的含义，

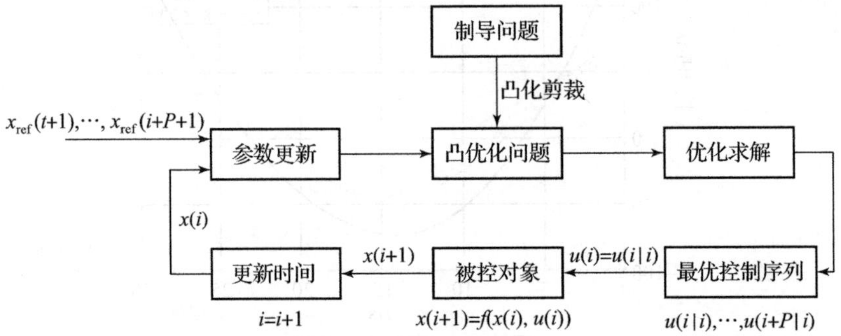

图5.12 基于滚动时域控制与凸优化的在线制导

这也是模型预测控制区别于传统最优控制的根本特点。这种有限时域优化目标的局限性在于理想情况下只能得到全局次优解，但优化的滚动实施却能应对由于模型时变、干扰等引起的诸多不确定性，及时进行弥补，始终把新的优化建立在实际的基础之上，使控制保持实际上的最优。对于实际的飞行器制导问题而言，这些不确定性因素是不可避免的，因此建立在有限时域上的滚动优化策略反而更加有效。

5.3.1 模型预测控制

基于在线滚动优化的制导在模型预测控制框架下实现。MPC 也称为滚动时域控制（receding horizon control，RHC），它以计算机为实现手段，采用采样（或离散）控制算法，是一种反馈控制策略，在 20 世纪 80 年代开始流行起来，最初主要适用于慢变的工业控制。MPC 的基本思想是预测模型、反馈校正和滚动优化，因此基于在线滚动凸优化的制导主要包含以下三块内容。

1. 预测模型

MPC 是以模型为基础的控制算法，此模型称作预测模型。预测模型的作用是利用飞行器未来控制输入和历史信息预测未来输出，即基于当前获取的未来控制输入和状态参数等，预测飞行器未来的状态及输出。关于预测这块有很多方法去建立相关的预测模型，研究工作也较多，最直接的做法就是在当前初始状态下，通过对飞行器运动方程进行数值积分，得到飞行器的未来状态；也可采用机器学习等方法去预测飞行器的未来状态。

2. 反馈校正

MPC 是闭环控制算法，经过凸优化求解确定一系列未来控制作用，考虑环境干扰、模型误差会导致控制作用对期望状态的较大偏差，因此一般不将控制作用全部实施，只利用本时刻的控制作用（一般为第一个控制序列）。到下一采样时刻，通过检测对象实际输出修正基于模型的预测作用，之后开始新时刻的优化，反馈校正都把优化作用建立在系统实际基础上。因此，基于在线滚动凸优化的制导中优化不仅基于模型，也利用反馈信息，因而构成了闭环优化。

3. 滚动优化

MPC 是一种通过计算某一性能指标的极值求取未来控制作用的优化控制算法。滚动时域控制策略示意图如图 5.13 所示，图中，t_P 为制导算法的在线计算时间，t_{PH}为滚动时域长度，t_{EH}为制导指令更新周期，$t_i(i=1,\ \cdots,\ n)$ 为制导指令更新时刻，u 为控制指令。在每个滚动时域长度 t_{PH}内，通过凸优化求解得到该段时域内的控制作用 u，但是仅将其位于 t_{EH}时段内的第一个控制序列作用于飞行器上，到下一个制导周期到来时，则再次进行凸优化求解得到下一个滚动时域 t_{PH}上的控制作用。在更新时刻 t_i，如果制导指令计算没有在规定时间 t_{EH}完成，则可以使用上一周期生成的制导指令。滚动优化由凸优化实现，凸优化计算效率高，若能对最优控制问题进行较好的凸化处理，将其转换为一个凸规划问题，能够实时精确地完成最优控制问题求解，得到一系列未来时刻的控制作用，从而保证制导的实时性。

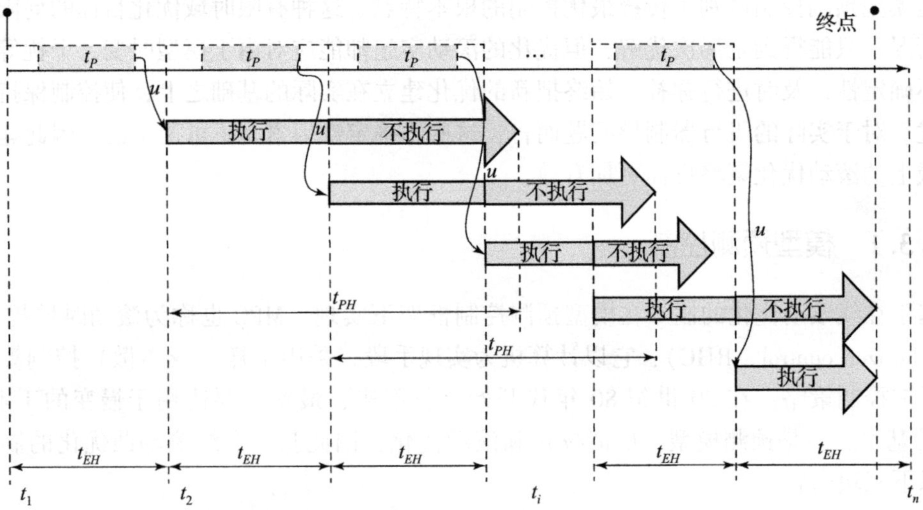

图 5.13　滚动时域控制策略示意图

需要注意的是模型预测控制并非使用一个对全局固定的优化指标和约束，每次滚动优化的指标和约束要根据当前时刻的具体情况确定，并且包含不同的时间区域。因此模型预测控制优化算法与传统最优控制的一次离线优化相比最大的特点在于其需要不断反复地进行在线优化。

5.3.2　最优控制问题

对于基于在线滚动凸优化的制导方法，凸优化求解最优控制问题是其中的关键。其求解的效率、精度和可靠性直接决定了制导的性能甚至成败。因此，首先对最优控制问题及其凸优化求解展开介绍。动态系统的最优控制是航空航天领域中一个重要的研究方向，航空航天领域中存在如最佳抛射弹道、火箭上升的最优燃料消耗、喷气姿态 bang - bang 控制以及卫星有限推力变轨等典型问题，对这些问题的研究也推动了最优控制理论的发展和应用。

航空航天领域内涉及的最优控制问题通常可描述为

$$
\begin{aligned}
&\text{minimize}: J = \Phi(\boldsymbol{x}_f,\boldsymbol{u}_f,t_f(+ \int_{t_0}^{t_f} L(\boldsymbol{x},\boldsymbol{u},t)\,\mathrm{d}t\\
&\text{subject to}:\\
&\begin{cases}
\dot{\boldsymbol{x}} = f(\boldsymbol{x},\boldsymbol{u},t),\ t\in[t_0,t_f];\\
\boldsymbol{x}(t_0) = \boldsymbol{x}_0\\
\boldsymbol{s}(\boldsymbol{x},\boldsymbol{u},t) \leqslant 0\\
\boldsymbol{\Psi}(\boldsymbol{x}(t_0),\boldsymbol{x}(t_f)) \leqslant 0
\end{cases}
\end{aligned}
\tag{5.60}
$$

其中，$\boldsymbol{x}(\boldsymbol{x}\in\mathbb{R}^n)$ 为状态向量；$\boldsymbol{u}(\boldsymbol{u}\in\mathbb{R}^m)$ 为控制向量；$\dot{\boldsymbol{x}}=f(\boldsymbol{x},\ \boldsymbol{u},\ t)$ 为飞行器的动力学微分方程，构成了等式约束；$\boldsymbol{s}(\boldsymbol{x},\ \boldsymbol{u},\ t)\leqslant 0$ 为状态量和控制量需要满足的过程约束；$\boldsymbol{\Psi}$ 为始端和末端约束。

需要注意的是，对于最优控制问题，选择适当的自变量（independent variable）非常重要，其中时间是最常见的自变量。当飞行器的总飞行时间 t_f 给定，很自然选择时间作为自变量。然而，当 t_f 自由，也依然可以将时间作为自变量，但是需要加一个外循环去搜寻最优飞行时间。另外，其他给定变化范围的单调变化的变量也可作为自变量，这样的话可以去除搜寻最优时间的外循环，同时更有益于一些非凸约束的凸化[18]。如文献[17]在多导弹协同制导中提出以弹目距离作为自变量，文献[19]在航天器再入制导中提出将飞行器的能量作为自变量。

在线滚动凸优化的制导方法中，需要在线求解最优控制问题。由于实际最优控制问题多约束的特点，目前基本以数值方法研究为主，如间接法[20-21]、传统直接法[22]、伪谱法[23]以及凸优化[1-2]。直接法和伪谱法由于将最优控制问题转化为非线性规划（non - linear programming，NLP）问题，求解时间难以提前预估，容易陷入局部最优，而且随着问题规模的增大，求解时间大为增长；而凸优化方法因其求解所得最优解即为问题的全局最优解，且计算速度快，对于大规模的优化问题依然具有较高的求解效率。理论上，只要能够将原最优控制问题转化为凸优化的形式，就可以利用成熟的寻优算法如内点（interior point）法快速获取最优解，求解效率将大为提高。因此，近年来凸优化理论及方法取得较大发展，并在飞行器轨迹规划和制导问题中得到广泛应用，如火星登陆器软着陆[2]、交会对接[13]、月球定点着陆[15]、最终逼近段的自主交会制导[24]、高超声速飞行器再入制导[25-26]等。

5.3.3　最优控制问题的参数化方法

上述最优控制问题一般形式解满足极大值原理，通过直接求解极大值原理导出的最优解满足的一阶必要条件（方程组）的方法称为间接法。而将上述问题（5.60）离散参数化，通过直接求解对应的有限维非线性规划问题，对性能指标进行直接寻优的方法称为直接法。利用直接法确定最优控制函数 $\boldsymbol{u}(t)$ 等价于确定对应离散动态系统下的最优控制序列。在构建原问题的参数化非线性规划问题时，可以仅离散控制量，也可以同时离散状态和控制变量，通常后者具有更好的求解性能，这里主要介绍同时离散控制量和状态量的方法，利用凸优化求解最优控制问题需要同时离散控制量和状态量。

1. 动力学方程离散

首先将自变量 t 进行离散，t_0 和 t_f 分别表示自变量的初始和终端值，一共有 $N+1$ 个离散点 t_0，t_1，…，t_N，注意这里统一用 t 来表示自变量，实际中自变量不一定是时间，也可以是能量、高度、弹目视线距离等其他量。相应地，连续状态量和控制量分别离散为 $\boldsymbol{x}_i=\boldsymbol{x}(t_i)$ 和 $\boldsymbol{u}_i=\boldsymbol{u}(t_i)(i=0,1,\cdots,N)$。通过 $\boldsymbol{x}_i$ 和 $\boldsymbol{u}_i(i=0,\cdots,N)$ 近似表示动态系统 $\dot{\boldsymbol{x}}=f(\boldsymbol{x},\boldsymbol{u},t)$ 的左端导数项 $\dot{\boldsymbol{x}}$，从而将微分动力学等式方程转变为与之等价的离散代数方程。动力学微分方程的离散化可以采用简单的欧拉法、梯形法则，若需要更高精度可采用伪谱法[27]。

1）欧拉法

欧拉法是一种广为采用的动力学离散方法，通常按自变量 t 采取等间隔进行离散，设离散步长为 T，则 $T=\dfrac{t_f-t_0}{N}$，$t_i=t_0+iT(i=1,\cdots,N)$。则动力学微分方程 $\dot{\boldsymbol{x}}=f(\boldsymbol{x},\boldsymbol{u},t)$ 可以变为

$$\dot{\boldsymbol{x}}\approx\frac{\boldsymbol{x}_i-\boldsymbol{x}_{i-1}}{T}=f(\boldsymbol{x}_{i-1},\boldsymbol{u}_{i-1},t_{i-1}),i=1,2,\cdots,N \tag{5.61}$$

即

$$\boldsymbol{x}_i = Tf(\boldsymbol{x}_{i-1}, \boldsymbol{u}_{i-1}, t_{i-1}) + \boldsymbol{x}_{i-1} \tag{5.62}$$

对于一般的最优控制问题，欧拉法离散精度能够满足要求，且形式最为简单，因此应用最为广泛。

2）梯形法则

梯形法则下通常也对自变量采取等间隔离散，对状态方程 $\dot{\boldsymbol{x}} = f(\boldsymbol{x}, \boldsymbol{u}, t)$ 利用梯形数值积分法则，表示为

$$\boldsymbol{x}_i = \boldsymbol{x}_{i-1} + \frac{T}{2}[(\boldsymbol{A}_{i-1}\boldsymbol{x}_{i-1} + \boldsymbol{B}_{i-1}\boldsymbol{u}_{i-1} + \boldsymbol{b}_{i-1}) + (\boldsymbol{A}_i\boldsymbol{x}_i + \boldsymbol{B}_i\boldsymbol{u}_i + \boldsymbol{b}_i)], i = 1, 2, \cdots, N \tag{5.63}$$

其中，$\boldsymbol{A}_i = \left.\frac{\partial f}{\partial \boldsymbol{x}}\right|_{x_i, u_i}$，$\boldsymbol{B}_i = \left.\frac{\partial f}{\partial \boldsymbol{u}}\right|_{x_i, u_i}$，$\boldsymbol{b}_i = f(\boldsymbol{x}, \boldsymbol{u}, t)|_{x_i, u_i} - \boldsymbol{A}_i\boldsymbol{x}_i - \boldsymbol{B}_i\boldsymbol{u}_i$；$\boldsymbol{A}_i$，$\boldsymbol{B}_i$，$\boldsymbol{b}_i$ 的形式可以类推。

式（5.63）可继续写为

$$\boldsymbol{H}_{i-1}\boldsymbol{x}_{i-1} - \boldsymbol{H}_i\boldsymbol{x}_i + \boldsymbol{G}_{i-1}\boldsymbol{u}_{i-1} + \boldsymbol{G}_i\boldsymbol{u}_i = -\frac{T}{2}(\boldsymbol{b}_{i-1} + \boldsymbol{b}_i), i = 1, 2, \cdots, N \tag{5.64}$$

其中，$\boldsymbol{H}_{i-1} = \boldsymbol{I} + \frac{T}{2}\boldsymbol{A}_{i-1}$，$\boldsymbol{H}_i = \boldsymbol{I} - \frac{T}{2}\boldsymbol{A}_i$，$\boldsymbol{G}_{i-1} = \frac{T}{2}\boldsymbol{B}_{i-1}$，$\boldsymbol{G}_i = \frac{T}{2}\boldsymbol{B}_i$，$\boldsymbol{I}$ 为与矩阵 $\boldsymbol{A}$ 相同大小的单位矩阵。这样，原动力学微分方程则变换为如式（5.64）所示的 N 个代数方程。

3）伪谱法

伪谱法是近年来发展和应用较多的一种直接配点法，由于其配点选择正交多项式的根，又可称为正交配点法。此外，该方法采用全局多项式插值对控制量和状态量进行近似。伪谱法属于直接法的一类，但不同于传统直接法，伪谱法转化后的非线性规划问题的一阶必要性条件在一定条件下与原问题离散的哈密尔顿边值问题的一阶最优性条件具有一致性，因此又称全局方法，而传统直接配点法称为局部方法。

伪谱法根据不同的节点及其配置位置以及插值基函数类型，可以分为多种类型。航空航天领域应用较多的伪谱法包括 Chebyshev 伪谱法、Legendre 伪谱法、Gauss 伪谱法以及 Radau 伪谱法。上述四种伪谱法对最优控制问题的转化思路是相同的，只不过配点来自不同正交多项式的根。以下仅以 Radau 伪谱法为例给出具体的离散过程。

利用 Radau 伪谱法（RPM）对最优控制问题进行参数化，由于所涉及的 Legendre 正交多项式的区间为 $[-1 \quad 1]$，因此首先须将最优控制问题的时间域由 $[t_0, t_f]$ 映射到 $[-1 \quad 1]$，即

$$\tau = \frac{2t}{t_f - t_0} - \frac{t_f + t_0}{t_f - t_0} \tag{5.65}$$

Radau 伪谱法的配点是 Legendre – Gauss – Radau（LGR）点，即是多项式 $P_k(\tau) + P_{k-1}(\tau)$ 或 $P_k(\tau) - P_{k-1}(\tau)$ 的根，前者位于区间 $[-1, 1)$，后者位于区间 $(-1, 1]$，这里讨论前者（标准 LGR 点）。其中，$P_k(\tau)$ 表示 k 阶 Legendre 正交多项式 $P_k(\tau) = \frac{1}{2^k k!}\frac{\mathrm{d}^k}{\mathrm{d}\tau^k}[(\tau^2 - 1)^k]$。RPM 的节点包括初始时刻点 $\tau_0 \equiv -1$ 与配点 $\tau_i (i = 1, \cdots, N)$，配点取 N 阶 LGR 点。图 5.14 展示了不同数目下 LGR 配点的分布，可见 LGR 配点关于原点非对称分布，且非等间距分布，而前面的欧拉法和梯形法则采用等间距分布的离散点。

在 $N+1$ 个节点上，采用 Lagrange 插值的方法对状态量进行近似，可得

$$x(\tau) \approx X(\tau) = \sum_{i=0}^{N} L_i(\tau) x(\tau_i) \quad (5.66)$$

其中，$\tau_i \in [-1, 1]$，$L_i(\tau)$ $(i=0, 1, \cdots, N)$ 为插值基函数，表示为

$$L_i(\tau) = \prod_{j=0, j\neq i}^{N} \frac{\tau - \tau_j}{\tau_i - \tau_j} (i = 0, 1, \cdots, N) \quad (5.67)$$

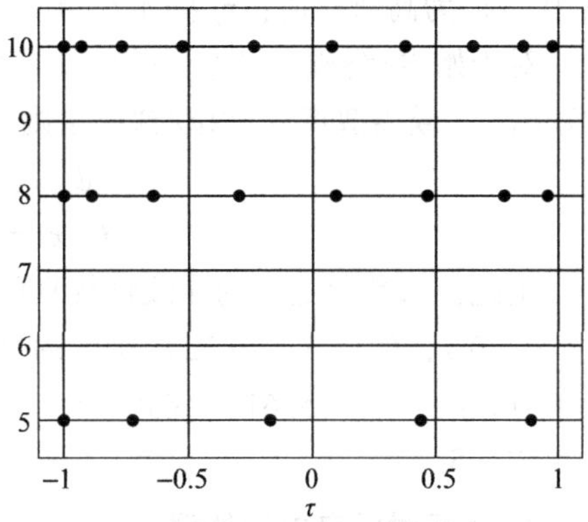

图 5.14 LGR 配点

控制量也利用 Lagrange 插值近似为

$$u(\tau) \approx U(\tau) = \sum_{i=1}^{N} L_i^*(\tau) u(\tau_i) \quad (5.68)$$

其中，$L_i^*(\tau) = \prod_{j=1, j\neq i}^{N} \frac{\tau - \tau_j}{\tau_i - \tau_j} (i = 1, \cdots, N)$

拉格朗日基多项式 $L_i(\tau)$ 和 $L_i^*(\tau)$ 的特点是在 τ_i 上取值为 1，在其他的点 $\tau_j(j\neq i)$ 上取值为 0。同时，$x(\tau_i)(i=0, 1, \cdots, N)$ 是对应于插值点 $\tau_i(i=0, 1, \cdots, N)$ 上的近似状态行向量，$x(\tau_i) = [x_1(\tau_i), \cdots, x_n(\tau_i)](i=0, 1, \cdots, N)$，其中 n 是状态的维数；$u(\tau_i)(i=1, \cdots, N)$ 是对应于插值点 $\tau_i(i=1, \cdots, N)$ 上的控制行向量 $u(\tau_i) = [u_1(\tau_i), \cdots, u_m(\tau_i)]$ $(i=1, \cdots, N)$。

对式（5.66）求导，可得

$$\dot{x}(\tau) \approx \dot{X}(\tau) = \sum_{i=0}^{N} \dot{L}_i(\tau) x(\tau_i) \quad (5.69)$$

每个 Lagrange 插值多项式在配点处的导数可以表示为微分近似矩阵 $D \in \mathbb{R}^{N\times N+1}$，微分近似矩阵各个元素可以如下计算：

$$D_{ki} = \dot{L}_i(\tau_k) = \sum_{i=0}^{N} \frac{\prod_{j=0,j\neq i}(\tau_k - \tau_j)}{\prod_{j=0,j\neq i}(\tau_i - \tau_j)} (k = 1, \cdots, N, i = 0, 1, \cdots, N) \quad (5.70)$$

则通过微分近似矩阵，动力学约束转换为如下代数约束：

$$\sum_{i=0}^{N-1} D_{ki} x(\tau_i) - \frac{t_f - t_0}{2} f[x(\tau_k), u(\tau_k), \tau_k; t_0, t_f] = 0, (k = 1, \cdots, N) \quad (5.71)$$

可以看到，伪谱离散法中动力学微分方程仅在配点处配置。上述动力学微分方程的离散参数化方法中，理论上看精度水平为伪谱法最高，欧拉法最低，但是欧拉法由于简单直接，且对于绝大多数问题精度足够，在凸优化求解中应用较多。需要注意的是，不同的离散方法，不会改变问题的属性，即凸/非凸性。

2. 性能指标和约束函数离散

完成了动力学微分方程的离散参数化处理之后，还需要对性能指标函数、约束函数等进行参数化处理。对于一般最优控制问题的性能指标函数，其积分项可用 Gauss 积分来近似，终端项直接化为最末节点上的函数，转换后为

$$J = \Phi[x(\tau_f), u(\tau_f), \tau_f] + \frac{t_f - t_0}{2} \sum_{k=1}^{N} \omega_k L[x(\tau_k), u(\tau_k), \tau_k; t_0, t_f] \quad (5.72)$$

其中，ω_k 为高斯权值；τ_k 同本小节上文的配点。

对于始端/终端约束，在始/末端离散节点上满足，而过程约束则离散为在所有配点（伪谱法）或离散点（欧拉/梯形法则）处满足：

$$\psi[\boldsymbol{x}(\tau_0),\tau_0,\boldsymbol{x}(\tau_f),\tau_f]\leqslant 0 \tag{5.73}$$

$$C[\boldsymbol{x}(\tau_k),\boldsymbol{u}(\tau_k),\tau_k;t_0,t_f]\leqslant 0 \tag{5.74}$$

至此，参数化之后的非线性规划问题描述为：求解离散的状态量 $\boldsymbol{x}_i$ 和控制量 $\boldsymbol{u}_i$（$i=0,1,\cdots,N$），使得式（5.72）所示的性能指标函数取最优，同时满足配点/离散点处的状态代数方程约束式（5.61）或式（5.63）或式（5.71）、边界条件约束式（5.73）以及过程约束式（5.74）。

3. 飞行时间自由的处理

当总飞行时间给定，很自然选择时间作为自变量。但是对于实际的最优控制问题，飞行时间很多情况下自由，如导弹制导问题、火箭着陆问题等，此时终端时刻 t_f 为待求变量。处理该问题常用的方法有三种。

（1）依然将时间作为自变量。这种处理方法较为直接简单，时间依然作为自变量，在最优控制问题求解之外加一个外循环去搜寻最优飞行时间，大致做法是分别提前设定有限个飞行时间，进行相应的固定飞行时间下的凸优化求解，观察优化目标的变化规律，选取目标函数最优所对应的飞行时间即为最终的最优飞行时间。

（2）时间映射变换。该方法将飞行总时间或离散间距作为新的控制参数引入系统动力学中，通过对非线性动力学的凸化来达到统一处理的目的。和外循环方法一样，可能需要对飞行时间 t_f 的初值进行估计。

（3）变量替换。选取其他给定变化范围的单调变化的状态变量作为自变量，这样的话可以去除搜寻最优飞行时间的外循环，同时更有益于一些非凸约束的凸化[18]或微分方程组的降维，该方法将时间 t 自变量消去替换为别的自变量，最后根据优化结果可反求出飞行时间 t。例如，再入问题中以能量为自变量的动力学方程，导弹制导问题中以视线距离为自变量的运动学方程等。

5.3.4 凸优化基本概念及描述

对于基于在线滚动凸优化的制导方法，其中一个关键是将最优控制问题转换为凸优化问题进行求解，因此首先介绍凸优化的基本概念和分类。

1. 凸优化基本概念

在优化问题中凸函数很重要。在出示凸函数的概念之前我们先叙述凸集的定义：考虑 n 维空间中的子集 $D\in\mathbb{R}^n$，如果对任意 $\boldsymbol{x}$，$\boldsymbol{y}\in D$，且 $0\leqslant\theta\leqslant 1$，式（5.75）始终成立，则称 D 是凸集。从几何上看，凸集中任意两点之间连线仍在该集合内，如图 5.15 所示。

$$\theta\boldsymbol{x}+(1-\theta)\boldsymbol{y}\in D \tag{5.75}$$

在凸优化中锥的概念非常重要，如果集合 D 为锥，则对于任意 $\boldsymbol{x}\in D$ 有

$$\theta\boldsymbol{x}\in D \tag{5.76}$$

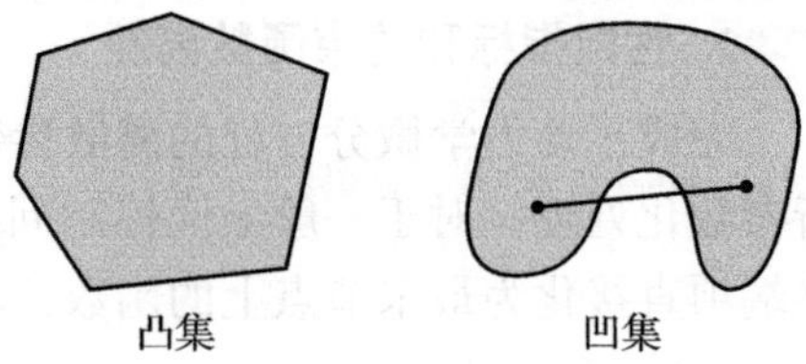

图 5.15 凸集与凹集

其中，$\theta \geqslant 0$。

如果锥 D 为凸集，则称其为凸锥。即对于 $\forall x_1$，$x_2 \in D$ 都有

$$\theta_1 x_1 + \theta_2 x_2 \in D \tag{5.77}$$

其中，$\theta_1 \geqslant 0$，$\theta_2 \geqslant 0$。

如果集合 D 为范数锥且 $\boldsymbol{x} \in \mathbb{R}^n$，则范数锥为凸锥：

$$D = \{(\boldsymbol{x}, t) \mid \|\boldsymbol{x}\| \leqslant t\} \subseteq \mathbb{R}^{n+1} \tag{5.78}$$

在 Euclid 范数定义下的范数锥为二阶锥：

$$D = \{(\boldsymbol{x}, t) \in \mathbb{R}^{n+1} \mid \|\boldsymbol{x}\|_2 \leqslant t\} \tag{5.79}$$

超平面：如果 $\boldsymbol{a} \in \mathbb{R}^n$，$\boldsymbol{a} \neq 0$ 且 $\boldsymbol{b} \in \mathbb{R}$，超平面定义为

$$\{\boldsymbol{x} \mid \boldsymbol{a}^{\mathrm{T}}\boldsymbol{x} = \boldsymbol{b}\} \tag{5.80}$$

超平面也是凸集。

下水平集：函数 f：$\mathbb{R}^n \to \mathbb{R}$ 的 α - 下水平集为

$$D_\alpha = \{\boldsymbol{x} \mid f(\boldsymbol{x}) \leqslant \alpha\} \tag{5.81}$$

对于任意 α 值，凸函数的下水平集仍然是凸集。通常在构造凸优化问题时，构造的凸约束就是由属于凸集的超平面集与下水平集构成的。接下来默认 D 为凸集。考虑函数 f：$D \subset \mathbb{R}^n \to$（$\boldsymbol{x}$，$\boldsymbol{y}$），当且仅当 $\forall \boldsymbol{x}$，$\boldsymbol{y} \in D$ 及 $0 \leqslant \theta \leqslant 1$，式（5.82）成立，则称 f 为凸函数。

$$f(\theta \boldsymbol{x} + (1-\theta)\boldsymbol{y}) \leqslant \theta f(\boldsymbol{x}) + (1-\theta) f(\boldsymbol{y}) \tag{5.82}$$

同样地，当且仅当对于 $\forall x$，$y \in D$ 及 $0 \leqslant \theta \leqslant 1$ 都有式（5.83）成立，则称 f 为凹函数。

$$f(\theta \boldsymbol{x} + (1-\theta)\boldsymbol{y}) \geqslant \theta f(\boldsymbol{x}) + (1-\theta) f(\boldsymbol{y}) \tag{5.83}$$

对函数的凹凸性做如下说明。

对于一个凸函数，若对于 $\forall \boldsymbol{x}$，$\boldsymbol{y} \in D$ 且满足 $\boldsymbol{x} \neq \boldsymbol{y}$，式（5.82）严格成立，则称凸函数 f 是严格凸的；类似地，对于一个凹函数，若对于 $\forall \boldsymbol{x}$，$\boldsymbol{y} \in D$ 且 $\boldsymbol{x} \neq \boldsymbol{y}$ 式（5.83）严格成立，则称凹函数 f 是严格凹的。

如果 $\boldsymbol{A} \in \mathbb{R}^{m \times n}$，$\boldsymbol{b} \in \mathbb{R}^m$，函数 f：$\mathbb{R}^n \to \mathbb{R}$ 具有如下形式：

$$f(\boldsymbol{x}) = \boldsymbol{A}\boldsymbol{x} + \boldsymbol{b} \tag{5.84}$$

则称函数 f 为仿射型函数。容易得知，仿射型函数也是凸函数，而且是凸优化方法最常用的凸函数形式之一。

如果 $\boldsymbol{Q} \in \mathbb{R}^{n \times n}$ 为半正定矩阵，$\boldsymbol{c} \in \mathbb{R}^n$，函数 f：$\mathbb{R}^n \to \mathbb{R}$ 具有如下形式：

$$f(\boldsymbol{x}) = \frac{1}{2}\boldsymbol{x}^{\mathrm{T}}\boldsymbol{Q}\boldsymbol{x} + \boldsymbol{c}\boldsymbol{x} \tag{5.85}$$

则称函数 f 为二次型函数。容易得知，二次型函数也是凸函数，而且也是凸优化方法最常用的凸函数形式之一。另外，若 $\boldsymbol{Q}$ 为正定矩阵，则该问题有唯一的全局最小值。

2. 凸优化问题分类

目前常见的三类凸优化问题有：线性规划（linear programming，LP）、二阶锥规划（second - order cone programming，SOCP）和半正定规划（semi - definite programming，SDP）。

线性规划问题的优化形式为

$$\begin{aligned} \min \quad & \boldsymbol{c}^{\mathrm{T}}\boldsymbol{x} \\ \text{s.t.} \quad & \boldsymbol{A}\boldsymbol{x} = \boldsymbol{b} \\ & \boldsymbol{x} \geqslant 0 \end{aligned} \tag{5.86}$$

其中，$\boldsymbol{x} \in \mathbb{R}^n$是待求解变量向量，问题的其他参数包含在$\boldsymbol{c} \in \mathbb{R}^n$，$\boldsymbol{A} \in \mathbb{R}^{m \times n}$和$\boldsymbol{b} \in \mathbb{R}^m$中，$m \geqslant n$；最后一个式子意味着向量$\boldsymbol{x}$的每个元素都是非负的。

二阶锥规划问题的优化形式为

$$\begin{aligned} \min \quad & \boldsymbol{c}^{\mathrm{T}} \boldsymbol{x} \\ \text{s. t.} \quad & \boldsymbol{A}\boldsymbol{x} = \boldsymbol{b} \\ & \| \boldsymbol{F}_i \boldsymbol{x} + \boldsymbol{d}_i \| \leqslant \boldsymbol{p}_i^{\mathrm{T}} \boldsymbol{x} + \boldsymbol{q}_i, i = 1, \cdots, l \end{aligned} \tag{5.87}$$

其中，$\boldsymbol{x} \in \mathbb{R}^n$是求解变量向量，问题的其他参数包含在$\boldsymbol{c} \in \mathbb{R}^n$、$\boldsymbol{A} \in \mathbb{R}^{m \times n}$和$\boldsymbol{b} \in \mathbb{R}^m$中，$\boldsymbol{F}_i \in \mathbb{R}^{n_i \times n}$、$\boldsymbol{d}_i \in \mathbb{R}^{n_i}$和$\boldsymbol{p}_i \in \mathbb{R}^n$中，$m \geqslant n$。注意凸二次规划也可以转变为二阶锥规划问题，式（5.87）中不等式约束定义了一个二阶锥，所谓二阶是指锥里面用到的是2范数。

半正定规划问题的优化形式为：

$$\begin{aligned} & \min \operatorname{trace}(\boldsymbol{C}\boldsymbol{X}) \\ & \text{s. t.} \quad \operatorname{trace}(\boldsymbol{A}_i \boldsymbol{X}) = b_i, i = 1, \cdots, m \\ & \boldsymbol{X} \geqslant 0 \end{aligned} \tag{5.88}$$

其中，$\operatorname{trace}(\boldsymbol{C}\boldsymbol{X})$表示矩阵$\boldsymbol{C}\boldsymbol{X}$的轨迹，$\boldsymbol{X} \in S^n$（$S^n$是$n$阶全体实对称矩阵的线性空间）是求解变量矩阵，$\boldsymbol{X}$是$n$阶对称矩阵变元，问题的其他参数包含在$\boldsymbol{C}$、$\boldsymbol{A}_i \in S^n$（$\boldsymbol{A}_i$是$n$阶实对称矩阵）和$b \in \mathbb{R}^m$（实数）中，约束$\boldsymbol{X} \geqslant 0$指的是$\boldsymbol{X}$是半正定的。上述三类问题也称为锥规划（conic programming），LP、SOCP和SDP中的不等式约束形成的可容许集分别对应于线性锥、二阶锥和正半圆锥。它们的关系如下：

$$\text{LP} \subseteq \text{SOCP} \subseteq \text{SDP}$$

图5.16展示了各类凸优化问题的包含关系，可见凸优化包含的问题非常广泛。常见的线性规划、二次规划（QP）、最小二乘（LS）问题都属于凸优化问题。这意味着SDP具有最强的建模能力。对于LP而言，由于目标函数、约束函数都需要为线性，在描述大多问题尤其是复杂问题时精度上往往达不到；对于SDP，现有算法仍然不能很好地适应问题的规模，这意味着随着问题求解规模的增加，求解效率迅速恶化；相比之下，SOCP在模型描述精度和计算效率间实现了较好的折中，它利用二阶锥约束来表示或近似复杂约束，并且即使对于规模较大的问题，现有的内点法也可以非常有效地快速求解。因此，目前在航空航天领域里研究较多的是SOCP形式的凸优化问题，通过将原最优控制问题转换为SOCP形式，再进行求解。从式（5.87）可知，对于SOCP形式的凸优化问题，要求：目标函数为凸函数；等式约束为线性函数；不等式约束为二阶锥约束（second - order cone constraint），即这些约束所构成的可行域可描述为二阶锥。SOCP问题可以被内点法（interior point methods，IPMs）非常有效而可靠地求解，对于给定的精度要求，只要该优化问题存在可行解，内点法都能保证在有限的迭代次数（为优化问题维数的多项式函数）下找到最优解。由于IPMs算法对初始点的选取敏感度低，因此理论上无须为原最优问题提供初始轨迹。

由此可见，要利用凸优化方法进行最优控制问题的求解，待求的最优控制问题必须满足一定的条件。但是实际的最优控制问题通常不属于上述三类凸优化问题中的任何一类，因此在应用凸优化之前必须采取相应的凸化方法，将原最优控制问题转换为凸规划问题。对于航空航天领域的最优控制问题，确切地说是转换为二阶锥规划问题。接下来，将介绍在航空航天制导问题求解中常用的凸化技术。

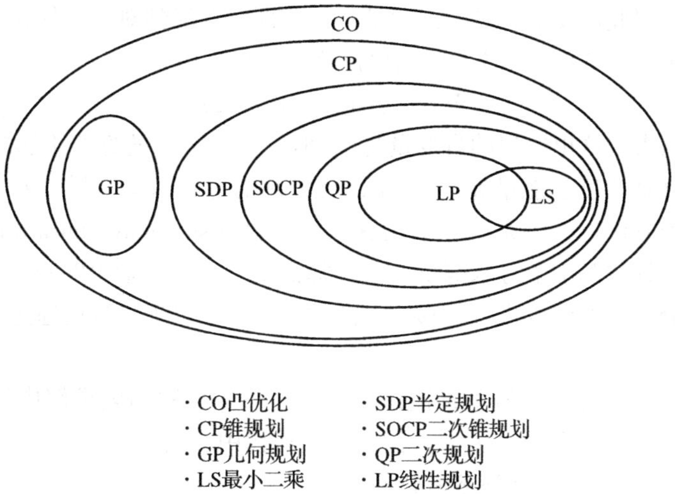

图 5.16　各类凸优化问题的包含关系

5.3.5　非凸问题的凸化技术

非凸问题的凸化技术是指将原非凸非线性最优控制问题转化或近似为只包含线性动力学和凸约束的最优控制问题，其中目标函数必须为凸函数，并且过程约束和端点约束都是凸约束。因此对原非凸非线性最优控制问题的凸化处理主要包括，非线性动力学的线性化、非凸不等式以及性能指标函数的凸化等处理。

凸优化算法处理的是离散决策问题，如果最优控制问题离散参数化后的形式（见 5.3.3 小节）不是凸优化问题，则原最优控制问题为非凸最优控制问题。最优控制问题的非凸性可以来自性能指标函数以及相应的约束函数。一般而言，参数化之后的问题中，性能指标非线性；动力学方程对于航空航天领域中的问题绝大多数都是非线性的。例如高超声速再入、导弹弹道规划和火箭返回着陆问题，它们往往是最优控制问题中非线性、非凸性的主要来源；若不等式路径约束定义的可行集非凸，那么该不等式约束非凸，又如飞行器避障问题、航天器再入飞行中的热流约束、火箭着陆推力大小非零下界约束等都属于典型的非凸约束。对于 LP、SOCP 和 SDP 等优化问题，其可行集由相应的线性锥、二阶锥和半定锥以及它们的交集表示。参数化之后的优化问题中的等式路径约束除非是线性函数，否则都是非凸的。对于终端不等式约束 $\Psi_1 \leqslant 0$ 表示的可行集不能用锥来表示或终端等式约束 $\Psi_2 = 0$ 是非线性函数，则终端约束也是非凸的。

对于这些非凸因素，需要采取相应的凸化处理方法将其凸化，将最优控制问题转换为凸优化问题，才能采用凸优化方法进行求解。凸化处理是利用凸优化方法最为关键的一步，凸化处理的合理与否直接决定后面最优控制最优解的精度、效率和收敛性。考虑到 SOCP 的优势，目前的研究基本都是将原最优控制问题转换为二阶锥规划。SOCP 属于凸优化的一类，线性规划、二次型凸规划、凸二次约束二次规划都能表示为二阶锥规划问题。以下将介绍将最优控制问题转换为 SOCP 常用的凸化方法。

1. 非线性动力学等式约束的凸化

对于实际的最优控制问题，动力学等式约束具有较强的非线性，是造成最优控制问题非线性的主要原因，因此需要对其进行凸化处理。前面已经提到对于凸优化问题等式约束须为线性才是凸的，也就是要将式（5.60）中的一组微分方程

$$\dot{\boldsymbol{x}}(t)=\boldsymbol{f}(\boldsymbol{x}(t),\boldsymbol{u}(t),t) \tag{5.89}$$

变换为线性等式约束。这里给出的自变量是 t，但是下面给出的方法不影响实际自变量为其他形式的自变量（如高度、能量等），整个凸化处理的过程基本一样。处理非线性动力学等式约束主要有两种方法：一种是直接采用逐次线性化（successive linearization）方法；另一种是在原动力学方程的基础上寻求等价变换，降低微分方程复杂程度的同时，将方程中涉及的非线性或者部分非线性因素进行转移，以凸约束的形式呈现，进而通过凸优化求解与之等价的最优控制问题。

逐次线性化方法实现起来简单直接，在诸多的最优控制问题求解中展示出了较好的效果，因此被广泛采用。其大致思想为：在第 k 次迭代中，给定一条参考轨迹 $[\boldsymbol{x}^{(k)},\ \boldsymbol{u}^{(k)}]$，将 $\dot{\boldsymbol{x}}(t)=\boldsymbol{f}(\boldsymbol{x}(t),\ \boldsymbol{u}(t),\ t)$ 在该参考轨迹处进行一阶泰勒展开：

$$\begin{aligned}\dot{\boldsymbol{x}}&=\boldsymbol{f}(\boldsymbol{x}^{(k)},\boldsymbol{u}^{(k)},t)+\boldsymbol{f}_x(\boldsymbol{x}^{(k)},\boldsymbol{u}^{(k)},t)(\boldsymbol{x}-\boldsymbol{x}^{(k)})+\boldsymbol{f}_u(\boldsymbol{x}^{(k)},\boldsymbol{u}^{(k)},t)(\boldsymbol{u}-\boldsymbol{u}^{(k)})\\&=\boldsymbol{A}(\boldsymbol{x}^{(k)},\boldsymbol{u}^{(k)},t)\boldsymbol{x}+\boldsymbol{B}(\boldsymbol{x}^{(k)},\boldsymbol{u}^{(k)},t)\boldsymbol{u}+\boldsymbol{c}(\boldsymbol{x}^{(k)},\boldsymbol{u}^{(k)},t)\end{aligned} \tag{5.90}$$

其中，$\boldsymbol{f}_x(\boldsymbol{x}^{(k)},\ \boldsymbol{u}^{(k)},\ t)$ 和 $\boldsymbol{f}_u(\boldsymbol{x}^{(k)},\ \boldsymbol{u}^{(k)},\ t)$ 分别为 $\boldsymbol{f}(\boldsymbol{x}(t),\ \boldsymbol{u}(t),\ t)$ 在参考轨迹 $[\boldsymbol{x}^{(k)},\ \boldsymbol{u}^{(k)}]$ 处关于 $\boldsymbol{x}$ 和 $\boldsymbol{u}$ 的导数，且

$$\begin{aligned}&\boldsymbol{A}(\boldsymbol{x}^{(k)},\boldsymbol{u}^{(k)},t)=\boldsymbol{f}_x(\boldsymbol{x}^{(k)},\boldsymbol{u}^{(k)},t)\\&\boldsymbol{B}(\boldsymbol{x}^{(k)},\boldsymbol{u}^{(k)},t)=\boldsymbol{f}_u(\boldsymbol{x}^{(k)},\boldsymbol{u}^{(k)},t)\\&\boldsymbol{c}(\boldsymbol{x}^{(k)},\boldsymbol{u}^{(k)},t)=\boldsymbol{f}(\boldsymbol{x}^{(k)},\boldsymbol{u}^{(k)},t)-\boldsymbol{A}(\boldsymbol{x}^{(k)},\boldsymbol{u}^{(k)},t)\boldsymbol{x}^{(k)}-\\&\qquad\boldsymbol{B}(\boldsymbol{x}^{(k)},\boldsymbol{u}^{(k)},t)\boldsymbol{u}^{(k)}\end{aligned} \tag{5.91}$$

上述采用线性化泰勒展开，其前提是必须在参考轨迹附近很小的范围内成立，这与我们平时所说的小偏差线性化的原理类似。因此除了上述线性化展开之外，还需要对状态量和控制量相应地添加信赖域约束来保证上述线性化过程的有效性：

$$|\boldsymbol{x}-\boldsymbol{x}^{(k)}|\leqslant\boldsymbol{\delta}_x,\ |\boldsymbol{u}-\boldsymbol{u}^{(k)}|\leqslant\boldsymbol{\delta}_u \tag{5.92}$$

其中，对每个分量分别满足，$\boldsymbol{\delta}_x$ 和 $\boldsymbol{\delta}_u$ 是常向量，一般与 $\boldsymbol{x}$ 和 $\boldsymbol{u}$ 的维数设置为相同。显然，不等式（5.92）是线性的，不会引起非凸因素。当然，有时候也可以将上述约束中的 $|\bullet|$ 设置为 2 范数形式 $\|\bullet\|$，此时该约束为一典型的二阶锥约束，也是凸的。若原最优控制问题的动力学方程可以转换为如下形式，有文献也称为伪线性（pseudo - linear）系统：

$$\dot{\boldsymbol{x}}(t)=\boldsymbol{A}(\boldsymbol{x}(t),t)\boldsymbol{x}(t)+\boldsymbol{B}(\boldsymbol{x}(t),t)\boldsymbol{u}(t) \tag{5.93}$$

其中，$\boldsymbol{A}(\boldsymbol{x}(t),\ t)$ 和 $\boldsymbol{B}(\boldsymbol{x}(t),\ t)$ 均为矩阵形式。

任意的函数 $\boldsymbol{f}(\boldsymbol{x},\ t)$ 都可以表示为 $\boldsymbol{A}(\boldsymbol{x},\ t)\boldsymbol{x}$ 的形式，但是此处变换的难点在于矩阵 $\boldsymbol{A}(\boldsymbol{x},\ t)\boldsymbol{x}$ [包括矩阵 $\boldsymbol{B}(\boldsymbol{x},\ t)$] 需要满足一定的条件，以保证凸优化求解的收敛性。此时，可采用逐次近似[18]（successive approximation）将式（5.93）凸化成式（5.94）：

$$\dot{\boldsymbol{x}}(t)=\boldsymbol{A}(\boldsymbol{x}^{(k)},t)\boldsymbol{x}(t)+\boldsymbol{B}(\boldsymbol{x}^{(k)},t)\boldsymbol{u}(t) \tag{5.94}$$

需要注意的是这种逐次近似方法无须进行线性化，当最优解收敛时，最优解即为原优化问题的最优解，而不是像逐次线性化方法是一个近似解。

第三种对非线性动力学等式约束进行凸化的方法将逐次线性化和逐次近似这两种方法联

合。若非线性动力学方程可写为以下形式，有文献也称为控制仿射（control - affine）系统：

$$\dot{\boldsymbol{x}}(t)=\boldsymbol{f}(\boldsymbol{x}(t),t)+\boldsymbol{B}(\boldsymbol{x}(t),t)\boldsymbol{u}(t) \tag{5.95}$$

可以仅对$\boldsymbol{f}(\boldsymbol{x}(t),t)$在参考轨迹$\boldsymbol{x}^{(k)}$处进行线性化，而将$\boldsymbol{B}(\boldsymbol{x}(t),t)$近似用当前参考轨迹处的值$\boldsymbol{B}(\boldsymbol{x}^{(k)},t)$代替。

$$\begin{aligned}\dot{\boldsymbol{x}}(t)&=\boldsymbol{f}(\boldsymbol{x}^{(k)},t)+\boldsymbol{f}_x(\boldsymbol{x}^{(k)},t)(\boldsymbol{x}-\boldsymbol{x}^{(k)})+\boldsymbol{B}(\boldsymbol{x}^{(k)},t)\boldsymbol{u}(t)\\&=\boldsymbol{A}(\boldsymbol{x}^{(k)},t)(\boldsymbol{x}-\boldsymbol{x}^{(k)})+\boldsymbol{B}(\boldsymbol{x}^{(k)},t)\boldsymbol{u}(t)+\boldsymbol{c}(\boldsymbol{x}^{(k)},t)\end{aligned} \tag{5.96}$$

其中，$\boldsymbol{A}(\boldsymbol{x}^{(k)},t)=\boldsymbol{f}_x(\boldsymbol{x}^{(k)},t)$，$\boldsymbol{c}(\boldsymbol{x}^{(k)},t)=\boldsymbol{f}(\boldsymbol{x}^{(k)},t)-\boldsymbol{f}_x(\boldsymbol{x}^{(k)},t)\boldsymbol{x}^{(k)}$。

类似地，由于对$\boldsymbol{f}(\boldsymbol{x}(t),t)$进行了线性化，需要添加以下信赖域约束：

$$|\boldsymbol{x}-\boldsymbol{x}^{(k)}|\leqslant\boldsymbol{\delta}_x \tag{5.97}$$

与式（5.92）相似，式（5.97）也是凸的。

需要说明的是，第一种方法是最为通用和常用动力学等式约束的凸化方法。对于第二、第三种方法，线性化后的动力学系统的系数与$\boldsymbol{u}(k)$无关，也就是说在进行序列凸优化迭代求解过程中，控制量的中间迭代量（有可能是高频震颤信号）将不会影响下一次迭代步中的动力学。该特点有助于序列凸优化的快速收敛，而第一种方法却不具有该特点。当然，为了将原动力学方程表示为式（5.93）和式（5.95）所示的形式，必然需要引入一些额外的约束，这些约束极有可能是非凸的，需要采用相应的凸化技术进行凸化处理。

通常对于凸优化求解，非线性动力学的凸化方法的选取很重要，很大程度上决定了凸优化求解的收敛性。如果逐次线性化方法收敛较慢，可以考虑采用逐次近似线性化方法和第三种方法。需要注意的是，虽然三种线性化方法最终都得到线性化的动力学，第一种方法将原动力学中所有的非线性都去除了，而第二、第三种方法会引入额外的约束，这些约束通常是非线性的，但是可以看作对原动力学非线性的一种保留和考虑，这将有助于改善凸优化求解收敛的鲁棒性和速度。接下来给出动力学方程线性化的几个示例，第一个例子采用第一种方法逐次线性化，第二、第三个例子首先将动力学方程变为控制仿射形式，再进行线性化处理。

1）导弹轨迹优化的最优控制问题

相关动力学方程如下：

$$\begin{cases}m\dfrac{\mathrm{d}V}{\mathrm{d}t}=F_A\cdot\cos\alpha+F_N\cdot\sin\alpha-mg\sin\theta\\ mV\dfrac{\mathrm{d}\theta}{\mathrm{d}t}=F_A\cdot\sin\alpha-F_N\cdot\cos\alpha-mg\cos\theta\\ \dfrac{\mathrm{d}x}{\mathrm{d}t}=V\cos\theta\\ \dfrac{\mathrm{d}z}{\mathrm{d}t}=-V\sin\theta\end{cases} \tag{5.98}$$

其中，V为导弹的飞行速度；θ为弹道倾角；α为飞行攻角；F_A和F_N分别为导弹在飞行中受到的轴向力和法向力，表示为

$$\begin{aligned}F_A&=-\frac{1}{2}\rho V^2S\cdot C_A\\ F_N&=-\frac{1}{2}\rho V^2S\cdot C_N\end{aligned} \tag{5.99}$$

其中，大气密度ρ表示为$\rho = \rho_0 \cdot e^{\beta z}$。

法向力系数C_N和轴向力系数C_A可分别近似地表示如下：

$$\begin{aligned} C_A &= C_{A0} \\ C_N &= C_N^{\alpha} \cdot \alpha \end{aligned} \tag{5.100}$$

其中，C_{A0}和C_N^{α}根据气动数据表插值得到。

该导弹轨迹优化问题属于终端时刻t_f自由问题。采用5.3.3小节中介绍的第二种方法，首先对时间变量t进行映射变换到区间［0，1］上，即$t \in [t_0,\ t_f] \to \tau \in [0,\ 1]$，则

$$t = t_0 + (t_f - t_0)\tau \tag{5.101}$$

并引入新的控制量u_2和新的状态量x_5：

$$x_5 = t, u_2 = t_f - t_0 \tag{5.102}$$

可得到如下表达式：

$$\frac{dt}{d\tau} = u_2 \tag{5.103}$$

将动力学方程组（5.98）记作：

$$\frac{d\boldsymbol{x}}{dt} = f(\boldsymbol{x}(t), u_1(t)) \tag{5.104}$$

其中，$\boldsymbol{x}(t) = [V(t) \quad \theta(t) \quad x(t) \quad z(t)]^T$，$u_1(t) = \alpha(t)$。

将式（5.104）变换为以τ为自变量：

$$\frac{d\boldsymbol{x}}{d\tau} = \frac{d\boldsymbol{x}}{dt} \cdot \frac{dt}{d\tau} \tag{5.105}$$

引入新的控制量和状态量后，由式（5.101）~式（5.105）得到新的状态空间表达式为

$$\frac{d\boldsymbol{x}}{d\tau} = \begin{bmatrix} \frac{dV}{dt} & \frac{d\theta}{dt} & \frac{dx}{dt} & \frac{dz}{dt} & 1 \end{bmatrix}^T \cdot u_2 \tag{5.106}$$

为方便下文表示，将式（5.106）简记为

$$\dot{\boldsymbol{x}} = \boldsymbol{f} = [f_1 \quad f_2 \quad f_3 \quad f_4 \quad f_5]^T \tag{5.107}$$

采取动力学方程的逐次线性化方法，将轨迹上的参考点简记为$\boldsymbol{x}_{ref}(k) = \boldsymbol{x}_k = [V^k \quad \theta^k \quad x^k \quad z^k]^T$，$\alpha(k) = \alpha^k$。在参考点处对状态方程（5.107）进行线性化处理，忽略高阶项，只取一阶项，得

$$\dot{\boldsymbol{x}} = \boldsymbol{A}_1(k)\boldsymbol{x} + \boldsymbol{B}_1(k)u_1 + \boldsymbol{B}_2(k)u_2 + \boldsymbol{C}_1(k) \tag{5.108}$$

其中各项系数的表达式如下所示：

$$\boldsymbol{A}_1(k) = \begin{bmatrix} \frac{\partial f_1}{\partial V} & \frac{\partial f_1}{\partial \theta} & \frac{\partial f_1}{\partial x} & \frac{\partial f_1}{\partial z} & \\ \frac{\partial f_2}{\partial V} & \frac{\partial f_2}{\partial \theta} & \frac{\partial f_2}{\partial x} & \frac{\partial f_2}{\partial z} & \\ \frac{\partial f_3}{\partial V} & \frac{\partial f_3}{\partial \theta} & \frac{\partial f_3}{\partial x} & \frac{\partial f_3}{\partial z} & 0 \\ \frac{\partial f_4}{\partial V} & \frac{\partial f_4}{\partial \theta} & \frac{\partial f_4}{\partial x} & \frac{\partial f_4}{\partial z} & \\ & 0 & 0 & & \end{bmatrix}\Bigg|_{x^k,\alpha^k,u_2^k} \quad \boldsymbol{B}_1(k) = \begin{bmatrix} \frac{\partial f_1}{\partial \alpha} \\ \frac{\partial f_2}{\partial \alpha} \\ \frac{\partial f_3}{\partial \alpha} \\ \frac{\partial f_4}{\partial \alpha} \\ 0 \end{bmatrix}\Bigg|_{x^k,\alpha^k,u_2^k} \quad \boldsymbol{B}_2(k) = \begin{bmatrix} \frac{\partial f_1}{\partial u_2} \\ \frac{\partial f_2}{\partial u_2} \\ \frac{\partial f_3}{\partial u_2} \\ \frac{\partial f_4}{\partial u_2} \\ \frac{\partial f_5}{\partial u_2} \end{bmatrix}\Bigg|_{x^k,\alpha^k,u_2^k} = \begin{bmatrix} \frac{\partial f_1}{\partial u_2} \\ \frac{\partial f_2}{\partial u_2} \\ \frac{\partial f_3}{\partial u_2} \\ \frac{\partial f_4}{\partial u_2} \\ 1 \end{bmatrix}\Bigg|_{x^k,\alpha^k,u_2^k}$$

$$\boldsymbol{C}_1(k)=\boldsymbol{f}-\boldsymbol{A}_1(k)x-\boldsymbol{B}_1(k)u_1-\boldsymbol{B}_2(k)u_2\big|_{\boldsymbol{x}^k,\alpha^k,u_2^k}$$

$$=\begin{bmatrix}C_{11}\\C_{12}\\C_{13}\\C_{14}\\C_{15}\end{bmatrix}=\begin{bmatrix}-\frac{\partial f_1}{\partial V}V-\frac{\partial f_1}{\partial \theta}\theta-\frac{\partial f_1}{\partial x}x-\frac{\partial f_1}{\partial z}z-\frac{\partial f_1}{\partial \alpha}\alpha\\-\frac{\partial f_2}{\partial V}V-\frac{\partial f_2}{\partial \theta}\theta-\frac{\partial f_2}{\partial x}x-\frac{\partial f_2}{\partial z}z-\frac{\partial f_2}{\partial \alpha}\alpha\\-\frac{\partial f_3}{\partial V}V-\frac{\partial f_3}{\partial \theta}\theta-\frac{\partial f_3}{\partial x}x-\frac{\partial f_3}{\partial z}z-\frac{\partial f_3}{\partial \alpha}\alpha\\-\frac{\partial f_4}{\partial V}V-\frac{\partial f_4}{\partial \theta}\theta-\frac{\partial f_4}{\partial x}x-\frac{\partial f_4}{\partial z}z-\frac{\partial f_4}{\partial \alpha}\alpha\\0\end{bmatrix}\Bigg|_{\boldsymbol{x}^k,\alpha^k,u_2^k}$$

至此就将动力学方程进行了线性化处理，显然线性化处理过程中存在近似误差，因此接下来需要结合序列凸优化方法进行迭代求解，逐次逼近原问题的最优解。序列凸优化方法将在后面进行介绍。

2）航天器交会对接问题

航天器交会对接相对动力学模型即 T－H 方程表述为如下形式：

$$\begin{aligned}\dot{\boldsymbol{r}}&=\boldsymbol{v}\\\dot{\boldsymbol{v}}&=\frac{\mu}{\|r\|^3}\boldsymbol{r}+\boldsymbol{T}/m\\\dot{m}&=-\|\boldsymbol{T}\|/I_{sp}\end{aligned}\tag{5.109}$$

其中，$\boldsymbol{r}$ 为追踪航天器相对目标航天器的位置矢量；$\boldsymbol{v}$ 为追踪航天器在目标航天器轨道坐标系下速度矢量；m 为追踪航天器的质量；$\boldsymbol{T}$ 为推力矢量，$\boldsymbol{T}=[T_1,T_2,T_3]^{\mathrm{T}}$，$\|\boldsymbol{T}\|$ 是其 2 范数、T_1、T_2、T_3 分别为追踪航天器在目标航天器轨道坐标系三个方向的分量；$\boldsymbol{I}_{sp}$ 为发动机比冲。

显然，式（5.109）所示的动力学方程具有很强的非线性。为了将上述动力学方程转换为控制仿射形式，首先令 $\boldsymbol{\tau}=\boldsymbol{T}/m$，$z=\ln m$，$\sigma=\eta/m$，其中，$\eta=\|\boldsymbol{T}\|$。式（5.109）等价转化为

$$\begin{aligned}\dot{\boldsymbol{r}}&=\boldsymbol{v}\\\dot{\boldsymbol{v}}&=\frac{\mu}{\|r\|^3}\boldsymbol{r}+\boldsymbol{\tau}\\\dot{z}&=-\frac{1}{I_{sp}}\sigma\end{aligned}\tag{5.110}$$

令 $\boldsymbol{x}=[\boldsymbol{r}^{\mathrm{T}},\boldsymbol{v}^{\mathrm{T}},z]^{\mathrm{T}}$ 为上述交会动力学方程（5.110）的状态量，$\boldsymbol{u}=[\boldsymbol{\tau}^{\mathrm{T}},\sigma]^{\mathrm{T}}$ 为控制向量。则上述系统可写成

$$\begin{aligned}\dot{\boldsymbol{x}}&=\begin{bmatrix}\boldsymbol{0}_{3\times3}&\boldsymbol{I}_{3\times3}&\boldsymbol{0}_{3\times1}\\-\frac{1}{r^3}\boldsymbol{I}_{3\times3}&\boldsymbol{0}_{3\times3}&\boldsymbol{0}_{3\times1}\\\boldsymbol{0}_{1\times3}&\boldsymbol{0}_{1\times3}&\boldsymbol{0}\end{bmatrix}\boldsymbol{x}+\begin{bmatrix}\boldsymbol{0}_{3\times3}&\boldsymbol{0}_{3\times1}\\\boldsymbol{I}_{3\times3}&\boldsymbol{0}_{3\times1}\\\boldsymbol{0}_{1\times3}&-1/\boldsymbol{I}_{sp}\end{bmatrix}\boldsymbol{u}\\&=\boldsymbol{A}(r)\boldsymbol{x}+\boldsymbol{B}\boldsymbol{u}\end{aligned}\tag{5.111}$$

其中，$r=\|r\|$。显然，式（5.111）为线性时变方程组，且控制量 $\boldsymbol{u}$ 前面的系数矩阵为常

数矩阵，具有上述所示的伪线性系统的形式，因此可以采用逐次线性近似方法进行线性化处理。但是，可以看到，在进行动力学方程变化的过程中，由于引入变量替换，必然会引入额外的非线性约束，例如：$0\leqslant\sigma\leqslant \boldsymbol{T}_{\max}\mathrm{e}^{-z}$。需要对这些非线性约束进行相应的凸化处理。这类方法实质通过引入变量替换，将动力学中的非线性因素转移到了约束中。

3）制导增益优化问题[28]

通过最优化时变比例导引系数，实现精确打击目标的同时满足过载、导引头视场角、落角等约束，而且使得飞行时间最短或能量最省。该问题的动力学表达如下：

$$\begin{aligned}\dot{r}&=-V\cos\varepsilon\\ \dot{\lambda}&=-V\sin\varepsilon/r\\ \dot{\varepsilon}&=-[(N-1)V\sin\varepsilon]/r\end{aligned}\tag{5.112}$$

其中，r 为弹目视线距离；λ 为弹目视线角；ε 为前置角；N 为时变比例导引系数，而飞行速度 V 假定为已知的常数或时变数。

制导增益优化问题的飞行时间自由，为待求量，而制导过程中弹目视线距离 r 视为单调递减，且初、末值已知。为了减少待优化的设计变量的个数，让问题求解更加方便，常规的做法是采取变量替换，将视线距离作为动力学方程的自变量。以视线距离做自变量的动力学方程可表示为

$$\begin{aligned}&\frac{\mathrm{d}t}{\mathrm{d}r}=-\frac{1}{V\cos\varepsilon}\\ &r\frac{\mathrm{d}\lambda}{\mathrm{d}r}=\tan\varepsilon\\ &r\frac{\mathrm{d}\varepsilon}{\mathrm{d}r}=(N(r)-1)\tan\varepsilon\end{aligned}\tag{5.113}$$

式（5.113）为非控制仿射形式，直接线性化可能导致最优解震荡难以收敛。为此令 $\sigma=\tan\varepsilon$，式（5.113）变为

$$\begin{cases}\dfrac{\mathrm{d}t}{\mathrm{d}r}=-\sqrt{(1+\sigma^2)}/V\\ r\dfrac{\mathrm{d}\lambda}{\mathrm{d}r}=\sigma\\ r\dfrac{\mathrm{d}\sigma}{\mathrm{d}r}=-\sigma(1+\sigma^2)+\sigma(1+\sigma^2)N\end{cases}\tag{5.114}$$

式（5.114）以 $\boldsymbol{x}=[t\quad\lambda\quad\sigma]^{\mathrm{T}}$ 为状态变量，则以 r 为自变量的动力学方程（5.114）表示为

$$r\frac{\mathrm{d}\boldsymbol{x}}{\mathrm{d}r}=f(\boldsymbol{x})+g(\boldsymbol{x})u\tag{5.115}$$

其中，

$$f(\boldsymbol{x})=\begin{bmatrix}-r\sqrt{(1+\sigma^2)}/V\\ \sigma\\ -\sigma(1+\sigma^2)\end{bmatrix},g(\boldsymbol{x})=\begin{bmatrix}0\\0\\ \sigma(1+\sigma^2)\end{bmatrix}$$

则经过上述变化，将式（5.115）变为了控制仿射形式，可采用联合逐次线性化和逐次近似的方法实现动力学方程的线性化，仅对 $f(\boldsymbol{x})$ 进行线性化。在将最优控制问题变换为控制仿

射形式的过程中，引入自变量替换、变量替换等，导致转换后的问题目标函数非凸，需要采用凸松弛技术进行处理，具体可参见文献［28］。

2. 非线性不等式约束的凸化

对于非线性不等式路径约束 $s(\boldsymbol{x},\ \boldsymbol{u},\ t)<0$ 的凸化，主要采用逐次线性化方法，将 $s(\boldsymbol{x},\ \boldsymbol{u},\ t)<0$ 在参考轨迹处进行一阶泰勒展开为

$$s(\boldsymbol{x}^{(k)},\boldsymbol{u}^{(k)},t)+s_{\boldsymbol{x}}(\boldsymbol{x}^{(k)},\boldsymbol{u}^{(k)},t)(\boldsymbol{x}-\boldsymbol{x}^{(k)})+s_{\boldsymbol{u}}(\boldsymbol{x}^{(k)},\boldsymbol{u}^{(k)},t)(\boldsymbol{u}-\boldsymbol{u}^{(k)})\leqslant 0 \tag{5.116}$$

其中，$s_{\boldsymbol{x}}$ 和 $s_{\boldsymbol{u}}$ 分别表示 s 关于状态量和控制量的偏导数。

该方法简单且适用于任何非凸的不等式约束，而且其收敛性在序列凸优化求解的诸多仿真应用中得到证明。此外，对于航空航天领域的制导问题，经常存在避障问题。例如飞行器在飞行任务中需要躲避多个障碍区域、威胁区域和禁飞区域等，规划出一条安全的飞行轨迹。该避障约束为典型的非线性不等式约束，表示为 $s(\boldsymbol{x},\ t)\leqslant 0$。若直接采用上述逐次线性化方法，将导致较大误差，对于这类约束通常采用投影线性化方法进行凸化处理。以下将针对几类典型的非凸障碍约束，介绍相应的凸化处理方法。

针对典型圆/椭圆这类非凸障碍约束，以二维情况为例，障碍约束可表示为 $s(x,\ y)\leqslant 0$ 的形式：

$$s(x,y)=1-\left(\frac{x-a_j}{c_j}\right)^2-\left(\frac{y-b_j}{d_j}\right)^2\leqslant 0,\ \forall j=1,2,\cdots,m \tag{5.117}$$

其中，x 和 y 通常表示飞行器的位置坐标；m 为圆形/椭圆形障碍的个数；a_j、b_j 分别表示第 j 个椭圆（或圆）障碍的中心；c_j、d_j 分别为椭圆形障碍区域的两个半轴长，若障碍区域为圆形，则 $c_j=d_j$。

投影线性化方法的原理可形象地表示为图5.17，其中$(x^{(k)},\ y^{(k)})$为最优控制问题第 k 次迭代所得最优解对应的飞行器的位置坐标，设为参考基准值。对应于图5.17所示，投影线性化的大致思想为：首先找到过基准点与圆切线相平行的直线，然后将其平移到与圆相切的直线位置上，原非凸圆障碍约束则凸化为以该直线为基准的半平面。图5.17中，直线 l_1 表示圆形障碍的切线，直线 l_2 为过参考基准点且与直线 l_1 相平行的直线，显然直线 l_2 的方程可表示为

$$s_x^{(k)}(x-x^{(k)})+s_y^{(k)}(y-y^{(k)})=0 \tag{5.118}$$

其中，$s_x^{(k)}$ 和 $s_y^{(k)}$ 分别表示 s（x，y）相对于 x 和 y 的偏导数在基准点处的取值。

由于 l_2 和 l_1 平行，l_2 距离 l_1 直线的距离即为 s（$x^{(k)}$，$y^{(k)}$），注意这里的距离包含正负号，由此可以推导出直线 l_1 的方程为

$$s(x^{(k)},y^{(k)})+s_x^{(k)}(x-x^{(k)})+s_y^{(k)}(y-y^{(k)})=0 \tag{5.119}$$

将式（5.117）中所示的圆/椭圆方程代入式（5.119），则直线 l_1 的方程可进一步表示为

$$1-\left(\frac{x^{(k)}-a_j}{c_j}\right)^2-\left(\frac{y^{(k)}-b_j}{d_j}\right)^2-2\left(\frac{x^{(k)}-a_j}{{c_j}^2}\right)(x-x^{(k)})-2\left(\frac{y^{(k)}-a_j}{d_j^2}\right)(y-y^{(k)})=0 \tag{5.120}$$

因此，对于非凸的圆/椭圆这类障碍约束，基于投影线性化之后，原约束对应的圆外可行域缩减为直线 l_1 的右上部分平面（为一凸集），左下平面（阴影部分）皆为不可行域，可

行域表示为

$$1-\left(\frac{x^{(k)}-a_j}{c_j}\right)^2-\left(\frac{y^{(k)}-b_j}{d_j}\right)^2-2\left(\frac{x^{(k)}-a_j}{c_j^{\ 2}}\right)(x-x^{(k)})-2\left(\frac{y^{(k)}-a_j}{d_j^{\ 2}}\right)(y-y^{(k)})\leqslant 0,\forall j=1,2,\cdots,m \tag{5.121}$$

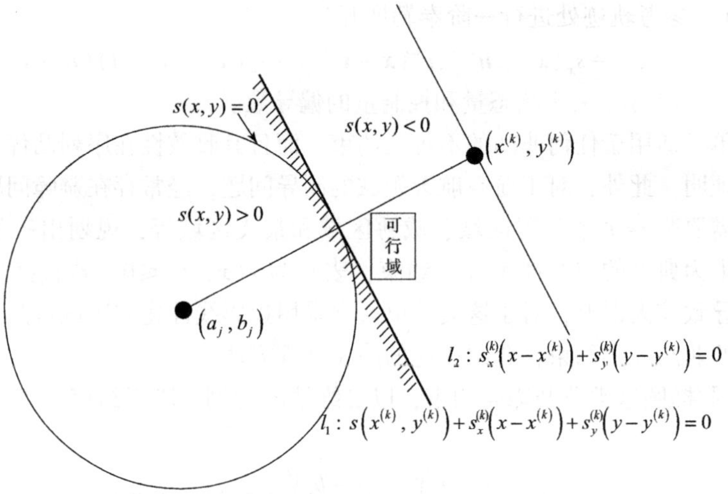

图 5.17 圆形障碍投影线性化处理示意图

将障碍约束在基准点($x^{(k)}$，$y^{(k)}$)进行以上投影线性化凸化处理之后，由于也是进行了近似处理，存在近似误差，因此也需要结合序列凸优化方法进行迭代求解。

关于障碍的凸化处理，若直接采用式（5.116）所示的逐次线性化方法，所得可行域比以直线 l_2 为基准所定义的可行域要大，相当于将不可行域也作为了可行域处理，因此在处理圆/椭圆这类障碍约束时，投影线性化方法更加合理。图 5.17 中展示的为二维平面的圆形和椭圆形障碍的凸化方法示意图，该方法可以很方便地拓展至三维空间垂直于 $x-y$ 平面的圆柱和椭圆柱障碍约束。

针对凸多边形障碍规避约束，由于凸多边形一般难以解析表达，即难以表示为 $s(x,y)\leqslant 0$ 的形式。凸多边形障碍规避约束一般可以表示为

$$(x(t),y(t))\notin P,P=\{\boldsymbol{p}\mid \boldsymbol{a}_i^{\mathrm{T}}\cdot\boldsymbol{p}<\boldsymbol{b}_i,\forall i=1,\cdots,n_p\} \tag{5.122}$$

其中，$\boldsymbol{p}=(x,y)$ 为飞行器的位置坐标；P 为多边形各边所围成的内部点集（障碍区域）；n_p 为多边形的边数；$\boldsymbol{a}_i^{\mathrm{T}}\cdot\boldsymbol{p}=\boldsymbol{b}_i$ 为多边形第 i 条边的直线方程，如直线 $2x-y=-1$，写成 $[2,\ -1]\cdot[x\quad y]^{\mathrm{T}}=-1$。

凸多边形障碍的真实可行域为多边形外的所有区域，显然为非凸集合。这类约束无法采用上述逐次线性化方法来进行凸化处理，但是依然可以考虑采用缩减原可行域的方法实现凸化。图 5.18 展示了五边形障碍非凸约束的凸化过程，假设 $\bar{p}^{(k)}$ 为基准点，可行域的确定方法为：①根据多边形中心 O 和多边形顶点 $M_1\sim M_5$，将整个空间分为 5 个锥空间；②确定基准点 $\bar{p}^{(k)}$ 所在的锥，图中为锥 1，并以多边形位于此锥内的边所在的直线 l_1 为分界线，直线 l_1 右上部分平面为可行域。因此，障碍约束可以转换为 $p^{(k)}$ 点与 $M_3\sim M_5$ 中任意一点必须分别在直线 l_1 的两侧，即

$$(\boldsymbol{a}_1^{\mathrm{T}}\cdot\boldsymbol{p}^{(k)}-\boldsymbol{b}_1)\cdot(\boldsymbol{a}_1^{\mathrm{T}}\cdot M_i-\boldsymbol{b}_1)<0 \tag{5.123}$$

其中，$\boldsymbol{a}_1$ 和 $\boldsymbol{b}_1$ 描述了基准点所在锥 1 对应边的直线 l_1 方程 $\boldsymbol{a}_1^{\mathrm{T}} \cdot \boldsymbol{p} = \boldsymbol{b}_1$，$M_i$ 为 $M_3 \sim M_5$ 中任意一点。

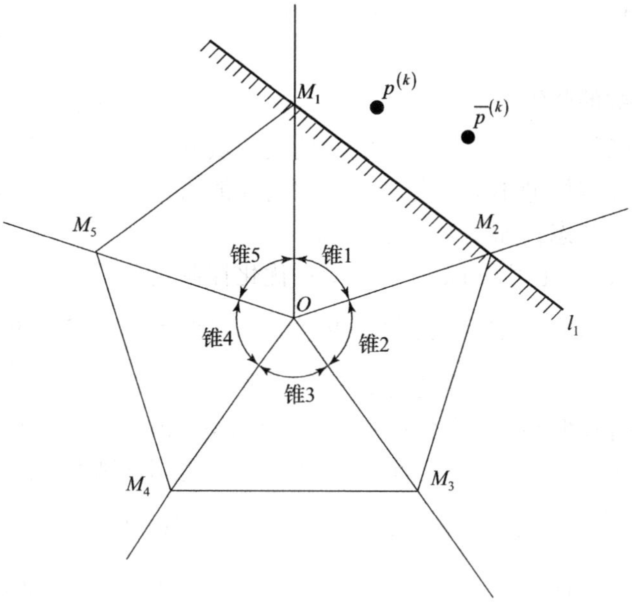

图 5.18　五边形障碍非凸约束的凸化过程

以无人机带避障约束的轨迹规划问题为例，介绍障碍约束的凸化过程。该轨迹规划问题的优化目标为飞行时间最短，对应的最优控制问题模型为

$$J = \min_u \int_{t_0}^{t_f} 1\,\mathrm{d}t$$

$$\text{s. t. } \dot{x} = V\cos\,\theta \tag{5.124}$$

$$\dot{y} = V\cos\,\theta \tag{5.125}$$

$$\dot{\theta} \leqslant \dot{\theta}_{\max} \tag{5.126}$$

$$(x-2)^2 + (y-4)^2 > 3^2 \tag{5.127}$$

$$\left(\frac{x-10}{2}\right)^2 + \left(\frac{y-9}{3}\right)^2 > 1^2 \tag{5.128}$$

$$(x, y \notin P, P = \{p \mid x + y - 1 < 0, x - y - 1 < 0, -x - y - 1 < 0, -x + y - 1 < 0\} \tag{5.129}$$

$$x(t_0) = x_0, y(t_0) = y_0, x(t_f) = x_f, y(t_f) = y_f \tag{5.130}$$

约束式（5.127）和式（5.128）分别为圆形和椭圆形障碍约束，按照上面介绍的投影线性化的方法［式（5.121）］进行凸化处理为

$$3^2 - (x^{(k)} - 2)^2 - (y^{(k)} - 4)^2 - 2(x^{(k)} - 2)(x - x^{(k)}) - 2(y^{(k)} - 4)(y - y^{(k)}) < 0 \tag{5.131}$$

$$1^2 - \left(\frac{x^{(k)} - 10}{2}\right)^2 - \left(\frac{y^{(k)} - 9}{3}\right)^2 - 2\left(\frac{x^{(k)} - 10}{2^2}\right)(x - x^{(k)}) - 2\left(\frac{y^{(k)} - 9}{3^2}\right)(y - y^{(k)}) < 0 \tag{5.132}$$

约束式（5.131）为凸多边形中的正方形约束，若基准点（$\bar{x}^{(k)}$，$\bar{y}^{(k)}$）位于如图 5.19 所示的位置，则以基准点所对应的锥如图 5.19 中双向箭头所标示的区域，以此锥对应边所在直线 l_1 作为半平面的分界线，选择多边形中任意一个不在该直线上的顶点，例如 $M_3(-1, 0)$，

则凸化表达式为

$$\left([-1,1]\begin{bmatrix}x^{(k)}\\y^{(k)}\end{bmatrix}+1\right)\left([-1,1]\begin{bmatrix}-1\\0\end{bmatrix}+1\right)<0 \tag{5.133}$$

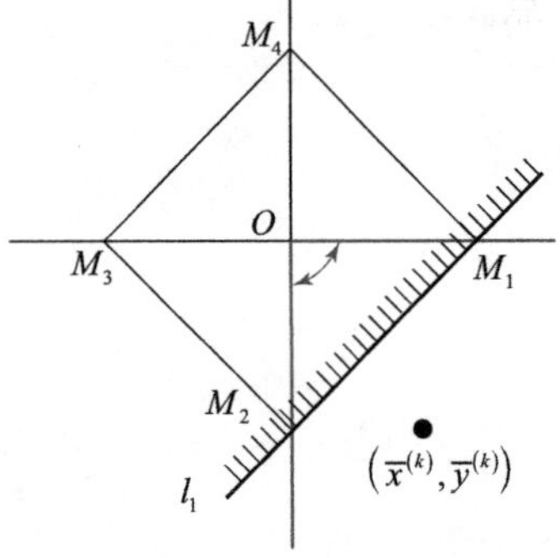

图 5.19　凸多边形约束处理示意图

3. 性能指标函数的凸化

对于性能指标函数而言，一般对于航空航天领域制导问题中涉及的最优控制模型不会很复杂。常用的性能指标函数包括：优化末端状态，如最大化落速 $\max V(t_f)$、最大化落角 $\max\theta(t_f)$ 和最大化射程 $\max x(t_f)$ 等；优化控制过程，如最小化控制（攻角）能量 $\min\int|\alpha|dt$ 等。上述两类性能指标形式刚好对应最优控制问题中的终端型和积分型性能指标函数。终端型性能指标基本都是关于某个状态量的终端量，如最大化末速度，其本身为线性函数，通常无须进行凸化处理。对于积分型性能指标则不然，又如最优化关于攻角等控制量的积分 $\min\int|\alpha|dt$，显然被积函数非凸，为了保证其凸性，一般会将控制量的积分形式转化为控制量二次型之后的积分 $\min\int\alpha^2 dt$，这样处理基本不会影响最优控制问题最优解的获取。

当然，对于某些最优控制问题，在求解中由于问题（如动力学方程）凸化的需要，会引入自变量替换，可能会导致目标函数非凸，此时可以针对具体问题采取松弛技术，通过引入新的变量和相应的约束来处理[13]。例如，在航天器制导中，需要能量尽可能省，经常需要最小化以下目标函数：

$$\min\quad\int_{t_0}^{t_f}\|\boldsymbol{u}\|\,dt \tag{5.134}$$

其中，$\boldsymbol{u}$ 为三维推力。

式（5.134）显然非凸，可以通过引入等效变换（equivalent transformation），将其变为

$$\begin{aligned}&\min\quad\int_{t_0}^{t_f}\eta dt\\&\text{s.t.}\quad\|\boldsymbol{u}\|\leqslant\eta\end{aligned} \tag{5.135}$$

如此，通过变换将原非凸的目标函数变成了凸函数的形式，且引入的约束为二阶锥约束，为凸约束。

另外，可以在保证与原问题具有相同优化目标的前提下，考虑构建一个线性的目标函数。例如，在高超声速滑翔飞行器的再入飞行最大化横程问题中[29]，优化目标为在给定纵程的前提下最大化横程，如下：

$$\min\quad\sin\phi_f\sin\phi_P+\cos\phi_f\cos\phi_P\cos(\theta_f-\theta_P) \tag{5.136}$$

其中，θ_P 和 ϕ_P 为给定的参数；θ_f 和 ϕ_f 分别为关于终端经度和纬度的决策变量。式（5.136）中所示的目标函数高度非线性，但是可以证明与以下目标函数等价：

$$\min\quad\theta_f\ \text{ or }\ \phi_f\ \text{ or }-\phi_f \tag{5.137}$$

显然，式（5.136）所示目标函数是线性的，因此可以转换为优化式（5.137）所示的

目标函数。

对于性能指标函数，不像动力学微分方程和不等式约束，存在较为统一的凸化处理方法。通常，需要根据具体情况采用相应的方法进行处理。对于实际问题，更倾向于找到满足各类约束的一组可行解，对某些性能指标的最优性要求并没有如此苛刻。因此，在构建制导控制的最优控制问题时，一般尽可能选取凸形式的性能指标函数，从而大为便利最优控制问题的凸优化求解。

4. 凸松弛技术

凸优化中，对约束的处理能够显示凸优化方法的重要优势，即保留优化问题的非线性因素，在不丧失原问题可行解区域的前提下，通过求解一个等价或者近似等价的凸优化问题达到求解原始非线性优化问题的目的。而非凸约束的引入，一方面可能是问题本身具有的属性；另一方面也可能是问题转化过程人为引入的非凸约束，对于非凸约束的凸松弛指的是通过改变可行域的范围，将原本非凸约束变成一个凸约束。例如，对于二元约束：

$$x = \{0,1\} \tag{5.138}$$

即 x 只能取 0 或者 1，它对应的典型问题是航天器的脉冲发动机的开关两种状态。这是一个典型的非凸约束，可以将其松弛为连续区间约束：

$$0 \leqslant x \leqslant 1 \tag{5.139}$$

显然，式（5.139）形成了式（5.138）所定义的非凸集的凸包。

为了将以上非凸约束转化为凸约束，引入松弛变量 Γ，将原约束 $T_{\min} \leqslant \|\boldsymbol{T}\| \leqslant T_{\max}$ 变为以下形式[29]：

$$\begin{aligned} &\|\boldsymbol{T}\| \leqslant \Gamma \\ &T_{\min} \leqslant \Gamma \leqslant T_{\max} \end{aligned} \tag{5.140}$$

原非凸约束和凸化后的约束见图 5.20，对于航天器推力约束 $T_{\min} \leqslant \|\boldsymbol{T}\| \leqslant T_{\max}$，若推力为二维形式，则原约束可用图 5.20（a）表示，转换后的约束所定义的区域如图 5.20（b）所示，显然转换后的约束为一凸约束。当然，仅当该松弛约束完全等价于原约束的时候（即 $\|\boldsymbol{T}\| = \Gamma$），这种处理方式才有效。

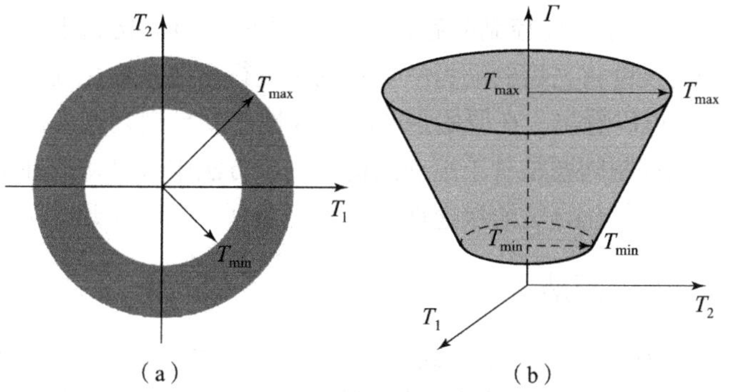

图 5.20 原非凸约束和凸化后的约束

（a）原非凸约束；（b）凸化后的约束

对于高超声速再入飞行器制导来说，其简化动力学方程如式（5.141）所示[30]：

$$\begin{aligned} &\dot{r} = V\sin\gamma \\ &\dot{\theta} = V\cos\gamma\sin\psi/(r\cos\phi) \end{aligned}$$

$$\dot{\phi}=V\cos\gamma\cos\psi/r$$
$$\dot{V}=-D-\left(\frac{\sin\gamma}{r^2}\right)$$
$$\dot{\gamma}=L\cos\sigma+(V^2/r-1/r^2)\cos\gamma$$
$$\dot{\psi}=L\sin\sigma/\cos\gamma+V^2\cos\gamma\sin\psi\tan\phi/r \tag{5.141}$$

其中，r 为地心到飞行器之间的径向距离；θ 和 ϕ 分别为经度和纬度；V 为相对地球速度；γ 为相对航迹角；ψ 为相对速度矢量的航向角。

若以倾斜角 σ 为控制量，动力学方程为状态量和控制量的非线性函数，在对其进行逐次线性化之后利用序列凸优化求解的过程中，会发现控制量高频变化，因为控制量耦合在动力学中，凸优化求解收敛困难。为此，将倾斜角 σ 分解到纵向和侧向，引入两个新的控制量，可将动力学约束变为控制仿射的形式。引入新的控制量：

$$u_1:=\cos\sigma,\quad u_2:=\sin\sigma \tag{5.142}$$

u_1、u_2 非相互独立，它们必须满足

$$u_1^2+u_2^2=1 \tag{5.143}$$

式（5.143）为等式非凸约束，可以将其松弛为凸约束：

$$u_1^2+u_2^2\leqslant 1 \tag{5.144}$$

可以看到，无论是原问题本身包含的非凸约束的松弛，如式（5.140）推力松弛约束，还是问题等价转化过程中引入的非凸约束的凸松弛式（5.144），只有当最优解在非凸约束的边界，或者说凸松弛约束使得不等式取等号时，凸松弛才是精确松弛，凸松弛后的最优控制问题的解才是原非凸最优控制问题的解，此时也称这种松弛是无损的。实际中，多数问题难以满足这一要求，需要对松弛后的最优控制问题进一步处理来保证松弛的有效性。一般而言，对于航空航天领域中的最优控制问题，尤其是制导规划问题，多数情况下得到满足各种复杂约束和飞行力学要求下的可行解仍具有重要的实际意义。因此，为了使得凸松弛约束变为主动约束，如使不等式凸松弛约束取得等号，可以考虑对最优控制问题的优化目标进行改造。例如，在目标函数中加入一个正则项，该正则项数值相比于原目标函数非常小，基本不影响目标函数，但是能够使得凸松弛为精确松弛，从而获得满足约束的次优可行解[31]。

利用上述方法即可对原最优控制问题进行凸化处理。凸优化属于一类参数优化方法，因此还需要对上述得到的线性化之后的动力学等式约束进行离散参数化处理，具体离散方法可参照5.3.3小节的内容。可以看出，在原始强非凸非线性的制导规划问题嵌入一个只包含凸约束和线性微分方程的最优控制问题是基于滚动凸优化制导方法中最具挑战性的工作。一旦获得这种凸优化模型，立足于凸优化算法的快速性便能够为模型预测制导开辟新的算法设计途径。

5.3.6 序列凸优化方法

通过上述对非线性动力学、状态等式/不等式约束以及目标函数的凸松弛处理，可将原最优控制问题转换为参考状态或轨迹下的局部凸优化问题。少数最优控制问题本身非线性不强，如火星着陆在线制导[2]，无须考虑火星着陆中的气动力等，经过凸化处理后能够保证原问题的完全凸化，不存在近似，也就是在凸化中无须指定参考轨迹或状态，因此能转换为完全凸优化问题，仅需一次凸优化求解即可得到最优解。实际中绝大多数最优控制问题都为非凸问题，将非凸优化问题转化为凸优化问题再利用凸优化算法进行求解，必定会忽略掉部

分非线性因素，不可避免地引入近似误差，因此一次凸优化求解难以获取原问题的最优解。于是，产生了序列凸优化（successive convex optimization）方法[32]，每一次都无须一定找到非常准确的解，只需在当前参考状态和轨迹下快速找到一个当前最优解即可，对线性化之后的系统进行多次迭代，通过求解一系列当前参考状态和轨迹下的凸优化问题，去逼近原非线性系统的最优解，直到相邻两次的凸优化所得最优解的差别足够小，该方法的本质是非线性方程的不动点迭代。由于实际中能通过一系列等效变换，将其变为完全凸优化形式的问题非常少，基本都不可能通过一次凸优化求解得到原问题最优解，因此序列凸优化方法在工程中得到广泛应用。

在序列凸优化求解中，有可能在某次迭代中，在参考轨迹（$\boldsymbol{x}^{(i-1)}$，$\boldsymbol{u}^{(i-1)}$）下包含线性动力学和凸约束的优化问题可能无解，导致陷入不可行序列迭代的“死循环”中。为此，可以对凸化后得到的序列凸优化问题进一步改造，除了前面介绍的信赖域方法［式（5.97）］外，还可以通过引入线性化误差变量来松弛非线性动力学约束，并在目标函数中添加有关动力学松弛的惩罚项，后面通过优化迭代逐步消除线性化误差来控制序列迭代的收敛趋势，从而控制序列凸优化的收敛，具体表述如下。

假设第 $i-1$ 次优化得到的状态量和控制量为 $\boldsymbol{x}^{(i-1)}$、$\boldsymbol{u}^{(i-1)}$，按照式（5.90）所示方法，在参考轨迹（$\boldsymbol{x}^{(i-1)}$，$\boldsymbol{u}^{(i-1)}$）下线性化动力学方程为

$$\dot{\boldsymbol{d}}=\boldsymbol{A}(t)\boldsymbol{d}(t)+\boldsymbol{B}(t)\boldsymbol{w}(t)+\boldsymbol{C}(t) \tag{5.145}$$

其中，$\boldsymbol{d}=\boldsymbol{x}-\boldsymbol{x}^{[i-1]}$，$\boldsymbol{w}=\boldsymbol{u}-\boldsymbol{u}^{[i-1]}$，$\boldsymbol{A}$、$\boldsymbol{B}$ 为相应的偏导数矩阵；$\boldsymbol{C}$ 为余项。由于在参考轨迹（$\boldsymbol{x}^{(i-1)}$，$\boldsymbol{u}^{(i-1)}$）下，包含线性动力学和凸约束的优化问题可能无解，定义一个新的线性化误差松弛变量 $\boldsymbol{v}$，定义准线性化动力学方程为

$$\dot{\boldsymbol{d}}=\boldsymbol{A}(t)\boldsymbol{d}(t)+\boldsymbol{B}(t)\boldsymbol{w}(t)+\boldsymbol{v}(t)+\boldsymbol{C}(t) \tag{5.146}$$

由于人工变量 $\boldsymbol{v}$ 的引入是为了在当前凸可行集中获得序列近似，同时也表征了序列解相比于原始非线性动力学过程的可行线性化误差，可以在优化目标中添加关于 $\boldsymbol{v}$ 的惩罚项来消除。具体地，定义并在序列凸优化每次迭代求解的凸优化中增加线性化误差凸约束：

$$P[\boldsymbol{v}(t)]\leqslant\delta \tag{5.147}$$

简单地，$P(\boldsymbol{v}(t))$可以定义为 $\boldsymbol{v}$ 的 1、2 范数，即 $P[\boldsymbol{v}(t)]=\|\boldsymbol{v}(t)\|_1$ 或 $P[\boldsymbol{v}(t)]=\|\boldsymbol{v}(t)\|_2$。相应地，在原目标函数中添加关于 $\boldsymbol{v}$ 的惩罚项，构成新的目标函数：

$$L=J+\gamma\delta \tag{5.148}$$

其中，γ 为用户自定义惩罚因子，为一小量，依照问题的不同而设定不同，通常在序列凸优化开始的迭代步中可以设置大一些，随着迭代步的推进逐步调小。

采取序列线性近似的序列凸优化方法，其有效性在文献[33]中有严格的证明，但是其中仅考虑了二次型指标函数，且未考虑终端和其他约束。然而，实际问题都是高度非线性和非凸的，存在各类约束，而且很多约束非常苛刻，因此很难从理论上证明序列凸优化方法的收敛性。但是，从大量实际应用的仿真结果来看，序列凸优化方法的有效性在诸多实际问题中已经得到很好的证明[3,17,33]，因此被认为是一种非常有效的凸优化方法。

假设凸化之后转换为凸优化问题的优化参数集合为 $\boldsymbol{z}$，其中包括离散的状态量 $\boldsymbol{x}_i=\boldsymbol{x}(t_i)$ 和控制量 $\boldsymbol{u}_i=\boldsymbol{u}(t_i)$（$i=0$，1，…，$N$），还有对模型进行凸化过程中引入的其他新的控制或状态量。序列凸优化求解最优控制问题的大致流程如图 5.21 所示，描述如下：

步骤1：令 $k=0$，设定优化参数的初始值 $z^{(0)}$，对凸优化问题中的参数在初始值 $z^{(0)}$ 处赋值；

步骤2：在第 $k+1(k\geqslant 0)$ 次迭代中，求解凸化之后的凸优化问题，得最优解 $z^{(k+1)}$；

步骤3：检查收敛条件是否满足

$$\max_i |z^{(k+1)}-z^{(k)}|\leqslant \varepsilon \tag{5.149}$$

其中，i 表示向量 z 的第 i 个元素；ε 为用户指定的小量。假如收敛条件满足，则往下进行到步骤4；否则利用当前所得的最优解 $z^{(k+1)}$ 去更新凸优化问题的参数，令 $k=k+1$，返回到步骤2。

步骤4：获得最优解令 $z^{(k+1)}$，优化停止。

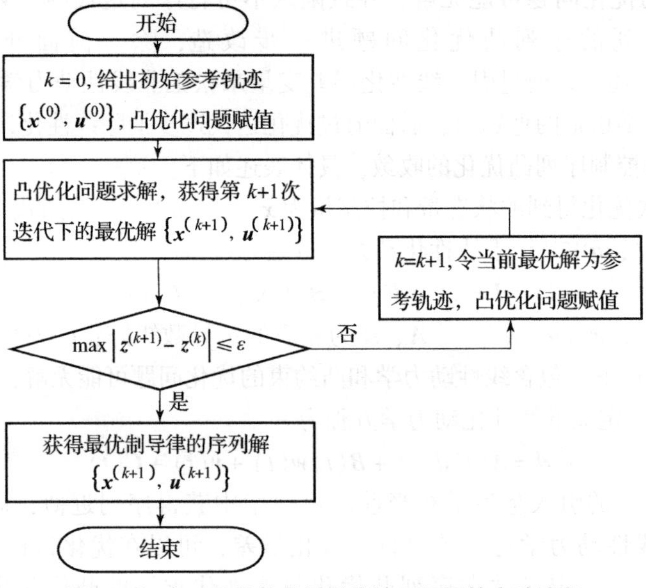

图5.21　序列凸优化求解最优控制问题的大致流程

5.3.7　凸优化软件

当最优控制问题进行系列凸化处理，转换为凸优化问题之后，就可以采用数值方法进行寻优求解。目前存在多种凸优化求解工具包，主要分为三大类：①以数值求解内点法为主的凸优化求解器或者计算引擎；②对不同优化求解器提供统一的凸优化问题接口的建模工具；③在嵌入式优化技术的推动下发展起来的优化问题求解代码自动生成技术以及相应的开发工具。就求解器而言，有商业软件如MOSEK和CPLEX，开源软件如CVX、SDPT3、SeDuMi和ECOS，其中以斯坦福大学 Boyed 教授带领和参与构建的、以内点法为主要求解方法的 CVX 系列软件最广为人知。一般而言，不同的软件通常具有不同的接口，为了便利编程过程，一些软件将凸优化问题利用简单通俗的语言进行统一建模，实现了建模和算法二者的分离。如 YALMIP、CVXPY，然后通过指定相关的调用参数来选择不同的优化求解器。以下对几款学术研究中常用的凸优化工具包及其具体实现进行介绍。

1. CVX

CVX 是一款基于 MATLAB 的凸优化建模系统，由凸优化领域的著名学者 Boyed 领头开发。CVX 主要利用 MATLAB 转换为建模语言，允许使用标准的 MATLAB 表达式语法指定问题的约束和优化目标。CVX 是一个用于构造和求解规则凸规划（disciplined convex programming，DCP）的建模系统，它支持许多标准问题类型，包括线性和二次规划（LP/QP）、二阶锥规划和半定规划。除此之外，CVX 还可以解决更复杂的凸优化问题，包括许多涉及不可微函数的问题，如 $\ell 1$ 范数，用户可以使用 CVX 方便地构建和求解带约束的范数最小化、熵最大化、行列式最大化，以及许多其他的凸规划问题。

CVX 可通过使用特殊的几何规划（geometric programming，GP）模式支持几何规划，几何规划问题并非凸的，但可以通过某种变换应用凸优化来实现求解。在这种模式下，CVX 允许 GP 以其固有的非凸形式构造，并自动将其转换为可解的凸形式，并将数值结果转换回原始问题。需要注意的是，CVX 并不是一个用于非线性优化的通用工具，也不是一个检查模型是否凸的工具。若要有效应用 CVX，用户至少需要了解一点关于凸优化理论的基本知识。CVX 不适用于大规模凸优化问题，若问题规模非常大（如大型图像处理或机器学习问题），CVX 很可能无法正常工作或者根本无法求解。从 CVX 2.0 版开始，CVX 还能求解混合整数规则凸规划（MIDCPs）问题，也能支持两种商业求解器 Gurobi 和 MOSEK。CVX 工具包可以从斯坦福 Boyed 教授的个人主页下载（http：//cvxr. com/cvx/download/）。

CVX 求解问题的定义格式中，以 cvx begin 规范创建一个占位符，并定义 MATLAB 接受的变量声明、约束、目标函数等。变量 $x(n)$ 将 x 声明为维度 n 的优化决策变量，CVX 要求所有用于目标函数或约束的决策变量必须先声明；minimize(norm(A * x - b,2)) 指定要最小化的目标函数；cvx_end 表示 CVX 定义优化问题的结束，并且进行问题求解。

考虑以下凸优化模型，采用 CVX 进行求解：

$$
\begin{aligned}
\text{minimize} \quad & \| \boldsymbol{Ax} - \boldsymbol{b} \|_2 \\
\text{subject to} \quad & \boldsymbol{Cx} = \boldsymbol{d} \\
& \| \boldsymbol{x} \|_\infty \leqslant e
\end{aligned}
\tag{5.150}
$$

以下代码给出了如何利用 CVX 求解上述凸优化问题，其中参数 $\boldsymbol{A}$、$\boldsymbol{b}$、$\boldsymbol{C}$、$\boldsymbol{d}$ 和 e 随机给定。

```
m = 20; n = 10; p = 4;
A = randn(m,n); b = randn(m,1);
C = randn(p,n); d = randn(p,1); e = rand;
cvx_begin
variable x(n)
minimize(norm( A * x - b, 2 ) )
subject to
C * x == d
norm(x, Inf ) <= e
cvx_end
```

输出结果：

```
 number of iterations        = 10
 primal objective value      = -3.59454603e+00
 dual   objective value      = -3.59454605e+00
 gap :=  trace (XZ)          = -3.95e-08
 relative gap                = 4.82e-09
 actual relative gap         = 2.79e-09
 rel. primal infeas (scaled problem)    = 8.96e-10
 rel. dual      "        "       "      = 7.93e-09
 rel. primal infeas (unscaled problem)  = 0.00e+00
 rel. dual      "        "       "      = 0.00e+00
 norm (X), norm (y), norm (Z) = 1.5e+00,  3.8e+00,  5.4e+00
 norm (A), norm (b), norm (C) = 1.8e+01,  2.0e+00,  5.8e+00
 Iotal CPU time (secs)       = 0.24
 CPU time per iteration      = 0.02
 termination code            = 0
 DIMACS: 9.0e-10  0.0e+00  1.7e-08  0.0e+00  2.8e-09  4.8e-09
-------------------------------------------------------------------

------------------------------------------------------------
Status: Solved
Optimal value (cvx_optval): +3.59455
```

以上实例中，number of iterations 指数 CVX 共迭代了 10 次，primal objective value 和 dual objective value 分别给出了优化问题的原始最优值和对偶最优值，随后给出了相应的对偶间隙及计算耗时。需要注意的是，只有当原始最优解和对偶最优解在数值意义下相等，才认为 CVX 获得了有效解，否则优化求解是无效的。

2. MOSEK

MOSEK 是一款商业的优化问题求解器，由丹麦 MOSEK ApS 公司开发，主要针对大规模线性规划、二次规划、锥规划（二阶锥、指数锥和幂锥）、半定规划、混合整数线性等复杂数学优化问题。MOSEK 是目前公认的求解二次规划和二阶锥规划问题最快的求解器之一。针对大规模优化问题，包含高级的更加快速的算法，功能非常强大。同时，MOSEK 开发了针对多种编程语言环境下模型定义和求解接口，包括 C、C + +、Java、MATLAB、NET、Python 和 R 等，并支持多种建模环境，包括 AMPL、GAMS 和 CVX 等商业工具，CVXPY 和 Jump 等开源工具，这使得 MOSEK 能够根据需要灵活地嵌入优化问题的求解代码中。

该工具箱可以在官网下载并购买认证，对于学生用户，官网（https：//www. mosek. com/）提供了教育试用版，学习者可以根据自己使用的操作系统和开发环境自行下载，并依据引导获取证书开启试用版。可以使用 CVX 等优化建模语言调用 MOSEK 接口函数求解优化问题，或者利用 MOSEK 约定的建模格式进行优化问题描述。

在 MATLAB 环境下，调用接口位于 MOSEK 的 toolbox 文件夹及其子路径中，MOSEK 采用 prob 结构体对优化问题的数值数据进行描述。在大多数情况下，它由浮点数矩阵组成。设置完优化问题后，将调用 mosekopt 优化器进行求解，调用完毕后将返回求解过程响应及一个包含所有变量解的结构体。从最简单的线性规划入手，MOSEK 的问题定义形式如下：

最小化目标函数定义为

$$\sum_{j=0}^{n-1} c_j x_j + c^f \tag{5.151}$$

满足线性约束：

$$l_k^c \leqslant \sum_{j=0}^{n-1} a_{kj} x_j \leqslant u_k^c, k = 0, \cdots, m-1 \tag{5.152}$$

决策变量边界为 $l_j^x \leqslant x_j \leqslant u_j^x$，$j=0$，$\cdots$，$n-1$。

其中，l^c和u^c分别表示约束的上界和下界；l^x和u^x分别表示决策变量的上界和下界。

问题描述由以下元素组成，m 和 n 分别为约束和变量的数量；$\boldsymbol{x}$ 为长度 n 的决策向量；$\boldsymbol{c}$ 为长度 n 的系数向量。具体地：

$$\boldsymbol{c} = \begin{bmatrix} c_0 \\ \vdots \\ c_{n-1} \end{bmatrix} \tag{5.153}$$

为目标函数中的固定系数；

$$\boldsymbol{A} = \begin{bmatrix} a_{0,0} & \cdots & a_{0,(n-1)} \\ \vdots & \ddots & \vdots \\ a_{(m-1),0} & \cdots & a_{(m-1),(n-1)} \end{bmatrix} \tag{5.154}$$

为 $m \times n$ 的约束系数矩阵。

下面针对一个具体的线性规划问题，介绍 prob 结构体中线性参数的定义。假定优化问题定义如下：

$$\begin{aligned} \text{minimize} \quad & 3x_0 + 1x_1 + 5x_2 + 1x_3 \\ \text{subject to} \quad & 3x_0 + 1x_1 + 2x_2 = 30 \\ & 2x_0 + 1x_1 + 3x_2 + 1x_3 \geqslant 15 \\ & 2x_1 + 3x_3 \leqslant 25 \end{aligned} \tag{5.155}$$

以下代码给出了 MATLAB 环境下如何调用 MOSEK 求解上述凸优化问题。

```
c = [3 1 5 1]';
a = [[3 1 2 0];[2 1 3 1];[0 2 0 3]];
blc = [30 15 -inf]';
buc = [30 inf 25 ]';
blx = zeros(4,1);
bux = [inf 10 inf inf]';
[res] = msklpopt(c,a,blc,buc,blx,bux,[],'maximize');
sol = res.sol;
sol.itr.xx'   % 获得决策变量 x .
sol.itr.sux'   % 获得约束 buc 的对偶变量.
sol.itr.slx'   % 获得约束 bux 的对偶变量.
```

以上定义了 MOSEK 优化模型中的线性部分，而锥规划是线性规划的推广，约束类型可一般化为如下形式：

$$\boldsymbol{x}^t \in K_t \tag{5.156}$$

其中，x^t 表示问题决策变量的子集；K_t 表示凸锥。由于实数集$\mathbb{R}^n$也是凸锥，可以简单地写出一个复合锥约束 $\boldsymbol{x} \in K$，其中 $K = K_1 \times \cdots \times K_l$ 是部分锥的笛卡尔乘积，$\boldsymbol{x}$ 表示全部决策变量。如此，MOSEK 求解二阶锥规划问题的形式如下：

$$\begin{aligned} \text{minimize} \quad & \boldsymbol{c}^{\mathrm{T}}\boldsymbol{x} + \boldsymbol{c}^f \\ \text{subject to} \quad & l^c \leqslant \boldsymbol{A}\boldsymbol{x} \leqslant u^c, \\ & l^x \leqslant \boldsymbol{x} \leqslant u^x, \\ & \boldsymbol{x} \in K \end{aligned} \tag{5.157}$$

其中，可行域约束 $\boldsymbol{x} \in K$ 表示所有决策变量都被约束在一系列凸锥中，即

$$\boldsymbol{x} = (x^0, x^1, \cdots, x^{p-1}), \text{with } \boldsymbol{x}^t \in K_t \subseteq \mathbb{R}^{n_t} \tag{5.158}$$

下面介绍 MOSEK 中如何定义和使用以下两种类型的二次锥：

二阶锥：

$$Q^n = \left\{ \boldsymbol{x} \in \mathbb{R}^n : x_0 \geqslant \sqrt{\sum_{j=1}^{n-1} x_j^2} \right\} \tag{5.159}$$

旋转二阶锥：

$$Q_r^n = \left\{ \boldsymbol{x} \in \mathbb{R}^n : 2x_0x_1 \geqslant \sum_{j=2}^{n-1} x_j^2, x_0 \geqslant 0, x_1 \geqslant 0 \right\} \tag{5.160}$$

例如，对于如下形式的二阶锥约束：

$$(x_4, x_0, x_2) \in Q^3 \tag{5.161}$$

描述了三维空间中的一个锥，用不等式可表示为

$$x_4 \geqslant \sqrt{x_0^2 + x_2^2} \tag{5.162}$$

此外，每个决策变量最多只能属于一个锥。然而，添加约束 $x_i - x_j = 0$ 使得 x_i 和 x_j 可以属于具有相同效果的不同锥。以下结合一个包含二阶锥和旋转锥的实例，介绍 MOSEK 对锥约束的定义。

假定求解的优化问题如下：

$$\begin{aligned} \text{minimize} \quad & x_4 + x_5 + x_6 \\ \text{subject to} \quad & x_1 + x_2 + 2x_3 = 1, \\ & x_1, x_2, x_3 \geqslant 0, \\ & x_4 \geqslant \sqrt{x_1^2 + x_2^2}, \\ & 2x_5x_6 \geqslant x_3^2 \end{aligned} \tag{5.163}$$

上述锥规划问题在 prob 结构体的定义中，有关线性约束部分的定义与以上线性问题保持一致。锥约束则通过使用两个索引列表 prob. cones. sub 和 prob. cones. subptr，以及锥约束类型标识符列表 prob. cones. type 指定。所有锥的成员决策变量都列在 cones. sub 中，当有多个锥约束时，需要在 cones. sub 中依次添加所有组成锥的决策变量，并由 cones. subptr 定义的索引号参数来指定每个锥约束 cones. sub 中第一个元素。对于以上优化问题，首先依次指定包含的锥及其类型，定义 prob. cones. type = [res. symbcon. MSK_CT_QUAD，res. symbcon.

MSK_CT_RQUAD]，表示优化问题包含一个二阶锥和一个旋转二阶锥。x_4、x_1 以及 x_2 定义了第一个二阶锥，x_5、x_6 和 x_3 定义了第二个旋转二阶锥，故设置 prob. cones. sub =[4，1，2，5，6，3]。由于 prob. cones. sub 参数仅仅是一个有序的数列，并无法指定具体参与定义锥约束的决策变量的个数，因此 prob. cones. subptr 补充了该信息。对于上述问题设置 prob. cones. subptr = [1，4] 表示 prob. cones. sub 中定义的决策变量序列中，第一个锥的起始元素为 prob. cones. sub 的第一个参数，也就是 x_4，第二锥的起始元素为 prob. cones. sub 中的第四个参数也就是 x_5。至此，上述锥规划问题在 MOSEK 模型语言中格式化如下。

输出结果如下：

```
% 设置线性约束部分的参数
prob.c  = [0 0 0 1 1 1];
prob.a  = sparse([1 1 2 0 0 0]);
prob.blc = 1;
prob.buc = 1;
prob.blx = [0 0 0 -inf -inf -inf];
prob.bux = [inf inf inf inf inf inf];
% 设置锥约束部分的参数
prob.cones.type  = [res.symbcon.MSK_CT_QUAD,
res.symbcon.MSK_CT_RQUAD];        %设置锥类型
prob.cones.sub  = [4,1,2,5,6,3];
prob.cones.subptr = [1,4];
[r,res]= mosekopt('minimize',prob); % 调用 MOSEK 接口求解优化问题
res.sol.itr.xx'    %输出优化问题解
```

输出信息如下：

```
Interior-point solution summary
  Problem status : PRIMAL_AND_DUAL_FEASIBLE
  Solution status : OPTIMAL
  Primal. obj: 7.0710678119e-01 nrm: 1e+00 Viol. con: 1e-14 var: 0e+00 cones: 0e+00
  Dual.   obj: 7.0710678119e-01 nrm: 1e+00 Viol. con: 0e+00 var: 1e-12 cones: 2e-16
Optimizer summary
  Optimizer                -                 time: 0.25
    Interior-point         - iterations : 5  time: 0.20
      Basis identification -                 time: 0.00
        Primal             - iterations : 0  time: 0.00
        Dual               - iterations : 0  time: 0.00
```

```
      Clean primal      - iterations : 0        time: 0.00
      Clean dual        - iterations : 0        time: 0.00
  Simplex               -                       time: 0.00
    Primal simplex      - iterations : 0        time: 0.00
    Dual simplex        - iterations : 0        time: 0.00
  Mixed integer         - iterations : 0        time: 0.00
```

求解器输出信息中，Problem status 表明该优化问题是原始对偶可行的，Solution status：OPTIMAL 说明获得了最优解。Interior - point - iterations 输出内点法迭代次数。其他参数可以参考 MOSEK 中有关 MATLAB 接口的 Toolbox 文档。

3. CVXGEN

CVXGEN 是由斯坦福大学 Jacob Mattingley 博士和 Stephen Boyed 教授等人开发的一款凸优化高速解算器。它是一款在线编程工具，是凸优化问题的一种高层次描述，并自动地将凸优化问题编译生成一个由 C 代码描述的可靠、高速解算器。目前，简单的优化问题都可以利用 CVXGEN 通过一定规律的凸优化编程技术转换为适当大小的凸二次型问题。CVXGEN 可以生成适于嵌入实时求解应用中的简单、平滑而又免费的代码。

除此之外，CVXGEN 允许使用标准 C 语言表达式语法指定约束和目标，而无须下载安装其他编译器或编译语言。到目前为止，由于 CVXGEN 加入了可以将 C 代码转化为 MEX 文件的功能，CVXGEN 可以在 MATLAB 环境内运行，CVXGEN 生成用于 MATLAB 环境的 *.m 文件，并为每一个自定义解算器都定义了一个 MATLAB - MEX 接口。将编译生成的解算器直接嵌入 MATLAB 环境后，运行 make_ csolve. m 文件将 C 源程序移植到 MATLAB 开发环境下。CVXGEN 软件包可以从网上直接下载安装，使用者可以自行下载安装并学习。CVXGEN 具体官网为：https：//cvxgen. com/docs/index. html，上面有对 CVXGEN 的介绍与简易教程，并可以免费下载该开源求解器。

CVXGEN 求解凸优化问题的速度快，很大程度上是由于它将问题求解过程的解释性代码直接编译为可执行文件的形式，并嵌入调用环境中，图 5. 22 展示了通用求解器工作原理，图 5. 23 展示了嵌入式求解器工作原理。

图 5. 22　通用求解器工作原理

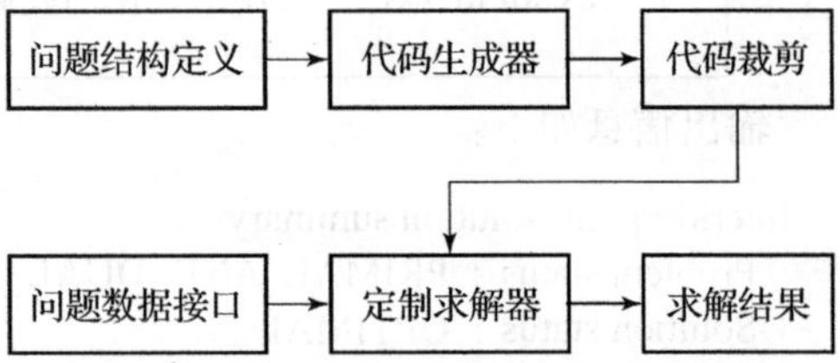

图 5. 23　嵌入式求解器工作原理

前面介绍的 CVX 作为通用解算器需要按照事先规定的结构和数据信息将问题实例预处理成统一形式的优化问题，才能求解出最优解 x^*。作为对比，CVXGEN 作为嵌入式解算器首先利用代码生成器对一个问题类的描述产生源代码，进一步编译成自定义解算器［可由 CPU（中央处理器）直接执行］，最后嵌入问题实例中求解出最优解 x^*。如果原始优化问题仅需要求解一次，嵌入式求解器并不具有明显优势，而在需要对结构相同、仅在数据输入有变化的优化问题进行多次求解的场景中，嵌入式求解器由于不需要对每一个问题实例重复进行结构和输入的预处理，能够大幅度提高求解速度。所以嵌入式的求解器 CVXGEN 可以视作对特定凸优化问题的编译器，通过预先对优化实例的预处理和编译，加快代码在处理器中反复求解结构相同问题的执行效率；代码生成或许需要几秒钟或几分钟，生成的求解器运行起来可能只需几微秒或几毫秒。

4. ECOS

嵌入式锥规划求解器（embedded conic solver，ECOS）是一种专为嵌入式应用而设计的内点法求解器，主要用于求解二阶锥规划问题，目前也支持混合整数和混合布尔规划。ECOS 用低占用、单线程、无库的 ANSI – C 语言编写，能运行在大多数带 C 编译器的平台上。ECOS 采用的主要的内点算法是一种标准的原始 – 双重 Mehrotra 预测 – 校正方法，算法避免了求解中动态地分配内存，算法的源代码总共仅有 750 行。这些使得 ECOS 在嵌入式系统应用中优势非常明显。对于小型问题，ECOS 比大多数现有的 SOCP 求解算法都要快，对于决策变量数目在 2 万左右的中型优化问题，ECOS 也具有相当的竞争力。

针对需要进行实时求解的应用场景，如在线轨迹和运动规划问题，ECOS 具有很好的应用潜力。作为开源软件，ECOS 可以从 https：//github. com/embotech/ecos 下载，并在本地端编译运行。同时，ECOS 提供了 Python 接口、MATLAB – MEX 接口、CVX 接口等多种接口，以及用于描述和求解凸优化的 MATLAB 包。以下针对 MATLAB – MEX 文件接口，给出一个求解实例。

ECOS 求解基本锥规划问题的形式定义如下：

$$\begin{aligned} &\text{minimize } \boldsymbol{c}^{\mathrm{T}}\boldsymbol{x} \\ &\text{subject to } \boldsymbol{Ax}=\boldsymbol{b} \\ &\boldsymbol{Gx}\leqslant_{\mathrm{K}}\boldsymbol{h} \end{aligned} \tag{5.164}$$

其中，$\boldsymbol{Gx}\leqslant_{\mathrm{K}}\boldsymbol{h}$ 表示锥 K 下的广义不等式，包括线性锥、二阶锥、旋转锥等。

ECOS 的调用形式为：［x，y，info，s，z］= ecos(c，G，h，dims，A，b，opts)，通过指定矩阵 G、向量 h 和结构体参数 dim 可以定义线性锥、二阶锥、旋转锥以及指数锥等不同形式的锥约束。在 dims 结构体参数中，dims. l 定义了线性锥的数量，dims. q 定义了二阶锥的数量，使用空矩阵［ ］表示不存在锥约束（线性锥、二阶锥、旋转锥）。输出信息中的 y 表示原问题不等式的对偶变量，s 表示锥不等式的约束间隙，z 表示锥不等式的对偶变量，info 给出求解过程的必要输出信息。ECOS 求解锥规划问题，要求用户根据问题定义好相关等式、不等式尤其是锥不等式约束，这里有必要对锥约束的定义做简要说明。

简单地讲，标量不等式也可称为线性锥约束。例如，有 n 个标量不等式约束 $\boldsymbol{x}_{\{1:n\}}\leqslant\boldsymbol{h}_{\{1:n\}}$，则设置 dims. l $=n$，$\boldsymbol{h}$ 则对应了不等式的右端值。对于二阶锥，$K_q=\{\boldsymbol{x}\in\mathbb{R}^n\,|\,x_1^2\geqslant\|x_{\{2:n\}}\|^2,\ x_1>0\}$，可以表示为矩阵形式：$K_q=\{\boldsymbol{x}\in\mathbb{R}^n\,|\,\boldsymbol{x}^{\mathrm{T}}Q_q\boldsymbol{x}>0,\ x_1>0\}$，其中矩阵 $\boldsymbol{Q}_q$ 定义了二阶锥约束的结构信息。旋转二阶锥 $K_r=\{\boldsymbol{x}\in\mathbb{R}^n\,|\,x_1x_2\geqslant\|x_{\{3:n\}}\|^2,\ x_1,\ x_2>0\}$ 也可以表示为矩阵形式。ECOS 通过指定不同锥的数量和结构信息来定义锥约束。下面是一个关于线性规划的定义实例。

```
%设置求解问题的维度和稀疏性
n = 1000; m = 10; density = 0.01;
%设置线性参数
c = [zeros(n,1); ones(n,1)];
%等式约束参数
A = sprandn(m,n,density);
Atilde =[A, zeros(m,n)];
b = randn(p,1);
% 线性不等式约束参数
I = speye(n);
G = [ I -I; -I -I];
H = zeros(2*n,1);
% 线性锥约束，二阶锥个数为零，dims.q 置空
dims.l = 2*n; dims.q = [];
% 调用 ecos 求解函数
Z = ecos(c,G,h,dims,Atilde,b);
X = z(1:n);
Nnzx = sum(abs(x) > 1e-8);
% 输出结果
fprintf('Optimal x has %d/%d (%4.2f%%) nonzero entries.\n', nnzx , n, nnzx/n*100);
```

输出结果如下：

```
ECOS 2.0.4 - (C) embotech GmbH, Zurich Switzerland, 2012-15. Web: www.embotech.com/ECOS

It    pcost        dcost       gap    pres   dres   k/t    mu     step    sigma    IR   |  BT
 0  +0.000e+00  +6.713e-17  +2e+03  1e+00  1e-02  1e+00  8e-01  ---     ---     1 1 - |  - -
 1  +1.851e+00  +1.848e+00  +3e+02  8e-01  2e-03  2e-01  1e-01  0.8416  2e-02   1 1 1 |  0 0
 2  +4.905e+00  +4.903e+00  +7e+01  4e-01  5e-04  4e-02  4e-02  0.7588  4e-02   1 1 1 |  0 0
 3  +5.331e+00  +5.330e+00  +2e+01  1e-01  2e-04  1e-02  1e-02  0.7584  8e-02   1 1 1 |  0 0
 4  +5.436e+00  +5.436e+00  +5e+00  3e-02  4e-05  3e-03  3e-03  0.8659  1e-01   1 1 1 |  0 0
 5  +5.459e+00  +5.459e+00  +5e-01  2e-03  3e-06  2e-04  2e-04  0.9366  3e-02   1 1 1 |  0 0
 6  +5.461e+00  +5.461e+00  +7e-03  3e-05  5e-08  4e-06  3e-06  0.9890  4e-03   1 1 1 |  0 0
 7  +5.461e+00  +5.461e+00  +8e-05  4e-07  5e-10  4e-08  4e-08  0.9890  1e-04   1 0 0 |  0 0
 8  +5.461e+00  +5.461e+00  +9e-07  4e-09  6e-12  4e-10  4e-10  0.9890  1e-04   1 0 0 |  0 0
 9  +5.461e+00  +5.461e+00  +9e-09  4e-11  7e-14  5e-12  5e-12  0.9890  1e-04   1 0 0 |  0 0

OPTIMAL (within feastol=4.4e-11, reltol=1.7e-09, abstol=9.5e-09).
Runtime: 0.020833 seconds.

Optimal x has 10/1000 (1.00%) non-zero entries.
```

以上给出的 ECOS 的求解信息，说明 ECOS 内点法迭代了9次，第2列和第3列分别表示原始和对偶问题的代价函数值，可见从迭代开始到最后停止迭代，pcost 和 dcost 的差越来越小。两者之差满足默认或者设置的容差后优化停止迭代，最优决策变量和对偶决策变量可以从 KKT（Karush – Kuhn – Tucher conditions）系统的状态量中得到，也即 ECOS 函数的输出参数 z 中。

5. YALMIP

YALMIP 是由 Lofberg 开发的一款免费的优化模型定义工具，其最大特色在于集成了许多外部的最优化求解器，形成一种统一的建模求解语言，提供了 MATLAB 的调用 API（应用程序接口），减少学习者学习成本。这意味着 YALMIP 首先是 MATLAB 的一个优化工具包，同 CVX 和 CVXGEN 类似，可以实现某些优化问题的求解。但是 YALMIP 的优化功能有限，主要擅长某些特定的中小规模的优化问题求解，如 linprog（线性规划）、bintprog（二值线性规划）、bnb（分支界定算法）等，在优化问题复杂或规模增大时算法不稳定。另外，YALMINP 最大的功能与特点在于其能集成许多外部的最优化求解器如 MOSEK、CPLEX、GLPK、lpsolve 等免费或商业优化工具箱，形成一种统一的建模求解语言。

更为可贵的是，YALMIP 真正实现了建模和算法两者的分离，它提供了一种统一的、简单的建模语言，针对所有的规划问题，都可以用这种统一的方式建模。至于用哪种求解算法，只需要通过一次简单的参数配置指定就可以了，甚至不用用户指定，YALMIP 会自动选择最适合的算法。关于 YALMIP，使用者可以到网上（https：//yalmip. github. io/）自行下载安装。

下面给出使用 yalmip 进行优化建模的方法：

1）创建决策变量

x = sdpvar（m，n[，option]）：创建 $m \times n$ 的连续型决策变量矩阵，option 是对矩阵的一些参数指定。

2）添加约束

F = set（constraint[，tag]）：创建一个以 constraint 指定的约束，可选参数 tag 可以给该约束指定一个字符串标记。重要的是 constraint 的表达也非常简单，例如：如果有约束 x1 + x2 + x3 < =3，直接写为

```
>> x = sdpvar(3, 1);
>> F = set(x(1) + x(2) + x(3) < =3, 'cost bound1 ') ……
```

如果要继续添加约束也非常简单，支持用 + 直接相连：

```
>> F = F + set(constraint1[, tag1]);
>> F = F + set(constraint2[, tag2]) ……
```

例如，如果在上述约束上，继续限制 x 只能取［0，1］之间的值，则

```
>> F = F + set(0 < =x < =1, 'upper and lower bound') ……
```

3）参数配置

ops = sdpsettings(option1, value1, option2, value2, ……)

例如：ops = sdpsettings('solver', 'lpsolve', 'verbose', 2) ……

'solver'参数指定程序使用的求解器，如 MOSEK、IPOPT 等求解器，如果不进行人为指定'solver'参数，YALMIP 会根据决策变量类型自动挑选已安装的、最适合的求解器；'verbose'指定显示冗余度（冗余度越大，就可以看到越详细的求解过程信息）。

4）求解

result = solvesdp（F，f，ops）求解一个数学规划（目标函数最小化）问题，该问题的目标函数由 f 指定，约束由 F 指定，ops 指定求解参数，最后的结果存储在 result 结构体中。下面列举一个简单的线性规划的优化求解例子：

```
>> x = sdpvar(3, 1);
>> f= [4 2 1] * x;
>> F = set(2*x(1) + x(2) <= 1);
>> F = F + set(x(1) + 2 * x(3) <= 2);
>> F = F + set(x(1) + x(2) + x(3) == 1);
>> F = F + set(0 <= x(1) <= 1) + set(0 <= x(2) <= 1) + set(0 <= x(3) <= 2);
>> ops = sdpsettings('solver', 'lpsolve', 'verbose', 2);
>> result = solvesdp(F, -f, ops);
```

6. 小结

相比于非线性优化，凸优化具有复杂度低、运算速度快、计算规模大的优势。以上介绍的各种凸优化计算工具中，以 CVX 和 MOSEK 等为代表的通用求解器适合求解一定规模的、对实时性要求并不高的问题。为了方便用户比较各个求解器对特定问题的求解优势，需要有一套统一的优化模型定义工具，Yalmip 工具在此提供了有益的尝试，可以集成许多外部优化求解器，形成了一种统一的建模求解语言。对于实时性要求较高的优化求解场景，一方面需要提高算法的计算效率，另一方面需要尽可能地发挥硬件的计算能力。根据求解问题定制相应的凸优化算法可以提高算法的计算效率，将定制化的算法离线编译为可执行的嵌入式程序，解决了在线求解时的计算资源利用问题。CVXGEN 提供了很好的发展嵌入式优化的思路，但是将线性规划、二阶锥规划等不同形式、不同规模的凸优化问题自动化地生成可编译执行的代码并不简单，当前 CVXGEN 所能解决问题的类型和规模还非常有限。结合凸优化算法如内点法等开源代码，用户根据自己所需求解问题的特性自行进行代码的裁剪和嵌入编译，能够相对自由地决定求解问题的类型和计算规模。嵌入式凸优化项目 ECOS 以及相应的 Python 开源社区提供了不少实施案例可供用户使用和参考，但是这在一定程度上要求用户对凸优化及其算法有所掌握和了解。目前看来，ECOS 未来会继续扩展自身求解问题的类型，CVXGEN 也势必需要进一步拓展求解问题的规模。

5.4 基于凸优化的交会对接路径规划

空间交会是指两个航天器在空间轨道上会合并在结构上连成一个整体的技术。航天器的交会对接技术作为载人航天三项基本技术之一，被广泛应用于大型航天器的工作人员的进驻和轮换、空间站在轨组装和补给等方面。本节基于 T－H 方程描述的近距航天器相对运动方程进行交会运动轨迹的规划求解。由于 T－H 方程建立在以目标航天器为参考系的轨道坐标系下，在已知目标轨道运动参数后具有线性形式，对推力方程的凸化处理后可以变成一个凸优化问题，无须提供参考轨迹，只需要求解一次离散后的凸优化问题便可以得到交会轨迹。

5.4.1 问题描述

航天器交会对接相对质心动力学模型即 T－H 方程表述为如下形式：

$$\begin{cases}\dot{x}=v_x\\ \dot{y}=v_y\\ \dot{z}=v_z\\ \dot{v}_x=(\dot{\theta}^2+2\mu/r^3)x+\ddot{\theta}y+2\dot{\theta}v_y+T_x/m\\ \dot{v}_y=-\ddot{\theta}x+(\dot{\theta}^2-\mu/r^3)y-2\dot{\theta}v_x+T_y/m\\ \dot{v}_z=-\mu z/r^3+T_z/m\end{cases} \tag{5.165}$$

$$\dot{m}=-\|\boldsymbol{T}\|/I_{\mathrm{sp}},m(0)=m_0,\rho_{\min}\leqslant\|\boldsymbol{T}\|\leqslant\rho_{\max} \tag{5.166}$$

其中，$\boldsymbol{X}=[x,\ y,\ z]^{\mathrm{T}}$为追踪航天器在目标航天器轨道坐标系下的三维位置状态；$\boldsymbol{V}=[v_x,\ v_y,\ v_z]^{\mathrm{T}}$为追踪航天器在目标航天器轨道坐标系下的相对于目标航天器的三维速度状态；θ 为真近点角；r 为在地心惯性坐标系下目标航天器到地心的距离，注意：它们是目标航天器的轨道参数，虽然可能是时变的，但是已知量；μ 为地球引力常数；m 为追踪航天器质量；$\boldsymbol{T}$ 为推力矢量，$\|\boldsymbol{T}\|$ 为其范数，$\boldsymbol{T}=[T_x,\ T_y,\ T_z]^{\mathrm{T}}$为其在目标航天器轨道坐标系下分量；$I_{\mathrm{sp}}$为发动机比冲。对接问题中，航天器相对于目标航天器的位置和速度具有端点约束：

$$\begin{aligned}&\boldsymbol{X}(0)=\boldsymbol{X}_0;\boldsymbol{V}(0)=\boldsymbol{V}_0\\&\boldsymbol{X}(t_f)=\boldsymbol{X}_f;\boldsymbol{V}(t_f)=\boldsymbol{V}_f\end{aligned} \tag{5.167}$$

为了防止碰撞到目标航天器，对接过程要求追踪航天器对接过程从一个锥中间进入，定义约束如下：

$$\|\boldsymbol{X}-\boldsymbol{X}_t\|\cos\alpha\leqslant\boldsymbol{1}_n(\boldsymbol{X}-\boldsymbol{X}_t) \tag{5.168}$$

其中，$\boldsymbol{X}_t$ 为对接口的矢量位置；$\boldsymbol{1}_n$ 为对接方向的单位矢量；α 为所能容许的最大锥角。

燃料消耗最优的交会轨迹规划问题可表述为

$$\begin{aligned}&J=\min\int_0^{t_f}\|\boldsymbol{T}\|\,\mathrm{d}t\\&\text{s. t. 式(5.165) ~ 式(5.168)}\end{aligned} \tag{5.169}$$

5.4.2 问题凸化处理

由于 $\mathbf{P}_0$ 是一个非线性非凸最优控制问题，需要对其进行处理使其能够纳入凸优化的框架下进行求解。也即是必须对原问题中的非凸约束进行松弛处理。针对推力的非凸约束，首先在 $t\in[t_0,\ t_f]$ 上引入松弛变量 $\varGamma$：

$$\|\boldsymbol{T}(t)\|\leqslant\varGamma(t) \tag{5.170}$$

那么原问题的可行域被放宽到一更大的三维锥中，即式（5.166）变为

$$\dot{m}=-\varGamma/I_{\mathrm{sp}},m(0)=m_0,\rho_{\min}\leqslant\Gamma\leqslant\rho_{\max},\|\boldsymbol{T}(t)\|\leqslant\varGamma(t) \tag{5.171}$$

针对推力非线性作用项，可以通过引入新的变量对状态方程进行线性化处理，为此定义

如下变量：

$$\boldsymbol{\sigma}=\frac{\boldsymbol{\Gamma}}{m},\boldsymbol{u}=\frac{\boldsymbol{T}}{m},z=\ln m \tag{5.172}$$

其中，$\boldsymbol{u}:=[u_x,\ u_y,\ u_z]^{\mathrm{T}}=\left[\frac{T_x}{m},\ \frac{T_y}{m},\ \frac{T_z}{m}\right]^{\mathrm{T}}$，如此可以自然地将方程（5.165）中的非线性推力项变为线性项，即

$$\begin{cases}\dot{x}=v_x\\ \dot{y}=v_y\\ \dot{z}=v_z\\ \dot{v}_x=(\dot{\theta}^2+2\mu/r^3)x+\ddot{\theta}y+2\dot{\theta}v_y+u_x\\ \dot{v}_y=-\ddot{\theta}x+(\dot{\theta}^2-\mu/r^3)y-2\dot{\theta}v_x+u_y\\ \dot{v}_z=-\mu z/r^3+u_z\end{cases} \tag{5.173}$$

松弛推力方程（5.171）变为

$$\dot{z}=-\sigma/I_{\mathrm{sp}},z(0)=\ln m_0 \tag{5.174}$$

$$\frac{\rho_{\min}}{m}\leqslant\sigma\leqslant\frac{\rho_{\max}}{m} \tag{5.175}$$

$$\|\boldsymbol{u}\|\leqslant\sigma \tag{5.176}$$

又 $m=\mathrm{e}^z$，所以方程（5.175）表示为

$$\rho_{\min}\mathrm{e}^{-z}\leqslant\sigma\leqslant\rho_{\max}\mathrm{e}^{-z} \tag{5.177}$$

式（5.177）是非凸约束，对两边进行线性化近似可以得到二阶锥约束的形式。其中左边可取二次线性化，右边则取一次线性化得到如下不等式：

$$\rho_{\min}\mathrm{e}^{-z_0(t)}\left[1-(z(t)-z_0(t))+\frac{1}{2}(z(t)-z_0(t))^2\right]\leqslant\sigma(t)\leqslant\rho_{\max}\mathrm{e}^{-z_0(t)}\left[1-(z(t)-z_0(t))\right] \tag{5.178}$$

其中，$z_0(t)$ 取质量自然对数的下界，即 $z_0(t)=\ln(m_0-\rho_{\max}t/I_{\mathrm{sp}})$。

至此，交会对接轨迹优化问题已被凸松弛为一个带有二阶锥约束的凸优化问题：

$$\begin{aligned}&J=\min\int_0^{t_f}\sigma(t)\mathrm{d}t\\&\text{s.t. 式(5.167),式(5.168),式(5.173),式(5.174),式(5.176),式(5.178)}\end{aligned} \tag{5.179}$$

5.4.3 数值仿真

采用欧拉法对优化问题中的状态量进行离散化，离散点个数为 101。在一台 CPU 为 i5 内存为 8 G 的 PC 机下，利用 MATLAB 环境下的 YALMIP 工具箱对优化问题进行建模并用 MOSEK 求解。追踪航天器初始质量 1 000.0 kg，发动机喷射速度为 600 m/s，最大推力 15 N，最小推力为 3 N。安全走廊中心方向矢量 $\mathbf{1}_n$ 指向 Y 轴负方向，约束锥角为 10°；对接口坐标为原点并将交会轨迹规划的目标点设为 Y 轴负方向 10 m，末端速度为 0，即终端时刻的状态向量为 $[x,\ y,\ z,\ v_x,\ v_y,\ v_z]=[0,\ -10,\ 0,\ 0,\ 0,\ 0]^{\mathrm{T}}$。目标航天器运行轨道的近地点为 400.2 km，远地点为 409.5 km，设近地点时刻为 0，设追踪航天器初始状态矢量为 $[-10,\ -110,\ -10,\ 0,\ 1,\ 0]^{\mathrm{T}}$，交会时间设置为 200 s。运行 MOSEK 求解计算耗时为

0.1 s，仿真结果如图 5.24 所示。其中，从图 5.24（a）可推出燃料消耗为 1 691.3 g，从图 5.24（b）可知推力呈“bang – bang”的形式，即追踪航天器先以最大推力减速，再以最小推力减速，最后以最大推力减速至 0 并到达目标位置。整个轨迹均位于安全走廊内。需要注意的是，本案例中的初始质量设为式（5.178）中的最大推力下的质量剖面，优化求解得到的质量剖面已经很接近最优质量剖面，更新质量对最优解的提升不明显。因此，只需进行一次凸优化求解即可得到最优燃料消耗交会对接的数值解。

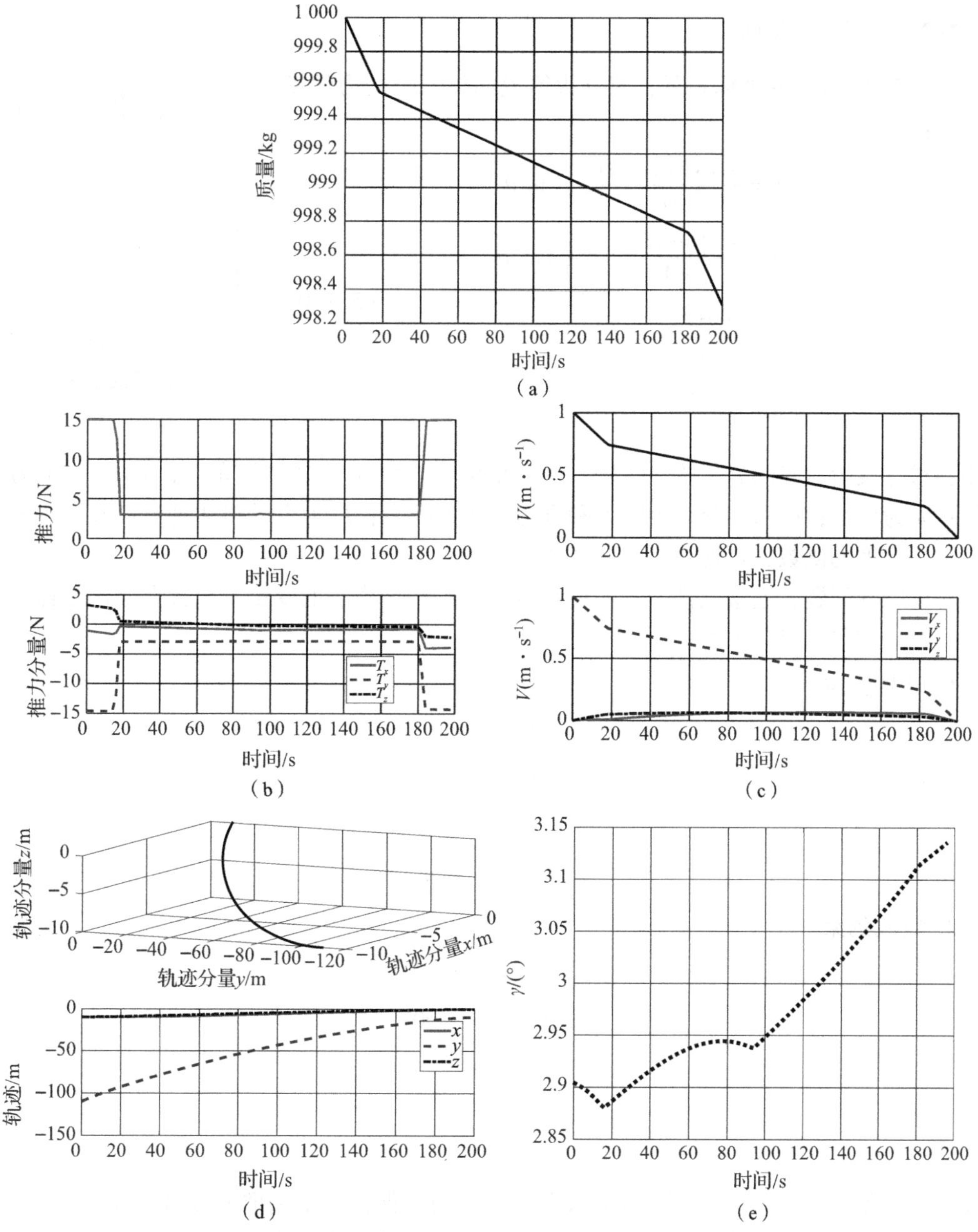

图 5.24　基于凸优化的轨迹规划仿真结果

（a）交会过程下质量变化剖面；（b）推力及分量变化；（c）速度及分量变化；

（d）空间轨迹及分量变化；（e）速度与推力夹角随时间变化

5.5 基于滚动凸优化的火箭返回垂直着陆制导

以下给出滚动凸优化在火箭垂直着陆中的应用，通过将火箭垂直着陆制导的最优控制问题进行凸化处理，在滚动时域控制的架构下于每个制导周期利用序列凸优化求解凸化后的有限时域的最优控制问题，进而得到一系列最优控制序列。

5.5.1 问题描述

在图 5.25 所示的坐标系下，建立火箭返回体二维动力学模型如下：

$$
\begin{cases}
\dot{V} = \dfrac{-P\cos\alpha + D}{m} - g\sin\theta \\
\dot{\theta} = \dfrac{-P\sin\alpha + L}{mV} - \dfrac{g}{V}\cos\theta \\
\dot{x} = V\cos\theta \\
\dot{y} = V\sin\theta \\
\dot{m} = -\dfrac{P}{I_{sp}}
\end{cases}
\tag{5.180}
$$

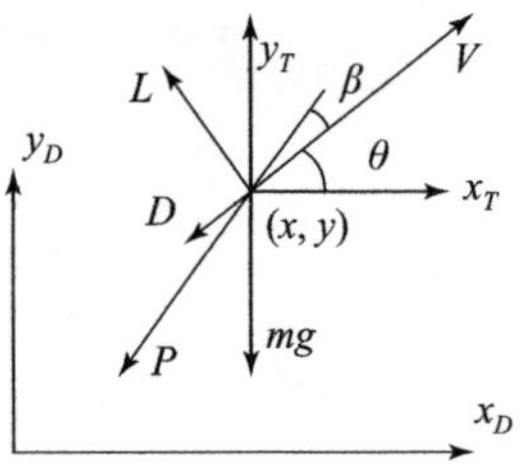

图 5.25 直角坐标系下垂直着陆段各变量示意图

其中，求导表示对时间 t 求导，V 为火箭返回体的速度；θ 为轨迹倾角；x 为射程；y 为海拔高度；m 为质量；D 和 L 分别为阻力和升力；P 为推力；I_{sp} 为发动机比冲；g 为当地重力加速度，是高度的函数，可通过高度直接求出。

对于制导问题，通常仅涉及质心的控制，因此关于姿态的变量不包含在上述方程中。火箭返回制导需要满足以下约束：

1. 始端约束

$$
\begin{cases}
V(t_0) = V_0 \\
\theta(t_0) = \theta_0 \\
x(t_0) = x_0 \\
m(t_0) = m_0
\end{cases}
\tag{5.181}
$$

2. 终端约束

$$
\begin{cases}
0 \leqslant V(t_f) \leqslant 2 \\
\theta(t_f) = -90^\circ \\
x(t_f) = x_f \\
m(t_f) \geqslant m_{min} \\
\alpha(t_f) = 0
\end{cases}
\tag{5.182}
$$

其中，对火箭落点处的弹道倾角 θ 和攻角 α 的约束，保证了末端推力方向垂直于地面，从而保证火箭子级落地的姿态垂直地面；$m(t_f) \geqslant m_{min}$ 保证了最终质量不会小于要求的最小值；$0 \leqslant V(t_f) \leqslant 2$ 保证了降落点的速度在规定范围内，$x(t_f) = x_f$ 保证落点准确。

3. 过程和控制约束

$$\begin{cases}V\geqslant 0\\ P_{\min}\leqslant P\leqslant P_{\max}\\ \alpha_{\min}\leqslant \alpha\leqslant \alpha_{\max}\end{cases} \tag{5.183}$$

控制量约束限制推力 P 和 α 的幅值在规定范围内。此外，加入控制量的变化率约束，有

$$\begin{cases}\dot{P}\leqslant \dot{P}_{\max}\\ \dot{\alpha}\leqslant \alpha_{\max}\end{cases} \tag{5.184}$$

使得控制量变化率不要过大，防止控制量结果大幅震荡。

火箭返回着陆制导旨在寻找最优的攻角 $\alpha(t)$ 和推力 $P(t)$，在满足上述动力学等式约束（5.180）、始端约束（5.181）和终端约束（5.182）、过程约束（5.183）和控制约束（5.184）的同时，使得返回体剩余质量最大：

$$\min J = -m_f \tag{5.185}$$

至此就形成了由式（5.180）~式（5.185）构成的火箭返回垂直着陆制导的最优控制问题。

5.5.2 问题凸化处理

对于垂直着陆段的轨迹优化问题，为一飞行时间自由的问题。解决飞行时间自由问题在 5.3.3 小节中进行了介绍，这里采用自变量替换的降维法。式（5.180）中所示的动力学模型以时间 t 为自变量，而当前的优化问题飞行时间自由。另外，以高度作为发动机开机和关机的基准较为合理，且高度为单调递减变量，因此这里将飞行高度作为自变量。于此，将动力学方程中所有式子均除以 $\dfrac{\mathrm{d}y}{\mathrm{d}t}=V\sin\theta$，这样上述微分方程将以高度 z 为自变量，消去时间 t，方程由 5 维降为 4 维，模型变为

$$\begin{cases}\dfrac{\mathrm{d}V}{\mathrm{d}y}=-\dfrac{P\cos\alpha+D}{mV\sin\theta}-\dfrac{g}{V}\\ \dfrac{\mathrm{d}\theta}{\mathrm{d}y}=\dfrac{-P\sin\alpha+L}{mV^2\sin\theta}-\dfrac{g\cos\theta}{V^2\sin\theta}\\ \dfrac{\mathrm{d}x}{\mathrm{d}y}=\dfrac{\cos\theta}{\sin\theta}\\ \dfrac{\mathrm{d}m}{\mathrm{d}y}=-\dfrac{P}{I_{sp}V\sin\theta}\end{cases} \tag{5.186}$$

相应地各个约束和性能指标函数也都表示为高度 y 的函数。则式（5.186）和转换后的约束函数、指标函数构成了以高度 y 为自变量的火箭垂直着陆制导的最优控制问题 P^1。利用基于凸优化和 MPC 的在线制导方法解决火箭垂直着陆制导问题，还需要对上述最优控制问题 P^1 进行凸化处理。显然，动力学方程是非线性的，可采取逐次线性近似将其转换为线性等式约束。之后，再对线性化之后的动力学方程采用欧拉法进行离散，将最优控制问题转化为凸优化参数优化问题，即可进行求解。

在上述优化模型中，将自变量时间 t 替换为高度 y，被消去的 t 可以通过被消去的式子 $\mathrm{d}y/\mathrm{d}t=V\sin\theta$ 反求得出。根据上述离散方法，给出反求时间 t 的方法为

$$
\begin{cases}
t(k)=0, & k=1 \\
t(k)=t(k-1)+\dfrac{H}{V(k-1)\sin\left(\theta(k-1)\right)}, & k>1
\end{cases}
\tag{5.187}
$$

其中，H 为自变量高度 y 的离散步长。通过这样的方法可以反求出各状态变量离散点对应的飞行时间，并且不需要初始时刻对飞行时间进行估算。

5.5.3 数值仿真

利用基于凸优化和 MPC 的在线制导方法，仿真中选定制导周期为 2 s，最终飞行时间不够 2 s 的周期并入前一制导周期，也就是说最后一个制导周期的时间应当在 2 s 至 4 s 内。弹道仿真利用四阶龙格－库塔进行弹道积分。

仿真结果状态量如图 5.26 所示，图中用不同颜色代表火箭返回中各个制导周期。图 5.26（a）展示了滚动凸优化制导下所得的轨迹；由于在控制过程中仅取所得的最优控制序列的第一个制导周期内的推力和攻角作用于火箭，实际作用于火箭的滚动制导控制量如图 5.27 所示。

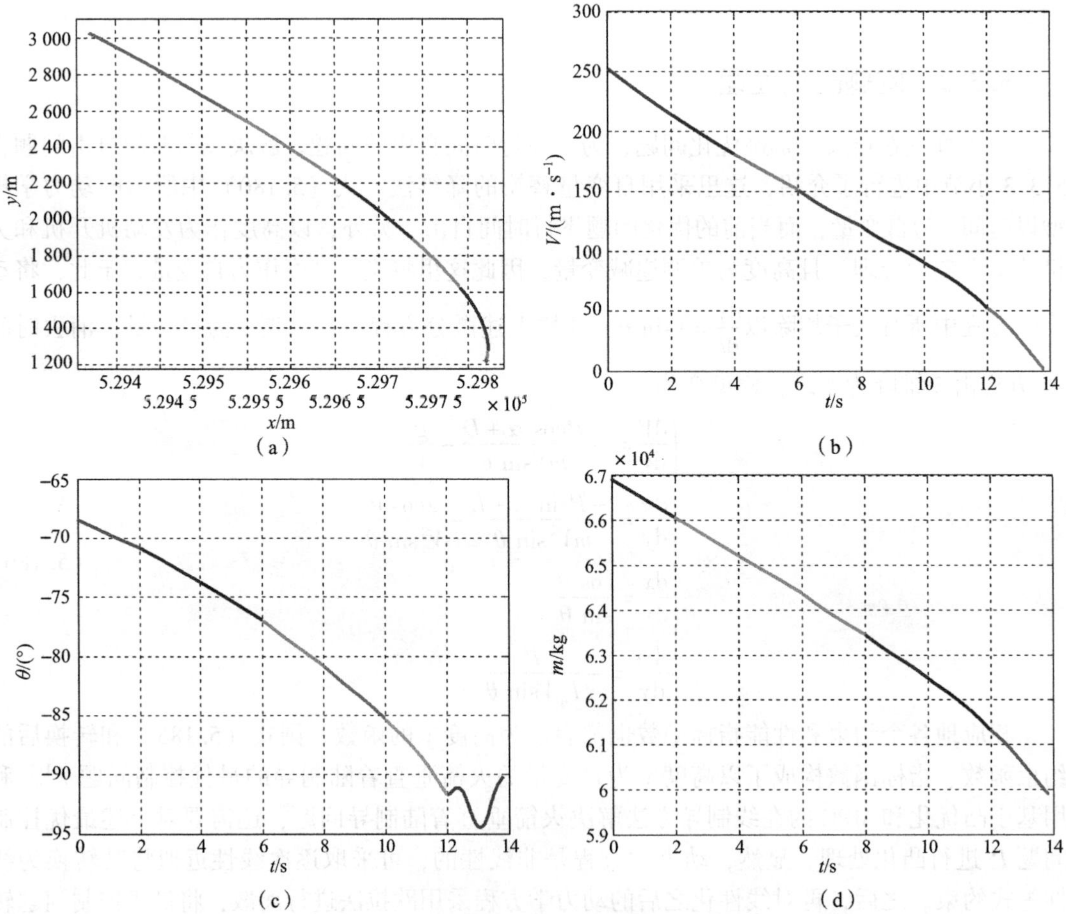

图 5.26 状态量随时间变化的曲线（见彩插）

（a）飞行轨迹；（b）速度；

（c）弹道倾角；（d）质量

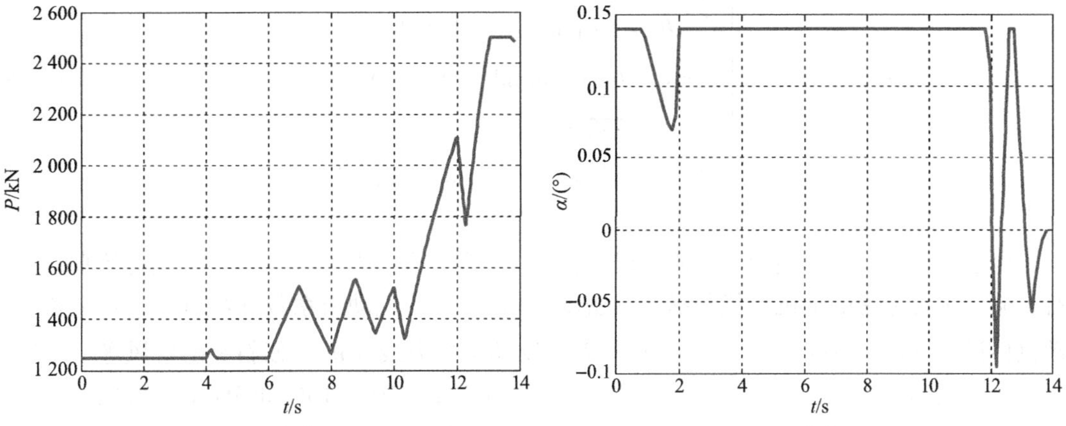

图 5.27 控制量随时间变化的曲线

(a) 推力；(b) 攻角

表 5.3 展示了基于滚动时域控制与凸优化的闭环制导下的落点约束满足情况。可以看到基于滚动凸优化的闭环制导所得结果约束都得以满足，落点射程误差在 0.1 m 以内，高度误差在 0.7 m 以内，末端速度、推力的大小与方向也都满足要求。这样说明该制导方法是有效的。另外，推力在滚动过程中由于加入始端约束，保证每个周期衔接点上过渡平缓，所以推力曲线也没有突变点。

表 5.3 滚动序列凸优化的闭环制导弹道仿真结果

物理量	要求值	优化结果
落点射程	529 820 m	529 820 m
落点高度	1 221 m	1 221.7 m
末端速度	≤2 m/s	1.33 m/s
末端弹道倾角	−90°	−90.2°
终端攻角	0°	0°
终点剩余质量	>58 500 kg	59 910 kg
推力大小约束	1 250 ~ 2 500 kN	全程满足
推力与地面夹角	70°以内	全程满足

接下来考虑初始状态偏差与诸多随机干扰，使用蒙特卡洛打靶法（MCS），进行制导误差精度分析。考虑初始速度 V_0、初始弹道倾角 θ_0、初始位置（x_0，y_0）和初始质量 m_0 在基准值处存在 ±15% 偏差。初始速度随机偏差在 [−38 m/s，38 m/s] 区间服从均匀分布，初始弹道倾角随机偏差在 [−2°，2°] 区间服从均匀分布，初始横向位置随机偏差在 [−68 m，68 m] 区间服从均匀分布，初始纵向位置随机偏差在 [−272 m，272 m] 区间服从均匀分布，初始质量随机偏差在 [−1 600 kg，1 600 kg] 区间服从均匀分布。最终，第四段垂直着陆段的实际初始状态为 V_0^T、θ_0^T、x_0^T、y_0^T、m_0^T：

$$\begin{cases} V_0^T = V_0 + 38 \cdot \text{unifrnd}(-1,1,1) \\ \theta_0^T = \theta_0 + 2 \cdot \text{unifrnd}(-1,1,1) \\ x_0^T = x_0 + 68 \cdot \text{unifrnd}(-1,1,1) \\ y_0^T = y_0 + 272 \cdot \text{unifrnd}(-1,1,1) \\ m_0^T = m_0 + 1\,600 \cdot \text{unifrnd}(-1,1,1) \end{cases} \tag{5.188}$$

其中，V_0、θ_0、x_0、y_0、m_0 为初始状态值。

由于考虑的优化模型为二维质点模型，质心偏移、发动机推力线横移偏差对仿真结果没有影响，主要考虑的随机干扰包括大气密度（ρ）偏差、气动力系数（C_N^α 和 C_{x1}）偏差、发动机秒耗量（$\dot{G}_1$）偏差、比冲（I_{SP}）偏差、发动机推力线（η_φ）偏斜和随机风等。大气密度偏差、气动力系数偏差、发动机秒耗量偏差分别具有15%、10%和3%的随机偏差，发动机比冲具有 30 m/s 的随机偏差，发动机推力线偏斜 24’（即0.4°），即

$$\begin{cases} \rho = \rho[1 + 0.15 \cdot \text{unifrnd}(-1,1,1)] \\ C_N^\alpha = C_N^\alpha[1 + 0.1 \cdot \text{unifrnd}(-1,1,1)] \\ C_{x1} = C_{x1}[1 + 0.1 \cdot \text{unifrnd}(-1,1,1)] \\ \dot{G}_1 = \dot{G}_1[1 + 0.03 \cdot \text{unifrnd}(-1,1,1)] \\ I_{SP} = I_{SP} + 30 \cdot \text{unifrnd}(-1,1,1) \\ \eta_\phi = 0.4 \cdot \text{unifrnd}(-1,1,1) \end{cases} \tag{5.189}$$

单独考虑随机风干扰模型，假设纵向平面内的火箭质点受到在平面内的轴向风和侧向风，轴向风干扰直接体现在返回体的相对速度上，侧向风产生的干扰力可以等效为附加攻角，干扰攻角的计算方法和步骤如下：

步骤1：假设 U_0为轴向风，W_0为侧向风，均服从均匀分布，最大为 10 m/s；

步骤2：计算干扰分量：

$$\begin{cases} \Delta V = \sqrt{U_0^2 + W_0^2} \\ V' = \sqrt{V^2 + \Delta V^2} \\ \Delta\alpha = \arctan \dfrac{W_0}{V'} \end{cases} \tag{5.190}$$

式中，$\Delta\alpha$ 为侧向风引起的干扰攻角；V'为火箭相对于空气的速度。

在考虑上述初始状态偏差和随机干扰的情况下，进行 2 000 次蒙特卡洛打靶仿真，考虑到展示 2 000 次曲线很拥挤不够清晰，图5.28 仅展示了其中500 次打靶火箭返回体的飞行轨迹曲线。图5.29 展示2 000 次弹道仿真的落点偏差散布。从图5.28 和图5.29 可以看出在随机初始偏差和干扰下，基于滚动凸优化的制导方法能保证返回体最终的落点位于指定降落点附近较小的偏差范围内，2 000 次仿真的实际落点与要求的落点（529 820，1 221）m 之间的偏差较小，横向射程偏差在［-1.5，1.5］m，横向落点均满足 ±5 m 的降落区间要求，具有较高精度和鲁棒性。

图5.30 和图 5.31 给出了 2 000 次弹道仿真返回体的落速分布与落角偏差分布。从图5.30 中可以看出，落点的速度均在2 m/s 以内，满足落速的约束要求。从图5.31 中可以看出，落角偏差均在1°以下，同样满足落角的约束要求。

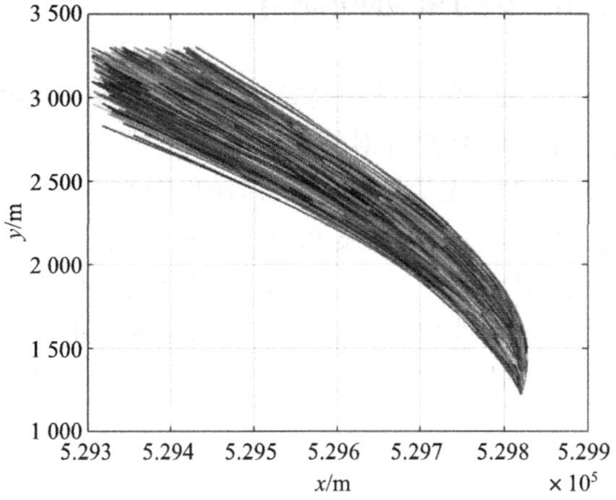

图 5.28　MCS 打靶制导精度分析

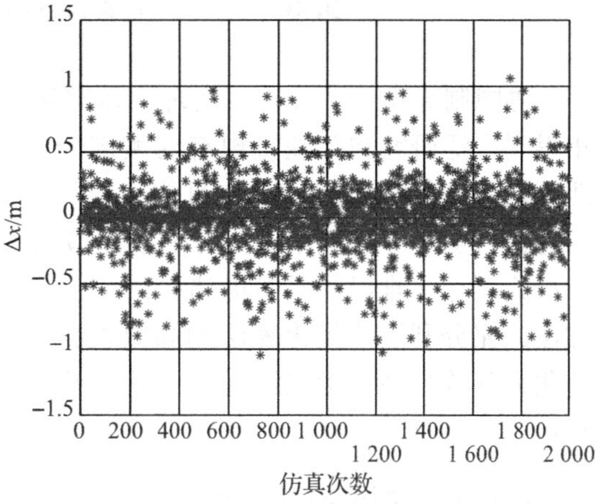

图 5.29　落点之差散布图

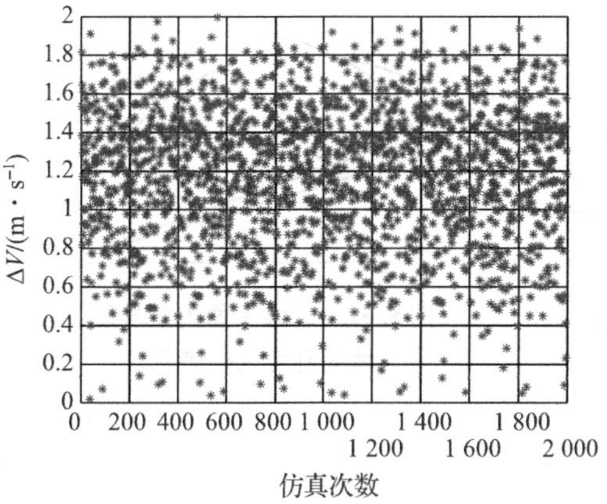

图 5.30　落速散布图

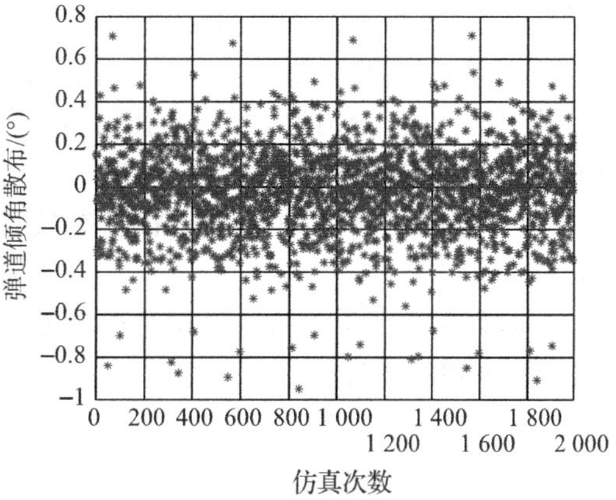

图 5.31　落角散布图

以上仿真结果证明了基于滚动时域控制和凸优化的闭环制导方法在火箭返回制导问题中的有效性和可行性。凸优化目前在火箭返回着陆问题中研究较多，其关键依然在动力学模型的建立以及模型的凸化处理上。这里介绍的火箭返回制导的滚动凸优化方法，利用序列凸优化求解一系列开环最优控制问题，对动力学直接采取线性化处理，进而配合序列凸优化进行求解，属于较为常见的求解思路。由于涉及多次迭代，实际应用中计算效率和收敛性是需要关注的问题。为了提高计算效率，有研究提出将火箭返回制导问题分解为速度法向和切向的控制[34]，法向采用经典的落角约束比例导引，通过产生攻角指令，实现火箭落点和落角约束的满足；切向采用凸优化求解最优推力，实现落速的约束满足。由于法向和切向解耦控制，切向凸优化退化为简单的推力规划问题，求解涉及更少的状态量，动力学模型大为简化，凸优化的求解效率和收敛性显著提高。

5.6 基于滚动凸优化的多约束协同制导

协同制导作为一种有效实现导弹饱和攻击的方法，能显著提高导弹的突防效能，近些年得到广泛研究和关注。现有的大部分协同制导的研究都针对解析形式的制导律，大都涉及剩余飞行时间的估计，且假设导弹速度为常数，无法适用于导弹速度时变的情况。而且，目前制导过程中需要考虑诸如最大加速度限幅、攻击角度和导引头视场角等约束，解析式制导律难以同时考虑诸多约束。本节将详细介绍一种基于滚动凸优化的协同制导方法，充分利用凸优化算法的高效性，引入时间一致性协调约束，将协同制导律的设计转化为各枚导弹最优控制问题的凸优化数值求解，达到在满足多约束情况下的同时精确打击目标的目的。

5.6.1 协同制导几何描述

不失一般性，二维平面内多导弹协同制导几何表示如图 5.32 所示，假设打击目标静止或低速运动，各枚导弹以齐射方式发射，各枚导弹时间同步。其中 V_i 和 T_i 分别为第 i 枚导弹的速度和剩余飞行时间，相应的弹目视线距离 r_i、视线角 λ_i、前置角 ε_i 和弹道倾角 γ_i 等制导飞行状态参数表示如图 5.32 中标示。

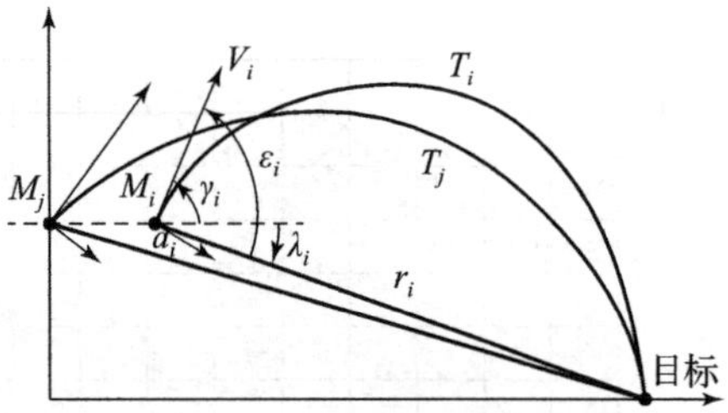

图 5.32 二维平面内多导弹协同制导几何表示

根据第 3 章中介绍的弹目相对运动方程，可写出第 i 枚导弹的弹目相对运动方程为

$$\frac{\mathrm{d}r_i}{\mathrm{d}t} = -V_i(t)\cos\varepsilon_i(t) \tag{5.191}$$

$$r_i(t)\frac{\mathrm{d}\lambda_i}{\mathrm{d}t} = -V_i(t)\sin\varepsilon_i(t) \tag{5.192}$$

$$\frac{\mathrm{d}\varepsilon_i}{\mathrm{d}t} = \frac{\mathrm{d}\gamma_i}{\mathrm{d}t} - \frac{\mathrm{d}\lambda_i}{\mathrm{d}t} \tag{5.193}$$

其中，$\dfrac{\mathrm{d}()}{\mathrm{d}t}$表示关于时间求导。

一般的比例导引制导规律如式（5.194），通常导引系数 N_i 为常数。为了满足多种攻击约束且能获取较优的性能，在此设导引系数是随时间变化的控制变量 $u_i(t)$：

$$\frac{\mathrm{d}\gamma_i}{\mathrm{d}t} = N_i(t)\frac{\mathrm{d}\lambda_i}{\mathrm{d}t} \tag{5.194}$$

式（5.193）可继续写为

$$r(t)\frac{\mathrm{d}\varepsilon_i}{\mathrm{d}t} = -[N_i(t)-1]V_i(t)\sin\varepsilon_i(t) \tag{5.195}$$

因此，比例（PN）导引下，第 i 枚导弹的运动学方程描述为

$$\begin{cases}\dfrac{\mathrm{d}r_i(t)}{\mathrm{d}t} = -V_i(t)\cos\varepsilon_i(t)\\ \dfrac{\mathrm{d}\lambda_i(t)}{\mathrm{d}t} = -V_i(t)\sin\varepsilon_i(t)/r_i(t)\\ \dfrac{\mathrm{d}\varepsilon_i(t)}{\mathrm{d}t} = -[(N_i(t)-1)V_i(t)\sin\varepsilon_i(t)]/r_i(t)\end{cases} \tag{5.196}$$

相应地，第 i 枚导弹的侧向加速度为

$$a_i = V_i N_i(t)\frac{\mathrm{d}\lambda_i(t)}{\mathrm{d}t} = -\frac{N_i(t)(V_i(t))^2\sin(\varepsilon_i(t))}{r_i(t)} \tag{5.197}$$

则可以通过求解以下最优控制问题 $P_i^0(i=1,\ 2,\ \cdots,\ N)$，获得各枚导弹最优的时变比例导引系数：

$$\begin{aligned}&\text{optimal control}: P_i^0\\ &\text{find}\quad u_i = N_i(t_i)\\ &\text{minimize}\quad J_i(t_i) = \int_{t_{i0}}^{t_{if}} a_i(t_i)^2\mathrm{d}t_i \qquad \text{(a)}\\ &\text{subject to}\quad \begin{cases}\text{Eq. 式(5.196)}\\ \lambda_i(t_{if}) = \lambda_{if}^* & \text{(b)}\\ |\varepsilon_i(t_i)| \leqslant \varepsilon_i^* & \text{(c)}\\ |\varepsilon_i(t_f)| \leqslant \varepsilon_{if}^* & \text{(d)}\\ |a_i(t_i)| \leqslant a_i^* & \text{(e)}\end{cases}\end{aligned} \tag{5.198}$$

上述最优控制问题以最小化飞行中的侧向加速度为性能指标，同时为了获得更好的打击性能，对终端视线角 $\lambda_i(t_{if})$ 进行约束；为了保证导引头能够有效锁定目标，对视场角 $\varepsilon_i(t_i)$ 进行约束；考虑到导弹机动性能有限，对加速度施加约束。通过求解 P_i^0，最终获得各枚导弹最优的时变导引系数 $N_i(t_i)$。

5.6.2　协同制导策略

为了实现对静止目标的协同攻击，在关于各枚导弹 $M_i(i=1,\ \cdots,\ N)$ 的原最优控制问题 P_i^0 中加入关于攻击时间的协调约束，从而构建一个新的最优控制问题 $P_i^1(i=1,\ 2,\ \cdots,\ N)$：

$$t_{\mathrm{go},i}(t_i) = t^* \tag{5.199}$$

其中，$t_{\mathrm{go},i}(t_i)$ 表示第 i 枚导弹的剩余飞行时间；t^* 表示系统分配给各枚导弹的目标剩余飞行时间。

这里介绍一种结合“领弹 - 从弹”的协同制导架构，在滚动时域控制架构下利用滚动凸优化求解最优制导指令，实现闭环形式的多导弹攻击时间一致的协同制导策略。在每个制导周期，领弹的剩余飞行时间被指定为系统的目标剩余飞行时间 t^*。随着导弹距离目标越来越近，滚动时域控制的预测时域 T_p 不断缩减，指令更新周期定义为 $\Delta t \in [0,\ T_p]$，滚动时域更新时间点为 $t_c = t_0 + c\Delta t(c=0,\ 1,\ \cdots)$。

1. 协同制导框架

“领弹 - 从弹”协同制导方法流程如图 5.33 所示，该方法的步骤如下。

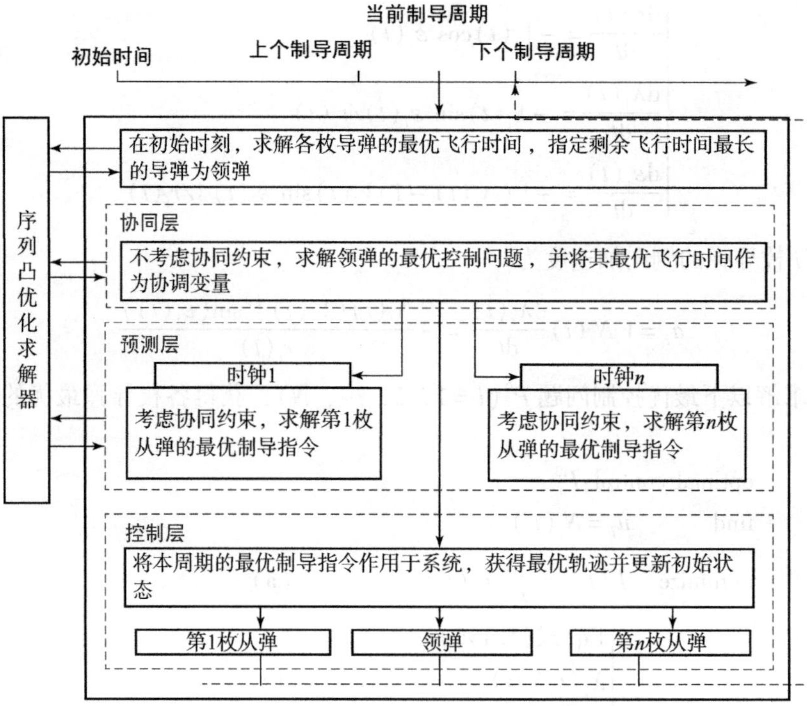

图 5.33　“领弹 – 从弹”协同制导方法流程

步骤 1：在初始时刻 t_0 对各枚导弹求解最优控制问题 $P_i^0(i=1, \cdots, N)$，指定领弹

令 $c=0$，初始时刻 $t_c=0$。求解各枚导弹在不考虑时间一致性约束情况下的最优控制问题 $P_i^0(i=1, \cdots, N)$，得到各自的最优轨迹，包括最优导引系数 $N_i^0(t_i)$ 和相应的剩余飞行时间 $t_{go,i0}(t_i)$。选取剩余飞行时间最大的导弹为领弹，假设第 l 枚导弹选为领弹，则目标剩余飞行时间 $t^*=t_{go,l0}(t_l)$。在下文中，为了描述方便，统一将自变量 t_i 省略。例如：$r_{i0}(t_i)$、$N_{i0}(t_i)$、$t_{go,i0}(t_i)$ 和 $t_{go,i}(t_i)$ 将分别简写为 r_{i0}、N_{i0}、$t_{go,i0}$ 和 $t_{go,i}$。

步骤 2：第一个制导周期的预测和控制

预测：令制导周期 $K=1$，各从弹求解预测时域 $s\in[t_c, t_c+T_p]$ 内考虑时间一致性约束的最优控制问题 P_i^1，得到各自的最优导引系数 $N_i(s; t_c)$ $(i=1, \cdots, l-1, l+1, \cdots, N)$。

控制：将各枚导弹求得的最优制导指令的第一个控制输入序列 $N_i(s; t_c)(s\in[t_c, t_c+\Delta t])$ 作为控制指令作用于各枚从弹；而对于领弹，则将第一个控制输入序列 $N_{l0}(s; t_c)$ $(s\in[t_c, t_c+\Delta t])$ 作为其控制指令输入。

步骤 3：第 K 个制导周期的预测和控制

令 $K=K+1$，$c=c+1$。

领弹的预测：在更新时间点 t_c，领弹根据先前实现的预测控制轨迹，更新其状态，在此基础上求解预测时域 $s\in[t_c, t_c+T_p]$ 上的最优控制问题 P_l^0，从而得到其剩余飞行时间 $t_{go,l}(s; t_c)$。

协调：更新协调约束 $t^*=t_{go,l}(s; t_c)$。

从弹的预测：考虑协同约束 $t^*=t_{go,l}(s; t_c)$，各枚从弹求解 $P_i^1(s; t_c)(i=1, \cdots, l-1, l+1, \cdots, N)$，从而得到其最优导弹系数 $N_i(s; t_c)(s\in[t_c, t_c+\Delta t])$。

控制：将所得最优控制量的第一个控制序列 $N_i(s; t_c)(s\in[t_c, t_c+\Delta t])$ 分别作用于每一枚导弹，实现该时段的最优轨迹 $\{r_i(s; t_c), \lambda_i(s; t_c), \varepsilon_i(s; t_c)\}$。

步骤 4：收敛性检测

若所有导弹中最小的弹目视线距离小于事先指定的值，即 $\min\limits_{i=1,\cdots,N}\{r_i\}\leqslant r_\delta$，则预测控制过程停止，各枚导弹各自按照当前的最优导引系数飞行，直至击中目标。否则，回到步骤 3。

一旦领弹指定，就只需领弹在每个制导周期开始之前将其剩余飞行时间传递给其他导弹。因此，这种协同制导的通信结构较为简单。但是一旦领弹无法工作，协同制导就无法完成。另外，导弹的机动能力和能量都是有限的，因此其飞行时间都是一个范围。假如某枚导弹的最短飞行时间还要比其中一枚导弹的最长可能飞行时间长，此时协同制导是无法实现的。该问题对于任何的协同制导方法都存在。另外，若协调变量 t^* 提前指定，在飞行中不更新，则协同制导变为开环协同制导。

2. 目标剩余飞行时间计算

目标剩余飞行时间 t^* 的计算非常重要，显然各枚导弹的飞行时间未知。在传统的制导律设计中，大多数方法在计算剩余飞行时间时都假设导弹速度大小不变，当导弹速度大小变化较大时，误差较大。另外，若引入新的变量估计剩余时间，必然会增加凸优化求解的计算量和复杂度。因此，采用以弹目视线距离 $r_i(i=1, 2, \cdots, N)$ 为自变量的闭环制导方程。其前提是需要假设弹目距离作为时间的函数是单调的，这一点在实际的导弹协同制导研究中通常也是合理的，同时这一假设也可进一步避免产生迂回弹道等不符合导弹动力学特性的制导飞行过程。

因此，将式（5.196）中后两个方程分别除以第一个方程，得到以弹目视线距离 r_i 为自变量的方程组：

$$\begin{cases}\dfrac{\mathrm{d}t_i}{\mathrm{d}r_i}=-\dfrac{1}{V_i\cos\varepsilon_i}\\ r_i\dfrac{\mathrm{d}\lambda_i}{\mathrm{d}r_i}=\tan\varepsilon_i\\ r_i\dfrac{\mathrm{d}\varepsilon_i}{\mathrm{d}r_i}=(u_i-1)\tan\varepsilon_i\end{cases}\tag{5.200}$$

上述方程组描述了以弹目距离 r_i 作为自变量的制导运动模型，其中剩余飞行时间 t_i 以状态量的形式给出。为简化协同制导模型，定义新的状态量：

$$\sigma_i=\tan\varepsilon_i\tag{5.201}$$

式（5.200）进一步变为

$$\begin{cases}\dfrac{\mathrm{d}t_i}{\mathrm{d}r_i}=-\sqrt{(1+\sigma_i^2)}/V_i\\ r_i\dfrac{\mathrm{d}\lambda_i}{\mathrm{d}r_i}=\sigma_i\\ r_i\dfrac{\mathrm{d}\sigma_i}{\mathrm{d}r_i}=-\sigma_i(1+\sigma_i^2)+\sigma_i(1+\sigma_i^2)u_i\end{cases}\tag{5.202}$$

相应地，性能指标函数（5.198）(a）和约束（5.198）(b ~ e）也转换为以 r_i 为自变量的函数：

$$
\begin{aligned}
J_i(r_i) &= \int_{r_{i0}}^{r_{if}} -\frac{V_i^3\sigma_i}{r_i^2}\frac{\sigma_i}{\sqrt{1+\sigma_i^2}}u_i^2\mathrm{d}r_i \\
&= \int_{r_{i0}}^{r_{if}} -\frac{V_i^3\sigma_i^2}{r_i^2\sqrt{1+\sigma_i^2}}u_i^2\mathrm{d}r_i
\end{aligned} \tag{5.203}
$$

$$
\lambda_i(r_{if}) = \lambda_{if}^* \tag{5.204}
$$

$$
|\varepsilon_i(r_i)| \leqslant \varepsilon_{i\max} \tag{5.205}
$$

$$
|\varepsilon_i(r_{if})| \leqslant \varepsilon_{if}^* \tag{5.206}
$$

$$
|a_i(r_i)| \leqslant a_{i\max} \tag{5.207}
$$

其中，r_{i0}和 r_{if}分别表示第 i 枚导弹的初始和终端视线距离。

同时，式（5.199）中关于攻击时间的协调约束变为

$$
t_{\mathrm{go},i}(r_i) = t^* \tag{5.208}
$$

至此，建立了各枚导弹以 r_i 为自变量的最优控制问题 P_i^{1r}($i=1$, 2, …, N)，相应地若不考虑协调约束，则以 r_i 为自变量的最优控制问题表示为 P_i^{0r}。

$$
\begin{aligned}
&\text{optimal control}: P_i^{1r} \\
&\text{find} \quad u_i = N_i(r_i) \\
&\text{minimize} \quad 式(5.203) \\
&\text{subject to} \quad \begin{cases} 式(5.202) \\ 式(5.204) \sim 式(5.207) \\ 式(5.208) \end{cases}
\end{aligned} \tag{5.209}
$$

实际中，由于自变量 r_i 能够由导航系统或导引头系统测量或估计，一旦求出最优导引律 $N_i(r_i)$，相应的剩余飞行时间 $t_{\mathrm{go},i}(r_i)$ 就能够通过对式（5.202）中第一个方程进行数值积分，进而基于导弹的剩余飞行时间获取目标攻击时间 t^*。

3. 最优控制问题凸优化求解

显然，协同制导中的最优控制问题（P_i^{1r} 和 P_i^{0r}）都是非凸的，主要存在动力学等式方程和目标函数所带来的非凸性，需要采用系列凸化方法将其转化为二阶锥规划问题。

首先，引入状态量 $\boldsymbol{x}_i = [t_i \quad \lambda_i \quad \sigma_i]^{\mathrm{T}}$，则式（5.202）中以 r_i 为自变量的运动方程表示为

$$
r_i\frac{\mathrm{d}\boldsymbol{x}_i}{\mathrm{d}r_i} = f(\boldsymbol{x}_i) + g(\boldsymbol{x}_i)u_i \tag{5.210}
$$

其中，

$$
f(\boldsymbol{x}_i) = \begin{bmatrix} -r_i\sqrt{(1+\sigma_i^2)}/V_i \\ \sigma_i \\ -\sigma_i(1+\sigma_i^2) \end{bmatrix}, g(\boldsymbol{x}_i) = \begin{bmatrix} 0 \\ 0 \\ \sigma_i(1+\sigma_i^2) \end{bmatrix}
$$

采取逐次线性化方法对动力学方程进行线性化处理。假设最优控制问题 P_i^{1r} 或 P_i^{0r} 在凸优化求解中第 k 次优化迭代解为 $\{\boldsymbol{x}_i^{(k)};\ u_i^{(k)}\}$。将式（5.210）在 $\{\boldsymbol{x}_i^{(k)};\ u_i^{(k)}\}$ 处进行泰勒展开，变为线性形式：

$$r_i\frac{\mathrm{d}\boldsymbol{x}_i}{\mathrm{d}r_i}=A(\boldsymbol{x}_i^{(k)})\boldsymbol{x}_i+B(\boldsymbol{x}_i^{(k)})u_i+\Delta(\boldsymbol{x}_i^{(k)}) \tag{5.211}$$

其中，$\boldsymbol{x}_i^{(k)}=[t_i^{(k)}\quad \lambda_i^{(k)}(k)\quad \sigma_i^{(k)}]^{\mathrm{T}}$，$A(\boldsymbol{x}_i^{(k)})=\dfrac{\partial f}{\partial \boldsymbol{x}_i}(\boldsymbol{x}_i^{(k)})+\dfrac{\partial g}{\partial \boldsymbol{x}_i}(\boldsymbol{x}_i^{(k)})u_i^{(k)}$，$B(\boldsymbol{x}_i^{(k)})=g(\boldsymbol{x}_i^{(k)})$，$\Delta(\boldsymbol{x}_i^{(k)})=f(\boldsymbol{x}_i^{(k)})-A(\boldsymbol{x}_i^{(k)})\boldsymbol{x}_i^{(k)}$。

式（5.211）中，上角标“（k）”表示相关的变量来自第 k 次最优序列迭代解（参考轨迹）。同时，利用松弛法[29]来处理式（5.203）中的非线性，引入松弛变量 $\boldsymbol{\eta}_i$ 和新的约束，性能指标函数（5.203）等价地转换为

$$J_i=\int_{r_{i0}}^{r_{if}}-\eta_i\mathrm{d}r_i \tag{5.212}$$

和

$$\frac{V_i^3\boldsymbol{\sigma}_i^2}{r_i^2\sqrt{1+\sigma_i^2}}u_i^2\leqslant\boldsymbol{\eta}_i \tag{5.213}$$

显然，不等式是非线性的，可以进行如下转换。在第 k 次序列优化迭代中，定义：

$$\chi^{(k)}=\frac{(r_i^{(k)})^2\sqrt{1+(\boldsymbol{\sigma}_i^{(k)})^2}}{(V_i^{(k)})^3\cdot(\boldsymbol{\sigma}_i^{(k)})^2} \tag{5.214}$$

不等式（5.213）可转换为如下二阶锥约束：

$$u_i^2\leqslant\chi^{(k)}\boldsymbol{\eta}_i \tag{5.215}$$

为了保证最优序列能够有效收敛到全局最优解，引入信赖域约束[29]：

$$|\boldsymbol{x}_i^{(k)}-\boldsymbol{x}_i^{(k-1)}|\leqslant\boldsymbol{\delta}_i \tag{5.216}$$

其中，δ_i 为提前指定的常向量。

通过上述凸化过程，最终非线性最优控制问题 P_i^{1r} 转换为凸的最优控制问题。

$$\begin{aligned}
&\text{optimal control}: P_i^{1r\mathrm{SOCP}}\\
&\text{find}\qquad u_i=N_i(r_i)\\
&\text{minimize}\quad 式(5.212)\\
&\text{subject to}\ \begin{cases}式(5.211)\\ 式(5.215),式(5.216),式(5.204)\sim式(5.207)\\ 式(5.208)\end{cases}
\end{aligned} \tag{5.217}$$

进一步对上述问题采用欧拉法进行离散化处理，得到 SOCP 问题 $P_i^{1r\mathrm{SOCP}}$，可以采用高效的内点法进行求解。将协调约束（5.208）从式（5.217）中去除，就能得到最优控制问题 P_i^{0r} 的凸化形式 $P_i^{0r\mathrm{SOCP}}$。注意，$P_i^{1r\mathrm{SOCP}}$ 仅仅只是原最优控制问题 P_i^{1r} 在最优序列 $\{\boldsymbol{x}_i^{(k)};\ u_i^{(k)}\}$ 下的近似，因此需要利用序列凸优化方法[29]来求解 $P_i^{1r\mathrm{SOCP}}$，进行多次迭代得到最优解。

5.6.3 数值仿真

三枚导弹通过协同制导来攻击静止目标，导弹的初始条件、约束参数和速度展示在

表5.4中，其中 $t_{go,B}$ 表示导弹剩余飞行时间的范围。仿真在 MATLAB2016a 软件中实施，计算机配置为 Intel Core（TM）i5－3210M CPU 和4.00 GB RAM。此处的 r_0 设置为负数主要是为了计算方便，不影响其实际物理意义。序列凸优化收敛性准则中 r_δ 设置为 $r_\delta=1$ m。

表5.4　协同制导中的相关参数

导弹序号	初始条件				约束参数				速度
	r_0/km	ε_0/(°)	λ_0/(°)	$t_{go,B}$/s	λ_f^*/(°)	ε_f^*/(°)	ε_{max}/(°)	a_{max}/g	V_i/(m·s^{-1})
1	－26.5	40	0	90～60	－45	1	80	15	380
2	－27.5	40	0	90～60	－45	1	80	15	380
3	－28.5	40	0	90～60	－45	1	80	15	380

1. 开环协同制导

首先不考虑滚动时域控制策略，直接求解各枚导弹整个飞行时段内在无协调约束下的最优控制问题 P_i^0，获得相应的飞行时间（75.74 s，78.60 s 和81.46 s）。选择飞行时间最长的导弹3作为领弹，将其飞行时间设为 t^*。然后，导弹1和导弹2求解具有时间协调约束的最优控制问题 P_i^1，以获得最优导引系数 $N(t)$。此时，所实现的是开环协同制导。

以导弹3为例，所得状态量和最优控制量如图5.34所示。图5.34（a～d）展示了导弹的控制量、轨迹、前置角和飞行时间的变化情况，可以看出在满足所有约束条件下序列凸优化

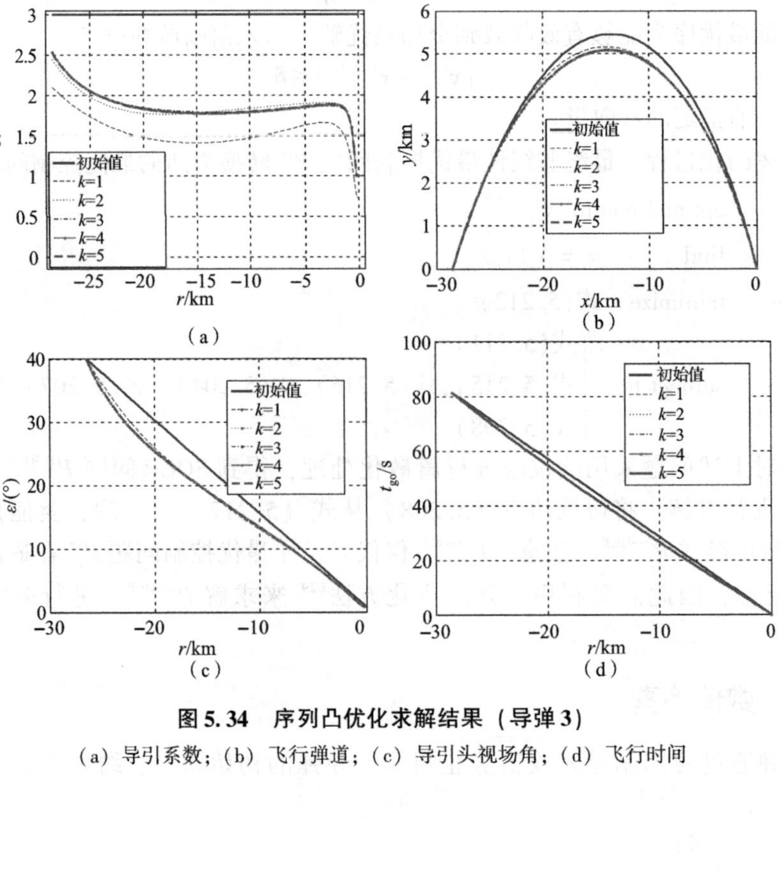

图5.34　序列凸优化求解结果（导弹3）

（a）导引系数；（b）飞行弹道；（c）导引头视场角；（d）飞行时间

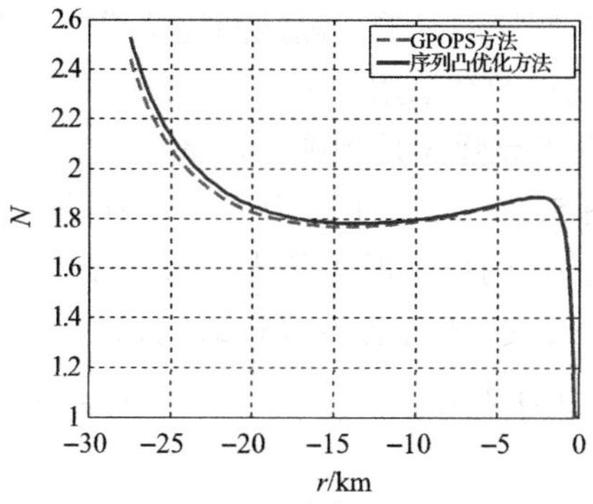

(e)

图5.34 序列凸优化求解结果（导弹3）（续）

(e) 两种方法导引系数比较

需要5次迭代达到收敛。广泛用于求解最优控制问题的高斯伪谱（GPOPS）方法也用于求解相同的最优控制问题，耗时7.32 s。两种方法（序列凸优化方法和GPOPS方法）获得的最优控制量（最优导引系数）如图5.34（e）所示，从中可以看出两种方法产生的结果几乎相同，证明了序列凸优化方法在求解最优控制问题时的准确性和有效性。同时，序列凸优化方法（0.87 s）比高斯伪谱方法（7.32 s）显然效率更高。这里未考虑滚动时域控制策略，直接一次凸优化求解整个飞行时段上的最优控制问题，这意味着在滚动时域控制策略的闭环协同制导下，每个制导周期凸优化耗时少于0.87 s，从而能够保证制导的实时性。

图5.35展示了开环协同制导下三枚导弹的飞行弹道、飞行时间、导引头视场角、加速度、LOS角和导引系数。从图5.35中可见，三枚导弹实现了齐射攻击，并满足了导引头视场角、加速度约束、LOS角度约束。从图5.35（b）中可以看出，三枚导弹的飞行时间迅速收敛并保持一致，这些结果一定程度上证明了基于凸优化的“领弹－从弹”协同制导方法的有效性。

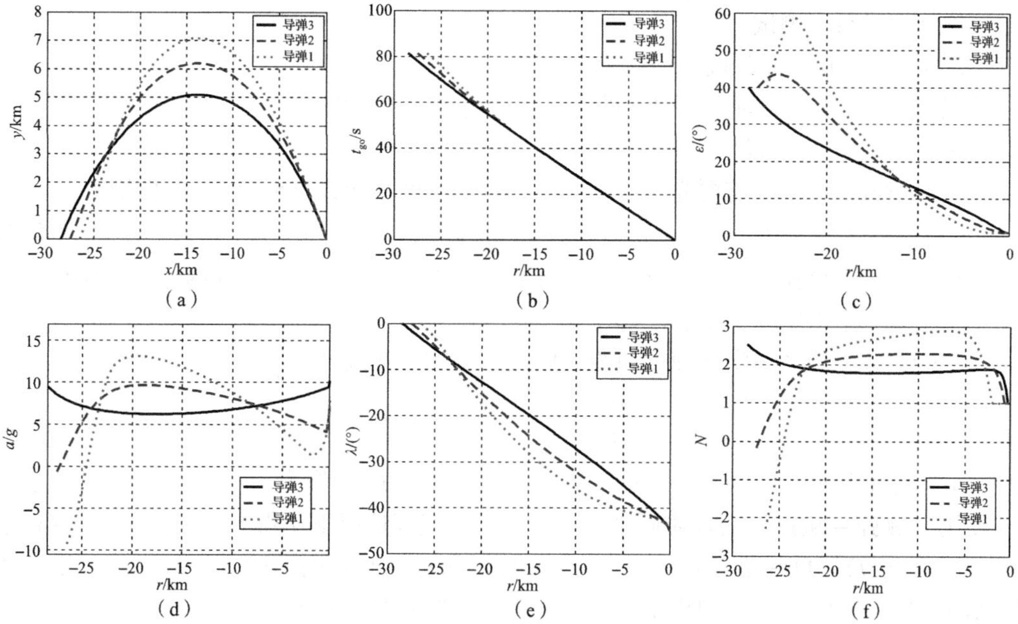

图5.35 开环协同制导的优化结果

(a) 飞行弹道；(b) 飞行时间；(c) 导引头视场角；(d) 加速度；(e) LOS角；(f) 导引系数

为了测试考虑协调约束对制导的影响，测试两枚从弹在没有协调约束下的仿真结果，用“uncon”表示，其中有协同约束的结果用“con”表示，所得最优导引系数及弹道曲线仿真结果展示如图 5.36 所示。由于导弹 3 是领弹，因此通过求解无协调约束的最优控制问题 P_i^0 获得最优制导系数。从图 5.36（a）中可以看出，在协同制导过程中从弹（导弹 1 和导弹 2）的导引系数要比无协调约束情况下的大，且需要花费更长的飞行时间来等待领弹（导弹 3）才能实现齐射攻击，这显然会导致过载的增加。从图 5.36（b）中可以看出，无约束下用时较短的导弹（导弹 1 和导弹 2）会绕道飞行以延长到达时间，从而达到攻击时间一致。

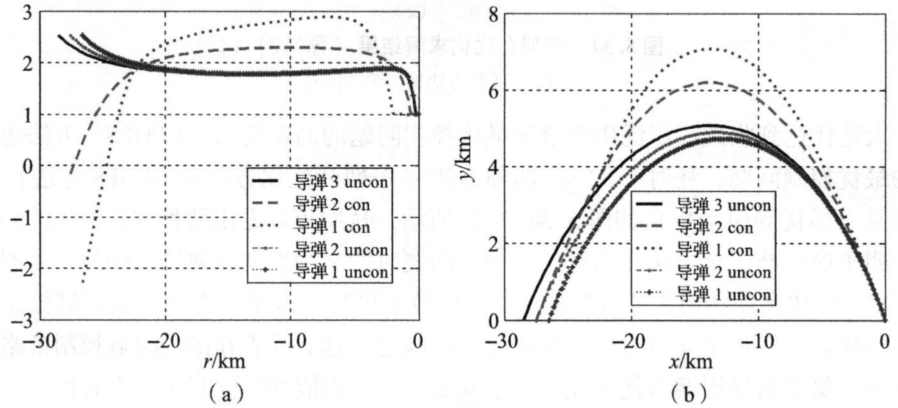

图 5.36 有/无协调约束情况下的制导结果

(a) 导引系数；(b) 飞行弹道

2. “领弹–从弹”闭环协同制导

为了验证滚动凸优化协同制导方法在处理速度时变方面的有效性和适应性，针对三种不同的速度情况进行了测试。

情况 1：速度在预测阶段和控制阶段都是定常的；

情况 2：速度在控制阶段是时变的，在预测阶段是定常的；

情况 3：速度在预测阶段和控制阶段都是时变的。

在预测阶段，由于仅需要先验速度曲线，假定速度按照式（5.218）线性增大：

$$V_i = V_{i0} + k_i t \tag{5.218}$$

式中，V_{i0}为第 i 个导弹在滚动优化更新时间点 t_c处的速度；$k_i = 0.5\ \mathrm{m/s^2}$；在控制阶段 $t \in [t_c,\ t_{c+1}]$，在预测阶段 $t \in [t_c,\ t_c + T_p]$。

在控制阶段，应考虑实际速度曲线，因此采用如下非线性模型：

$$\frac{\mathrm{d}V_i}{\mathrm{d}t} = 0.5\rho V_i^2 S_{ref} C_X + P_t \tag{5.219}$$

式中，ρ 为大气密度；S_{ref}为参考面积；C_X 为阻力系数；P_t 为推力。

使用“领弹–从弹”闭环协同制导方法，三种速度情况下所得导弹的弹道（$x-y$）、导引头视场角 $\varepsilon_i(t)$、LOS 角 $\lambda_i(t)$、加速度 $a_i(t)$ 和每个制导周期所得的最优导引系数 N 分别展示于图 5.37（情况 1）、图 5.38（情况 2）和图 5.39（情况 3）。

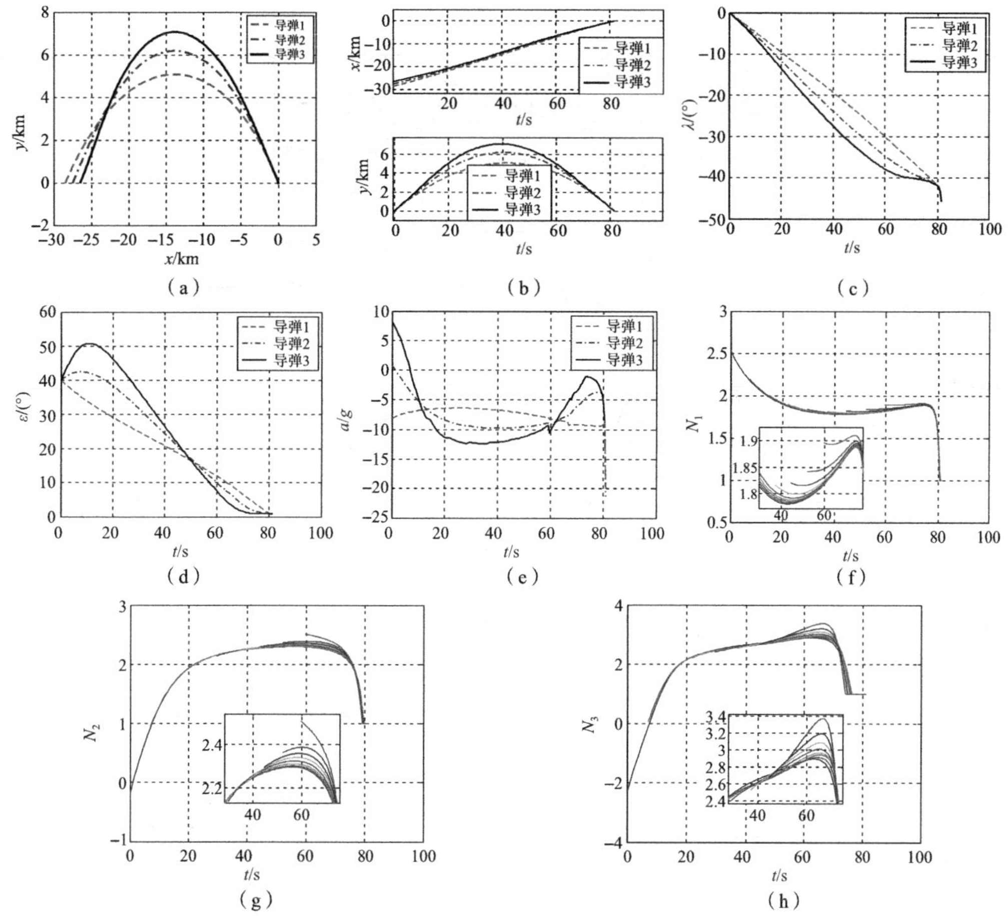

图 5.37　闭环协同制导仿真结果（情况 1）

(a) 飞行弹道；(b) x 和 y；(c) LOS 角；(d) 导引头视场角；(e) 加速度；
(f) 导引系数 N_1；(g) 导引系数 N_2；(h) 导引系数 N_3

从图 5.37 ~ 图 5.39 中可以发现以下结论。

第一，从弹道曲线（$x-y$、$x-t$ 和 $y-t$）来看，三种速度情况下，“领弹 - 从弹”协同制导均能使得导弹实现齐射攻击。同时，各枚导弹均能满足 LOS 角、导引头视场角的末端约束，以及导引头视场角和加速度路径约束，证实了凸优化算法在求解多约束最优控制问题时的有效性。

第二，对于所有制导周期（9 个）中产生的最优导引系数（N_1、N_2 和 N_3），在某些在预测区域内不重叠，特别是在最后两个制导周期中所得的最优导引系数存在明显差异。这是因为为了利用凸优化，需要对问题进行凸化处理，而在预测系统状态的时候需要用到数值积分，这些都会一定程度导致近似和数值误差（可认为是模型不确定性的一种）。而且，随着制导周期的推进，这种误差会累积。但是从仿真结果看，导弹能够在满足约束的情况下实现齐射攻击，这表明滚动时域控制策略结合凸优化可以有效地处理模型不确定性。另外，在每个制导周期内获得的最优导引系数相互差异最大的是情况 3，尤其是最后一个制导周期，其次是情况 2，然后是情况 1。原因是导弹的速度在情况 2（控制阶段）和情况 3（预测和控制阶段）是时变的，必然对应更大的不确定性。

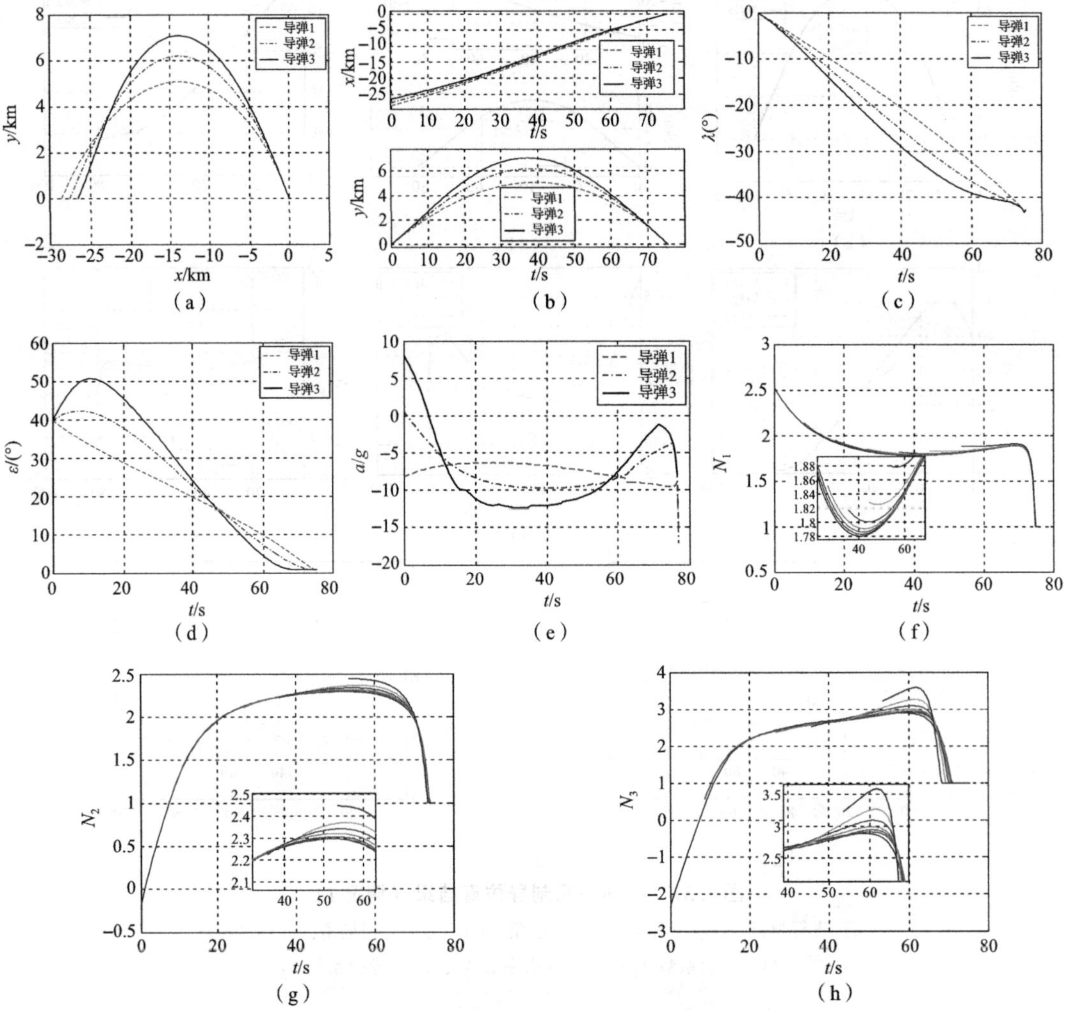

图 5.38　闭环协同制导仿真结果（情况 2）

(a) 飞行弹道；(b) x 和 y；(c) LOS 角；(d) 导引头视场角；(e) 加速度；

(f) 导引系数 N_1；(g) 导引系数 N_2；(h) 导引系数 N_3

第三，情况 2（$t_f = 75.5$ s）和情况 3（$t_f = 75.50$ s）的飞行时间明显短于情况 1（$t_f = 81.35$ s），原因是在情况 2 和情况 3 中，导弹的速度在不断增加。情况 2 和情况 3 下飞行时间几乎相同，因为在预测阶段先验速度大小假定相对缓慢地增加（$k_i = 0.5\ \mathrm{m/s^2}$）。当然，如果导弹的速度大小变化很大，则可能最优控制问题不存在最优解，从而导致协同制导的失败，而通常在末制导期间速度大小不会有明显改变。

5.7 小　结

凸优化在航空航天的制导控制问题中得到越来越多的应用，除了以上给出的火箭返回垂直着陆制导和导弹多约束协同制导，在高超声速飞行器再入轨迹规划、无人机协同轨迹规划、轨迹跟踪、火星/月球着陆制导中均有研究应用。如何结合具体研究问题的特征，从最

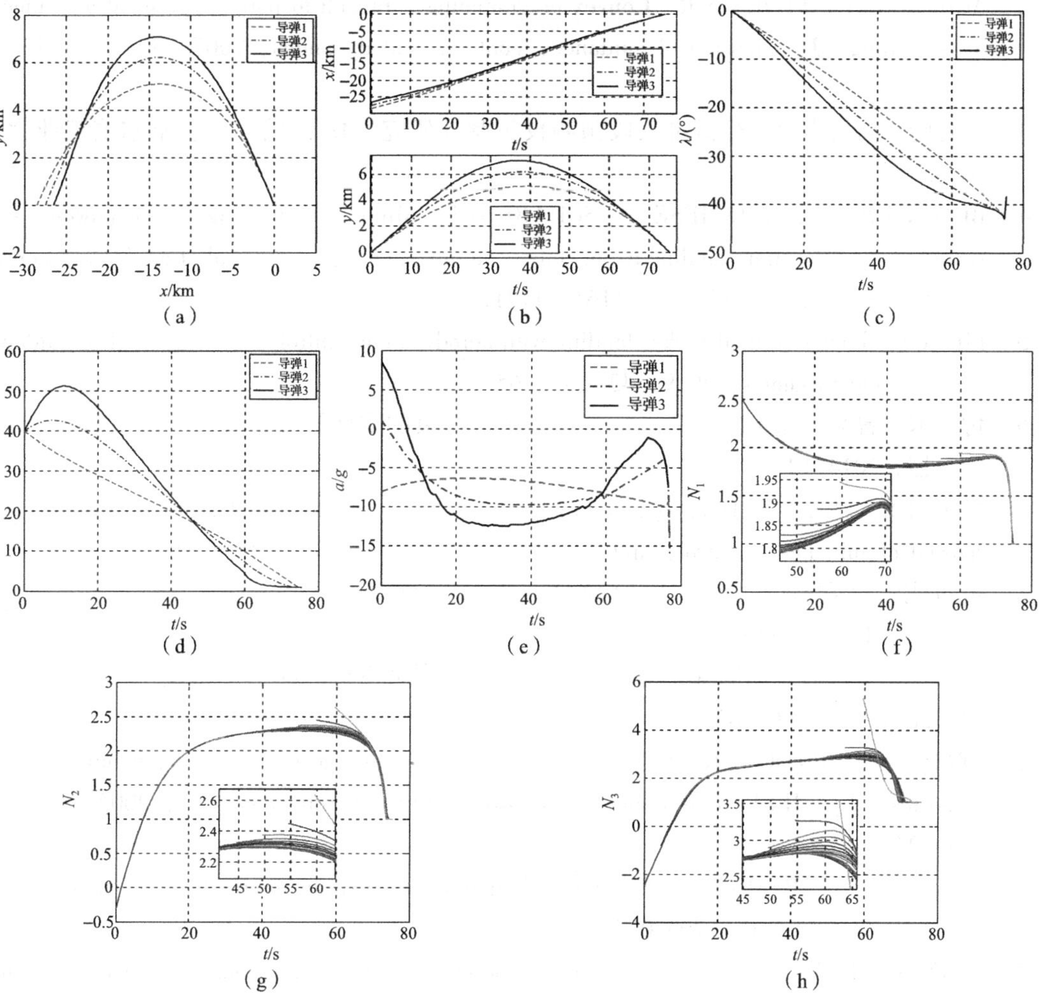

图 5.39　闭环协同制导仿真结果（情况 3）

（a）飞行弹道；（b）x 和 y；（c）LOS 角；（d）导引头视场角；（e）加速度；

（f）导引系数 N_1；（g）导引系数 N_2；（h）导引系数 N_3

优控制问题建模、凸化处理、控制策略等各个方面，探索提高凸优化求解效率、改善求解可靠性的方法和途径，以及开发高效可靠的凸优化求解软件工具，是未来凸优化应用方面依然需要关注的问题。为了提高凸优化求解效率和可靠性，一方面可以从理论上针对具体问题构建更加精准而合理的数学模型，针对性地引入更加精确有效的凸化方法，尽可能在保留原问题非线性的情况下进行凸化，提高求解精度和效率；另一方面，可以从实际工程应用角度出发，针对具体问题从物理特征角度进行合理的模型简化和近似，在满足精度前提下保证凸优化求解的可靠性。

参 考 文 献

[1] LU P. Introducingcomputational guidance and control [J]. Journal of guidance, control, and dynamics, 2017, 40 (2): 193.

[2] ACIKMESE B, PLOEN S R. Convex programming approach to powered descent guidance for mars landing [J]. Journal of guidance, control, and dynamics, 2007, 30 (5): 1353 - 1366.

[3] 王光伦. 高超声速飞行器再入段预测校正制导研究 [D]. 哈尔滨: 哈尔滨工业大学, 2010.

[4] BLACKMORE L, ACIKMESE B, SCHARF D P. Minimum - landing - error powered - descent guidance for Mars landing using convex optimization [J]. Journal of guidance, control, and dynamics, 2010, 33 (4): 1161 - 1171.

[5] LIU X F. Fuel - optimal rocket landing with aerodynamic controls [J]. Journal of guidance, control, and dynamics, 2019, 42 (1): 65 - 77.

[6] 付主木, 曹晶, 张金鹏, 等. 带落角和落点约束的空地导弹最优制导律设计 [J]. 航空兵器, 2014 (1): 3 - 6.

[7] JEON I S, LEE J I. Homing guidance law for cooperative attack of multiple missiles [J]. Journal of guidance, control, and dynamics, 2010, 33 (1): 275 - 280.

[8] 崔乃刚, 韦常柱, 郭继峰. 导弹协同作战飞行时间裕度 [J]. 航空学报, 2010, 31 (7): 1351 - 1359.

[9] 庄志洪, 王宏波, 刘剑峰, 等. 末制导段导弹剩余飞行时间估算及应用 [J]. 弹道学报, 2001 (2): 60 - 62.

[10] TAHK M J, RYOO C K, CHO H. Recursivetime - to - go estimation for homing guidance missiles [J]. IEEE transactions on aerospace and electronics systems, 2002, 38 (1): 13 - 24.

[11] POLYAK B, TREMBA A. Solving underdetermined nonlinear equations by newton - like method [Z]. ArXiv: 1703.07810.

[12] PAN B, MA Y, YAN R. On Newton - type methods in computational guidancc [J]. Journal of guidance, control, and dynamics, 2018, 42 (2): 377 - 383.

[13] LIU X, LU P. Solving nonconvex optimal control problems by convex optimization [J]. Journal of guidance, control, and dynamics, 2014, 37 (3): 750 - 765.

[14] WANG J H, XU Y, XIONG Z H, et al. Convex optimization design in formation control trajectory of multi UAV [J]. Science technology & engineering, 2014, 2 (3): 215 - 222.

[15] 林晓辉, 于文进. 基于凸优化理论的含约束月球定点着陆轨道优化 [J]. 宇航学报, 2013, 34 (7): 901 - 908.

[16] LIU C, ZHANG C, JIANG H, et al. Online trajectory optimization based on successive convex optimization [C] //2017 36th Chinese Control Conference (CCC), 2017.

[17] JIANG H, AN Z, YU Y N, et al. Cooperative guidance with multiple constraints using convex optimization [J]. Aerospace science and technology, 2018, 79: 426 - 440.

[18] LIU X, LU P, PAN B. Survey of convex optimization for aerospace applications [J]. Astrodynamics, 2017, 1 (1): 23 - 40.

[19] LIU X, SHEN Z. Rapid smooth entry trajectory planning for high lift/drag hypersonic glide

vehicles [J]. Journal of optimization theory and applications, 2016, 168 (3): 917 - 943.

[20] 郭铁丁. 深空探测小推力轨迹优化的间接法与伪谱法研究 [D]. 北京: 清华大学, 2012.

[21] 吴嘉梁. 基于间接法的上升段轨迹优化方法研究 [J]. 导航定位与授时, 2016, 3 (2): 14 - 19.

[22] 涂良辉, 袁建平, 岳晓奎. 基于直接配点法的再入轨迹优化设计 [J]. 西北工业大学学报, 2006, 24 (5): 653 - 657.

[23] 雍恩米, 唐国金, 陈磊. 基于 Gauss 伪谱方法的高超声速飞行器再入轨迹快速优化 [J]. 宇航学报, 2008 (6): 1766 - 1772.

[24] 池贤彬, 许琦, 李之强, 等. 非合作空间目标自主交会凸优化制导技术 [J]. 宇航学报, 2018, 39 (11): 1248 - 1257.

[25] 陈洪普. 基于凸优化的模型预测控制在飞行器再入制导中的应用 [D]. 哈尔滨: 哈尔滨工业大学, 2013.

[26] 路钊. 高超声速飞行器再入末段轨迹在线优化 [D]. 哈尔滨: 哈尔滨工业大学, 2014.

[27] GARG D, HAGER W W, RAO A V. Gauss pseudospectral method for solving infinite - horizon optimal control problems [J]. Automatica, 2011, 47 (4): 829 - 837.

[28] LIU X, SHEN Z, LU P. Closed - loop optimization of guidance gain for constrained impact [J]. Journal of guidance, control, and dynamics, 2017, 40 (2): 453 - 460.

[29] LIU X, SHEN Z, LU P. Solving the maximum crossrange problem via successive second - order cone programming with a line search [J]. Aerospace science and technology, 2015, 47: 10 - 20.

[30] LU P. Entry guidance: a unified method [J]. Journal of guidance, control, and dynamics, 2014, 37 (3): 713 - 728.

[31] LIU X, SHEN Z, LU P. Exact convex relaxation for optimal flight of aerodynamically controlled missiles [J]. IEEE transactions on aerospace and electronic systems, 2016, 52 (4): 1881 - 1892.

[32] QUOC T D, SAVORGNAN C, DIEHL M. Real - time sequential convex programming for optimal control applications [J]. Modeling simulation & optimization of complex processes, 2012: 91 - 102.

[33] LU P, LIU X. Autonomous trajectory planning for rendezvous and proximity operations by conic optimization [J]. Journal of guidance, control, and dynamics, 2013, 36 (2): 375 - 389.

[34] 安泽, 熊芬芬, 梁卓楠. 基于偏置比例导引与凸优化的火箭垂直着陆制导 [J]. 航空学报, 2020, 41 (5): 323606.

第6章

鲁棒变增益控制

在航空航天领域，变增益（gain - scheduling）控制是一种非常有效且被广泛使用的方法。传统变增益控制系统的设计思路是[1]：选择非线性系统中有限个具有代表性的工作点，并在这些工作点附近将系统线性化，从而得到一组线性时不变系统。针对每一个工作点处的LTI系统分别设计控制器，随后根据用户定义的参数轨迹切换到所设计的相应控制器上，或者根据参数轨迹对局部控制器进行插值得到全局控制器。

传统变增益控制思想简单且利于工程实施，但是设计周期长，缺乏保证系统在整个运行过程中具备良好性能的理论基础，并且不能很好地满足参数大范围剧烈变化的要求，对于快时变系统，系统的稳定性甚至都不能得到保证[2]。传统变增益控制方法的理论基础是平衡点附近线性化的LTI系统，要求系统参数不能变化得太快。但是现在高机动特性的飞行器越来越多，其参数往往存在大范围、快时变特性，往往以较高的速度远离平衡点，因此传统的变增益控制已经渐渐不能满足现代飞行器控制的需求。

线性变参数系统最早提出于20世纪90年代，其动态特性依赖于实时可测的参数，可以使用线性控制理论的方法来对其设计变增益控制器，从而使得控制器的增益可以随着参数的变化而变化[3]。这种LPV系统的变增益控制方法与传统变增益控制的区别主要在于：它是直接设计一个变增益控制器，而不是传统的局部控制器切换或者插值结合形成的控制器。鲁棒变增益控制实际上是一种自适应控制，在工程上有着广泛的应用，其主要组成理论是H_∞控制、线性矩阵不等式（LMI）、LPV系统以及凸优化[4]。

鲁棒变增益控制的目的是设计控制器，使得系统满足以下性质。

（1）闭环系统内部稳定，即闭环系统状态矩阵的所有特征值均在左半开复平面中。

（2）从扰动输入w到被控输出z的传递函数$T_{wz}(s)$的H_∞范数小于性能指标γ。

鲁棒变增益控制概括来说就是通过应用凸优化和H_∞控制理论把控制系统的控制器求解约束到有限的LMI求解上，再通过求解LMI得到具体的控制器，从而不仅可以保证闭环系统的全局稳定性，而且实现起来也比较方便。此处涉及的凸优化，一是指LMI所定义的可行域为凸集，需要用到凸优化的相关算法求解LMI；二是指在控制器设计中可将LPV系统转化为凸多胞形结构，进而可基于凸多胞形的顶点性质，利用凸多胞形的顶点描述整个多胞形的稳定性和性能指标，完成控制器的求解。

目前关于鲁棒变增益控制的研究主要分为以下两类。

（1）基于Lyapunov函数的鲁棒变增益控制。现在的基于Lyapunov控制的鲁棒变增益控制主要分为两种方式：一是仿射参数依赖Lyapunov函数，在设计控制器时考虑变参数的时变特性，从而设计出依赖仿射参数的Lyapunov函数，获得保守性较低的控制器；二是针对具有多胞形结构的 LPV 系统，根据多胞形的顶点性质来构造不同的 Lyapunov 函数，从而构造出保守性较低的控制器。

（2）基于线性分式变换的鲁棒变增益控制。基于线性分式变换（linear fraction transformation，LFT）的鲁棒变增益控制依据小增益定理，将变参数视为系统不确定性，在设计控制器时将变参数与控制器结合，在线调节控制器增益。这种方法对于解决非多胞形结构和非仿射参数依赖形式的 LPV 系统的变增益控制器的设计问题具有重大意义。

本章主要针对多胞形结构的 LPV 系统，介绍基于 Lyapunov 函数的鲁棒变增益控制器的设计。

6.1　LPV 系统的定义和用途

目前有三种比较成熟的线性系统描述形式，分别为线性时不变系统、线性时变系统以及线性变参数系统[5]。LTI 系统是控制类中最为常见的一种系统，也是目前最为成熟的线性系统。在状态空间的表现形式中，LTI 的状态空间矩阵是常数矩阵；相对 LTI 系统，LTV 系统的相关理论还不是很成熟，其应用常局限于一些特定的问题，其状态空间矩阵是与时间相关的函数；LPV 系统是一类依赖于未知但可测变参数的系统，由于其在变增益控制中具有一定的独特优势，近些年得到了飞速发展。LPV 的状态空间矩阵是变参数的函数，其与 LTI 有着本质不同，LPV 描述的是系统对象沿着变参数轨迹变化的全局系统行为，而 LTI 只能描述系统在某局部点附近的行为。三者之间的关系如图 6.1 所示。

图 6.1　LTI/LPV/LTV 系统

6.1.1　LPV 系统的定义

一个常见的 LPV 系统的形式定义如下[6]：

$$\begin{cases}\dot{\boldsymbol{x}}(t)=\boldsymbol{A}(\boldsymbol{\theta}(t))\boldsymbol{x}(t)+\boldsymbol{B}_1(\boldsymbol{\theta}(t))\boldsymbol{w}(t)+\boldsymbol{B}_2(\boldsymbol{\theta}(t))\boldsymbol{u}(t)\\ \boldsymbol{z}(t)=\boldsymbol{C}_1(\boldsymbol{\theta}(t))\boldsymbol{x}(t)+\boldsymbol{D}_{11}(\boldsymbol{\theta}(t))\boldsymbol{w}(t)+\boldsymbol{D}_{12}(\boldsymbol{\theta}(t))\boldsymbol{u}(t)\\ \boldsymbol{y}(t)=\boldsymbol{C}_2(\boldsymbol{\theta}(t))\boldsymbol{x}(t)+\boldsymbol{D}_{21}(\boldsymbol{\theta}(t))\boldsymbol{w}(t)+\boldsymbol{D}_{22}(\boldsymbol{\theta}(t))\boldsymbol{u}(t)\end{cases} \tag{6.1}$$

其中，$\boldsymbol{x}\in\mathbb{R}^{n}$ 为状态变量；$\boldsymbol{u}\in\mathbb{R}^{n_u}$ 为控制输入；$\boldsymbol{w}\in\mathbb{R}^{n_w}$ 为外部扰动；$\boldsymbol{z}\in\mathbb{R}^{n_z}$ 为被控输出；$\boldsymbol{y}\in\mathbb{R}^{n_y}$ 为系统输出，变参数 $\boldsymbol{\theta}(t)\in\mathbb{R}^{N}$ 在线可测，并做如下假设。

（**A1**）矩阵 $\boldsymbol{A}(\theta(t))$，$\boldsymbol{B}_1(\theta(t))$，…是依赖参数 θ 的有界连续函数。通常情况下，还假定矩阵 $\boldsymbol{A}(\theta(t))$，$\boldsymbol{B}_1(\theta(t))$，…是依赖参数 θ 的仿射线性函数，即

$$\boldsymbol{A}(\theta)=A_0+\sum_{i=1}^{N}\theta_i A_i,\quad \boldsymbol{B}_1(\theta)=B_{10}+\sum_{i=1}^{N}\theta_i B_{1i},\cdots \tag{6.2}$$

（**A2**）θ 在线可测；θ 和 $\dot{\theta}$ 连续且有界，此时 θ 可定义在超矩形空间 H 中：

$$H=\{(\theta_1,\theta_2,\theta_3,\cdots,\theta_N):\boldsymbol{\theta}_i\in[\underline{\theta_i},\overline{\theta_i}],i=1,2,\cdots,N\} \tag{6.3}$$

$\dot{\theta}$ 可定义在超矩形空间 H_d 中：

$$H_d=\{(\dot{\theta}_1,\dot{\theta}_2,\dot{\theta}_3,\cdots,\dot{\theta}_N):\dot{\boldsymbol{\theta}}_i\in[\underline{v_i},\overline{v_i}],i=1,2,\cdots,N\} \tag{6.4}$$

(A3) $[A(\boldsymbol{\theta})B_2(\boldsymbol{\theta})]$，$[A(\boldsymbol{\theta})C_2(\boldsymbol{\theta})]$在超矩形空间 H 内任意点是可控且可观的。

同时，当$\dot{\theta}$定义在集合$H_d=\{0\}$中时，LPV 系统就变成一种特殊的具有不确定性的 LTI 系统，也将其称作 frozen LPV 系统。实际系统中，变参数向量是外部信号与内部信号的组合，如果变参数只包含外部信号，则将其称为 LPV 系统，否则称为准 LPV 系统。

6.1.2 LPV 系统的用途

一个 LPV 系统可以用来处理以下几种情况[7]。

(1) 具有固定参数但未知的 LTI 系统。

(2) 具有时变不确定性参数的线性系统。

(3) 对于给定的一条轨迹，非线性系统的线性化系统。

(4) 以非线性形式依赖于外部向量的非线性系统的精确线性化。

(5) 特定情况下的某些 LTV 系统。

首先介绍 LPV 系统与 LTV 系统的区别。如果把时间 t 作为变参数，那么 LTV 系统就很像上面定义的 LPV 系统，但是它们还是有着明显的区别，主要体现在两个方面。

第一，一个 LTV 系统的发展趋势完全已知，我们可以事先知道它在任意一个时间点的情况，但是 LPV 系统完全依赖于实时测量的参数。如果说 LPV 系统的变参数是沿着一条固定的轨迹运动，那么 LPV 系统就可以被认为退化成了一个 LTV 系统。但是实际的 LPV 系统中的参数可能会沿着 H 中任意一条轨迹变化，所以说 LPV 系统实际上代表了一个 LTV 系统族。

第二，LPV 系统与 LTV 系统的参数集 H 不同，在 LPV 系统中，H 是一个有界紧集 (compact set)，但是时间 t 却是无界的。而对于 LTV 系统，其参数集 H 是与时间相关的，同时其时间 t 必为有界区间。

在这里举几个例子来说明 LPV 系统的这几种用途[7]。

首先对于一个弹簧阻尼系统，其运动方程可用式 (6.5) 表示：

$$m\ddot{x}+c\dot{x}+kx=0 \tag{6.5}$$

其中，m 为质量；c 为阻尼系数；k 为弹性系数。

对于 LPV 系统可以处理几种情况。

第 1 种情况，当 m、c、k 的变化率为零即$H_d=\{0\}$时，但由于实际生产中物品存在误差，也就是说 H 是由实际的制作公差决定的，我们就可以认为这个系统具有固定的参数 m、c、k 但其真实值却是不确定的，也就是一个具有固定参数但未知的 LTI 系统。

对于第 2 种情况，也可以认为这个弹簧阻尼系统的参数 m、c、k 会随着时间发生改变，也就是H_d是一个非只含零元素的集合，此时弹簧阻尼系统就为具有时变不确定性参数的线性系统。

对于第 3 和第 4 两种情况，常使用雅可比方法对非线性系统进行线性化，可以认为由此得到系统为一个 LTV 系统，但是当可能存在的轨迹较多时，使用 LPV 系统更加方便。同时，也可以使用其他方法对一个非线性系统进行精确的线性化从而得到一个 LPV 系统，这些方法在后面会有详细的介绍。

对于第 5 种情况，当某些情况下，原始的 LTV 系统的轨迹只是其轨迹集合中的一种时，可以用 LPV 系统来描述其整个轨迹集合的系统状况。

6.2　LPV 系统的建立

目前有许多方法实现系统的 LPV 建模，大体来说分为两类：一类是基于系统的非线性动力学方程组，将其转化为 LPV 系统的形式，称为分析法，一般得到的是准 LPV 模型，即变参数中含有系统的状态变量；另一类是根据系统的输入输出数据来建模，称为实验法，其一般是通过系统辨识的方法首先获得系统的神经网络模型，然后转化为系统的线性分式变换结构，最后得到 LPV 系统的多胞形结构，从而应用于控制。其中实验法需要大量实验，实验周期长并且成本大。本章主要对 LPV 建模的分析法进行介绍。

在分析法中，目前主要有三种方法可将非线性系统转化为 LPV 模型，第一种方法称为雅可比线性方法，其基本思想是在系统的一组平衡点处应用线性化方法得到相应的一组 LTI 系统，然后对 LTI 模型中系数矩阵进行插值，表示为变参数的函数，得到系统的 LPV 模型表示，这种方法目前被广泛采用。第二种方法称为状态变换法，这种方法通过适当的状态转换，将不依赖于变参数的非线性因素去掉，从而得到系统的 LPV 模型。第三种方法称为函数替换法，该方法把非线性项分解成变参数方程的线性组合，利用变参数以及变参数的微分方程的线性组合作为替换的分解方程，从仿真结果来看是目前效果最好的非线性系统的 LPV 模型表示方法[8]。本节将分别对这三种方法进行介绍。

一般假设非线性系统具有如下结构：

$$\begin{cases}\begin{bmatrix}\dot{z}\\ \dot{\boldsymbol{w}}\end{bmatrix}=\begin{bmatrix}\boldsymbol{A}_{11}(\boldsymbol{\theta}) & \boldsymbol{A}_{12}(\boldsymbol{\theta})\\ \boldsymbol{A}_{21}(\boldsymbol{\theta}) & \boldsymbol{A}_{22}(\boldsymbol{\theta})\end{bmatrix}\begin{bmatrix}z\\ \boldsymbol{w}\end{bmatrix}+\begin{bmatrix}\boldsymbol{B}_1(\boldsymbol{\theta})\\ \boldsymbol{B}_2(\boldsymbol{\theta})\end{bmatrix}\boldsymbol{u}+\begin{bmatrix}\boldsymbol{K}_1(\boldsymbol{\theta})\\ \boldsymbol{K}_2(\boldsymbol{\theta})\end{bmatrix}\\ \boldsymbol{y}=\begin{bmatrix}z\\ \boldsymbol{\eta}\end{bmatrix}\end{cases}\tag{6.6}$$

其中，$\boldsymbol{\theta}$ 为系统的变参数向量，其可以为系统的外部参数，也可以是系统的状态变量，还可以是两者的组合，即同时具有系统的外部参数与状态变量，且两者可以呈线性关系，也可以是非线性关系；$\boldsymbol{z}\in\mathbb{R}^{n_z}$ 为状态变参数（同时作为变参数和状态变量），$\boldsymbol{w}\in\mathbb{R}^{n_w}$ 为状态非变参数（不是变参数的状态变量）；$\boldsymbol{u}\in\mathbb{R}^{n_u}$ 为控制输入变量；$\boldsymbol{y}\in\mathbb{R}^{n_y}$ 为测量输出；$\begin{bmatrix}\boldsymbol{K}_1(\boldsymbol{\theta})\\ \boldsymbol{K}_2(\boldsymbol{\theta})\end{bmatrix}$ 表示系统的非线性因素。

不失一般性，假设系统无外部参数（不是状态变量的变参数），即 $\boldsymbol{\theta}=\boldsymbol{z}$，其中式（6.6）中的矩阵 $\boldsymbol{A}_{11}$、$\boldsymbol{A}_{12}$、$\boldsymbol{A}_{21}$、$\boldsymbol{A}_{22}$、$\boldsymbol{B}_1$、$\boldsymbol{B}_2$、$\boldsymbol{K}_1$、$\boldsymbol{K}_2$ 对于变参数 $\boldsymbol{\theta}$ 没有限制。这种类型的非线性系统非常普遍，航空航天领域的许多系统通过适当的假设都可转化成下面这种形式：

$$\begin{cases}\begin{bmatrix}\dot{z}\\ \dot{\boldsymbol{w}}\end{bmatrix}=\begin{bmatrix}\boldsymbol{A}_{11}(z) & \boldsymbol{A}_{12}(z)\\ \boldsymbol{A}_{21}(z) & \boldsymbol{A}_{22}(z)\end{bmatrix}\begin{bmatrix}z\\ \boldsymbol{w}\end{bmatrix}+\begin{bmatrix}\boldsymbol{B}_1(z)\\ \boldsymbol{B}_2(z)\end{bmatrix}u+\begin{bmatrix}\boldsymbol{K}_1(z)\\ \boldsymbol{K}_2(z)\end{bmatrix}\\ \boldsymbol{y}=\begin{bmatrix}z\\ \boldsymbol{\eta}\end{bmatrix}\end{cases}\tag{6.7}$$

6.2.1 雅可比线性化方法

雅可比线性化方法是构建 LPV 模型最常见的方法，对于非线性系统的形式没有特殊要求，目前已经在很多非线性系统中得到应用。这种方法可以从一组线性化之后的 LTI 系统中得到 LPV 模型，这组线性化的系统覆盖感兴趣的整个工作区域，得到的结果是原非线性系统在特定平衡点周围的局部近似[9]。其理论基础实质为对非线性系统应用一阶 Taylor 展开。在式（6.7）基础上，令 $\boldsymbol{x}=\begin{bmatrix}\boldsymbol{z}\\ \boldsymbol{w}\end{bmatrix}$，那么非线性系统可表示为

$$\dot{\boldsymbol{x}}=f(\boldsymbol{x},\boldsymbol{u}) \tag{6.8}$$

其中，$f(\boldsymbol{x},\boldsymbol{u})=[f_1(\boldsymbol{x},\boldsymbol{u}),\cdots,f_n(\boldsymbol{x},\boldsymbol{u})]^{\mathrm{T}}(n=n_z+n_w)$。

任意选取一个平衡点 $\tilde{\boldsymbol{x}}=[\tilde{x}_1\quad \tilde{x}_2\quad \cdots\quad \tilde{x}_{n-1}\quad \tilde{x}_n]^{\mathrm{T}}$、$\tilde{\boldsymbol{u}}=[\tilde{u}_1\quad \tilde{u}_2\quad \cdots\quad \tilde{u}_{n_u-1}\quad \tilde{u}_{n_u}]^{\mathrm{T}}$，其中平衡点的特征是在该点处各个状态量的导数均为零，即 $\dot{\boldsymbol{x}}=0$。在平衡点附近进行一阶泰勒展开，可得

$$\Delta\dot{\boldsymbol{x}}=\dot{\boldsymbol{x}}-\dot{\tilde{\boldsymbol{x}}}=f(\boldsymbol{x},\boldsymbol{u})-\tilde{f}(\boldsymbol{x},\boldsymbol{u})=\left.\frac{\partial f}{\partial \boldsymbol{x}}\right|_{x=\tilde{x}}\Delta\boldsymbol{x}+\left.\frac{\partial f}{\partial \boldsymbol{u}}\right|_{u=\tilde{u}}\Delta\boldsymbol{u} \tag{6.9}$$

其中，$\tilde{f}(\boldsymbol{x},\boldsymbol{u})$ 代表系统在平衡点处的取值；$\Delta\boldsymbol{x}=\boldsymbol{x}-\tilde{\boldsymbol{x}}$，上标 ~ 代表该变量对应平衡点处的情况。

令 $\boldsymbol{A}=\left.\frac{\partial f}{\partial \boldsymbol{x}}\right|_{x=\tilde{x}}$ 和 $\boldsymbol{B}=\left.\frac{\partial f}{\partial \boldsymbol{u}}\right|_{u=\tilde{u}}$，即可以得到线性化的状态空间表达式。

$$\Delta\dot{\boldsymbol{x}}=\boldsymbol{A}\Delta\boldsymbol{x}+\boldsymbol{B}\Delta\boldsymbol{u} \tag{6.10}$$

其中，

$$\boldsymbol{A}=\left.\begin{bmatrix}\frac{\partial f_1}{\partial x_1} & \frac{\partial f_1}{\partial x_2} & \cdots & \frac{\partial f_1}{\partial x_n}\\ \frac{\partial f_2}{\partial x_1} & \frac{\partial f_2}{\partial x_2} & \cdots & \frac{\partial f_2}{\partial x_n}\\ \vdots & \vdots & \ddots & \vdots\\ \frac{\partial f_n}{\partial x_1} & \frac{\partial f_n}{\partial x_2} & \cdots & \frac{\partial f_n}{\partial x_n}\end{bmatrix}\right|_{x=\tilde{x}},\boldsymbol{B}=\left.\begin{bmatrix}\frac{\partial f_1}{\partial u_1} & \frac{\partial f_1}{\partial u_2} & \cdots & \frac{\partial f_1}{\partial u_{n_u}}\\ \frac{\partial f_2}{\partial u_1} & \frac{\partial f_2}{\partial u_2} & \cdots & \frac{\partial f_2}{\partial u_{n_u}}\\ \vdots & \vdots & \ddots & \vdots\\ \frac{\partial f_n}{\partial u_1} & \frac{\partial f_n}{\partial u_2} & \cdots & \frac{\partial f_n}{\partial u_{n_u}}\end{bmatrix}\right|_{u=\tilde{u}} \tag{6.11}$$

在工作区域内选取一定数量的平衡点，然后依次进行上述雅可比线性化，则可以得到等数量的 LTI 系统，随后根据系统设计的需要选择适当的变参数，即将 $\boldsymbol{x}$ 拆为变参数 z 和非变参数 $\boldsymbol{w}$，随后选择合适阶数的拟合函数对这些 LTI 系统进行数值拟合，就可以得到系统的 LPV 表达。例如，在飞行器设计时一般考虑将速度 v 和高度 h 作为变参数，将这些得到的 LTI 系统中的矩阵 $\boldsymbol{A}$ 和 $\boldsymbol{B}$ 对其对应的平衡点中的变参数进行数据拟合，将 $\boldsymbol{A}$ 和 $\boldsymbol{B}$ 表示为变参数的函数，从而得到 LPV 系统。

不难看出，平衡点和状态方程的各个元素均依赖内部信号，所以这是一个准 LPV 系统。这种 LPV 系统建模方法的缺陷在于：第一，采用一阶 Taylor 展开会带来误差，当控制输入较大时有可能使得系统发散，可采用高阶 Taylor 展开减少该误差，但实际使用中难以实现；

第二，平衡点的数量和选择缺乏理论支持，在使用中往往需要多次尝试，耗时较为严重；第三，这种方法得到的 LPV 模型不能很好地反映系统的时变特性。但是由于它思想简单、运算直观、易于操作、适用性广，目前依然得到了广泛的应用。

6.2.2 状态变换法

状态变换法通过非线性状态变量的精确变换得到系统的准 LPV 模型，此法基于非变参数状态向量和控制输入的可微方程，目的在于消去不依赖变参数的任何非线性项[10]。但是这种方法局限于式（6.6）所示的非线性系统，同时要求变参数的维数与控制输入的维数一致，具体原因下面将会给出。可以假设存在连续可微的函数 $\tilde{\boldsymbol{w}}(\boldsymbol{\theta})$ 和 $\tilde{\boldsymbol{u}}(\boldsymbol{\theta})$，对于任意的 $\boldsymbol{\theta}$，系统处于平衡状态，也就是说系统不依赖变参数 $\boldsymbol{\theta}$，基于式（6.6）要满足式（6.12）：

$$\begin{bmatrix}\boldsymbol{0}\\\boldsymbol{0}\end{bmatrix}=\begin{bmatrix}\boldsymbol{K}_1(\boldsymbol{\theta})\\\boldsymbol{K}_2(\boldsymbol{\theta})\end{bmatrix}+\begin{bmatrix}\boldsymbol{A}_{11}(\boldsymbol{\theta})\boldsymbol{A}_{12}(\boldsymbol{\theta})\\\boldsymbol{A}_{21}(\boldsymbol{\theta})\boldsymbol{A}_{22}(\boldsymbol{\theta})\end{bmatrix}\begin{bmatrix}z\\\tilde{\boldsymbol{w}}(\boldsymbol{\theta})\end{bmatrix}+\begin{bmatrix}\boldsymbol{B}_1(\boldsymbol{\theta})\\\boldsymbol{B}_2(\boldsymbol{\theta})\end{bmatrix}\tilde{\boldsymbol{u}}(\boldsymbol{\theta}) \tag{6.12}$$

将式（6.12）与式（6.6）相减可以得到式（6.13）：

$$\begin{bmatrix}\dot{z}\\\dot{\boldsymbol{w}}\end{bmatrix}-\begin{bmatrix}\boldsymbol{0}\\\boldsymbol{0}\end{bmatrix}=\begin{bmatrix}\boldsymbol{A}_{11}(\boldsymbol{\theta}) & \boldsymbol{A}_{12}(\boldsymbol{\theta})\\\boldsymbol{A}_{21}(\boldsymbol{\theta}) & \boldsymbol{A}_{22}(\boldsymbol{\theta})\end{bmatrix}\begin{bmatrix}z\\\boldsymbol{w}\end{bmatrix}-\begin{bmatrix}\boldsymbol{A}_{11}(\boldsymbol{\theta}) & \boldsymbol{A}_{12}(\boldsymbol{\theta})\\\boldsymbol{A}_{21}(\boldsymbol{\theta}) & \boldsymbol{A}_{22}(\boldsymbol{\theta})\end{bmatrix}\begin{bmatrix}z\\\tilde{\boldsymbol{w}}(\theta)\end{bmatrix}+\begin{bmatrix}\boldsymbol{B}_1(\boldsymbol{\theta})\\\boldsymbol{B}_2(\boldsymbol{\theta})\end{bmatrix}\boldsymbol{u}-\begin{bmatrix}\boldsymbol{B}_1(\boldsymbol{\theta})\\\boldsymbol{B}_2(\boldsymbol{\theta})\end{bmatrix}\tilde{\boldsymbol{u}}(\boldsymbol{\theta}) \tag{6.13}$$

式（6.13）中的项可以继续变换化简为

$$\begin{aligned}&\begin{bmatrix}\boldsymbol{A}_{11}(\boldsymbol{\theta}) & \boldsymbol{A}_{12}(\boldsymbol{\theta})\\\boldsymbol{A}_{21}(\boldsymbol{\theta}) & \boldsymbol{A}_{22}(\boldsymbol{\theta})\end{bmatrix}\begin{bmatrix}z\\\boldsymbol{w}\end{bmatrix}-\begin{bmatrix}\boldsymbol{A}_{11}(\boldsymbol{\theta}) & \boldsymbol{A}_{12}(\boldsymbol{\theta})\\\boldsymbol{A}_{21}(\boldsymbol{\theta}) & \boldsymbol{A}_{22}(\boldsymbol{\theta})\end{bmatrix}\begin{bmatrix}z\\\tilde{\boldsymbol{w}}(\boldsymbol{\theta})\end{bmatrix}\\&=\begin{bmatrix}\boldsymbol{A}_{11}(\boldsymbol{\theta})z+\boldsymbol{A}_{12}(\boldsymbol{\theta})\boldsymbol{w}-\boldsymbol{A}_{11}(\boldsymbol{\theta})z-\boldsymbol{A}_{12}(\boldsymbol{\theta})\tilde{\boldsymbol{w}}(\boldsymbol{\theta})\\\boldsymbol{A}_{21}(\boldsymbol{\theta})z+\boldsymbol{A}_{22}(\boldsymbol{\theta})\boldsymbol{w}-\boldsymbol{A}_{21}(\boldsymbol{\theta})z-\boldsymbol{A}_{22}(\boldsymbol{\theta})\tilde{\boldsymbol{w}}(\boldsymbol{\theta})\end{bmatrix}\\&=\begin{bmatrix}\boldsymbol{A}_{12}(\boldsymbol{\theta})\boldsymbol{w}-\boldsymbol{A}_{12}(\boldsymbol{\theta})\tilde{\boldsymbol{w}}(\boldsymbol{\theta})\\\boldsymbol{A}_{22}(\boldsymbol{\theta})\boldsymbol{w}-\boldsymbol{A}_{22}(\boldsymbol{\theta})\tilde{\boldsymbol{w}}(\boldsymbol{\theta})\end{bmatrix}=\begin{bmatrix}\boldsymbol{0} & \boldsymbol{A}_{12}(\boldsymbol{\theta})\\\boldsymbol{0} & \boldsymbol{A}_{22}(\boldsymbol{\theta})\end{bmatrix}\begin{bmatrix}z\\\boldsymbol{w}-\tilde{\boldsymbol{w}}(\boldsymbol{\theta})\end{bmatrix}\end{aligned} \tag{6.14}$$

$$\begin{bmatrix}\boldsymbol{B}_1(\boldsymbol{\theta})\\\boldsymbol{B}_2(\boldsymbol{\theta})\end{bmatrix}\boldsymbol{u}-\begin{bmatrix}\boldsymbol{B}_1(\boldsymbol{\theta})\\\boldsymbol{B}_2(\boldsymbol{\theta})\end{bmatrix}\tilde{\boldsymbol{u}}(\boldsymbol{\theta})=\begin{bmatrix}\boldsymbol{B}_1(\boldsymbol{\theta})\\\boldsymbol{B}_2(\boldsymbol{\theta})\end{bmatrix}(\boldsymbol{u}-\tilde{\boldsymbol{u}}(\boldsymbol{\theta})) \tag{6.15}$$

由此式（6.13）可变为

$$\begin{bmatrix}\dot{z}\\\dot{\boldsymbol{w}}\end{bmatrix}=\begin{bmatrix}\boldsymbol{0} & \boldsymbol{A}_{12}(\boldsymbol{\theta})\\\boldsymbol{0} & \boldsymbol{A}_{22}(\boldsymbol{\theta})\end{bmatrix}\begin{bmatrix}z\\\boldsymbol{w}-\tilde{\boldsymbol{w}}(\boldsymbol{\theta})\end{bmatrix}+\begin{bmatrix}\boldsymbol{B}_1(\boldsymbol{\theta})\\\boldsymbol{B}_2(\boldsymbol{\theta})\end{bmatrix}(\boldsymbol{u}-\tilde{\boldsymbol{u}}(\boldsymbol{\theta})) \tag{6.16}$$

根据式（6.16），可得 $\dot{z}=\boldsymbol{A}_{12}(\boldsymbol{w}-\tilde{\boldsymbol{w}}(\boldsymbol{\theta}))+\boldsymbol{B}_1(\boldsymbol{u}-\tilde{\boldsymbol{u}}(\boldsymbol{\theta}))$。进一步，由于

$$\dot{\tilde{\boldsymbol{w}}}=\frac{\partial\tilde{\boldsymbol{w}}}{\partial z}\dot{z}=\frac{\partial\tilde{\boldsymbol{w}}}{\partial z}\boldsymbol{A}_{12}(\boldsymbol{w}-\tilde{\boldsymbol{w}}(\boldsymbol{\theta}))+\frac{\partial\tilde{\boldsymbol{w}}}{\partial z}\boldsymbol{B}_1(\boldsymbol{u}-\tilde{\boldsymbol{u}}(\boldsymbol{\theta})) \tag{6.17}$$

联立式（6.17）和式（6.16），可得

$$\begin{bmatrix}\dot{z}\\\dot{\boldsymbol{w}}-\dot{\tilde{\boldsymbol{w}}}(\boldsymbol{\theta})\end{bmatrix}=\begin{bmatrix}\boldsymbol{0} & \boldsymbol{A}_{12}(\boldsymbol{\theta})\\\boldsymbol{0} & \boldsymbol{A}_{22}(\boldsymbol{\theta})-\dfrac{\partial\tilde{\boldsymbol{w}}}{\partial z}\boldsymbol{A}_{12}(\boldsymbol{\theta})\end{bmatrix}\begin{bmatrix}z\\\boldsymbol{w}-\tilde{\boldsymbol{w}}(\boldsymbol{\theta})\end{bmatrix}+\begin{bmatrix}\boldsymbol{B}_1(\boldsymbol{\theta})\\\boldsymbol{B}_2(\boldsymbol{\theta})-\dfrac{\partial\tilde{\boldsymbol{w}}}{\partial z}\boldsymbol{B}_1(\boldsymbol{\theta})\end{bmatrix}[\boldsymbol{u}-\tilde{\boldsymbol{u}}(\boldsymbol{\theta})] \tag{6.18}$$

至此，式（6.18）中已将非线性项 $\boldsymbol{K}(\boldsymbol{\theta})$ 消去，从而得到了 LPV 系统方程。这种方法的缺点是并不能保证上述不依赖于变参数 $\boldsymbol{\theta}$ 的稳定状态方程（6.12）一定存在，即使存在也不能保证这种稳定状态在整个工作区域内的合理性。

对式（6.12）进行变换可以得到

$$\begin{bmatrix} \boldsymbol{K}_1(\boldsymbol{\theta}) \\ \boldsymbol{K}_2(\boldsymbol{\theta}) \end{bmatrix} + \begin{bmatrix} \boldsymbol{A}_{11}(\boldsymbol{\theta}) \\ \boldsymbol{A}_{21}(\boldsymbol{\theta}) \end{bmatrix} z = -\begin{bmatrix} \boldsymbol{B}_1(\boldsymbol{\theta}) & \boldsymbol{A}_{12}(\boldsymbol{\theta}) \\ \boldsymbol{B}_2(\boldsymbol{\theta}) & \boldsymbol{A}_{22}(\boldsymbol{\theta}) \end{bmatrix} \begin{bmatrix} \tilde{\boldsymbol{u}}(\boldsymbol{\theta}) \\ \tilde{\boldsymbol{w}}(\boldsymbol{\theta}) \end{bmatrix} \tag{6.19}$$

式（6.19）进一步变为

$$\begin{bmatrix} \tilde{\boldsymbol{u}}(\boldsymbol{\theta}) \\ \tilde{\boldsymbol{w}}(\boldsymbol{\theta}) \end{bmatrix} = -\begin{bmatrix} \boldsymbol{B}_1(\theta) & \boldsymbol{A}_{12}(\boldsymbol{\theta}) \\ \boldsymbol{B}_2(\theta) & \boldsymbol{A}_{22}(\boldsymbol{\theta}) \end{bmatrix}^{-1} \begin{bmatrix} \boldsymbol{K}_1(\boldsymbol{\theta}) + \boldsymbol{A}_{11}(\boldsymbol{\theta})z \\ \boldsymbol{K}_2(\boldsymbol{\theta}) + \boldsymbol{A}_{21}(\boldsymbol{\theta})z \end{bmatrix} \tag{6.20}$$

由式（6.20）可以看出，不依赖于变参数的可微连续函数 $\tilde{\boldsymbol{u}}(\boldsymbol{\theta})$ 和 $\tilde{\boldsymbol{w}}(\boldsymbol{\theta})$ 存在的必要条件是 $\begin{bmatrix} \boldsymbol{B}_1(\boldsymbol{\theta}) & \boldsymbol{A}_{12}(\boldsymbol{\theta}) \\ \boldsymbol{B}_2(\boldsymbol{\theta}) & \boldsymbol{A}_{22}(\boldsymbol{\theta}) \end{bmatrix}$ 可逆，也就是说 $\begin{bmatrix} \boldsymbol{B}_1(\boldsymbol{\theta}) & \boldsymbol{A}_{12}(\boldsymbol{\theta}) \\ \boldsymbol{B}_2(\boldsymbol{\theta}) & \boldsymbol{A}_{22}(\boldsymbol{\theta}) \end{bmatrix}$ 必须是方阵。由式（6.6）可知，矩阵 $\begin{bmatrix} \boldsymbol{B}_1(\boldsymbol{\theta}) \\ \boldsymbol{B}_2(\boldsymbol{\theta}) \end{bmatrix}$ 的行数与矩阵 $\begin{bmatrix} z \\ \boldsymbol{w} \end{bmatrix}$ 一致，设其为 $n_z + n_w$，而 $\begin{bmatrix} \boldsymbol{B}_1(\boldsymbol{\theta}) \\ \boldsymbol{B}_2(\boldsymbol{\theta}) \end{bmatrix}$ 的列数与向量 $\boldsymbol{u}$ 的列数一致设为 n_u，矩阵 $\begin{bmatrix} \boldsymbol{A}_{12}(\boldsymbol{\theta}) \\ \boldsymbol{A}_{22}(\boldsymbol{\theta}) \end{bmatrix}$ 的列数为 n_w。若要 $\begin{bmatrix} \boldsymbol{B}_1(\boldsymbol{\theta}) & \boldsymbol{A}_{12}(\boldsymbol{\theta}) \\ \boldsymbol{B}_2(\boldsymbol{\theta}) & \boldsymbol{A}_{22}(\boldsymbol{\theta}) \end{bmatrix}$ 为方阵则要求 $n_w + n_z = n_w + n_u$，也就是 $n_z = n_u$，即变参数的维数与控制输入的维数要一致。因此，这种方法对非线性系统的形式具有特殊要求，应用范围受到限制。

6.2.3 函数替换法

函数替换法最早是用来构建具有非线性输入系统的准 LPV 模型的方法。选择一个参考点作为基准点，这个参考点可以是平衡点也可以是非平衡点。将状态变量转化为如下形式：

$$\Delta z = z - \tilde{z},\ \Delta \boldsymbol{w} = \boldsymbol{w} - \tilde{\boldsymbol{w}},\ \Delta \boldsymbol{u} = \boldsymbol{u} - \tilde{\boldsymbol{u}} \tag{6.21}$$

其中，$\tilde{z}$、$\tilde{\boldsymbol{w}}$、$\tilde{\boldsymbol{u}}$ 均为参考点对应的值，将式（6.21）代入式（6.7），得到式（6.22）：

$$\begin{bmatrix} \Delta\dot{\tilde{z}} + \dot{\tilde{z}} \\ \Delta\dot{\tilde{\boldsymbol{w}}} + \dot{\tilde{\boldsymbol{w}}} \end{bmatrix} = \begin{bmatrix} \boldsymbol{A}_{11}(\Delta z + \tilde{z}) & \boldsymbol{A}_{12}(\Delta z + \tilde{z}) \\ \boldsymbol{A}_{21}(\Delta z + \tilde{z}) & \boldsymbol{A}_{22}(\Delta z + \tilde{z}) \end{bmatrix} \begin{bmatrix} \Delta z \\ \Delta \boldsymbol{w} \end{bmatrix} + \begin{bmatrix} \boldsymbol{B}_1(\Delta z + \tilde{z}) \\ \boldsymbol{B}_2(\Delta z + \tilde{z}) \end{bmatrix} \Delta \boldsymbol{u} + \boldsymbol{F} \tag{6.22}$$

其中，

$$\boldsymbol{F} = \begin{bmatrix} \boldsymbol{A}_{11}(\Delta z + \tilde{z}) & \boldsymbol{A}_{12}(\Delta z + \tilde{z}) \\ \boldsymbol{A}_{21}(\Delta z + \tilde{z}) & \boldsymbol{A}_{22}(\Delta z + \tilde{z}) \end{bmatrix} \begin{bmatrix} \tilde{z} \\ \tilde{\boldsymbol{w}} \end{bmatrix} + \begin{bmatrix} \boldsymbol{B}_1(\Delta z + \tilde{z}) \\ \boldsymbol{B}_2(\Delta z + \tilde{z}) \end{bmatrix} \tilde{\boldsymbol{u}} + \begin{bmatrix} \boldsymbol{K}_1(\Delta z + \tilde{z}) \\ \boldsymbol{K}_2(\Delta z + \tilde{z}) \end{bmatrix} \tag{6.23}$$

函数替代法的目的就是将 $\boldsymbol{F}$ 分解成状态量 Δz 的线性形式，如下：

$$\boldsymbol{F} = f(z)\Delta z = \begin{bmatrix} f_1(z) \\ f_2(z) \end{bmatrix} \Delta z \tag{6.24}$$

其中，$\boldsymbol{f}(z)$ 的行数与 $\boldsymbol{F}$ 相同，列数与 Δz 的行数相同，$f_1(z)$ 行数与列数都等于 Δz 的行数，而 $f_2(z)$ 的行数与列数分别等于 $\Delta \boldsymbol{w}$ 与 Δz 的行数。

这里的分解方法并不固定，可以采用最优化方法求出 f_1、f_2 变化范围最小的分解方式，从而方便计算。也可以采用公式法，具体的形式在 6.3 节的 LPV 系统建模示例中会有具体介绍。

将式（6.24）与式（6.22）代入式（6.7），得到准 LPV 模型如下：

$$\begin{bmatrix} \dot{z} \\ \dot{w} \end{bmatrix} = \begin{bmatrix} \boldsymbol{A}_{11}(z) + f_1(z) & \boldsymbol{A}_{12}(z) \\ \boldsymbol{A}_{21}(z) + f_2(z) & \boldsymbol{A}_{22}(z) \end{bmatrix} \begin{bmatrix} z - \tilde{z} \\ \boldsymbol{w} - \tilde{\boldsymbol{w}} \end{bmatrix} + \begin{bmatrix} \boldsymbol{B}_1(z) \\ \boldsymbol{B}_2(z) \end{bmatrix} [\boldsymbol{u} - \tilde{\boldsymbol{u}}] \tag{6.25}$$

6.3　导弹准 LPV 系统建模示例

这部分以某推力可控导弹巡航平飞段的纵向运动为例，介绍如何采用函数替代法建立该非线性系统的准 LPV 模型，基于第 3 章式（3.2）可得导弹的纵向运动方程如下：

$$\begin{cases} m\dfrac{\mathrm{d}V}{\mathrm{d}t} = P\cos\alpha - X - mg\sin\theta \\ mV\dfrac{\mathrm{d}\theta}{\mathrm{d}t} = P\sin\alpha + Y - mg\cos\theta \\ J_z\dfrac{\mathrm{d}\omega_z}{\mathrm{d}t} = M_z \\ \dfrac{\mathrm{d}x}{\mathrm{d}t} = V\cos\theta \\ \dfrac{\mathrm{d}y}{\mathrm{d}t} = V\sin\theta \\ \dfrac{\mathrm{d}\vartheta}{\mathrm{d}t} = \omega_z \\ \dfrac{\mathrm{d}m}{\mathrm{d}t} = -m_c \\ \alpha = \vartheta - \theta \end{cases} \tag{6.26}$$

式中，V 为导弹速度；α 为攻角；y 为飞行高度；ω_z 为俯仰角速度；θ 为弹道倾角；P 为发动机推力。

为了将上述方程写为关于状态量和控制量的状态空间表达，需要将其中一些量表示为控制量和状态量的函数表达，如将阻力和升力分别表示为

$$X = c_x^{\alpha} qs\alpha + c_x^{\delta_z} qs\delta_z + c_{x0} qs,\ Y = c_y^{\alpha} qs\alpha + c_y^{\delta_z} qs\delta_z + c_{y0} qs \tag{6.27}$$

其中，δ_z 为舵偏角；q 为动压；s 为参考面积。

由此可得

$$m\frac{\mathrm{d}V}{\mathrm{d}t} = P\cos\alpha - (c_x^{\alpha} qs\alpha + c_x^{\delta_z} qs\delta_z + c_{x0} qs) - mg\sin\theta \tag{6.28}$$

$$mV\frac{\mathrm{d}\theta}{\mathrm{d}t} = P\sin\alpha + (c_y^{\alpha} qs\alpha + c_y^{\delta_z} qs\delta_z + c_{y0} qs) - mg\cos\theta \tag{6.29}$$

由于导弹处于平飞段，可认为其弹道倾角 θ 较小。从而有 $\sin\theta \approx \theta$，$\cos\theta = 1$，则式（6.28）和式（6.29）分别变为

$$\frac{\mathrm{d}V}{\mathrm{d}t} = \frac{P\cos\alpha}{m} - \frac{1}{m}(c_x^{\alpha} qs\alpha + c_x^{\delta_z} qs\delta_z + c_{x0} qs) - g\theta \tag{6.30}$$

$$\frac{\mathrm{d}\theta}{\mathrm{d}t}=\frac{P\sin\alpha}{mV}+\frac{1}{mV}(c_y^{\alpha}qs\alpha+c_y^{\delta_z}qs\delta_z+c_{y0}qs)-\frac{g}{V} \tag{6.31}$$

同时有$\frac{\mathrm{d}y}{\mathrm{d}t}=V\sin\theta\approx V\theta$。俯仰力矩系数为

$$m_z=m_{z0}+m_z^{\alpha}+m_z^{\delta_z}+m_z^{\overline{\omega_z}} \tag{6.32}$$

其中，$\overline{\omega_z}$是量纲为 1 的角速度，$\overline{\omega_z}=\frac{\omega_z L}{V}$，由此可得

$$\frac{\mathrm{d}\omega_z}{\mathrm{d}t}=\frac{m_z^{\alpha}qsL\alpha}{J_z}+\frac{m_z^{\delta_z}qsL\delta_z}{J_z}+\frac{m_z^{\overline{\omega_z}}qsL^2}{J_zV}\omega_z+\frac{m_{z0}qsL}{J_z} \tag{6.33}$$

由于 $\alpha=\vartheta-\theta$，所以

$$\frac{\mathrm{d}\alpha}{\mathrm{d}t}=\frac{\mathrm{d}\vartheta}{\mathrm{d}t}-\frac{\mathrm{d}\theta}{\mathrm{d}t} \tag{6.34}$$

由此得出

$$\frac{\mathrm{d}\alpha}{\mathrm{d}t}=\omega_z-\frac{P\sin\alpha}{mV}-\frac{1}{mV}(c_y^{\alpha}qs\alpha+c_y^{\delta_z}qs\delta_z+c_{y0}qs)+\frac{g}{V} \tag{6.35}$$

综上，可得某推力可控导弹平飞段纵向运动方程如下：

$$\begin{cases}\frac{\mathrm{d}V}{\mathrm{d}t}=\frac{P\cos\alpha}{m}-\frac{1}{m}(c_x^{\alpha}qs\alpha+c_x^{\delta_z}qs\delta_z+c_{x0}qs)-g\theta\\ \frac{\mathrm{d}\alpha}{\mathrm{d}t}=\omega_z-\frac{P\sin\alpha}{mV}-\frac{1}{mV}(c_y^{\alpha}qs\alpha+c_y^{\delta_z}qs\delta_z+c_{y0}qs)+\frac{g}{V}\\ \frac{\mathrm{d}y}{\mathrm{d}t}=V\theta\\ \frac{\mathrm{d}\omega_z}{\mathrm{d}t}=\frac{m_z^{\alpha}qsL\alpha}{J_z}+\frac{m_z^{\delta_z}qsL\delta_z}{J_z}+\frac{m_z^{\overline{\omega_z}}qsL^2}{J_zV}\omega_z+\frac{m_{z0}qsL}{J_z}\\ \frac{\mathrm{d}\theta}{\mathrm{d}t}=\frac{P\sin\alpha}{mV}+\frac{1}{mV}(c_y^{\alpha}qs\alpha+c_y^{\delta_z}qs\delta_z+c_{y0}qs)-\frac{g}{V}\end{cases} \tag{6.36}$$

因此导弹平飞段的纵向非线性动力学模型的状态空间表达为

$$\begin{bmatrix}\dot V\\ \dot\alpha\\ \dot y\\ \dot\omega_z\\ \dot\theta\end{bmatrix}=\begin{bmatrix}0 & -\frac{c_x^{\alpha}qs}{m} & 0 & 0 & -g\\ 0 & -\frac{c_y^{\alpha}qs}{mV} & 0 & 1 & 0\\ 0 & 0 & 0 & 0 & V\\ 0 & \frac{m_z^{\alpha}qsL}{J_z} & 0 & \frac{m_z^{\overline{\omega_z}}qsL^2}{J_zV} & 0\\ 0 & \frac{c_y^{\alpha}qs}{mV} & 0 & 0 & 0\end{bmatrix}\begin{bmatrix}V\\ \alpha\\ y\\ \omega_z\\ \theta\end{bmatrix}+\begin{bmatrix}\frac{\cos\alpha}{m} & -\frac{c_x^{\delta_z}qs}{m}\\ -\frac{\sin\alpha}{mV} & -\frac{c_y^{\delta_z}qs}{mV}\\ 0 & 0\\ 0 & \frac{m_z^{\delta_z}qsL}{J_z}\\ \frac{\sin\alpha}{mV} & \frac{c_x^{\delta_z}qs}{mV}\end{bmatrix}\begin{bmatrix}P\\ \delta_z\end{bmatrix}+\begin{bmatrix}\frac{c_{x0}qs}{m}\\ -\frac{c_{y0}qs}{mV}+\frac{g}{V}\\ 0\\ \frac{m_{z0}qsL}{J_z}\\ \frac{c_{y0}qs}{mv}-\frac{g}{V}\end{bmatrix} \tag{6.37}$$

由于系统状态方程中矩阵的元素主要取决于 V、α、y，选择这三个量作为系统的变参数变量，即 $z=[V\quad\alpha\quad y]^{\mathrm{T}}$。采用函数替代法建立该非线性系统的准 LPV 模型之前，需要选择一个参考点。如何选择有效的参考点是目前理论方面仍待进一步研究和完善的地方。目前一种可行的方法为试错法，即通过选择参考点，建立系统的 LPV 模型，进行控制器设计，再

进行闭环系统仿真，根据闭环仿真效果的好坏确定参考点选择是否合适，进而通过整个过程反复迭代确定参考点。假设选择的参考点为 $\tilde{z} = [\tilde{V} \quad \tilde{\alpha} \quad \tilde{y}]^{\mathrm{T}}$，$\tilde{\boldsymbol{w}} = [\tilde{\omega}_z \quad \tilde{\theta}]^{\mathrm{T}}$，$\tilde{\boldsymbol{u}} = [\tilde{p} \quad \tilde{\delta}_z]^{\mathrm{T}}$，根据式（6.23），可整理得到 $\boldsymbol{F}$ 的表达式：

$$\boldsymbol{F} = \begin{bmatrix} -\dfrac{c_x^{\alpha} qs}{m}\tilde{\alpha} + \dfrac{\cos\alpha}{m}\tilde{p} - \dfrac{c_x^{\delta_z} qs}{m}\tilde{\delta}_z - \dfrac{c_{x0} qs}{m} \\ -\dfrac{c_y^{\alpha} qs}{mV}\tilde{\alpha} - \dfrac{\sin\alpha}{mV}\tilde{p} - \dfrac{c_y^{\delta_z} qs}{mV}\tilde{\delta}_z - \dfrac{c_{y0} qs}{mV} + \dfrac{g}{V} \\ 0 \\ \dfrac{m_z^{\alpha} qsL}{J_z}\tilde{\alpha} + \dfrac{m_z^{\delta_z} qsL}{J_z}\tilde{\delta}_z + \dfrac{m_{z0} qsL}{J_z} \\ \dfrac{c_y^{\alpha} qs\,\tilde{\alpha}}{mV} + \dfrac{\sin\alpha}{mV}\tilde{p} + \dfrac{c_x^{\delta_z} qs}{mV}\tilde{\delta}_z + \dfrac{c_{y0} qs}{mV} - \dfrac{g}{V} \end{bmatrix} \tag{6.38}$$

对式（6.38）进行变换，把 $\boldsymbol{F}$ 分解为关于 $V - \tilde{V}$、$\alpha - \tilde{\alpha}$、$y - \tilde{y}$ 的准 LPV 形式：

$$\boldsymbol{F}(z) = \begin{bmatrix} F_1(z) \\ F_2(z) \\ F_3(z) \\ F_4(z) \\ F_5(z) \end{bmatrix} = \begin{bmatrix} f_1(z) \\ f_2(z) \\ f_3(z) \\ f_4(z) \\ f_5(z) \end{bmatrix} \Delta z = \begin{bmatrix} f_{11}(z) & f_{12}(z) & f_{13}(z) \\ f_{21}(z) & f_{22}(z) & f_{23}(z) \\ f_{31}(z) & f_{32}(z) & f_{33}(z) \\ f_{41}(z) & f_{42}(z) & f_{43}(z) \\ f_{51}(z) & f_{52}(z) & f_{53}(z) \end{bmatrix} \begin{bmatrix} V - \tilde{V} \\ \alpha - \tilde{\alpha} \\ y - \tilde{y} \end{bmatrix} \tag{6.39}$$

式（6.39）关键在于求取元素 $f_{ij}(z)$，其取值本身有许多种不同的形式。一般来说假设 z 的维数为 n_z 维，那么式（6.39）存在一般解为

$$f_1(z) = \left[F_1(z)\left(\Delta z_1 / \sum_{i=1}^{n_z} \Delta z_i^2\right) \quad \cdots \quad F_1(z)\left(\Delta z_{n_z} / \sum_{i=1}^{n_z} \Delta z_i^2\right) \right] \tag{6.40}$$

$$f_j(z) = \left[F_j(z)\left(\Delta z_1 / \sum_{i=1}^{n_z} \Delta z_i^2\right) \quad \cdots \quad F_j(z)\left(\Delta z_{n_z} / \sum_{i=1}^{n_z} \Delta z_i^2\right) \right] \tag{6.41}$$

这种分解方式方便操作，易于工程实现，但是模型可能不够精确。为此，可以采用最优化方法，以不同的优化目标来求解 $f_{ij}(z)$。一般来说，可以 $f_{ij}(z)$ 在整个工作区间内变化最小为优化目标进行求解，使得最终得到的准 LPV 模型中系数矩阵变化范围尽可能小，从而有利于后续控制系统的设计。常用的方法有将分解问题转化为求带绝对值约束的最优化问题或者采用遗传算法求解 $f_{ij}(z)$[11]。在得到 $f_{ij}(z)$ 后，就能很方便根据式（6.39）得到系统的准 LPV 模型。

6.4　线性矩阵不等式

LPV 系统的鲁棒变增益控制最终根据线性矩阵不等式的界实定理，将鲁棒控制器的设计归结到求解有限的 LMI 上，从而得到具体的控制器。LMI 在鲁棒变增益控制中非常重要，因此首先对 LMI 相关概念和求解工具进行介绍。

6.4.1 线性矩阵不等式的一般表达式

一个线性矩阵不等式形式如下[12]：

$$F(x)=F_0+x_1F_1+\cdots+x_mF_m<0 \tag{6.42}$$

其中，x_1，…，x_m 是 m 个实数变量，一般将其称为线性矩阵不等式的决策变量，$x=(x_1, \cdots, x_m)^{\mathrm{T}}\in\mathbb{R}^m$是由决策变量构成的向量，称为决策向量，$F_i=F_i^{\mathrm{T}}\in\mathbb{R}^{n\times n}$，$i=0, 1, \cdots, m$ 是给定的实对称矩阵的组成元素。式（6.42）中的“<”指的是$F(x)$负定，即对所有非零的向量 $v\in\mathbb{R}^n$，$v^{\mathrm{T}}F(x)v<0$，或者 $F(x)$ 的最大特征值小于零。

如果把 $F(x)$ 看成是从$\mathbb{R}^m$到实对称矩阵集 $S^n=\{M: M=M^{\mathrm{T}}\in\mathbb{R}^{n\times n}\}$ 的一个映射，可以看出 $F(x)$ 并不是一个线性函数。一般将形如式（6.42）的函数称为仿射函数，如果 $F_0=0$，那么它就变成了一个线性函数。所以确切地说，式（6.42）实质上是一个仿射矩阵不等式，但是由于历史原因，线性矩阵不等式这一称呼已经被广泛接受。

在很多的控制问题中，问题的变量常常以矩阵的形式出现，如 Lyapunov 矩阵不等式：

$$F(X)=A^{\mathrm{T}}X+XA+Q<0 \tag{6.43}$$

其中，A，$Q\in\mathbb{R}^{n\times n}$为给定的常数矩阵，且 Q 是对称的；$X\in\mathbb{R}^{n\times n}$为对称的未知矩阵变量。

设 E_1，E_2，…，E_m 是实对称矩阵集 S^n 的一组基，则对于任意的对称矩阵 $X\in\mathbb{R}^{n\times n}$，存在 x_1，…，x_m，使得 $X=\sum_{i=1}^{m}x_iE_i$。因此，式（6.43）可以被改写成

$$\begin{aligned}F(X)&=F\left(\sum_{i=1}^{m}x_iE_i\right)=A^{\mathrm{T}}\left(\sum_{i=1}^{m}x_iE_i\right)+\left(\sum_{i=1}^{m}x_iE_i\right)A+Q\\&=Q+x_1(A^{\mathrm{T}}E_1+E_1A)+\cdots+x_m(A^{\mathrm{T}}E_m+E_mA)<0\end{aligned} \tag{6.44}$$

这样就把 Lyapunov 矩阵不等式（6.43）改写成了 LMI 的一般形式（6.42）。

下面给出一个实例来说明式（6.42）与式（6.43）之间的转化。假设，$A=\begin{bmatrix}-1 & 2\\ 0 & -2\end{bmatrix}$，$Q$ 为零矩阵，变量 $X=\begin{bmatrix}x_1 & x_2\\ x_2 & x_3\end{bmatrix}$，那么决策变量就是矩阵变量 X 的独立单元 x_1、x_2、x_3，将 A、Q、X 代入式（6.43）并按照式（6.44）写成一般形式，也就是式（6.42）的形式：

$$x_1\begin{bmatrix}-2 & 2\\ 2 & 0\end{bmatrix}+x_2\begin{bmatrix}0 & -3\\ -3 & 4\end{bmatrix}+x_3\begin{bmatrix}0 & 0\\ 0 & -4\end{bmatrix}<0 \tag{6.45}$$

可以看出，式（6.45）（3 个矩阵）中涉及的矩阵要比式（6.43）（2 个矩阵）表达下的多，同时式（6.45）已经不再具有式（6.43）所示控制中的直观含义，因此在 LMI 实际运用时，一般采用线性矩阵不等式结构块即式（6.43）的形式来表示，并且其中每一个块都是矩阵变量的仿射函数。

这里要指出的是线性矩阵不等式（6.42）的解集，即 $\phi=\{x: F(x)<0\}$ 是一个凸集。下面给出证明：

对任意的解集中的两组解 x_1，$x_2\in\phi$ 和任意的 $\alpha\in(0, 1)$，由于 $F(x_1)<0$，$F(x_2)<0$ 以及 $F(x)$ 是仿射函数，故

$$F(\alpha x_1) = F_0 + \alpha x_{11} F_1 + \cdots + \alpha x_{1m} F_m < 0$$
$$F((1-\alpha) x_2) = F_0 + (1-\alpha) x_{21} F_1 + \cdots + (1-\alpha) x_{2m} F_m < 0$$
$$F(\alpha x_1 + (1-\alpha) x_2) = F_0 + [\alpha x_{11} + (1-\alpha) x_{21}] F_1 + \cdots + [\alpha x_{1m} + (1-\alpha) x_{2m}] F_m \quad (6.46)$$
$$\alpha F_0 + \alpha x_{11} F_1 + \cdots + \alpha x_{1m} F_m + (1-\alpha) F_0 + (1-\alpha) x_{21} F_1 + \cdots + (1-\alpha) x_{2m} F_m$$
$$= \alpha F(x_1) + (1-\alpha) F(x_2) < 0$$

所以 $\alpha x_1 + (1-\alpha) x_2 \in \phi$，即 ϕ 是一个凸集。

以上说明了式（6.42）这一约束条件实际上定义了一个凸集，也正是由于 LMI 这一性质，可以应用求解凸优化问题的算法来求解 LMI 问题。

6.4.2　MATLAB 中求解 LMI 问题

要确定一个线性矩阵不等式系统，需要两步：①定义每个矩阵变量的维数与结构；②描述每个 LMI 中各个项的内容。下面给出 MATLAB 中几个常用的函数：

- setlmis（[ ]）或 setlmis（lmiso）：以 setlmis 开始。
- X = lmivar（type，struct）：用 lmivar 来定义矩阵变量。
- lmiterm（……）：用 lmiterm 来描述 LMI 的每项。
- lmisys = getlmis：以 getlmis 结束。

首先介绍如何利用 lmivar 定义矩阵变量。

（1）定义对称块对角结构的矩阵变量 $\boldsymbol{X}$。

$$\boldsymbol{X} = \begin{bmatrix} D_1 & 0 & 0 & 0 \\ 0 & D_2 & 0 & 0 \\ 0 & 0 & \ddots & 0 \\ 0 & 0 & 0 & D_r \end{bmatrix}$$

该情况下，type = 1，struct 为一个 $r \times 2$ 维的矩阵，其中设第 i 行为（$m\ n$），m 是 $\boldsymbol{D}_i$ 的阶数，n 表示 $\boldsymbol{D}_i$ 的类型。

$$n = \begin{cases} 1, & \text{表示 } \boldsymbol{D}_i \text{ 是一个满秩的对称矩阵} \\ 0, & \text{表示 } \boldsymbol{D}_i \text{ 是一个数量矩阵} \\ -1, & \text{表示 } \boldsymbol{D}_1 \text{ 是一个零矩阵} \end{cases}$$

例 6.1： 定义如下的矩阵变量。

- 若 $\boldsymbol{X}$ 是一个 3×3 的对称矩阵。则用 $\boldsymbol{X}$ = lmivar（1，[3　1]）来定义。
- 若 $\boldsymbol{X} = \begin{bmatrix} \boldsymbol{A} & & \\ & \delta_1 & \\ & & \delta_2 \boldsymbol{I}_2 \end{bmatrix}$，其中 $\boldsymbol{A}$ 是一个 5×5 的对称矩阵，δ_1 和 δ_2 是两个标量，$\boldsymbol{I}_2$ 是 2×2 的单位矩阵，则可用 $\boldsymbol{X}$ = lmivar(1，[5　1；1　0；2　0]）来定义。

（2）定义长方形结构的矩阵变量。

则 type = 2，struct = [$m\ n$] 表述矩阵的维数。例如，定义一个 2×4 的对称矩阵变量 $\boldsymbol{X}$，则 $\boldsymbol{X}$ = lmivar(2，[2　4])。

（3）定义其他结构的矩阵变量 $\boldsymbol{X}$ 时，$\boldsymbol{X}$ 的每个元素为 0 或者 $\pm \boldsymbol{x}_n$，其中 $\pm \boldsymbol{x}_n$ 是第 n 个决策向量，此时 type = 3，struct 是和变量 $\boldsymbol{X}$ 同维的矩阵，第 i 行第 j 列是

$$\text{struct}(i,j)=\begin{cases}0, & \boldsymbol{X}(i,j)=0,\\ n & \boldsymbol{X}(i,j)=\boldsymbol{x}_n\\ -n, & \boldsymbol{X}(i,j)=-\boldsymbol{x}_n\end{cases}$$

接下来介绍 lmiterm 函数，lmiterm 的完整形式为 lmiterm([a　b　c　d]，e，f，flag)，在这个函数中，第 1 项是一个四元向量，其刻画了所描述的项所在的位置和特征。

第 1 个元素 a 描述的是该项属于哪一个线性矩阵不等式，若其为正，则表示不等式较小的一侧，若其为负则为较大的一侧。

第 2、第 3 个元素 b 和 c 表示本次描述的项所在的位置，例如 $b=1$，$c=2$ 就表示该函数表示的是第一行第二列的块中的项，其对于对称的块只描述一次。

第 4 个元素 d 表示该项是常数还是变量，如果是变量则进一步说明是哪一个变量，0 表示单位矩阵。n 表示描述的是第 n 个决策向量 $\boldsymbol{x}_n$，$-n$ 表示描述的是 $\boldsymbol{x}_n$ 的转置。

lmiterm 函数的第 2 项、第 3 项 e 和 f 表述的是变量的左右系数。其中 $\boldsymbol{A}'$ 表示 $\boldsymbol{A}$ 的转置。

lmiterm 函数的最后一项是一个可选项，其只有一个值's'，表示本项加上自身的转置。举例来说，lmiterm([1 1 1 x]，A，B，'s') 描述的是 LMI 中较小的一侧的第一行第一列的块，其值为 $\boldsymbol{AXB}+\boldsymbol{B}^{\mathrm{T}}\boldsymbol{X}^{\mathrm{T}}\boldsymbol{A}^{\mathrm{T}}$。

继续以 LMI 为例，说明 MATLAB 中如何构建 LMI，下面给出了相应的代码。

$$\begin{bmatrix}\boldsymbol{A}^{\mathrm{T}}\boldsymbol{X}+\boldsymbol{X}^{\mathrm{T}}\boldsymbol{A}+\boldsymbol{C}^{\mathrm{T}}\boldsymbol{SC} & \boldsymbol{XB}\\ \boldsymbol{B}^{\mathrm{T}} & -\boldsymbol{S}\end{bmatrix}<0$$

$$\boldsymbol{X}>0$$

$$\boldsymbol{S}>\boldsymbol{I}$$

```
%1#LMI
lmiterm([1 1 1 X], 1, A, 's')
lmiterm([1 1 1 S], C', C)
lmiterm([1 1 2 X], 1, B)
lmiterm([1 2 2 S], -1, 1)
%2#LMI
lmiterm([-2 1 1 X], 1, 1)
%3#LMI
lmiterm([-3 1 1 S], 1, 1)
lmiterm([3 1 1 0], 1, 1)     %第三个不等式中的I，也就是较小的一侧。
```

同时可以用一个标量值表示一个数量矩阵，即 lmiterm([3 1 1 0]，1，1) = lmiterm([3 1 1 0]，1)。

接下来介绍三种标准的 LMI 问题，在 MATLAB 的 LMI 工具箱中直接给出了这三类问题的求解器。

(1) 可行性问题：对于给定的 LMI，检验是否存在 $\boldsymbol{x}$ 使得 $\boldsymbol{F}(\boldsymbol{x})<0$ 成立，此类问题被称为 LMI 的可行性问题，如果存在这样的 $\boldsymbol{x}$，则该 LMI 问题是可行的，否则这个 LMI 问题不可行。

这类可行性问题常用来对动态系统 $\frac{\mathrm{d}\boldsymbol{x}}{\mathrm{d}t}=\boldsymbol{Ax}$ 进行稳定性分析，其等价于寻找一个对称的

矩阵变量 $\boldsymbol{P}$，使以下 LMI 成立：

$$\boldsymbol{A}^{\mathrm{T}}\boldsymbol{P}+\boldsymbol{P}\boldsymbol{A}<0,\boldsymbol{P}>\boldsymbol{I}$$

其对应的求解器是 feasp，一般表达形式为

[tmin, xteas] = feasp(lmisys, options, target)

其中，求解器有两个输出量：

tmin：若其小于零则系统 lmisys 是可行的；若其大于零，则系统 lmisys 是不可行的。

xteas：当系统 lmisys 可行，给出一个可行解，使用 dec2mat 可以提取出该可行解。

求解器的三个输入量：

lmisys：表示 LMI 系统。

target：可选参数，为 tmin 设置目标值，只要 tmin < target，求解器就结束工作，其默认值为零。

options：可选参数，具体可见 MATLAB 说明文档。

例如：求满足 $\boldsymbol{P}>\boldsymbol{I}$ 的对称矩阵 $\boldsymbol{P}$，使得

$$\boldsymbol{A}_1^{\mathrm{T}}\boldsymbol{P}+\boldsymbol{P}\boldsymbol{A}_1<0,\boldsymbol{A}_2^{\mathrm{T}}\boldsymbol{P}+\boldsymbol{P}\boldsymbol{A}_2<0,\boldsymbol{A}_3^{\mathrm{T}}\boldsymbol{P}+\boldsymbol{P}\boldsymbol{A}_3<0$$

其中，$\boldsymbol{A}_1=\begin{bmatrix}-1 & 2\\ 1 & -3\end{bmatrix}$，$\boldsymbol{A}_2=\begin{bmatrix}-0.8 & 1.5\\ 1.3 & -2.7\end{bmatrix}$，$\boldsymbol{A}_3=\begin{bmatrix}-1.4 & 0.9\\ 0.7 & -2\end{bmatrix}$。

在 MATLAB 中的求解程序如下：

```
clc;
A1 = [ -1 2; 1 -3];
A2 = [ -0.8 1.5; 1.3 -2.7];
A3 = [ -1.4 0.9; 0.7 -2];
setlmis([ ])
P = lmivar(1, [2 1])
lmiterm([1 1 1 P], 1, A1, 's')
lmiterm([2 1 1 P], 1, A2, 's')
lmiterm([3 1 1 P], 1, A3, 's')
lmiterm([ -4 1 1 P], 1, 1)
lmiterm([4 1 1 0], 1)
lmisys = getlmis
[tmin, xfeas] = feasp (lmisys);
PP = dec2mat(lmisys. xfeas, P)
```

（2）具有 LMI 约束的一个线性目标函数的最小化问题：其一般形式为

$$\begin{cases}\min & \boldsymbol{c}^{\mathrm{T}}\boldsymbol{x}\\ \text{s. t.} & \boldsymbol{A}(\boldsymbol{x})<\boldsymbol{B}(\boldsymbol{x})\end{cases}$$

其对应的求解器为 mincx，其一般表达为

[copt, xopt] = mincx(lmisys, c, options, xinit, target)

其中，求解器的两个输出量：

copt：表示目标函数的全局最优值；xopt 表示最优解。

求解器的五个输入量：

lmisys：同上。

c：已知向量。

options：可选项，用来限制求解精度，具体可查看帮助文档。

xinit：可选项，是最优解 xopt 的一个初始猜测，当其不是可行解时会被忽略，否则可以加快求解速度。

target：可选项，当 $\boldsymbol{c}^{\mathrm{T}}\boldsymbol{x}$ 小于 target 时，求解结束。

mincx 函数的用途广泛，但是往往需要自己求出 $\boldsymbol{c}$ 的具体值，需要用户根据自己的实际优化对象自行计算。其常常用来求解如下的 LMI 问题，在其中寻求最小的 γ 和满足条件的 $\boldsymbol{X}$：

$$\begin{bmatrix} \boldsymbol{A}^{\mathrm{T}}\boldsymbol{X}+\boldsymbol{X}\boldsymbol{A} & \boldsymbol{X}\boldsymbol{B} & \boldsymbol{C}^{\mathrm{T}} \\ \boldsymbol{B}^{\mathrm{T}}\boldsymbol{X} & -\gamma\boldsymbol{I} & \boldsymbol{D}^{\mathrm{T}} \\ \boldsymbol{C} & \boldsymbol{D} & -\gamma\boldsymbol{I} \end{bmatrix}<0 \tag{6.47}$$

（3）广义特征值问题：在一个 LMI 约束下，求两个仿射矩阵函数的最大广义特征值的最小化问题。其求解函数为 gevp，一般形式为

[lopt,xopt] = gevp(lmisys,nlfc,options,linit,xinit,target)

其定义与上述问题相似，但该函数使用不多，具体使用可以查阅 MATLAB 说明文档。

6.4.3 关于 LMI 的一些结论

1. Schur 补[12]

在许多将非线性矩阵不等式转化为 LMI 的问题中，常用到 Schur 补的性质。考虑一个矩阵 $\boldsymbol{S}\in\mathbb{R}^{n\times n}$，对其做出如下分块：

$$\boldsymbol{S}=\begin{bmatrix} \boldsymbol{S}_{11} & \boldsymbol{S}_{12} \\ \boldsymbol{S}_{21} & \boldsymbol{S}_{22} \end{bmatrix} \tag{6.48}$$

其中，$\boldsymbol{S}_{11}\in\mathbb{R}^{r\times r}$，假定 S_{11} 非奇异，那么 $\boldsymbol{S}_{22}-\boldsymbol{S}_{21}\boldsymbol{S}_{11}^{-1}\boldsymbol{S}_{12}$ 称为 $\boldsymbol{S}_{11}$ 在 $\boldsymbol{S}$ 中的 Schur 补。

Schur 补具有以下性质：对于给定的对称矩阵 $\boldsymbol{S}$，$\boldsymbol{S}_{11}\in\mathbb{R}^{r\times r}$，以下三个条件是等价的：

（1）$\boldsymbol{S}<0$；

（2）$\boldsymbol{S}_{11}\in\mathbb{R}^{r\times r}$，$\boldsymbol{S}_{22}-\boldsymbol{S}_{21}\boldsymbol{S}_{11}^{-1}\boldsymbol{S}_{12}<0$；

（3）$\boldsymbol{S}_{22}\in\mathbb{R}^{r\times r}$，$\boldsymbol{S}_{11}-\boldsymbol{S}_{12}\boldsymbol{S}_{22}^{-1}\boldsymbol{S}_{21}<0$。

在一些控制问题求解中，经常会遇到如下形式的二次型矩阵不等式，如最优控制问题中的最优二次型性能指标的求解中涉及的黎卡提（Riccati）方程：

$$\boldsymbol{A}^{\mathrm{T}}\boldsymbol{P}+\boldsymbol{P}\boldsymbol{A}+\boldsymbol{P}\boldsymbol{B}\boldsymbol{R}^{-1}\boldsymbol{B}^{\mathrm{T}}\boldsymbol{P}+\boldsymbol{Q}<0 \tag{6.49}$$

其中，$\boldsymbol{A}$，$\boldsymbol{B}$，$\boldsymbol{Q}=\boldsymbol{Q}^{\mathrm{T}}>0$，$\boldsymbol{R}=\boldsymbol{R}^{\mathrm{T}}>0$ 为给定的适当维数的常数矩阵；$\boldsymbol{P}$ 为对称矩阵变量。

式（6.49）一般不存在一般解，可以通过 Schur 补性质将其转化成式（6.50）的一个等价 LMI 问题，从而便于求解：

$$\begin{bmatrix} \boldsymbol{A}^{\mathrm{T}}\boldsymbol{P}+\boldsymbol{P}\boldsymbol{A}+\boldsymbol{Q} & \boldsymbol{P}\boldsymbol{B} \\ \boldsymbol{B}^{\mathrm{T}}\boldsymbol{P} & -\boldsymbol{R} \end{bmatrix}<0 \tag{6.50}$$

其中，使用的就是 Schur 补性质的第三条：

$$A^TP+PA+Q-PB(-R^{-1})B^TP<0$$

2. 界实定理[13]

对于一个给定的线性定常连续系统：

$$\begin{aligned}\dot{x}&=Ax+Bu\\ y&=Cx+Du\end{aligned} \tag{6.51}$$

其传递函数实现如下：$G(S)=C(SI-A)^{-1}B+D$，则下列结论是等价的：

（1）A 稳定，并且 $\|C(SI-A)^{-1}B+D\|\leqslant\gamma$；

（2）存在一个对称正定矩阵 X 满足下列 LMI：

$$\begin{bmatrix}A^TX+XA & XB & C^T\\ B^TX & -\gamma I & D^T\\ C & D & -\gamma I\end{bmatrix}<0 \tag{6.52}$$

界实定理（bound real lemma，BRL）是利用 LMI 进行线性定常系统稳定性分析和控制器综合的基础，通过矩阵的同余变化，还可以得到其他不同形式的 BRL。需要说明的是，上述 BRL 只能应用于线性时不变系统，但可以通过联合二次 H_∞ 性能，将 BRL 拓展到 LPV 系统，具体将在下面介绍。

6.5　LPV 系统的稳定性

不失一般性，LPV 系统鲁棒变增益控制首先需要保证闭环系统的稳定性。时变系统的稳定性分析与 LTI 系统不同，在 LTI 系统中只要系统的状态矩阵 A 的特征值全部落在复平面的左半平面，则可以判断系统是稳定的。而在时变系统中，即使一段时间内系统的特征值位于右半平面，系统也可能是稳定的，而且即使是线性的时变系统，也不能应用 LTI 系统的稳定性判据。

举例来说，考虑如下的线性时变系统：

$$\begin{bmatrix}\dot{x}_1\\ \dot{x}_2\end{bmatrix}=\begin{bmatrix}1 & e^{2t}\\ 0 & 1\end{bmatrix}\begin{bmatrix}x_1\\ x_2\end{bmatrix} \tag{6.53}$$

其中，变参数为 t。可以求得此系统的特征值为：$\lambda_{1,2}=-1$，特征值落于左半平面，按照 LTI 稳定性判据，此时系统是稳定的，但是求解其状态转移矩阵，可得

$$\Phi(t,0)=\begin{bmatrix}e^{-t} & (e^{t}-e^{-t})/2\\ 0 & e^{-t}\end{bmatrix} \tag{6.54}$$

由此可得，当 $x(0)\neq 0$ 时，$t\to\infty$时必有 $\|x\|\to\infty$，因此系统不稳定。

考虑一个变参数系统：

$$\dot{x}=A(\theta)x \tag{6.55}$$

其中，$x\in\mathbb{R}^n$为系统的状态向量；θ 为系统可在线测量的变参数；矩阵 A 为 θ 的函数。

假定 θ 的轨迹位于一个给定的集合 H，如何保证对于所有的 $\theta\in H$，系统（6.55）都是渐近稳定的呢？由于系统（6.55）是一个时变系统，所以解决该系统稳定性问题的有效方法是 Lyapunov 稳定性理论。对于变参数系统，有着这样的概念[3]：对于系统（6.55），如果存在一个正定矩阵P（Lyapunov 函数矩阵），使得对于所有的 $\theta\in H$，矩阵不等式为

$$A^{\mathrm{T}}(\boldsymbol{\theta})\boldsymbol{P}+\boldsymbol{P}\boldsymbol{A}(\boldsymbol{\theta})<0 \tag{6.56}$$

成立，则称系统（6.55）是二次稳定的。

若系统（6.55）二次稳定，则由式（6.56）可以推出：对于任意的 $\theta \in H$，系统（6.55）存在一个二次型 Lyapunov 函数：$V(\boldsymbol{x})=\boldsymbol{x}^{\mathrm{T}}\boldsymbol{P}\boldsymbol{x}>0$，并且满足 $\dot{V}<0$，由此可以得出系统（6.55）是渐近稳定的。综合可得，由系统（6.55）具有二次稳定性，可以推出其是渐近稳定的。但是反之并不成立，因为系统的二次稳定性要求对于所有的 $\boldsymbol{\theta}\in H$ 存在一个公共的 Lyapunov 函数（固定参数 Lyapunov 函数）矩阵。由此可知，二次稳定性是一个保守的概念，但是其在处理参数不确定性系统，特别是时变不确定参数系统的鲁棒性稳定性问题的时候仍然非常有效。在满足稳定性的情况下，考虑系统的控制性能，可以得到界实定理在 LPV 系统中的拓展，下面直接给出结论。

考虑一个 LPV 闭环系统：

$$\begin{cases}\dot{\boldsymbol{x}}=\boldsymbol{A}(\boldsymbol{\theta}(t))\boldsymbol{x}+\boldsymbol{B}(\boldsymbol{\theta}(t))\boldsymbol{w}\\ z=\boldsymbol{C}(\boldsymbol{\theta}(t))\boldsymbol{x}+\boldsymbol{D}(\boldsymbol{\theta}(t))\boldsymbol{w}\end{cases} \tag{6.57}$$

上述系统具有二次 H_∞ 性能指标 γ，当且仅当对所有的可能的变参数 $\boldsymbol{\theta}$ 存在一个正定对称的矩阵 $\boldsymbol{P}$ 满足下列 LMI：

$$\begin{bmatrix}\boldsymbol{A}^{\mathrm{T}}(\boldsymbol{\theta})\boldsymbol{P}+\boldsymbol{P}\boldsymbol{A}(\boldsymbol{\theta}) & \boldsymbol{P}\boldsymbol{B}(\boldsymbol{\theta}) & \boldsymbol{C}^{\mathrm{T}}(\boldsymbol{\theta})\\ \boldsymbol{B}^{\mathrm{T}}(\boldsymbol{\theta})\boldsymbol{P} & -\gamma\boldsymbol{I} & \boldsymbol{D}^{\mathrm{T}}(\boldsymbol{\theta})\\ \boldsymbol{C}(\boldsymbol{\theta}) & \boldsymbol{D}(\boldsymbol{\theta}) & -\gamma\boldsymbol{I}\end{bmatrix}<0 \tag{6.58}$$

这就是界实定理在 LPV 系统中的拓展，它是对 LPV 系统进行稳定性分析及其控制器设计的基石。其中，二次 H_∞ 性能指标与诱导 L_2 增益是等价的，也就是 $\|z\|_2<\gamma\|\boldsymbol{w}\|_2$，这是非线性系统常用的性能指标。

考虑到采取固定参数 Lyapunov 函数 $V(\boldsymbol{x})=\boldsymbol{x}^{\mathrm{T}}\boldsymbol{P}\boldsymbol{x}$ 具有较大的保守性，目前已经很少被采用。若能构建参数依赖的 Lyapunov 函数 $V(\boldsymbol{x},\boldsymbol{\theta})=\boldsymbol{x}^{\mathrm{T}}\boldsymbol{P}(\boldsymbol{\theta})\boldsymbol{x}$，可以有效降低系统的保守性，则式（6.58）变为

$$\begin{bmatrix}\boldsymbol{A}^{\mathrm{T}}(\boldsymbol{\theta})\boldsymbol{P}(\boldsymbol{\theta})+\boldsymbol{P}(\boldsymbol{\theta})\boldsymbol{A}(\boldsymbol{\theta}) & \boldsymbol{P}(\boldsymbol{\theta})\boldsymbol{B}(\boldsymbol{\theta}) & \boldsymbol{C}^{\mathrm{T}}(\boldsymbol{\theta})\\ \boldsymbol{B}^{\mathrm{T}}(\boldsymbol{\theta})\boldsymbol{P}(\boldsymbol{\theta}) & -\gamma\boldsymbol{I} & \boldsymbol{D}^{\mathrm{T}}(\boldsymbol{\theta})\\ \boldsymbol{C}(\boldsymbol{\theta}) & \boldsymbol{D}(\boldsymbol{\theta}) & -\gamma\boldsymbol{I}\end{bmatrix}<0,\boldsymbol{P}(\boldsymbol{\theta})>0 \tag{6.59}$$

6.6 基于多胞形的输出反馈变增益控制

对于一个鲁棒控制系统，在设计控制器时通常有状态反馈与输出反馈两种方法，如果系统的状态是可以实时测量的，那么就可以采用状态反馈。但是在实际问题中，系统的状态往往是不能直接测量的，有时即使可以直接测量，但是考虑到实施控制的成本与系统可靠性等因素，如果可以采用系统的输出反馈来达到闭环系统的性能要求，通常会选择输出反馈的控制方式，因此输出反馈 H_∞ 控制实用性更强。

LPV 模型的稳定性分析和控制器设计最终都将转化为求解变参数轨迹上的一组 LMI，控制器可以根据 LMI 的解来进行构造，如果可以保证在整个变参数轨迹上 LMI 都有解，那么控制器就可以保证闭环系统的稳定性，并满足一定的性能指标。但是很明显的是在整个变参数轨迹上存在无穷多个 LMI，如果要全部求解是难以实现的；如果将变参数网格化，转化为

有限的 LMI 问题，这种方法由于存在大量的矩阵不等式，费时费力，尤其当依赖参数个数较多时，矩阵不等式个数更多，求解起来更加费时，并且网格化的密度与方法缺少理论证明。但是如果可以将 LPV 系统转化为凸多胞形（简称多胞形）结构，由于多胞形属于凸集，可以由顶点完全描述，所以在 LPV 系统的稳定性分析和控制器设计时，无须对多胞形内所有的点进行设计，只需要对顶点进行设计即可，由此可以大大地减少计算量，同时也可以得到具有全局性的连续变增益控制器，无须在控制器之间切换[14]。

6.6.1　多胞形 LPV 系统的定义

多胞形是指由有限个顶点变量所连成的闭合的凸空间，这里的变量可以指标量、矩阵和系统等任意类型的变量，设共有 r 个顶点变量，记为 N_1，N_2，⋯，N_r，则多胞形可以记为

$$Co\{N_i:i=1,2,\cdots,r\}:=\left\{\sum_{i=1}^{r}a_iN_i:a_i\geqslant 0,\sum_{i=1}^{r}a_i=1\right\}\tag{6.60}$$

多胞形 LPV（polytopes LPV）系统描述成以下一类时变系统：

$$\begin{cases}\dot{\boldsymbol{x}}=\boldsymbol{A}(\boldsymbol{\theta})\boldsymbol{x}+\boldsymbol{B}(\boldsymbol{\theta})\boldsymbol{u}\\ \boldsymbol{y}=\boldsymbol{C}(\boldsymbol{\theta})\boldsymbol{x}+\boldsymbol{D}(\boldsymbol{\theta})\boldsymbol{u}\end{cases}\tag{6.61}$$

其中，θ_1，θ_2，⋯，θ_k 是多胞形空间 Θ 的 k 个顶点，即 $\boldsymbol{\theta}\in\Theta=Co\{\theta_1,\ \theta_2,\ \cdots,\ \theta_k\}$，记顶点处对应的 LTI 系统为

$$\boldsymbol{S}(\theta_i)=\boldsymbol{S}_i=\begin{bmatrix}\boldsymbol{A}_i & \boldsymbol{B}_i\\ \boldsymbol{C}_i & \boldsymbol{D}_i\end{bmatrix}=\begin{bmatrix}\boldsymbol{A}(\theta_i) & \boldsymbol{B}(\theta_i)\\ \boldsymbol{C}(\theta_i) & \boldsymbol{D}(\theta_i)\end{bmatrix},i=1,2,\cdots,k\tag{6.62}$$

若 LPV 系统也可表示为顶点系统的多胞形形式，即

$$\boldsymbol{S}(\boldsymbol{\theta})\in\boldsymbol{P}=Co\{\boldsymbol{S}_1,\cdots,\boldsymbol{S}_k\}=\left\{\sum_{i=1}^{k}a_i\boldsymbol{S}_i,a_i\geqslant 0,\sum_{i=1}^{k}a_i=1\right\}\tag{6.63}$$

其中，$\boldsymbol{S}_1=\begin{bmatrix}\boldsymbol{A}_1 & \boldsymbol{B}_1\\ \boldsymbol{C}_1 & \boldsymbol{D}_1\end{bmatrix}$，⋯，$\boldsymbol{S}_k=\begin{bmatrix}\boldsymbol{A}_k & \boldsymbol{B}_k\\ \boldsymbol{C}_k & \boldsymbol{D}_k\end{bmatrix}$，$a_1$，⋯，$a_k$ 是不确定的参数，称为凸分解系数，通常不是系统中的物理参数，而是由凸分解得到，其实际意义为 LPV 系统在各个顶点系统处的权重。那么，此时将系统（6.61）称为多胞形 LPV 系统。

多胞形可以用来描述许多实际系统，例如：

（1）一个系统的多模型表示，其中每一个模型表示系统在某一个特定运行条件下的状态。

（2）可用来表示一类非线性系统，如 $\dot{x}=(\cos x)x$，其状态矩阵 $\boldsymbol{A}=\cos x$ 位于多胞形 $A\in Co\{-1,\ 1\}=[-1.1]$ 中。

（3）描述一类仿射依赖变参数的状态空间模型。

这种模型具有顶点性质，可以对有限的多胞形顶点系统进行稳定性分析与控制器设计，从而得到多胞形内各点的稳定性与控制器，在不确定系统的分析与综合中具有重要地位。

6.6.2　仿射参数依赖 LPV 系统的多胞形

仿射参数依赖 LPV 系统可通过简单的计算得到其多胞形表示。对于系统（6.61），如果 $\boldsymbol{A}$，$\boldsymbol{B}$，$\boldsymbol{C}$，$\boldsymbol{D}$ 是参数向量 $\boldsymbol{\theta}=[\boldsymbol{\theta}_1,\ \cdots,\ \boldsymbol{\theta}_n]$ 的已知矩阵函数，这类模型被称为是参数依赖模型，同时如果模型中的系数矩阵仿射依赖于参数向量 $\boldsymbol{\theta}=[\boldsymbol{\theta}_1,\ \cdots,\ \boldsymbol{\theta}_n]$，即

$$
\begin{cases}
\boldsymbol{A}(\boldsymbol{\theta}) = A_0 + \boldsymbol{\theta}_1 A_1 + \cdots + \boldsymbol{\theta}_n A_n \\
\boldsymbol{B}(\boldsymbol{\theta}) = B_0 + \boldsymbol{\theta}_1 B_1 + \cdots + \boldsymbol{\theta}_n B_n \\
\boldsymbol{C}(\boldsymbol{\theta}) = C_0 + \boldsymbol{\theta}_1 C_1 + \cdots + \boldsymbol{\theta}_n C_n \\
\boldsymbol{D}(\boldsymbol{\theta}) = D_0 + \boldsymbol{\theta}_1 D_1 + \cdots + \boldsymbol{\theta}_n D_n
\end{cases} \tag{6.64}
$$

具有这样的系数矩阵的模型被称为仿射参数依赖模型。

很明显，仿射参数依赖 LPV 模型可以通过变参数极值组合的方法转化为多胞形。若变参数向量中的元素有 n 个，每个元素都有极大值与极小值，经过组合可以得到 2^n 个顶点系统，则变参数空间可以表示成一个 n 维的超立方体，共有 2^n 个顶点。那么仿射参数依赖的 LPV 系统可以表示成由 2^n 个顶点处冻结参数的 LTI 系统所组成的多胞形系统，而每个顶点处的权重（即凸分解系数）则可由变参数的实际值到顶点处参数之间的距离来决定，从而系统中任意一个点处的系统状态可以由顶点系统的线性组合得出。

求解各个顶点处的凸分解系数的过程其实就是设计变增益系统增益调度方式的过程。现在对于多胞形系统的增益调度策略大概分为两种：参数几何距离增益调度策略和系统广义距离增益调度策略。其中参数几何增益调度策略是把系统中所有参数的变化对系统的影响看得同等重要，但是我们都知道，不同参数的变化对系统的影响是不同的，所以这样操作无疑会带来保守性的提升，但是由于这种方法操作简单直观，依然在许多系统得到广泛的应用。

使用参数几何距离增益调度策略在求解凸分解系数时，在 t 时刻的变参数向量为 $\boldsymbol{\theta}(t) = [\theta_1(t),\ \theta_2(t),\ \cdots,\ \theta_n(t)]$，$\underline{\theta}_i < \theta_i(t) < \overline{\theta}_i$，则该时刻变参数的归一化距离定义为[15]

$$
x_i = \frac{\overline{\theta}_i - \theta_i}{\overline{\theta}_i - \underline{\theta}_i} \tag{6.65}
$$

同时定义 $1 - x_i$ 表示其补归一化距离。那么各个顶点系统的凸分解系数可以用相应的归一化或补归一化距离来表示。如果顶点系统中包含变参数的下界 $\underline{\theta}_i$，则用归一化距离，反之则用补归一化距离。以变参数向量中含有两个元素为例，即 $\boldsymbol{\theta} = [\theta_1,\ \theta_2]$，可以得到 4 个顶点系统，相应的取值为 $(\underline{\theta}_1,\ \underline{\theta}_2)$、$(\overline{\theta}_1,\ \underline{\theta}_2)$、$(\underline{\theta}_1,\ \overline{\theta}_2)$、$(\overline{\theta}_1,\ \overline{\theta}_2)$，那么其对应的顶点系统的凸分解系数 a_1、a_2、a_3、a_4 分别为对应的归一化距离相乘，如下所示：

$$
x_1 = \frac{\overline{\theta}_1 - \theta_1}{\overline{\theta}_1 - \underline{\theta}_1},\quad x_2 = \frac{\overline{\theta}_2 - \theta_2}{\overline{\theta}_2 - \underline{\theta}_2},
$$

$$
\begin{cases}
a_1 = x_1 x_2 \\
a_2 = (1 - x_1) x_2 \\
a_3 = x_1 (1 - x_2) \\
a_4 = (1 - x_1)(1 - x_2)
\end{cases} \tag{6.66}
$$

而如果变参数向量中含有三个元素，即 $\boldsymbol{\theta} = [\theta_1,\ \theta_2,\ \theta_3]$，就可以得到 8 个顶点系统，相应的取值为 $(\underline{\theta}_1,\ \underline{\theta}_2,\ \underline{\theta}_3)$、$(\underline{\theta}_1,\ \overline{\theta}_2,\ \underline{\theta}_3)$、$(\underline{\theta}_1,\ \underline{\theta}_2,\ \overline{\theta}_3)$、$(\underline{\theta}_1,\ \overline{\theta}_2,\ \overline{\theta}_3)$、$(\overline{\theta}_1,\ \underline{\theta}_2,\ \underline{\theta}_3)$、$(\overline{\theta}_1,\ \overline{\theta}_2,\ \underline{\theta}_3)$、$(\overline{\theta}_1,\ \underline{\theta}_2,\ \overline{\theta}_3)$、$(\overline{\theta}_1,\ \overline{\theta}_2,\ \overline{\theta}_3)$，其对应的凸分解

系数分别为

$$x_1=\frac{\bar{\theta}_1-\theta_1}{\bar{\theta}_1-\underline{\theta}_1},x_2=\frac{\bar{\theta}_2-\theta_2}{\bar{\theta}_2-\underline{\theta}_2},x_3=\frac{\bar{\theta}_3-\theta_3}{\bar{\theta}_3-\underline{\theta}_3},$$

$$\begin{cases}a_1=x_1x_2x_3\\a_2=x_1(1-x_2)x_3\\a_3=x_1x_2(1-x_3)\\a_4=x_1(1-x_2)(1-x_3)\\a_5=(1-x_1)x_2x_3\\a_6=(1-x_1)(1-x_2)x_3\\a_7=(1-x_1)x_2(1-x_3)\\a_8=(1-x_1)(1-x_2)(1-x_3)\end{cases}\tag{6.67}$$

从而保证了凸分解系数满足 $a_i\geqslant 0$ 和 $\sum_{i=1}^{k}a_i=1$。

系统广义距离增益调度策略是从系统之间的距离出发来对控制器进行增益调度。在线性系统中 Gap 度量常被用来描述系统的摄动大小，其也可以被用来描述动态系统之间的距离，距离越小说明使用同一个控制器对两个系统的控制效果越接近。而系统广义距离增益调度就是根据 Gap 的大小来评判系统之间距离的远近，从而判断相应的权重，也是确定其对应的凸分解系数。这种方式相较于参数几何距离增益调度策略保守性更低，并且效果更好，但是其设计复杂，并且实时计算难度较大，所以在实际中使用较少。

当系统转化为多胞形后，只需对顶点处冻结参数的 LTI 系统进行稳定性分析和控制器设计，再对顶点处控制器进行线性组合就可以得到实时的系统控制器。但是一般的 LPV 模型转化为多胞形的方法并不直观，如果一个 LPV 模型不能转化为多胞形的形式，在对系统进行稳定性分析和控制器综合时，可构建参数依赖李雅普诺夫函数，基于式（6.58），对变参数进行网格划分，求取若干 LMI（离散节点上的 LMI）的问题。关于该方法的详细介绍，可参考周伟博士的学位论文[6]，其大致思路如下。

步骤 1：对参数空间进行初始网格划分，获得网格空间。

步骤 2：在当前网格空间上，求解离散后的一组 LMI，求取最优 L_2 范数性能以及李雅普诺夫函数。

步骤 3：选择更密集的网格划分数，获取相应的参数空间，检测步骤 2 中求取的最优 L_2 范数性能以及李雅普诺夫函数是否满足当前更密的参数空间上的 LMI，若满足则计算结束，若不满足则需要加密网格划分，转入步骤 2。

该方法思路较为直观简洁，但是存在计算量大的问题，尤其是依赖参数个数较多时，所划分的网格数非常多，基本是呈指数增长，控制器求解的计算量增加非常快，针对该问题周伟[6]在其博士论文中提出了基于部分依赖参数依赖李雅普诺夫函数的鲁棒变增益控制，也就是说将依赖参数的个数减少，仅考虑那些重要的变化非常剧烈的变参数，他针对旋转火箭鲁棒变增益控制，提出将依赖参数减少到 1 个，进而采用网格划分的方法求解 LMI，得到性能良好的鲁棒变增益控制器。但是，重要参数如何选取，缺乏理论依据。另外，这种方法由于网格划分缺少理论证明，无疑会增加系统的保守性。因此，很多研究提出先将一般的 LPV 模型转化成多胞形结构，进而利用多胞形结构的特性来进行控制器综合。接下来，将介绍如何构建一般的 LPV 模型的多胞形结构表达。

6.6.3 一般形式 LPV 系统的多胞形表示

与非线性系统的 LPV 表示一样，一个给定的 LPV 系统的多胞形表示也不是唯一的，不同的多胞形表示会对系统的稳定性和控制器效果带来不同的影响。具有仿射参数依赖形式的 LPV 系统可根据变参数的上下界组合，很容易地表示成多胞形，而不具备仿射参数依赖的一般 LPV 系统的多胞形表示并非那么直观。如对于如下的参数依赖时变矩阵：

$$\boldsymbol{f}(\theta_1,\theta_2)=\begin{bmatrix}2\cos(4\theta_1) & \theta_2\\ 3 & \theta_2^3\sin\theta_1\end{bmatrix} \tag{6.68}$$

其中，θ_1，$\theta_2\in[-0.5,0.5]$。

上述示例中的 θ_1、θ_2 以非线性形式出现，不能直接写成仿射参数依赖的形式，如果只是做简单的变量替换 $\tilde{\theta}_1=\cos(4\theta_1)$，$\tilde{\theta}_2=\theta_2$，$\tilde{\theta}_3=\theta_2^3\sin\theta_1$，从而将式（6.68）转为具有三个变参数的仿射参数依赖矩阵，进而可以表示成具有 8 个顶点的多胞形。但是从变量替换的过程中可以看出，三个变量中隐含着复杂的非线性关系，所以得到的多胞形会有很大的保守性，这会对后面的稳定性分析与控制器设计带来很大影响。

对于一般 LPV 模型的多胞形表示，国内外目前对于这方面的研究很少，属于鲁棒变增益问题中的一个盲点。Baranyi 提出了一种基于高阶奇异值分解的方法，可以将一般 LPV 系统近似转化为多胞形系统，并且提供了软件包[16]。其基本思想为：等距离地将变参数区间划分成有限个网格，在这些网格上取值得到系统的原始张量，然后通过高阶奇异值分解舍去张量中作用较小的数据，即舍去 0 和较小的奇异值，从而得到数据量较小且能充分复现原始张量的核心张量。在变参数每个参数的维度上保留的高阶奇异值的阶数，就是这个维度上保留的顶点个数，而顶点可以选取最后保留的核心张量，也可以等距离地取顶点，这样容易操作。如一个 LPV 系统以速度和高度作为变参数，在速度维度上保留 2 阶奇异值，高度维度上也保留 2 阶维度，那么最后的多胞形系统就具有 2×2 个顶点。

6.6.4 反馈控制器的设计

在控制器设计时，首先需要明确的是最终要设计的是一个鲁棒控制器。通常将鲁棒控制器设计表示为如图 6.2 所示的标准 H_∞ 控制问题：给定广义控制对象的集合 $\boldsymbol{G}$、外部输入集合 $\boldsymbol{w}$ 和由被控输出 $\boldsymbol{z}$ 表征的一组控制性能，设计一个可实现的控制器 $\boldsymbol{K}$，使反馈控制系统稳定，且达到要求的控制性能[17]。

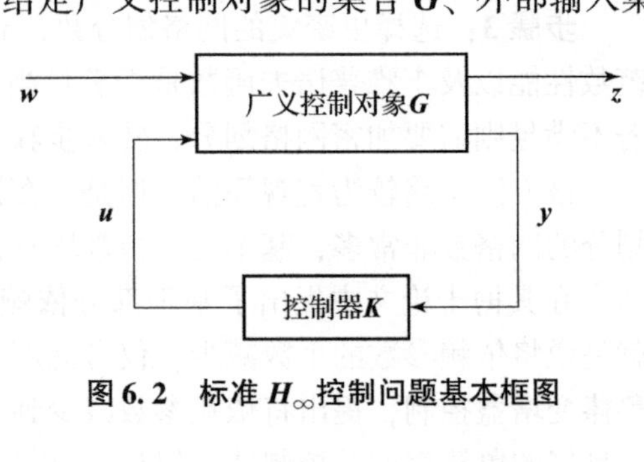

图 6.2 标准 H_∞ 控制问题基本框图

其中，$\boldsymbol{w}$ 为外部输入；$\boldsymbol{u}$ 为控制输入；$\boldsymbol{z}$ 为被控制输出；$\boldsymbol{y}$ 为测量的输出；$\boldsymbol{G}$ 和 $\boldsymbol{K}$ 分别为广义控制对象与控制器，前者是系统所给定的，后者是需要设计的。

其中 $\boldsymbol{G}$ 的状态空间表达为

$$\begin{aligned}\dot{\boldsymbol{x}} &= \boldsymbol{A}\boldsymbol{x} + \boldsymbol{B}_1\boldsymbol{w} + \boldsymbol{B}_2\boldsymbol{u} \\ \boldsymbol{z} &= \boldsymbol{C}_1\boldsymbol{x} + \boldsymbol{D}_{11}\boldsymbol{w} + \boldsymbol{D}_{12}\boldsymbol{u} \\ \boldsymbol{y} &= \boldsymbol{C}_2\boldsymbol{x} + \boldsymbol{D}_{21}\boldsymbol{w} + \boldsymbol{D}_{22}\boldsymbol{u}\end{aligned} \tag{6.69}$$

即

$$\begin{aligned}\dot{\boldsymbol{x}} &= \boldsymbol{A}\boldsymbol{x} + [\boldsymbol{B}_1 \quad \boldsymbol{B}_2]\begin{bmatrix}\boldsymbol{w}\\ \boldsymbol{u}\end{bmatrix} \\ \begin{bmatrix}\boldsymbol{z}\\ \boldsymbol{y}\end{bmatrix} &= \begin{bmatrix}\boldsymbol{C}_1\\ \boldsymbol{C}_2\end{bmatrix}\boldsymbol{x} + \begin{bmatrix}\boldsymbol{D}_{11} & \boldsymbol{D}_{12}\\ \boldsymbol{D}_{21} & \boldsymbol{D}_{22}\end{bmatrix}\begin{bmatrix}\boldsymbol{w}\\ \boldsymbol{u}\end{bmatrix}\end{aligned} \tag{6.70}$$

基于输出反馈的 H_∞控制就是设计一个控制器 $\boldsymbol{u}(\boldsymbol{x}) = \boldsymbol{K}(\boldsymbol{x})\boldsymbol{y}(\boldsymbol{x})$，其具有如下状态空间形式：

$$\boldsymbol{K}(\boldsymbol{x}) = \begin{cases}\dot{\hat{\boldsymbol{x}}} = \boldsymbol{A}_k\hat{\boldsymbol{x}} + \boldsymbol{B}_k\boldsymbol{y} \\ \boldsymbol{u} = \boldsymbol{C}_k\hat{\boldsymbol{x}} + \boldsymbol{D}_k\boldsymbol{y}\end{cases} \tag{6.71}$$

将控制器记为

$$\boldsymbol{K} = \begin{bmatrix}\boldsymbol{A}_k & \boldsymbol{B}_k\\ \boldsymbol{C}_k & \boldsymbol{D}_k\end{bmatrix} \tag{6.72}$$

将控制器（6.72）代入系统（6.70）后得到的闭环系统为

$$\begin{cases}\dot{\boldsymbol{\xi}} = \boldsymbol{A}_{cl}\boldsymbol{\xi} + \boldsymbol{B}_{cl}\boldsymbol{w} \\ \boldsymbol{z} = \boldsymbol{C}_{cl}\boldsymbol{\xi} + \boldsymbol{D}_{cl}\boldsymbol{w}\end{cases} \tag{6.73}$$

式中，

$$\begin{aligned}&\boldsymbol{\xi} = \begin{bmatrix}\boldsymbol{x}\\ \hat{\boldsymbol{x}}\end{bmatrix}, \boldsymbol{A}_{cl} = \begin{bmatrix}\boldsymbol{A} + \boldsymbol{B}_2\boldsymbol{F}_L\boldsymbol{D}_k\boldsymbol{C}_2 & \boldsymbol{B}_2\boldsymbol{F}_L\boldsymbol{C}_k\\ \boldsymbol{B}_k\boldsymbol{E}_L\boldsymbol{C}_2 & \boldsymbol{A}_k + \boldsymbol{B}_k\boldsymbol{E}_L\boldsymbol{D}_{22}\boldsymbol{C}_k\end{bmatrix}, \\ &\boldsymbol{B}_{cl} = \begin{bmatrix}\boldsymbol{B}_1 + \boldsymbol{B}_2\boldsymbol{F}_L\boldsymbol{D}_k\boldsymbol{D}_{21}\\ \boldsymbol{B}_k\boldsymbol{E}_L\boldsymbol{D}_{21}\end{bmatrix}, \boldsymbol{C}_{cl} = [\boldsymbol{C}_1 + \boldsymbol{D}_{12}\boldsymbol{F}_L\boldsymbol{D}_k\boldsymbol{C}_2 \quad \boldsymbol{D}_{12}\boldsymbol{F}_L\boldsymbol{C}_k], \\ &\boldsymbol{D}_{cl} = \boldsymbol{D}_{11} + \boldsymbol{D}_{12}\boldsymbol{F}_L\boldsymbol{D}_k\boldsymbol{C}_{21}, \boldsymbol{F}_L = (\boldsymbol{I} - \boldsymbol{D}_k\boldsymbol{D}_{22}) - 1, \boldsymbol{E}_L = (\boldsymbol{I} - \boldsymbol{D}_{22}\boldsymbol{D}_k) - 1\end{aligned} \tag{6.74}$$

此时系统的闭环传递函数为

$$\boldsymbol{T}_{zw}(s) = \boldsymbol{C}_{cl}(s\boldsymbol{I} - \boldsymbol{A}_{cl})^{-1}\boldsymbol{B}_{cl} + \boldsymbol{D}_{cl} \tag{6.75}$$

因此，H_∞输出反馈控制问题可描述为：考虑如图 6.2 所示的闭环控制系统和广义控制对象（6.69），寻求动态输出反馈控制器（6.71），使得闭环系统内部稳定，并且由闭环系统（6.73）描述的闭环传递函数矩阵满足 $\|\boldsymbol{T}_{zw}(s)\|_\infty < \gamma$，其中 $\gamma > 0$。$\|\boldsymbol{T}_{zw}(s)\|_\infty$表示的是从扰动输入 w 到被调输出 z 的传递函数 $\boldsymbol{T}_{zw}(s)$ 的 H_∞范数，其可以表示系统对于干扰的抑制能力，读者可阅读鲁棒控制相关书籍进行深入了解。如果 γ 是一个给定的常数，则通常称为次优 H_∞输出反馈控制问题。最优 H_∞输出反馈控制问题则是寻找动态输出反馈控制器 K，使得闭环系统内部稳定，并且最小化 $\|\boldsymbol{T}_{zw}(s)\|_\infty$。一般实际问题中主要研究次优 H_∞控制。

根据界实定理可知，使闭环系统（6.73）内部稳定，并且最小化 $\|\boldsymbol{T}_{zw}(s)\|_\infty$的充分必要条件是，存在一个对称正定矩阵 $\boldsymbol{X}_{cl}$[13]，使得

$$\begin{bmatrix} A_{cl}^{\mathrm{T}}X_{cl}+X_{cl}A_{cl} & X_{cl}B_{cl} & C_{cl}^{\mathrm{T}} \\ B_{cl}^{\mathrm{T}}X_{cl} & -\gamma I & D_{cl}^{\mathrm{T}} \\ C_{cl} & D_{cl} & -\gamma I \end{bmatrix}<0 \tag{6.76}$$

在这里的 A_{cl}，B_{cl}，C_{cl}，D_{cl}都和未知的控制器参数相关，直接求取相当困难，所以在这里介绍基于线性矩阵不等式的输出反馈 H_∞控制器设计方法——消元法。

首先，系统（6.69）存在一个输出反馈 H_∞控制器，当且仅当存在正定对称矩阵 X，Y，使得式（6.77）成立：

$$\begin{gathered}\begin{bmatrix} N_o & 0 \\ 0 & I \end{bmatrix}^{\mathrm{T}}\begin{bmatrix} XA+A^{\mathrm{T}}X & XB_1 & C_1^{\mathrm{T}} \\ B_1^{\mathrm{T}}X & -\gamma I & D_{11}^{\mathrm{T}} \\ C_1 & D_{11} & -\gamma I \end{bmatrix}\begin{bmatrix} N_o & 0 \\ 0 & I \end{bmatrix}<0 \\ \begin{bmatrix} N_c & 0 \\ 0 & I \end{bmatrix}^{\mathrm{T}}\begin{bmatrix} AY+YA^{\mathrm{T}} & YC_1^{\mathrm{T}} & B_1 \\ C_1Y & -\gamma I & D_{11} \\ B_1^{\mathrm{T}}C_1 & D_{11}^{\mathrm{T}} & -\gamma I \end{bmatrix}\begin{bmatrix} N_c & 0 \\ 0 & I \end{bmatrix}<0 \\ \begin{bmatrix} X & I \\ I & Y \end{bmatrix}\geqslant 0 \end{gathered} \tag{6.77}$$

其中，N_o 和 N_c 分别是子空间［C_2　D_{21}］和［B_2^{T}　D_{12}^{T}］中任意一组基向量作为列向量所构成的矩阵。式（6.77）是一个关于矩阵变量 X，Y 的线性矩阵不等式系统，使用 MATLAB 中的 mincx 函数可以来求解这个问题。

然后，求满足 $X-Y^{-1}=X_2X_2^{\mathrm{T}}$ 的矩阵 $X_2\in\mathbb{R}^{n\times n_K}$，其中的 n_K 可以是矩阵 $X-Y^{-1}$ 的秩，也可以选其他值。可以采用奇异值分解的方法得到 X_2，从而得到

$$X_{cl}=\begin{bmatrix} X & X_2^{\mathrm{T}} \\ X_2 & I \end{bmatrix} \tag{6.78}$$

随后，将 X_{cl}代入矩阵不等式：

$$H_{X_{cl}}+P_{X_{cl}}^{\mathrm{T}}KQ+Q^{\mathrm{T}}K^{\mathrm{T}}P_{X_{cl}}<0 \tag{6.79}$$

其中，

$$\begin{gathered} H_{X_{cl}}^{\mathrm{T}}=\begin{bmatrix} A_0^{\mathrm{T}}X_{cl}+X_{cl}A_0 & X_{cl}B_0 & C_0^{\mathrm{T}} \\ B_0^{\mathrm{T}}X_{cl} & -\gamma I & D_{11}^{\mathrm{T}} \\ C_0 & D_{11} & -\gamma I \end{bmatrix},P_{X_{cl}}=[\bar{B}^{\mathrm{T}}X_{cl}\quad 0\quad \bar{D}_{12}^{\mathrm{T}}],Q=[\bar{C}\quad \bar{D}_{21}\quad 0], \\ A_0=\begin{bmatrix} A & 0 \\ 0 & 0 \end{bmatrix},B_0=\begin{bmatrix} B_1 \\ 0 \end{bmatrix},C_0=[C_1\quad 0], \\ \bar{B}=\begin{bmatrix} 0 & B_2 \\ I & 0 \end{bmatrix},\bar{C}=\begin{bmatrix} 0 & I \\ C_2 & 0 \end{bmatrix},\bar{D}_{12}=[0\quad D_{12}],\bar{D}_{21}=\begin{bmatrix} 0 \\ D_{21} \end{bmatrix} \end{gathered} \tag{6.80}$$

从而得出控制器参数矩阵 K，将其代入式（6.72），从而得到输出反馈控制器。这个过程操作复杂但相对固定，所以在具体求解输出反馈控制器的时候，常常使用 MATLAB 中的 hinflmi 函数。

在了解了如何求解一个线性定常系统的输出反馈控制器之后，如何求解一个线性变参数系统的输出反馈鲁棒变增益控制器呢？在这里假设系统（6.69）是仿射参数依赖系统：

$$\begin{cases}\dot{x}=A(\theta)x+B_1(\theta)w+B_2(\theta)u\\ z=C_1(\theta)x+D_{11}(\theta)w+D_{12}(\theta)u\\ y=C_2(\theta)x+D_{21}(\theta)w+D_{22}(\theta)u\end{cases}\tag{6.81}$$

其中，A、B_1、B_2、C_1、C_2、D_{11}、D_{12}、D_{21}、D_{22}都是参数θ的仿射线性函数。根据前面多胞形的介绍可知该系统可以很容易转化为多胞形结构。

多胞形的LPV系统的稳定性我们可以借助界实定理在LPV系统中的拓展式（6.58）来进行分析，而多胞形结构的LPV系统具有独特的顶点性质。对于一个形如式（6.61）的多胞形LPV系统，以下三条结论等价[17]。

（1）该LPV系统稳定，且具有二次H_∞性能指标γ。

（2）存在一个正定对称矩阵$\boldsymbol{X}$，对于所有的$\begin{bmatrix}\boldsymbol{A}(\theta) & \boldsymbol{B}(\theta)\\ \boldsymbol{C}(\theta) & \boldsymbol{D}(\theta)\end{bmatrix}\in P$，满足：

$$\begin{bmatrix}\boldsymbol{A}^{\mathrm{T}}(\theta)\boldsymbol{X}+\boldsymbol{X}\boldsymbol{A}(\theta) & \boldsymbol{X}\boldsymbol{B}(\theta) & \boldsymbol{C}^{\mathrm{T}}(\theta)\\ \boldsymbol{B}^{\mathrm{T}}(\theta) & -\gamma\boldsymbol{I} & \boldsymbol{D}^{\mathrm{T}}(\theta)\\ \boldsymbol{C}(\theta) & \boldsymbol{D}(\theta) & -\gamma\boldsymbol{I}\end{bmatrix}<0\tag{6.82}$$

（3）存在一个正定对称矩阵$\boldsymbol{X}$，满足下列LMI组：

$$\begin{bmatrix}\boldsymbol{A}_i^{\mathrm{T}}\boldsymbol{X}+\boldsymbol{X}\boldsymbol{A}_i & \boldsymbol{X}\boldsymbol{B}_i & \boldsymbol{C}_i^{\mathrm{T}}\\ \boldsymbol{B}_i^{\mathrm{T}}\boldsymbol{X} & -\gamma\boldsymbol{I} & \boldsymbol{D}_i^{\mathrm{T}}\\ \boldsymbol{C}_i & \boldsymbol{D}_i & -\gamma\boldsymbol{I}\end{bmatrix}<0,\quad i=1,2,\cdots,k\tag{6.83}$$

其中，k为变参数θ的多胞形空间具有的顶点个数。

其中结论（1）与结论（2）体现的是界实定理在LPV中的拓展，结论（1）和结论（3）体现的是可以由多胞形的顶点描述整个多胞形的稳定性和性能指标。

同时，系统（6.81）的多胞形形式可以用下述矩阵表示：

$$\boldsymbol{S}(\theta)=\begin{bmatrix}\boldsymbol{A}(\theta) & \boldsymbol{B}_1(\theta) & \boldsymbol{B}_2(\theta)\\ \boldsymbol{C}_1(\theta) & \boldsymbol{D}_{11}(\theta) & \boldsymbol{D}_{12}(\theta)\\ \boldsymbol{C}_2(\theta) & \boldsymbol{D}_{21}(\theta) & \boldsymbol{D}_{22}(\theta)\end{bmatrix}=Co\left\{\begin{bmatrix}\boldsymbol{A}(\theta_i) & \boldsymbol{B}_1(\theta_i) & \boldsymbol{B}_2(\theta_i)\\ \boldsymbol{C}_1(\theta_i) & \boldsymbol{D}_{11}(\theta_i) & \boldsymbol{D}_{12}(\theta_i)\\ \boldsymbol{C}_2(\theta_i) & \boldsymbol{D}_{21}(\theta_i) & \boldsymbol{D}_{22}(\theta_i)\end{bmatrix},i=1,\cdots,k\right\}\tag{6.84}$$

如果变参数θ的多胞形空间具有k个顶点，分别是θ_1，θ_2，…，θ_k。则系统模型具有如下形式：

$$\boldsymbol{S}(\theta)=a_1\boldsymbol{S}(\theta_1)+\cdots+a_i\boldsymbol{S}(\theta_i),a_i\geqslant 0,\sum_{i=1}^{k}a_i=1,i=1,2,\cdots,k\tag{6.85}$$

同时由于顶点性质，这也就意味着输出反馈控制器具有以下形式：

$$\begin{bmatrix}\boldsymbol{A}_k(\theta) & \boldsymbol{B}_k(\theta)\\ \boldsymbol{C}_k(\theta) & \boldsymbol{D}_k(\theta)\end{bmatrix}=\sum_{i=1}^{k}a_i\begin{bmatrix}\boldsymbol{A}_k(\theta_i) & \boldsymbol{B}_k(\theta_i)\\ \boldsymbol{C}_k(\theta_i) & \boldsymbol{D}_k(\theta_i)\end{bmatrix}\tag{6.86}$$

由此说明对于多胞形LPV系统，所设计的依赖变参数的控制器，其状态空间矩阵是由多胞形系统的顶点处的控制器进行凸插值得到的，这样就保证通过测得的变参数获得控制器的一个平滑调度。

由于求解控制器的过程过于复杂，所以在实际使用中常常使用 MATLAB 中的 hinflmi 函数来对多胞形各个顶点处的控制器进行求解，最后利用凸插值计算得出实时控制器。

综上所述，一般系统基于多胞形的 LPV 系统求解输出反馈控制器步骤如下。

(1) 构建系统的 LPV 模型。

(2) 将 LPV 系统转化为多胞形结构。

(3) 通过本小节中介绍的方法，离线求出各个顶点处的输出反馈控制器，以及对应的凸分解系数。

(4) 在线求解输出反馈控制器增益 $\boldsymbol{K}$。

假设 LPV 系统的变参数为 $\boldsymbol{\theta} \in \mathbb{R}^2$，那么系统存在四个顶点 θ_1、θ_2、θ_3、θ_4，在顶点处对应的控制器为 K_1、K_2、K_3、K_4，对应的凸分解系数为 a_1、a_2、a_3、a_4，则系统的输出反馈控制器为

$$\boldsymbol{K} = a_1 K_1 + a_2 K_2 + a_3 K_3 + a_4 K_4 \tag{6.87}$$

6.7 反馈控制器设计示例

根据前文中 LPV 系统的建立，通过雅可比线性化方法得到飞行器的纵向 LPV 方程：

$$\begin{bmatrix} \dot{V} \\ \dot{\alpha} \\ \dot{\omega}_z \\ \dot{\vartheta} \\ \dot{H} \end{bmatrix} = \begin{bmatrix} M_V & M_\alpha & M_{\omega_z} & M_\vartheta & M_H \\ X_V & X_\alpha & X_{\omega_z} & X_\vartheta & 0 \\ Y_V & Y_\alpha & Y_q & 0 & Y_H \\ 0 & 0 & 1 & 0 & 0 \\ G_V & G_\alpha & 0 & G_\vartheta & 0 \end{bmatrix} \begin{bmatrix} V \\ \alpha \\ \omega_z \\ \vartheta \\ H \end{bmatrix} + \begin{bmatrix} M_{\delta_e} & M_{\delta_t} \\ X_{\delta_e} & X_{\delta_t} \\ Y_{\delta_e} & Y_{\delta_t} \\ 0 & 0 \\ 0 & 0 \end{bmatrix} \begin{bmatrix} \delta_e \\ \delta_t \end{bmatrix} \tag{6.88}$$

$$\begin{bmatrix} V \\ H \end{bmatrix} = \begin{bmatrix} 1 & 0 & 0 & 0 & 0 \\ 0 & 0 & 0 & 0 & 1 \end{bmatrix} \begin{bmatrix} V \\ \alpha \\ \omega_z \\ \vartheta \\ H \end{bmatrix}$$

其中，δ_e 为升降舵；δ_t 为发动机油门大小，系数矩阵中的元素均为关于变参数速度 V 和高度 H 的三阶多项式函数。

在这里考虑高度变化范围为 2 000 ~ 3 000 m，速度变化范围为 150 ~ 250 m/s，图 6.3 是飞行器纵向飞行控制框图，其中 V_c、H_c 是输入指令，$\Theta = [V,\ H]$ 是变参数（速度与高度）。

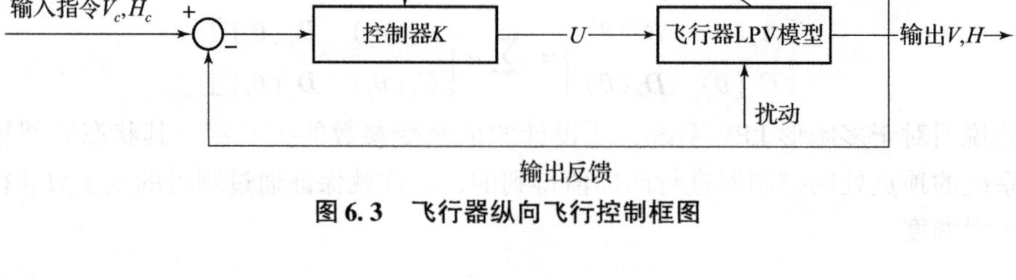

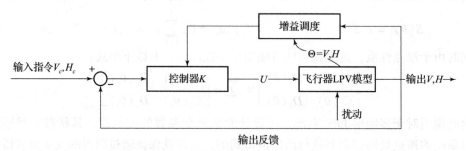

图 6.3 飞行器纵向飞行控制框图

对 LPV 系统进行多胞形转化，由于该系统不是仿射参数依赖的 LPV 系统（通常，对于飞行器控制系统，一般都不是仿射参数依赖的 LPV 系统），故根据 6.6.3 小节提到的方法，借助 MATLAB 对系统进行高阶奇异值分解，其结果如表 6.1 所示。

表 6.1　高阶奇异值分解结果

阶次	速度/(m·s^{-1})	高度/m
一阶	150.01	165.996
二阶	71.080 3	1.158 12
三阶	0.750 837	0

为了方便操作和尽可能地使多胞形模型与原始 LPV 模型接近，在速度方向保留两个奇异值，在高度方向保留两个奇异值。进而将系统转化为具有四个顶点的多胞形 LPV 系统，其顶点分别为

$$[V_{\min},H_{\min}],[V_{\max},H_{\min}],[V_{\min},H_{\max}],[V_{\max},H_{\max}]$$

其中，$V_{\min}=200$ m/s，$H_{\min}=2\ 000$ m，$V_{\max}=250$ m/s，$H_{\max}=3\ 000$ m，则其归一化距离为 $x_V=\dfrac{V_{\max}-V}{V_{\max}-V_{\min}}$，$x_H=\dfrac{H_{\max}-H}{H_{\max}-H_{\min}}$。

那么根据 6.6.2 小节的介绍，凸分解系数分别是

$$\begin{cases}a_1=x_Vx_H\\a_2=(1-x_V)x_H\\a_3=x_V(1-x_H)\\a_4=(1-x_V)(1-x_H)\end{cases}\tag{6.89}$$

下面只要分别求得其对应的顶点处的控制器 K，即可求得系统的输出反馈鲁棒控制器。首先把式（6.88）写成鲁棒控制问题的标准形式（6.69）：

$$\begin{cases}\dot{\boldsymbol{x}}=A\boldsymbol{x}+B_1\boldsymbol{w}+B_2\boldsymbol{u}\\\boldsymbol{z}=C_1\boldsymbol{x}+D_{11}\boldsymbol{w}+D_{12}\boldsymbol{u}\\\boldsymbol{y}=C_2\boldsymbol{x}+D_{21}\boldsymbol{w}+D_{22}\boldsymbol{u}\end{cases}\tag{6.90}$$

将 $\boldsymbol{x}=[V\quad\alpha\quad\beta\quad\omega_z\quad H]^{\mathrm{T}}$ 作为状态向量，$\boldsymbol{w}=[N_V\quad N_H]^{\mathrm{T}}$ 作为扰动向量，分别是在纵向平面内的速度测量噪声与高度测量噪声，$\boldsymbol{u}=[\delta_e\quad\delta_t]^{\mathrm{T}}$ 作为控制输入向量，$\boldsymbol{z}=[V\quad H]^{\mathrm{T}}$ 作为被控输出向量，$\boldsymbol{y}=[V\quad H]^{\mathrm{T}}$ 作为测量输出向量。系数矩阵为

$$\boldsymbol{A}=\begin{bmatrix}M_V & M_\alpha & M_{\omega_z} & M_\vartheta & M_H\\X_V & X_\alpha & X_{\omega_z} & X_\vartheta & 0\\Y_V & Y_\alpha & Y_q & 0 & Y_H\\0&0&1&0&0\\G_V & G_\alpha & 0 & G_\vartheta & 0\end{bmatrix},\boldsymbol{B}_1=0,\boldsymbol{B}_2=\begin{bmatrix}M_{\delta_e} & M_{\delta_t}\\X_{\delta_e} & X_{\delta_t}\\Y_{\delta_e} & Y_{\delta_t}\\0&0\\0&0\end{bmatrix},$$

$$
\begin{cases}
C_1 = \begin{bmatrix} 1 & 0 & 0 & 0 & 0 \\ 0 & 0 & 0 & 0 & 1 \end{bmatrix}, D_{11} = \begin{bmatrix} 1 & 0 \\ 0 & 1 \end{bmatrix}, D_{12} = 0, \\
C_2 = \begin{bmatrix} 1 & 0 & 0 & 0 & 0 \\ 0 & 0 & 0 & 0 & 1 \end{bmatrix}, D_{21} = \begin{bmatrix} 1 & 0 \\ 0 & 1 \end{bmatrix}, D_{22} = 0
\end{cases}
\tag{6.91}
$$

为方便展示控制器求解的步骤，这里给出在第一个顶点［150，2 000］处的控制器求解过程。式（6.92）是在该顶点［150，2 000］处的状态系数矩阵，其中部分数值为零是由于数值过小被舍去。

$$
A = \begin{bmatrix} -239.6 & 558.8 & -21.7 & -48.46 & 0 \\ -4 & -171.9 & 80.6 & 4.8 & 0 \\ 3.0 & -574.8 & -289.4 & 0 & 0 \\ 0 & 0 & 1 & 0 & 0 \\ -4.9 & -288.52 & 0 & 288.51 & 0 \end{bmatrix}, B = \begin{bmatrix} 0 & 0 & -426 & 0.1 \\ 0 & 0 & -297.08 & -17.6 \\ 0 & 0 & -105.54 & 0 \\ 0 & 0 & 0 & 0 \\ 0 & 0 & 0 & 0 \end{bmatrix}
$$

$$
C = \begin{bmatrix} 1 & 0 & 0 & 0 & 0 \\ 0 & 0 & 0 & 0 & 1 \\ \hline 1 & 0 & 0 & 0 & 0 \\ 0 & 0 & 0 & 0 & 1 \end{bmatrix}, D = \left[\begin{array}{cc|cc} 1 & 0 & 0 & 0 \\ 0 & 1 & 0 & 0 \\ \hline 1 & 0 & 0 & 0 \\ 0 & 1 & 0 & 0 \end{array}\right]
\tag{6.92}
$$

在 MATLAB 的控制系统设计工具中提供了基于直接输出反馈的鲁棒控制器求解的函数 hinflmi，因此可以直接利用 MATLAB 中的函数求解控制器，而无须用户自行编程求解线性矩阵不等式构建控制器。hinflmi 函数使用的是求解输出反馈控制器中的消元法，其操作复杂，但是步骤相对固定，关键是 MATLAB 中有封装好的函数，因此使用起来很方便。当然，用户也能通过将控制器代入被控系统状态方程得到闭环系统，从而根据界实定理直接解若干 LMI 得到控制器参数，而且可以用来处理多目标的输出反馈控制问题。需要注意的是，hinflmi 函数只能处理输出反馈控制器设计，若是状态反馈控制器 MATLAB 中就没有类似的函数了，需要将状态反馈控制器代入被控系统状态方程得到闭环系统，从而根据界实定理直接解若干 LMI 得到控制器参数。

这里直接采用 hinflmi 函数进行控制器求解。首先，构建 $\boldsymbol{A}$、$\boldsymbol{B}$、$\boldsymbol{C}$、$\boldsymbol{D}$ 系数矩阵，再使用 ltisys 函数将其保存为一个 LTI 系统：

```
p = ltisys(A,B,C,D)
```

随后，直接调用 hinflmi 函数，求解该顶点处的输出反馈鲁棒控制器：

```
[gopt,K] = hinflmi(p,[1 1])
```

其中，［1 1］表示的是量测输出与控制输入都只有一个。提取控制器参数：

```
[ak,bk,ck,dk] = ltiss(K)
```

最终，得到控制器最优 H_∞ 性能为 $\|\boldsymbol{T}_{zw}(s)\|_\infty = 3.689$，由此可以得到这个顶点处的输出反馈控制器矩阵为

$$
\boldsymbol{K}_1 = \begin{bmatrix} a_k & b_k \\ b_k & d_k \end{bmatrix}
\tag{6.93}
$$

按照上述方法，分别求得飞行器的纵向 LPV 系统的其余三个顶点处的增益 $\boldsymbol{K}_2$、$\boldsymbol{K}_3$、$\boldsymbol{K}_4$，继而根据式（6.89）得到系统四个顶点处的凸分解系数。从而得到系统的鲁棒变增益控

制器 $K=a_1K_1+a_2K_2+a_3K_3+a_4K_4$，从而实现了增益的调度并且保证了系统鲁棒性和稳定性。

为了验证 LPV 鲁棒变增益控制的控制性能，首先考虑在无干扰情况下，当系统处于高度为 2 050 m，速度为 160 m/s，俯仰角速率为 0°/s，弹道倾角为 0°，给定高度跟踪指令为 $H_c=2\ 250$ m，速度跟踪指令为 $V_c=190$ m/s。鲁棒变增益控制下的响应跟踪曲线展示于图 6. 4 和图 6. 5，从中可以看出，在无干扰的情况下，LPV 鲁棒变增益控制可以快速追踪指令信号。

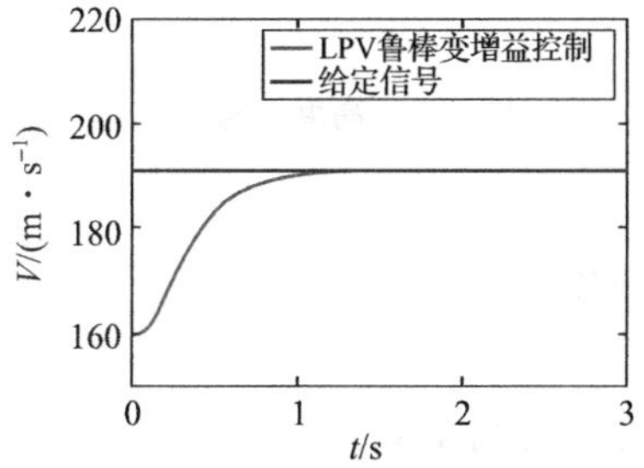

图 6. 4　无干扰时速度响应曲线

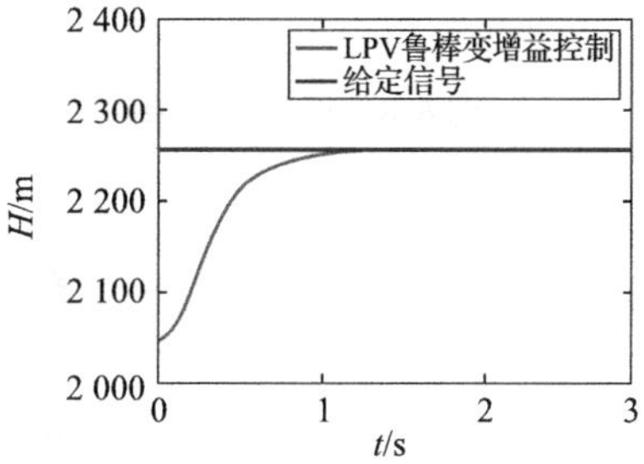

图 6. 5　无干扰时高度响应曲线

接下来，考虑扰动下的控制器性能以测试其对不确定性的鲁棒性。在实际飞行过程中，变参数不可能精确地在线获取，所以需要考虑其不确定性，在这里引入速度与高度偏差 ΔV 和 ΔH（实际值 ±5% 范围），其为实际值与测量值的差值。在上文中的特征点处进行 100 次幅值为 1 的阶跃响应。所得仿真结果展示于图 6. 6 和图 6. 7。

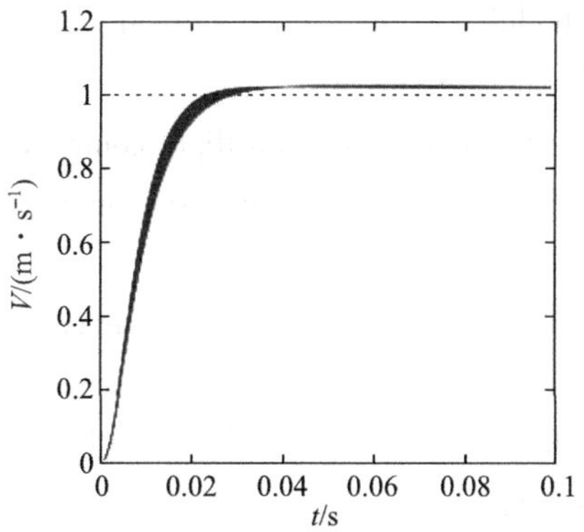

图 6. 6　存在干扰时速度阶跃响应

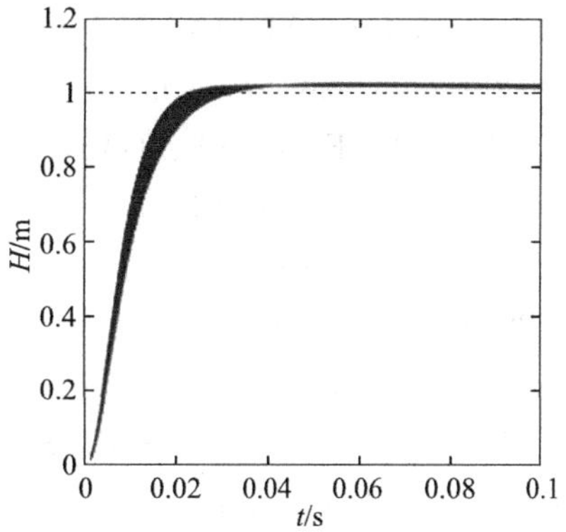

图 6. 7　存在干扰时高度阶跃响应

上面的仿真结果表明，在存在干扰也就是出现参数摄动的情况下，系统最后的稳态值重合度较高，这也就说明了鲁棒变增益控制器的稳态误差较小，同时响应曲线散布范围很小，说明控制器对不确定性具有很强的鲁棒性。这说明了 LPV 鲁棒变增益控制器具有较强的鲁棒性和较高的控制精度。

为了进一步检测系统对于快速时变参数的适应能力，对系统进行追踪能力检测，对高度和速度指令（H_c 和 V_c）分别给一组方波信号，测试系统的跟踪性能。所得结果展示于图 6. 8 和图 6. 9，从中可以看到 LPV 鲁棒变增益控制对于信号具有很好的跟踪效果，体现了其对系统参数快速变化的适应能力。

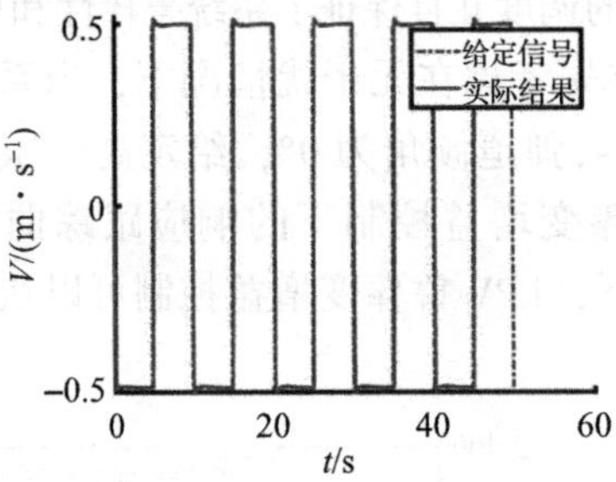

图 6.8 速度信号追踪

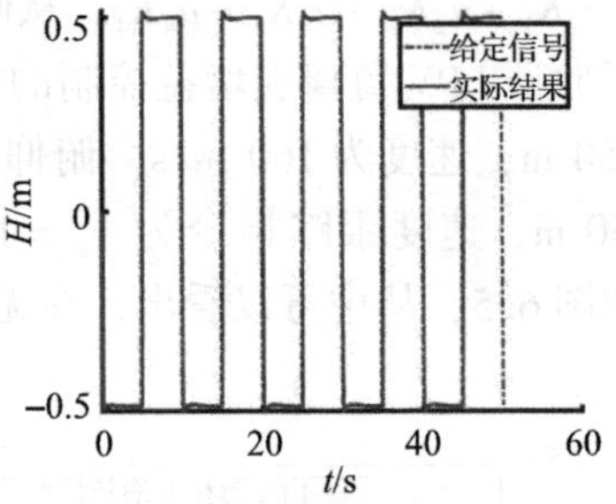

图 6.9 高度信号跟踪

6.8 小　结

本章首先介绍了 LPV 系统的鲁棒变增益控制方法，从 LPV 系统的定义和建立出发；然后介绍了线性矩阵不等式的相关概念，为 LPV 系统鲁棒变增益控制器的求解提供理论基础；接着给出了 LPV 系统稳定性的概念，在此基础上介绍了基于多胞形输出反馈的鲁棒变增益控制器设计流程；最后给出了鲁棒变增益控制在飞行器控制中的应用。

参考文献

[1] SHAMMA J S, ATHANS M. Analysis of gain scheduled control for nonlinear plants [J]. IEEE transactions on automatic control, 1990, 35 (8): 898 – 907.

[2] SNELL S A, ENNS D F, GARRARD W L, et al. Nonlinear inversion flight control for a supermaneuverable aircraft [J]. Journal of guidance, control, and dynamics, 1990, 15 (4): 976 – 984.

[3] APKARIAN P, GAHINET P, BECKER G. Self – scheduled H_∞ control of linear parameter – varying systems: a design example [J]. Automatica, 1995, 31 (9): 1251 – 1261.

[4] LEITH D J, LEITHEAD W E. Survey of gain – scheduling analysis & design [J]. International journal of control, 2000, 73 (11): 1001 – 1025.

[5] 胡东. 变增益控制理论及其应用 [D]. 南京: 南京航空航天大学, 1999.

[6] 周伟. 旋转弹动态稳定性与鲁棒变增益控制 [D]. 北京: 北京理工大学, 2016.

[7] YU J. Lyapunov – based robust control for linear parametrically varying system [D]. Irvine: University of California, 1997.

[8] 李文强. LPV 系统鲁棒变增益控制研究及其应用 [D]. 长沙: 国防科学技术大学, 2009.

[9] VOORSLUIJS G, BENNANI S, SCHERER C. Linear and parameter – dependent robust control techniques applied to a helicopter UAV [A] //AIAA Guidance, Navigation, and Control Conference and Exhibit, 2004.

[10] SHAMMA J S, CLOUTIER J R. Gain – scheduled missile autopilot design using linear parameter varying transformations [J]. Journal of guidance, control, and dynamics, 1993,

16（2）：256－263.
[11] 于剑桥，胡国怀，别炎华. 采用函数替换方法建立导弹准线性化模型［J］. 北京理工大学学报，2009，29（5）：390－393.
[12] 俞立. 鲁棒控制——线性矩阵不等式处理方法［M］. 北京：清华大学出版社，2002.
[13] EUGENIA L. Linear matrix inequalities in system and control theory，SAM［J］. Proceedings of the IEEE，1994，86（12）：2473－2474.
[14] 虞忠伟. 机器人变增益鲁棒控制的研究［D］. 上海：同济大学，2002.
[15] BALAS G，CHIANG R. A Packard robust control toolbox user's manual［M］. Natick，Massachusetts：MathWorks Inc，2005.
[16] BARANYI P. TP model transformation as a way to LMI－based controller design［A］//IEEE Transactions on Industrial Electronics. 2004，51（2）：387－400.
[17] 吴敏，何勇，佘锦华. 鲁棒控制理论［M］. 北京：高等教育出版社，2010.

第7章
多飞行器系统协同制导理论及方法

前面章节主要介绍单个飞行器系统的制导控制理论及方法，本章针对近年来兴起的多飞行器系统，尤其是制导问题相关的多弹协同作战系统进行介绍，并围绕其中关键技术协同制导理论及方法展开论述，最后仿真算例给予效果展示及验证。

7.1 多飞行器系统简介

随着飞航导弹技术的高速发展，其在军事战术及战略层面的作用越发凸显。同时，反导技术也得到广泛关注，美国逐渐构建形成了一个联合战区导弹防御体系[1]。联合战区导弹防御体系的作战目标是战术弹道导弹、巡航导弹和战术空对地导弹，主要用于保护重要城市、机场、港口、舰船和通信网络，保护部队的投送和供给能力，保护部队在导弹威胁环境中实施机动作战[2]。已经构建的“爱国者”导弹防御系统和海基底层防御系统都具有对低空来袭巡航导弹的拦截能力。同时美国还专门针对飞航导弹加强其海陆巡航导弹防御系统的建设，一是加强预警机上传感器、信息处理能力和数据网络的改进，提高预警和协同能力；二是改进战斗机的雷达和空空导弹，提高外层防御能力；三是通过协同作战系统和联合对陆攻击巡航导弹防御高架网络传感器系统的研制，形成了通过空中传感器、协同作战网络和防空部队对处于视距外巡航导弹实施拦截的能力，建起了有效的中层防御拦截系统；四是在舰船上部署集 C^4I（command，control，communication，computer and information，指挥、控制、通信、计算机和情报）软硬杀伤武器系统于一体的 SSDS（ship self - defense system，舰艇自防御系统）。这种多层防御体系对飞航导弹的生存能力构成了极大的威胁[1]。

导弹多层防御体系正在日臻完善，飞航导弹的突防难度日益增大。因此，近年来旨在加强导弹突防能力的多飞行器自主编队、协同制导技术也随之发展[1]，多弹组网协同作战逐渐成为未来战场的一种作战形式。多弹协同作战系统是涉及无线自组织网络与导弹制导控制等多领域、多学科交叉的新型综合集成系统，底层基于无线通信技术的编队支撑网络进行信息的互联互通直至互操作，通过上层自主地完成编队决策与管理，使编队具备群体意识能力，实现任务规划与目标分配、协同航路规划与协同导引，保证编队协同完成复杂的作战任务[3]。

相比于单枚导弹，多弹协同制导利用群体优势赋予导弹集群更强的能力，实现弹间信息共享、弹群相互配合，提升系统整体作战实力，其主要表现如下：首先，在提升系统生存能力方面，可以实现部分导弹隐身打击（如静默攻击），从而提高整体隐蔽性；其次，在提升进攻能力方面，多弹协同制导可以通过饱和攻击来进行突防，甚至完成单颗弹无法完成的任务；再次，在电子对抗方面，弹群可以通过协同探测和采用不同频率、不同类型的导弹从不同方向同时攻击；最后，在提升经济效费比方面，带有高性能导引头的导弹和其他仅带有低成本制导控制部件导弹组成弹群可通过信息共享，进一步提高探测精度，并实现低成本目标信息协同探测[4]。下面介绍两种典型的飞航导弹协同模式[5]。

➢ 多弹齐射

多弹齐射主要用于海战，攻击海上的航空母舰战斗群。多弹齐射是在一次攻击中采用不同频率、不同类型的导弹在不同方向上进行齐射。由于防空武器系统的瞬时拦截能力有限，齐射方式可以通过饱和攻击来实现突防；就电子对抗而言，弹群采用不同频率，从不同方向攻击，这会使得干扰设备很难有效地对弹群中所有导弹实施干扰。所以多弹齐射可以提高导弹的突防能力和电子对抗能力。

➢ 领弹从弹模式

在准确掌握敌方位置和运动信息时，领弹以高弹道飞行，其他导弹以低弹道飞行，由高弹道飞行的导弹来承担领弹任务探测目标数据，通过数据链向从弹发送目标信息。从弹可以通过静默攻击来实现突防。

7.2　协同制导基本原理

实现多弹协同制导的核心是通信，根据在线或者离线的信息交互，多导弹协同制导方法可以分为开环和闭环两类。开环协同制导指的是在导弹编队发射前已经设定了每枚导弹协同量的期望值，在飞行过程中，导弹之间不存在信息交互。闭环协同制导中导弹无须预先设定协同量的期望值，而是在飞行过程中通过弹群之间的信息交互和协同变量的控制来实现协同量的一致[4]。多弹协同制导中协同变量一般是时间和攻击角度。开环协同制导中可以通过设计带有时间约束、攻击角度约束的导引律并在发射前选定约束值来实现时间、攻击角度的协同。开环协同制导的一个难点是如何设计发射前的协同量期望值，同时开环协同制导容易受到干扰的影响无法及时调整弹群的协同状态。闭环协同制导的关键是通信，导弹之间通信拓扑的结构主要包括集中式和分布式两种。集中式通信拓扑是指在集群中存在一枚或者多枚导弹能够与所有导弹进行信息交流，采用此种通信方法的协同制导称为集中式协同制导；分布式通信拓扑是指集群中的导弹仅与若干枚邻近的导弹进行信息交流，采用此种通信方式的多弹协同制导称为分布式协同制导。

采用集中式协同制导方法的导弹集群内存在全局信息，即实现导弹协同的所有信息可以被汇总于一个或多个集中式协同单元，并以此计算出各单元的期望协调变量值，然后将其广播。这种方法在提高集中式协同单元的计算、通信等能力的同时减轻了其余非集中单元的计算与通信负担。此外，设置多个集中式单元，系统不会因为集中单元失效而导致弹群协同失败，但会增大弹群间的通信代价。

采用分布式协同制导方法的导弹集群内利用的是局部信息，通过去中心化思想，各导弹只与邻近导弹建立通信，并依据邻近导弹的状态信息来调整自身的协同变量。由于分布式拓扑架构没有中心，单枚导弹的失效不会导致弹群协同失效，所以这种协同制导方式具有更好的鲁棒性，而且通信代价比较低。当然，采用分布式的协同制导方法对通信拓扑的合理性与协同制导律的稳定性有一定要求。

无论是集中式还是分布式的协同制导，都具有相似的协同制导架构。现有的众多协同制导方法均是在双层协同制导架构和“领弹-从弹”协同制导架构的基础上开展的研究[4]。双层协同制导结构包括：底层导引控制和上层协同控制。底层导引控制由分散在各个导弹的本地制导律完成，而上层协同控制则由协同策略来实现[6]。协同制导中的本地导引律不仅要满足单枚导弹作战时的导引需求还应具有对特定协同变量的控制能力。例如，在时间协同制导中，本地制导律不仅要能将导弹导引至目标，还要具有攻击时间的调节能力。上层协同策略可以是集中式的也可以是分布式的。“领弹-从弹”协同制导架构是双层协同制导架构的特殊形式，相当于指定上层协同策略以领弹的协同变量为期望值。

7.3 导弹目标运动模型及图论相关知识

7.3.1 导弹目标运动模型

本章考虑导弹与目标在铅垂面内的运动，其中 M 为导弹，T 为静止目标。首先考虑单一导弹情况，如图 7.1 所示。定义各角度逆时针为正顺时针为负，导弹加速度 a 垂直于导弹速度 V，图示方向为正。导弹运动方程为

$$\begin{cases} \dot{r} = -V\cos\sigma \\ \dot{q} = -V\sin\sigma/r \\ \dot{\theta} = a/V \end{cases} \tag{7.1}$$

$$\theta = \sigma + q \tag{7.2}$$

其中，弹道倾角 θ 为导弹速度方向相对于水平线（X 轴）的夹角；视线角 q 为弹目视线方向相对于水平线（X 轴）的夹角；导弹速度前置角 σ 为导弹速度方向相对于弹目视线方向的夹角；弹目距离为 r。

多弹协同制导示意图如图 7.2 所示，多枚导弹以不同的发射状态从不同地点发射，并同时命中一个静止目标。

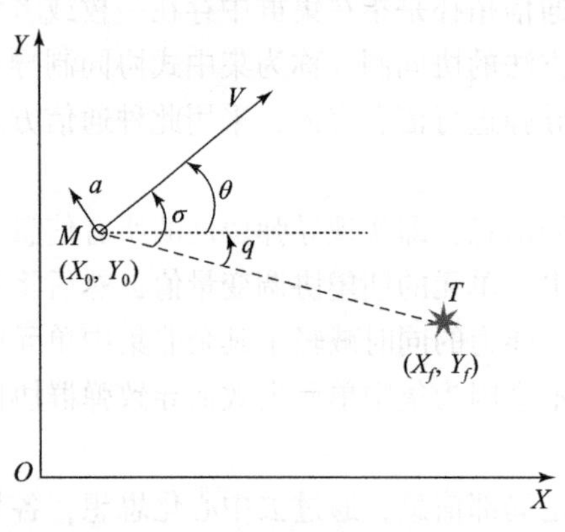

图 7.1 二维制导变量关系图

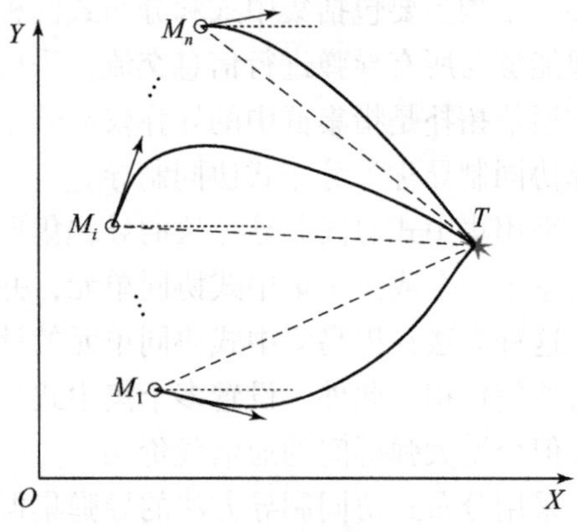

图 7.2 多弹协同制导示意图

7.3.2 图论相关知识

在编队中，群体间的信息交换可以采用有向图或者无向图来进行建模。假设一个编队有 n 个智能体，群体的通信拓扑可以由有向图 $G_n=(v_n,\ \varepsilon_n)$ 来表示，其中，$v_n=\{1,\ 2,\ \cdots,\ n\}$ 表示节点集，$\varepsilon_n \subseteq v_n \times v_n$ 表示边集。编队中的每个个体用节点表示，各节点之间的通信关系用边集来表示。$\boldsymbol{A}_n \in \mathbb{R}^{n\times n}$ 为有向图 G_n 的邻接矩阵，a_{ij} 为邻接矩阵 $\boldsymbol{A}_n$ 的第 $(i,\ j)$ 项。若边 $(j,\ i)\in\varepsilon_n$，则代表智能体 i 可以从智能体 j 获得信息，$a_{ij}>0$；若边 $(j,\ i)\notin\varepsilon_n$，则 $a_{ij}=0$。有向图中 a_{ij} 与 a_{ji} 不一定相等，即邻接矩阵 $\boldsymbol{A}_n$ 不一定为对称方阵，信息的传递不一定是对称的。除非特别声明一般不允许有自身边 $(i,\ i)$，即 $a_{ii}=0$。无向图可以认为是有向图的一个特例，无向图中的边 $(i,\ j)$ 对应有向图中的边 $(i,\ j)$ 和 $(j,\ i)$，即 $a_{ij}=a_{ji}$。有向图中，如果边 $(i,\ j)\ \in\varepsilon_n$，那么节点 i 就是节点 j 的一个“邻居”，节点 i 的邻居集由 N_i 表示。加权图是对图中的每条边均赋予一个权值，a_{ij} 表示边 $(j,\ i)$ 的权值。如果没有实际意义的权值，那么当 $(j,\ i)\ \in\varepsilon_n$，可设定 $a_{ij}=1$。如果对于所有 i，$\sum_{j=1}^{n} a_{ij} = \sum_{j=1}^{n} a_{ji}$，则称该图是平衡的。对于无向图，$\boldsymbol{A}_n$ 是对称的，因此每个无向图都是平衡的。

定义矩阵 $\boldsymbol{L}_n=[l_{ij}]\ \in\mathbb{R}^{n\times n}$ 为

$$l_{ii} = \sum_{j=1}^{n} a_{ij},\ l_{ij} = -a_{ij}(i\neq j) \tag{7.3}$$

显然，如果 $(j,\ i)\ \notin\varepsilon_n$，那么 $l_{ij}=-a_{ij}=0$。矩阵 $\boldsymbol{L}_n$ 满足

$$l_{ij} \leqslant 0, i\neq j, \text{且} \sum_{j=1}^{n} l_{ij} = 0, i = 1,2,3,\cdots,n \tag{7.4}$$

对于一个无向图，$\boldsymbol{L}_n$ 是对称的，并被称为“拉普拉斯矩阵”。但是对于一个有向图，$\boldsymbol{L}_n$ 不一定是对称的，它有时被称为“非对称拉普拉斯矩阵”或“有向拉普拉斯矩阵”。

不管是无向图还是有向图，$\boldsymbol{L}_n$ 的各行元素之和均为0，因此0是 $\boldsymbol{L}_n$ 的一个特征值，其对应的特征向量是元素均为1的 $n\times 1$ 维列向量 $\boldsymbol{1}_n$。

显然，$\boldsymbol{L}_n$ 是对角占优的，并且其对角元素均为非负。所以 $\boldsymbol{L}_n$ 的所有非0特征值均有正实部，$\boldsymbol{L}_n$ 是半正定的。对于一个无向图，0是 $\boldsymbol{L}_n$ 的一个简单特征值当且仅当该无向图是连通的。对于一个有向图，如果有向图是强连通的，那么0是 $\boldsymbol{L}_n$ 的一个简单特征值，但反之不成立。对于一个无向图，令 $\lambda_i(\boldsymbol{L}_n)$ 为 $\boldsymbol{L}_n$ 的第 i 个特征值，且满足 $\lambda_1(\boldsymbol{L}_n)\leqslant\lambda_2(\boldsymbol{L}_n)\leqslant\lambda_3(\boldsymbol{L}_n)\leqslant\cdots\leqslant\lambda_n(\boldsymbol{L}_n)$，因此 $\lambda_1(\boldsymbol{L}_n)=0$，而 $\lambda_2(\boldsymbol{L}_n)$ 称为“代数连通度”，它为正数当且仅当无向图是连通的。代数连通度是一致性算法收敛速度的一个量化指标。

有向路径是指有向图中的一个边系列，如 $(i_1,\ i_2)$，$(i_2,\ i_3)$，…所示。无向图中的无向路径可类似定义。在有向图中，循环是指开始节点和结束节点为同一节点的有向路径。如果每个节点到其他所有节点都有一条有向路径，那么该有向图是强连通的。如果无向图中任意两个不同节点之间都存在一条无向路径，那么该无向图是连通的。有向树是这样一种有向图，它除了一个称为根的节点之外，每个节点有且只有一个父节点，而根节点没有父节点，但它有通向其他所有节点的有向路径。有向树中不存在循环路径，因为每条边都指向背离根节点的方向。在无向图中，树是这样一种图，其每对节点之间有且仅有一条无向路径相连。$(v_n,\ \varepsilon_n)$ 的子图 $(v_n^s,\ \varepsilon_n^s)$ 是指满足 $v_n^s\subseteq v_n$ 且 $\varepsilon_n^s\subseteq\varepsilon_n\cap(v_n^s,\ \varepsilon_n^s)$ 的一种图。有向图的有向

生成树（v_n^s，ε_n^s）是指（v_n，ε_n）的这样一种子图：（v_n^s，ε_n^s）为有向树并且 $v_n^s=v_n$。无向图的无向生成树可类似定义。如果有一簇有向生成树是（v_n，ε_n）的子图，那么称图（v_n，ε_n）有（或含有）一簇有向生成树。有向图（v_n，ε_n）含有一簇有向生成树当且仅当（v_n，ε_n）至少有一个节点存在一条有向路径通往其他所有节点。在无向图中，存在一簇无向生成树等价于该无向图是连通的。但是在有向图中，存在一簇有向生成树是一个弱于强连通的条件。图 7.3 中显示了一个含有多簇有向生成树但非强连通的有向图，其中节点 1 和节点 2 都是有向生成树的根节点，它们都有一条有向路径通往其他所有节点。但是该图不是强连通的，因为节点 3、4、5 和节点 6 都不存在有向路径通往其他所有节点[7]。

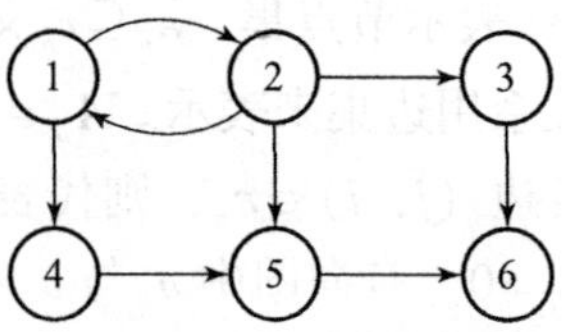

图 7.3　图论示意图

7.4　典型协同制导律设计

7.4.1　开环时间协同导引律

开环时间协同导引律的协同原理是通过带有攻击时间控制的导引律并在多枚导弹发射前预设攻击时间来使多枚导弹同时命中目标。

文献［8］提出一种时间可控的导引律，通过将导弹运动方程进行线性化，并运用最优控制原理推导出一种基于比例导引的攻击时间可控导引律，具体设计过程如下。导弹运动模型如图 7.1 所示，导引过程中运动学微分方程为

$$\begin{cases}\dot{X}=V\cos\theta, X(0)=X_0, X(T_f)=X_f\\ \dot{Y}=V\sin\theta, Y(0)=Y_0, Y(Tf)=Y_f\\ \dot{\theta}=a/V=(a_B+a_F)/V, \theta(0)=\theta_0\end{cases} \tag{7.5}$$

导弹受垂直于速度方向的加速度控制指令 a 控制。加速度指令由两部分组成：第一部分 a_B 用来减小弹目距离，即将导弹导引至目标；第二部分 a_F 用来调整攻击时间。假设 a_F 为常值来求取控制量的第一部分 a_B，可以通过求解一个受状态方程（7.5）约束并具有式（7.6）性能函数的最优控制问题来获得 a_B。

$$J=\frac{1}{2}\int_0^{T_f} a_B^2\mathrm{d}t \tag{7.6}$$

通过如下转换关系对状态量进行无量纲化：

$$t=\frac{T}{T_f}, x=\frac{X}{VT_f}, y=\frac{Y}{VT_f}, u_B=\frac{a_BT_f}{V}, u_F=\frac{a_FT_f}{V} \tag{7.7}$$

对状态方程进行变化让 x 为自变量并进行线性化可以得到

$$\begin{bmatrix}\dfrac{\mathrm{d}y}{\mathrm{d}x}\\ \dfrac{\mathrm{d}\theta}{\mathrm{d}x}\end{bmatrix}=\begin{bmatrix}0&1\\0&0\end{bmatrix}\begin{bmatrix}y\\ \theta\end{bmatrix}+\begin{bmatrix}0\\1\end{bmatrix}u_B+\begin{bmatrix}0\\1\end{bmatrix}u_F \tag{7.8}$$

与式（7.6）等效的性能函数为

$$J' = \frac{1}{2}\int_{x_0}^{x_f} u_B^2(x)\,\mathrm{d}x \tag{7.9}$$

上述无量纲化状态量的边界值为

$$x_0 = \frac{X_0}{VT_f}, y_0 = \frac{Y_0}{VT_f}, x_f = \frac{X_f}{VT_f}, y_f = \frac{Y_f}{VT_f} \tag{7.10}$$

因为速度 V 是常量，所以攻击时间的约束可以表示为导弹长度的约束：

$$\int_{x_0}^{x_f} \sqrt{1 + \theta^2(x)}\,\mathrm{d}x = 1 \tag{7.11}$$

线性化后的最优问题可以通过极大值原理得到解析解。该问题的哈密尔顿函数为

$$H = \frac{1}{2}u_B^2 + \lambda_y\theta + \lambda_\theta(u_B + u_F) \tag{7.12}$$

其中，λ_y、λ_θ 为协态量。最优问题的解为

$$u_B = -\lambda_\theta = \lambda_y(x_f - x) \tag{7.13}$$

其中，λ_y 为常量。将式（7.13）代入式（7.8）中并根据边界条件（7.10）可得

$$\lambda_y = \frac{3[y_f - \theta_0 x_f - u_F x_f^2/2]}{x_f^3} \tag{7.14}$$

所以初始时刻的反馈控制指令 u_B 可以表示为和 u_F 有关的函数：

$$\begin{cases} u_B = \lambda_y x_f = u_P - \dfrac{3}{2}u_F \\ u_P = 3\left[\dfrac{y_f}{x_f^2} - \dfrac{\theta_0}{x_f}\right] \end{cases} \tag{7.15}$$

若能确定 u_F 便可完全确定控制量，其中 u_F 的作用为控制剩余攻击时间，当 $u_F = 0$ 时，控制律即为比例导引，即

$$a = a_B = u_P\frac{V}{T_f} = 3V^2\frac{y_f - \theta_0 x_f}{x_f^2 X_f} \approx 3V\frac{-V\sin\sigma}{x_f X_f} \approx 3V\dot{q} \tag{7.16}$$

通过式（7.5）和式（7.15）可以得到弹道倾角 $\theta(x)$ 为 x 多项式的表达形式：

$$\theta(x) = \alpha x^2 + \beta x + \gamma \tag{7.17}$$

其中 $x \in [x_0, x_f]$，而

$$\begin{cases} \alpha = -\dfrac{\lambda_y}{2} \\ \beta = u_F + \lambda_y x_f \\ \gamma = \theta_0 - \lambda_y x_f x_0 + \dfrac{\lambda_y x^2}{2} - u_F x \end{cases} \tag{7.18}$$

对式（7.11）做近似可得

$$\bar{t}_{go} = \int_{x_0}^{x_f} \sqrt{1 + \theta^2(x)}\,\mathrm{d}x \approx \int_{x_0}^{x_f} 1 + \frac{\theta^2(x)}{2}\mathrm{d}x \tag{7.19}$$

通过式（7.17）和式（7.19）可以看出由期望剩余时间 T_{go} 决定的 $\bar{t}_{go}$ 是 u_F 的函数。当令 $u_F=0$ 时可以得到比例导引下的导弹剩余攻击时间：

$$\hat{t}_{go}=\frac{1}{15}u_P^2x_{go}^3+\frac{1}{3}u_P\theta x_{go}^2+\left(1+\frac{\theta^2}{2}\right)x_{go} \tag{7.20}$$

式（7.19）的解为

$$u_F=-u_P\left(1-\sqrt{1+\frac{240}{u_P^2x_{go}^3}\varepsilon_t}\right) \tag{7.21}$$

其中，$\varepsilon_t=\bar{t}_{go}-\hat{t}_{go}$，这样在确定的 $\bar{t}_{go}$ 下就可以得到 u_F。

给出如下控制指令：

$$a=a_B+a_F=NV\dot{q}\left(\frac{3}{2}-\frac{1}{2}\sqrt{1+\frac{240V^5}{(NV\dot{q})^2R_{go}^3}\varepsilon_T}\right) \tag{7.22}$$

其中，$\varepsilon_T=T_{go}-\hat{T}_{go}$，$R_{go}=\sqrt{X_{go}^2+Y_{go}^2}$。式（7.20）转换到视线角坐标系下可以得到

$$\begin{cases}\hat{t}_{go}\approx\left(1+\dfrac{\sigma^2}{10}\right)\sqrt{x_{go}^2+y_{go}^2}\\ \hat{T}_{go}=\left(1+\dfrac{\sigma^2}{10}\right)\dfrac{R_{go}}{V}\end{cases} \tag{7.23}$$

剩余时间估计误差会随着前置角的变小而逐渐变小，当导弹接近目标时剩余攻击时间的估计会变得非常精确。式（7.22）可以进一步表示为

$$\begin{cases}a=a_B+a_F=NV\dot{q}+K_\varepsilon\varepsilon_T\\ K_\varepsilon=-\dfrac{120V^5}{NV\dot{q}R_{go}^3}\end{cases} \tag{7.24}$$

这样便得到带有时间控制能力的导引律。可以看出控制指令的结构为比例导引控制项和剩余时间调节项相加，当比例导引剩余攻击时间与期望剩余攻击时间相等时导引律变为比例导引。由于在导弹接近目标时视线角速度 $\dot{q}$ 和距离 R_{go} 逐渐变小并趋于0，K_ε 会趋向于无穷大，所以在导弹接近目标时或者剩余攻击时间误差小于一定范围时，将导引律切换为比例导引，确保末制导的准确性。

仿真验证：

仿真场景：2 枚导弹从不同位置同时发射攻击一个静止目标，目标位置为（14 000，0），设定命中时刻为发射后 100 s。导弹初始状态如表 7.1 所示。

表 7.1　导弹初始状态 1

导弹编号	导弹速度/(m · s^{-1})	导弹位置/m	初始弹道倾角/(°)
1	200	(0, 0)	30
2	220	(−1 000, 0)	45

仿真结果如图 7.4（a）～图 7.4（d）所示。

从仿真结果可以看出两枚导弹都在预定的命中时间达到了目标点，但是两枚导弹都做了增大攻击时间的机动飞行，这就是开环时间协同导引律的一个不足之处，由于是在发射前设

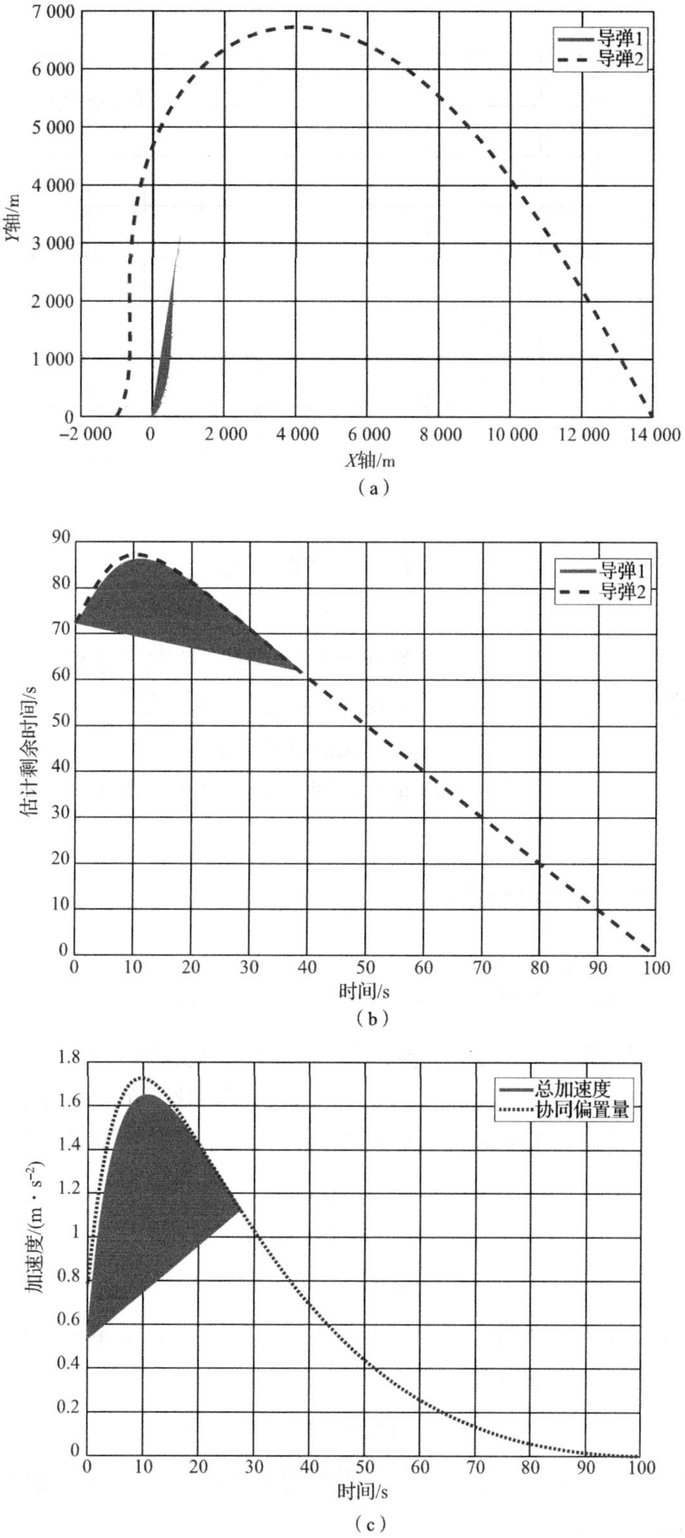

图 7.4　仿真结果 1

(a) 双弹开环协同制导二维轨迹图；(b) 导弹估计剩余攻击时间；(c) 导弹 1 的加速度和加速度协同偏置量

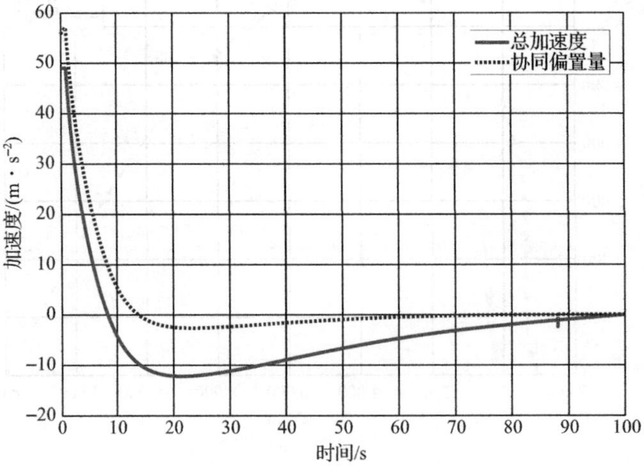

(d)

图 7.4　仿真结果 1（续）

(d) 导弹 2 的加速度和加速度协同偏置量

定命中时间，所以命中时间的选取十分关键也十分困难。选取得过长会导致弹群在攻击过程中增加无意义的滞空时间和机动飞行，对发动机续航能力以及导弹的生存概率均有不利的影响；而命中时间选取得过短会导致一些导弹无法在指定的时间到达目标，从而使时间协同无法实现。闭环的时间协同导引律则可以通过在线的信息交互以及实时调整来实现剩余攻击时间的自主一致。

7.4.2　闭环时间协同导引律

通过攻击时间可控导引律设计可以看出比例导引的剩余时间是可以控制的，基于上述的剩余时间控制导引律结构，文献［9］提出了一种集中式的闭环协同导引律。该导引律以剩余时间估计 $\hat{t}_{go}$ 为协同变量，在多弹飞行过程中相互传递协同变量信息，并以此协同变量作为反馈量来对编队进行协同控制使弹群的剩余时间达到一致。单枚导弹底层的时间协同控制方法为变系数比例导引律。下面对协同导引律进行介绍。导弹运动的方程为

$$\begin{cases}\dot{r} = -V\cos\sigma \\ \dot{q} = -V\sin\sigma/r \\ \dot{\theta} = a/V\end{cases} \tag{7.25}$$

其中，r 为弹目距离；q 为视线角；θ 为弹道倾角；a 为控制量（导弹侧向加速度）。

变系数比例导引律控制指令为

$$a_i = N(1-\Omega_i(t))V_i\dot{q}_i, i=1,\cdots,n \tag{7.26}$$

其中，N 为导引常数；$\Omega_i(t)$ 为时变增益，用来调节导弹的剩余攻击时间。定义第 i 枚导弹的相对剩余攻击时间误差为

$$\hat{\varepsilon}_i(t) = \left(\frac{1}{n-1}\sum_{j=1,j\neq i}^{n}\hat{t}_{go,j}(t)\right) - \hat{t}_{go,i}(t) = \frac{n}{n-1}(\bar{t}_{go}(t) - \hat{t}_{go,i}(t)) \tag{7.27}$$

其中，$\hat{t}_{go,j}(t)$ 为第 j 枚导弹的剩余攻击时间估计；$\bar{t}_{go}(t)$ 为弹群的平均剩余攻击时间。其具体表达式如下：

$$\hat{t}_{go,i}(t)=\frac{r_i(t)}{V_i}\left(1+\frac{\sigma_i^2(t)}{2(2N-1)}\right) \tag{7.28}$$

$$\bar{t}_{go}(t)=\frac{1}{n}\sum_{j=1}^{n}\hat{t}_{go,j}(t) \tag{7.29}$$

定义弹群剩余攻击时间的方差为

$$\sum{}^2(t)=\frac{1}{n}\sum_{j=1}^{n}\left(\bar{t}_{go}(t)-\hat{t}_{go,j}(t)\right)^2 \tag{7.30}$$

当 $\sum{}^2(t)=0$ 一直成立时，弹群可以实现同时命中目标。对比例导引下导弹剩余攻击时间估计的表达式进行分析：

$$\hat{t}_{go}=\frac{r}{V}\left(1+\frac{\sigma^2}{2(2N-1)}\right) \tag{7.31}$$

式（7.31）对时间 t 求导可得

$$\begin{aligned}\dot{\hat{t}}_{go}&=\frac{\dot{r}}{V}\left(1+\frac{\sigma^2}{2(2N-1)}\right)+\frac{r}{V}\frac{\sigma}{(2N-1)}\dot{\sigma}\\&=-\left(1+\frac{\sigma^2}{2(2N-1)}\right)\cos\sigma-\frac{\sigma\sin\sigma}{2N-1}(N-1)+\frac{N\sigma\sin\sigma}{2N-1}\Omega\\&=\dot{\hat{t}}_{go1}+\frac{N\sigma\sin\sigma}{2N-1}\Omega\end{aligned} \tag{7.32}$$

Ω 为剩余时间调节项，可看出其系数始终大于等于 0。当 $\Omega=0$ 时，导弹按照比例导引飞行，比例导引剩余攻击时间变化不受改变。在 $\sigma\neq0$ 的情况下，当 $\Omega>0$ 时，在 Ω 的作用下 $\dot{t}_{go}$ 变大，即减慢了剩余时间的衰减，相当于增大剩余攻击时间；而当 $\Omega<0$ 时，在 Ω 的作用下 $\dot{t}_{go}$ 变小，即加快了剩余时间的衰减，相当于减小剩余攻击时间。设计 $\Omega_i(t)$ 如下：

$$\Omega_i(t)=Kr_i(t)\hat{\varepsilon}_i(t) \tag{7.33}$$

可以证明：当 K 为正数时，上面设计的 $\Omega_i(t)$ 可以使剩余攻击时间的方差 $\sum{}^2(t)$ 在导引过程中逐渐变小。

在 $\sigma_i(t)$ 为小角度的假设条件下：

$$\sin\sigma_i(t)=\sigma_i(t)+O(\sigma_i^3(t)) \tag{7.34}$$

$$\cos\sigma_i(t)=1-\frac{\sigma_i^2(t)}{2}+O(\sigma_i^4(t)) \tag{7.35}$$

可以得到如下差分方程：

$$r_i(t+\Delta t)=r_i(t)-V_i\Delta t\left(1-\frac{\sigma_i^2(t)}{2}\right) \tag{7.36}$$

$$\sigma_i(t+\Delta t)=\sigma_i(t)-\frac{(N-1)V_i\sigma_i(t)\Delta t}{r_i(t)}+\frac{NV_i\sigma_i(t)\Delta t}{r_i(t)}\Omega_i(t) \tag{7.37}$$

其中，t 代表当前时刻；$t+\Delta t$ 表示向后差分的时刻。

$$\sigma_i^2(t+\Delta t)=\sigma_i^2(t)-2\sigma_i^2(t)\Delta t\left(\frac{(N-1)V_i}{r_i(t)}-\frac{NV_i}{r_i(t)}\Omega_i(t)\right) \tag{7.38}$$

可以得到 $t+\Delta t$ 时刻的第 i 枚导弹剩余攻击时间为

$$\hat{t}_{go,i}(t+\Delta t)=\hat{t}_{go,i}(t)-\frac{\Delta t}{2N-1}\{(2N-1)-N\sigma_i^2(t)\Omega_i(t)\} \tag{7.39}$$

通过式（7.29）可得

$$\bar{t}_{go}(t+\Delta t)=\bar{t}_{go}(t)-\frac{\Delta t}{2N-1}\left\{(2N-1)-\frac{N}{n}\sum_{j=1}^{n}\sigma_j^2(t)\Omega_j(t)\right\} \tag{7.40}$$

所以，$t+\Delta t$ 时刻的剩余时间方差为

$$\sum{}^2(t+\Delta t)=\frac{1}{n}\sum_{j=1}^{n}\{\bar{t}_{go}(t+\Delta t)-\hat{t}_{go,j}(t+\Delta t)\}^2 \tag{7.41}$$

将式（7.39）、式（7.40）代入（7.41）进一步变换可得

$$\sum{}^2(t+\Delta t)=\sum{}^2(t)-\frac{2N\Delta t}{n(2N-1)}\sum_{j=1}^{n}\sigma_j^2(t)\Omega_j(t)\{\bar{t}_{go}(t)-\hat{t}_{go,j}(t)\} \tag{7.42}$$

通过式（7.27）和（7.33）知：

$$\Omega_j(t)=\frac{Kn}{n-1}r_j(t)\{\bar{t}_{go}(t)-\hat{t}_{go,j}(t)\} \tag{7.43}$$

将式（7.43）代入式（7.42）得

$$\sum{}^2(t+\Delta t)=\sum{}^2(t)-K\alpha(t)\Delta t \tag{7.44}$$

$$\alpha(t)=\frac{2N}{(2N-1)(n-1)}\sum_{j=1}^{n}r_j(t)\sigma_j^2(t)\{\bar{t}_{go}(t)-\hat{t}_{go,j}(t)\}^2 \tag{7.45}$$

可以看出 $\alpha(t)$ 始终为非负，只有当所有导弹的前置角均为 0 或者所有导弹的剩余攻击时间都与平均剩余攻击时间相等时 $\alpha(t)=0$ 成立，其他情况下 $\alpha(t)>0$。若选取适当的正数 K 则可保证剩余攻击时间的方差随时间逐渐变小。

仿真验证：

仿真场景：2 枚导弹从不同位置同时发射攻击一个静止目标，目标位置为（14 000，0），导弹初始状态如表 7.2 所示。

表 7.2　导弹初始状态 2

导弹编号	导弹速度/(m·s^{-1})	导弹位置/m	初始弹道倾角/(°)
1	300	(0, 0)	30
2	280	(−1 000, 0)	45

仿真结果如图 7.5（a）~图 7.5（d）所示。

从仿真结果可以看出两枚导弹在制导过程中估计剩余攻击时间互相逼近，估计剩余时间较长的导弹在飞行过程中弹道变得更加平直，估计剩余时间较短的导弹弹道变得弯曲。两枚导弹在没有事先约定命中时间的情况下通过通信连接和协同导引律实现了自主同时命中目标，而且最终协同偏置量和总控制量在导引末端均趋于 0。

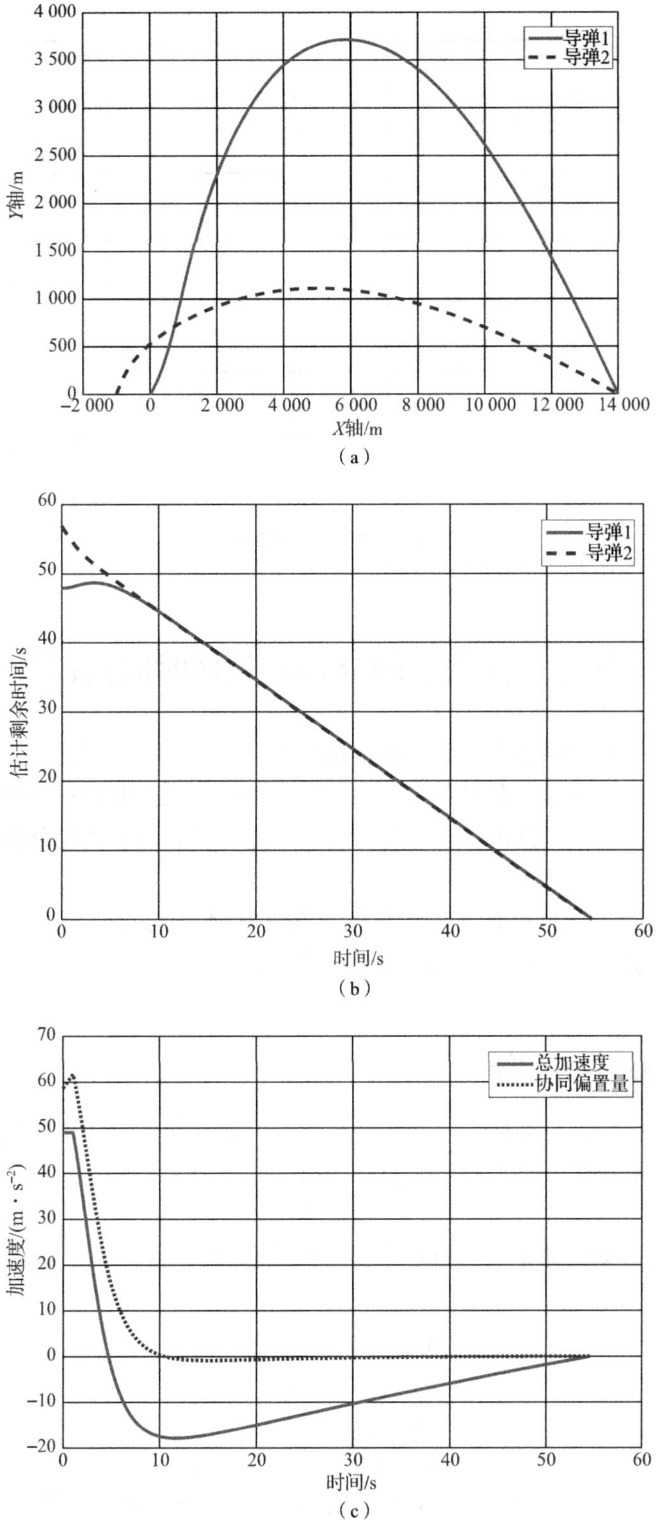

图 7.5　仿真结果 2

(a) 双弹闭环协同制导二维轨迹图；(b) 导弹估计剩余攻击时间；(c) 导弹 1 加速度和加速度协同偏置量

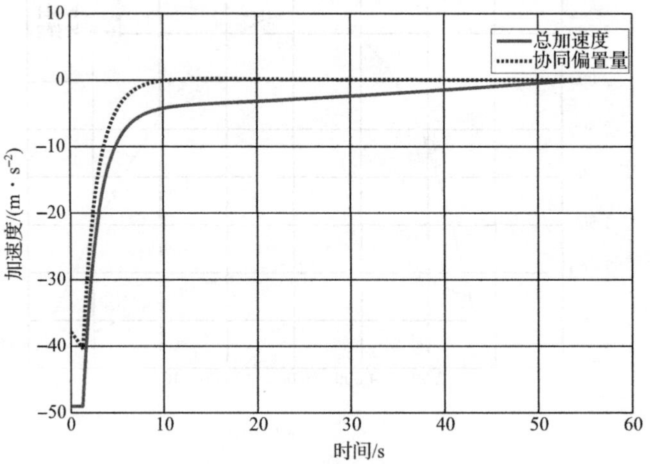

(d)

图 7.5 仿真结果 2（续）

(d) 导弹 2 加速度和加速度协同偏置量

7.5 具有落角约束的分布式闭环时间协同导引律

在导弹的攻击任务中很多情况下对落角是有要求的，有些时候需要大的落角去攻击如坦克、堡垒及舰船甲板等目标。在弹群协同的情况下有时可能需要多枚导弹从不同角度去攻击目标，实现对目标的全方位打击。在多弹协同攻击过程中若能在满足落角约束的情况下实现同时命中目标，则可大大提高弹群的威力。

文献［10］提出了一种具有落角约束的分布式闭环协同导引律。协同导引律的设计思路是在落角约束导引律的基础上求取剩余攻击时间，再通过信息交互对剩余攻击时间进行调整。

7.5.1 落角约束导引律

该落角约束导引律为一种偏置比例导引律，通过对比例导引攻击落角进行预测来设计偏置量使落角符合约束条件。比例导引的过程中有

$$\dot{\theta} = N\dot{q} \tag{7.46}$$

式（7.46）从当前时刻到命中目标过程中在时间上积分，可得

$$\begin{gathered}\int_{t_0}^{t_f}\dot{\theta}\mathrm{d}t = \int_{t_0}^{t_f}N\dot{q}\mathrm{d}t \Rightarrow \theta_f - \theta_0 = N(q_f - q_0) \\ \Rightarrow \theta_f = \frac{\theta_0 - Nq_0}{1 - N}(\text{since } q_f = \theta)\end{gathered} \tag{7.47}$$

式中，θ_f 为比例导引下的命中落角；N 为比例导引系数；θ_0、q_0 为初始时刻的弹道倾角和视线角。设计落角约束偏置比例导引律如下：

$$\begin{cases}\dot{r} = -V\cos\sigma \\ \dot{q} = -V\sin\sigma/r \\ \theta = \sigma + q \\ \dot{\theta} = a_1/V\end{cases} \tag{7.48}$$

$$\alpha = (\theta - Nq) - (1-N)\theta_d = (N-1)(\theta_d - \theta_f) \tag{7.49}$$

式中，θ_d 为期望落角。

$$a_1 = NV\dot{q} + kV^2(\theta_d - \theta_f)\cos\sigma/r = NV\dot{q} - KV^2\alpha\cos\sigma/r \tag{7.50}$$

$$\dot{\sigma} = -(N-1)V\sin\sigma/r + KV\alpha\cos\sigma/r \tag{7.51}$$

$$\dot{\alpha} = -KV\alpha\cos\sigma/r \tag{7.52}$$

可得落角约束偏置比例导引如下：

$$\begin{cases}\dot{r} = -V\cos\sigma \\ \dot{q} = -V\sin\sigma/r \\ \dot{\theta} = a_1/V \\ \theta = \sigma + q \\ \alpha = (\theta - Nq) - (1-N)\theta_d \\ a_1 = NV\dot{q} + kV^2(\theta_d - \theta_f)\cos\sigma/r = NV\dot{q} - KV^2\alpha\cos\sigma/r \\ \dot{\sigma} = -(N-1)V\sin\sigma/r + KV\alpha\cos\sigma/r \\ \dot{\alpha} = -KV\alpha\cos\sigma/r\end{cases} \tag{7.53}$$

式中，$N \geqslant 3$，$K \geqslant 1$。假设初始前置角满足 $-\dfrac{\pi}{2} < \sigma < \dfrac{\pi}{2}$，则由式（7.51）知前置角 $\sigma \in \left(-\dfrac{\pi}{2}, \dfrac{\pi}{2}\right)$在导引过程中始终成立。则 $\dot{r} < 0$，$\cos\sigma > 0$ 结合式（7.52）知，$\dot{\alpha} < 0$。

在导引过程中弹目距离不断减小，期望落角和预测落角的误差 α 不断减小直至为0并保持，通过选择合适的 K 可保证在命中目标时弹道倾角符合落角约束。

7.5.2 剩余攻击时间估计

在进行剩余攻击时间估算时，不仅要考虑比例导引过载指令对弹道曲率的影响，还要考虑用于落角控制的过载指令对弹道的影响。

定义弹目视线坐标系 $OX_{\mathrm{LOS}}Y_{\mathrm{LOS}}$：坐标原点为此时的导弹位置，$OX_{\mathrm{LOS}}$与视线重合指向目标，$OY_{\mathrm{LOS}}$与 OX_{LOS}组成坐标系。如图7.6和图7.7所示。

图7.7中曲线为导弹的飞行弹道，弹目视线角坐标系下目标位置为（x_f，0），导弹位置为（x_s，y_s），令 φ 为导弹速度方向与 OX_{LOS}方向的夹角，规定顺时针为正；λ 为弹目视线与 OX_{LOS}的夹角，顺时针为正。由几何关系可知

$$\begin{cases}\varphi = \theta - q_0 \\ \lambda = q_0 - q\end{cases} \tag{7.54}$$

假设 φ、λ 均为小角度，则 y_s 和 φ 关于 x_s 的导数为

$$\begin{cases}y_s' = \varphi \\ \varphi' = a/v^2\end{cases} \tag{7.55}$$

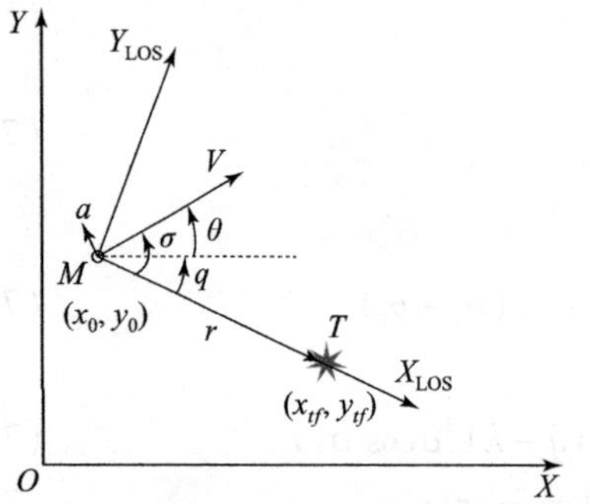

图 7.6 单弹弹目视线坐标系

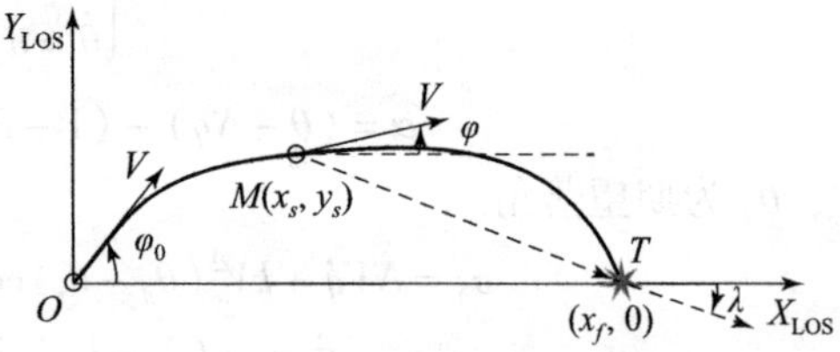

图 7.7 单弹末端约束定义图

初始视线坐标系下弹目视线角可以表示为

$$\lambda = -y_s/(x_f - x_s) \tag{7.56}$$

结合式（7.50）、式（7.54）~式(7.56) 可以得到

$$y_s'' = \frac{a_n(x_s)}{v^2} = -\frac{(1+K)Ny_s}{(x_f - x_s)^2} - \frac{(N+K)y_s'}{(x_f - x_s)} - \frac{K(N-1)(\sigma_d - q_0)}{(x_f - x_s)} \tag{7.57}$$

结合初值条件 $y_s(0)=0$，$y_s'(0)=\varphi_0$，当 $N-1-K\neq 0$ 时可以解得

$$\begin{cases} y_s = C_1(x_f - x_s)^N + C_2(x_f - x_s)^{1+K} + C_3(x_f - x_s) \\ y_s' = -NC_1(x_f - x_s)^{N-1} - (1+K)C_2(x_f - x_s)^K - C_3 \\ C_1 = -\dfrac{K\varphi_{tf} + \varphi_0}{(N-1-K)x_f^{N-1}} \\ C_2 = \dfrac{\varphi_0 + (N-1)\varphi_{tf}}{(N-1-K)x_f^K} \\ C_3 = \varphi_{tf} \end{cases} \tag{7.58}$$

式中，$\varphi_{tf} = \theta_d - q_0$，总飞行长度可以表示为

$$S = vt_f = \int_0^{x_f} \sqrt{1 + (y_s')^2}\mathrm{d}x_s \approx \int_0^{x_f} 1 + \frac{(y_s')^2}{2}\mathrm{d}x_s \tag{7.59}$$

通过上面的积分便可以求出在给定 K、N 时偏置比例导引下的剩余攻击时间。下面是当 $K=3$，$N=3$ 时剩余时间估计的表达式：

$$t_f = \frac{r}{v}\left(1 + \frac{12\varphi_{tf}^2 - 2\varphi_0\varphi_{tf} + 3\varphi_0^2}{70}\right) \tag{7.60}$$

7.5.3 落角约束协同导引律设计

在得到偏置比例导引剩余时间估计后，可设计控制律通过改变剩余攻击时间来实现多弹协同。

$$t_{go} = \frac{r}{v}\left(1 + \frac{12\varphi_{tf}^2 - 2\varphi_0\varphi_{tf} + 3\varphi_0^2}{70}\right) \tag{7.61}$$

设期望剩余攻击时间为 t_{go}^*，则剩余时间误差为 $\Delta t_{go} = t_{go} - t_{go}^*$，通过对 Δt_{go} 求导得

$$\begin{aligned} \Delta\dot{t}_{go} &= \dot{t}_{go} - \dot{t}_{go}^* \\ &= \frac{\mathrm{d}t_{go}}{\mathrm{d}r}\dot{r} + \frac{\mathrm{d}t_{go}}{\mathrm{d}\varphi_{tf}}\dot{\varphi}_{tf} + \frac{\mathrm{d}t_{go}}{\mathrm{d}\varphi_0}\dot{\varphi}_0 + 1 \end{aligned}$$

$$= \frac{\mathrm{d}t_{\mathrm{go}}}{\mathrm{d}r}(-v\cos(\sigma)) + \frac{\mathrm{d}t_{\mathrm{go}}}{\mathrm{d}\varphi_{tf}}\left(\frac{v\sin(\sigma)}{r} + \dot{\theta}_d\right) + \frac{\mathrm{d}t_{\mathrm{go}}}{\mathrm{d}\varphi_0}\left(\dot{\theta} + \frac{v\sin(\sigma)}{r}\right) + 1 \tag{7.62}$$

其中，

$$\dot{\theta} = a_1/v + u \tag{7.63}$$

式中，a_1 为落角约束偏置比例导引的侧向加速度指令；u 为协同控制项。将式（7.63）代入式（7.62）中可得

$$\Delta\dot{t}_{\mathrm{go}} = \left\{\frac{\mathrm{d}t_{\mathrm{go}}}{\mathrm{d}r}(-v\cos(\sigma)) + \frac{\mathrm{d}t_{\mathrm{go}}}{\mathrm{d}\varphi_{tf}}\left(\frac{v\sin(\sigma)}{r} + \dot{\theta}_d\right) + \frac{\mathrm{d}t_{\mathrm{go}}}{\mathrm{d}\varphi_0}\left(\frac{a_1}{v} + \frac{v\sin(\sigma)}{r}\right) + 1\right\} + \frac{\mathrm{d}t_{\mathrm{go}}}{\mathrm{d}\varphi_0}u \tag{7.64}$$

若 $u=0$，则式（7.64）在剩余时间估计的假设条件下近似等于 0，可得

$$\Delta\dot{t}_{\mathrm{go}} \approx \frac{\mathrm{d}t_{\mathrm{go}}}{\mathrm{d}\varphi_0}u = \frac{r}{v}\left(\frac{3\varphi_0 - \varphi_{tf}}{35}\right)u \tag{7.65}$$

设计控制律如下：

$$u = K_c K_\sigma \sin(\varphi_{tf} - 3\varphi_0)\Delta t_{\mathrm{go}}/t_{\mathrm{go}_0}^2$$
$$\begin{cases} |\sigma| > \pi/2 : K_\sigma = 0 \\ |\sigma| \leqslant \pi/2 : K_\sigma = \cos(\sigma) \end{cases} \tag{7.66}$$

将式（7.66）代入式（7.65）可得

$$\Delta\dot{t}_{\mathrm{go}} = -K_c K_\sigma \frac{r}{v}\frac{(\varphi_{tf} - 3\varphi_0)\sin(\varphi_{tf} - 3\varphi_0)}{35 t_{\mathrm{go}_0}^2}\Delta t_{\mathrm{go}} \tag{7.67}$$

对于弹群中的第 i 枚导弹，当 $t_{\mathrm{go}}^i > t_{\mathrm{go}}^* \cap \varphi_0^i\varphi_{tf}^i > 0 \cap 3|\varphi_0^i| < |\varphi_{tf}^i|$ 时，剩余攻击时间需要变短，而在上面的协同控制项作用下 $\Delta\dot{t}_{\mathrm{go}}$ 虽然为负，但是绝对值会变得越来越小，也即剩余时间改变的速率会越来越慢，导致无法有效减短剩余时间而且会使弹道趋向不稳定的状态。而在落角约束比例导引控制作用下，导弹会很快脱离这种状态转向剩余时间便于控制的状态。在这种状态下不适合减短导弹的剩余攻击时间，所以将这种状态下的协同控制置为 0，待到飞行状态有利于实现剩余时间控制的时候进行协同。将协同控制律进行一定变化使协同控制指令连续后得到

$$u^i = K_i \Delta t_{\mathrm{go}}^i$$
$$\begin{cases} \Delta t_{\mathrm{go}}^i > 0: \begin{cases} \varphi_0^i\varphi_{tf}^i > 0: \begin{cases} 3|\varphi_0^i| < |\varphi_{tf}^i| : K_i = 0 \\ 3|\varphi_0^i| \geqslant |\varphi_{tf}^i| : \begin{cases} |3\varphi_0^i - \varphi_{tf}^i| \leqslant \pi/2 : K_i = -K_c\sin(3\varphi_0^i - \varphi_{tf}^i)K_t \\ |3\varphi_0^i - \varphi_{tf}^i| > \pi/2 : K_i = -K_c\mathrm{sgn}(3\varphi_0^i - \varphi_{tf}^i)K_t \end{cases} \end{cases} \\ \varphi_0^i\varphi_{tf}^i \leqslant 0 : K_i = -K_c\sin(\varphi_0^i)K_t \end{cases} \\ \Delta t_{\mathrm{go}}^i \leqslant 0: \begin{cases} \varphi_0^i = \varphi_{tf}^i = 0 : K_i = -K_c K_\sigma K_t \\ \mathrm{else} : K_i = -K_c K_\sigma \mathrm{sgn}(3\varphi_0^i - \varphi_{tf}^i)K_t \end{cases} \end{cases} \tag{7.68}$$

$$K_t = t_{\mathrm{go}}^i / {t_{\mathrm{go}_0}^i}^2 \tag{7.69}$$

将式（7.68）代入式（7.65）可得

$$
\Delta \dot{t}_{go} = K_v \Delta t_{go}
$$

$$
\begin{cases}
\Delta t_{go}^i > 0: \begin{cases}
\varphi_0^i \varphi_{tf}^i > 0: \begin{cases}
3|\varphi_0^i| < |\varphi_{tf}^i|: K_v = 0 \\
3|\varphi_0^i| \geqslant |\varphi_{tf}^i|: \begin{cases}
|3\varphi_0^i - \varphi_{tf}^i| \leqslant \pi/2: K_v = -\dfrac{K_c r^i (3\varphi_0^i - \varphi_{tf}^i)\sin(3\varphi_0^i - \varphi_{tf}^i) K_t}{35 v^i} \\
|3\varphi_0^i - \varphi_{tf}^i| > \pi/2: u^i = K_v = -\dfrac{K_c r^i (3\varphi_0^i - \varphi_{tf}^i)\operatorname{sgn}(3\varphi_0^i - \varphi_{tf}^i) K_t}{35 v^i}
\end{cases}
\end{cases} \\
\varphi_0^i \varphi_{tf}^i \leqslant 0: K_v = -\dfrac{K_c r^i (3\varphi_0^i - \varphi_{tf}^i)\sin \varphi_0^i K_t}{35 v^i}
\end{cases} \\
\Delta t_{go}^i \leqslant 0: \begin{cases}
\varphi_0^i = \varphi_{tf}^i = 0: K_v = -\dfrac{K_c r^i (3\varphi_0^i - \varphi_{tf}^i) K_\sigma K_t}{35 v^i} \\
\text{else}: K_v = -\dfrac{K_c r^i (3\varphi_0^i - \varphi_{tf}^i)\operatorname{sgn}(3\varphi_0^i - \varphi_{tf}^i) K_\sigma K_t}{35 v^i}
\end{cases}
\end{cases}
\tag{7.70}
$$

其中，$K_c > 0$ 为协同系数，可以影响协同的速率，从式（7.70）中可以看出 $K_v \leqslant 0$，当（$\Delta t_{go}^i > 0 \cap \varphi_0^i \varphi_{tf}^i > 0 \cap 3|\varphi^i| < |\varphi_{tf}^i|$）$\cup$（$3\varphi^i - \varphi_{tf}^i = 0$）时 $K_v = 0$，只有当（$\Delta t_{go}^i > 0 \cap \varphi_0^i = \varphi_{tf}^i = 0$）时 $K_v = 0$ 保持不变，因为此时导弹已经以最快的方式攻击目标，无法再减短剩余攻击时间；其他情况下 $K_v = 0$ 均不会保持，（$3\varphi^i - \varphi_{tf}^i = 0$）不是平衡状态，（$\Delta t_{go}^i > 0 \cap \varphi_0^i \varphi_{tf}^i > 0 \cap 3|\varphi^i| < |\varphi_{tf}^i|$）的状态在协同项为 0 时按照 BPNG（偏置比例导引）会很快脱离；其余情况 $K_v < 0$，$|\Delta t_{go}|$不断减小。当 $\Delta t_{go}^i > 0$ 时协同控制项会使前置角绝对值减小，而当 $\Delta t_{go}^i \leqslant 0$ 时，协同控制项在前置角趋于 $\pi/2$ 时趋于 0，所以前置角 $\sigma \in (-\pi/2, \pi/2)$，该导引律在协同控制项的作用下始终会保持在落角约束偏置比例导引的稳定范围内，而 K_t 的作用是使导弹在接近目标的过程中不断减小协同项的控制增益，保证导弹在命中目标时是按照落角约束偏置比例导引律飞行。该控制律可以使剩余时间长于平均剩余攻击时间的导弹减短剩余时间，剩余时间短于平均剩余攻击时间的导弹增长剩余时间，从而使导弹剩余时间趋于一致，实现多弹协同攻击目标，同时可以满足落角约束要求。

采用分段连续的邻接矩阵 $\boldsymbol{A}(t)$ 来描述弹群中的信息交互。特别地，对所有的 $t \in [t_k, t_{k+1})$，$\boldsymbol{A}(t) = \boldsymbol{A}(k)$，$\boldsymbol{A}(k)$ 为定常矩阵。

$$
\boldsymbol{A}(t) = \begin{pmatrix}
a_{11} & a_{12}(t) & \cdots & a_{1n}(t) \\
a_{21}(t) & a_{22}(t) & \cdots & a_{2n}(t) \\
\vdots & \vdots & \ddots & \vdots \\
a_{n1}(t) & a_{n2}(t) & \cdots & a_{nn}
\end{pmatrix}
\tag{7.71}
$$

某一时刻弹群有向网络的边集为 $\varepsilon_n(t)$，若弹 i 可以从弹 j 获得信息，则 $(j, i) \in \varepsilon_n$，$a_{ij} > 0$；否则 $(j, i) \notin \varepsilon_n$，$a_{ij} = 0$。对所有的 $i \in (1, 2, 3, \cdots, n)$，$a_{ii} = 0$，导弹节点 i 的邻居集由 N_i 表示。可以得到拉普拉斯矩阵 $\boldsymbol{L}_n = [l_{ij}] \in \mathbb{R}^{n \times n}$：

$$
l_{ii} = \sum_{j=1, j \neq i}^{n} a_{ij}, l_{ij} = -a_{ij} (i \neq j)
\tag{7.72}
$$

矩阵 $\boldsymbol{L}_n$ 满足

$$l_{ij} \leqslant 0, i \neq j, \text{且} \sum_{j=1}^{n} l_{ij} = 0, i = 1,2,3,\cdots,n \tag{7.73}$$

第 i 枚导弹的攻击时间可以表示为

$$t_{\text{imp}}^{i} = t_{\text{elap}}^{i} + t_{\text{go}}^{i} \tag{7.74}$$

其中，t_{imp}^{i}表示第 i 枚导弹的总攻击时间；t_{elap}^{i}表示第 i 枚导弹已经用过的飞行时间；t_{go}^{i}表示第 i 枚导弹的剩余飞行时间。

为了描述弹群中攻击时间的最大差异，假设弹群中第 k 枚导弹具有最长的攻击时间，定义弹群中导弹具有最长攻击时间为 $t_{\text{imp}}^{\max} = t_{\text{imp}}^{k}$；假设弹群中第 m 枚导弹具有最短的攻击时间，定义弹群中导弹具有最短攻击时间为 $t_{\text{imp}}^{\min} = t_{\text{imp}}^{m}$。最大的攻击时间差为

$$\delta_{\max}(t) = t_{\text{imp}}^{\max}(t) - t_{\text{imp}}^{\min}(t) \tag{7.75}$$

若能使 $\delta_{\max}(t)$ 在弹群趋近目标的过程中逐渐减小至 0，则可实现同时命中目标的目的。

通过上述的时间协同导引律设计可以得到控制量：

$$u^{i} = K_{i} \sum_{j=1}^{n} l_{ij} t_{\text{imp}}^{j} \tag{7.76}$$

对式（7.74）求导并将式（7.76）代入可得到

$$\dot{t}_{\text{imp}}^{i} = K_{v}^{i} \sum_{j=1}^{n} l_{ij} t_{\text{imp}}^{j} \tag{7.77}$$

其中，$K_{v}^{i} \leqslant 0$，弹群中攻击时间一致的实现依赖于通信网络的连通性。可以证明若通信网络 $\boldsymbol{A}(t)$ 一直存在有向生成簇，则可以在该协同导引律的控制下实现弹群攻击时间的协同。

定义李雅普诺夫函数为 $V(t) = \delta_{\max}(t)$，对 $V(t)$ 求导可得

$$\dot{V}(t) = \dot{t}_{\text{imp}}^{\max}(t) - \dot{t}_{\text{imp}}^{\min}(t) \tag{7.78}$$

其中 $\dot{t}_{\text{imp}}^{\max} = K_{v}^{k} \sum_{j=1}^{n} l_{kj} t_{\text{imp}}^{j}$，而

$$\sum_{j=1}^{n} l_{kj} t_{\text{imp}}^{j} = p\left(t_{\text{imp}}^{\max} - \frac{\sum_{j=1, j \in N_k}^{n} t_{\text{imp}}^{j}}{p} \right) \geqslant 0 \tag{7.79}$$

式中，p 为导弹 k 的邻居个数，由于第 k 枚导弹的攻击时间最长，所以式（7.79）成立，只有当第 k 枚导弹邻居数为 0 时，等号成立。又因为 $K_{v}^{k} \leqslant 0$，所以

$$\dot{t}_{\text{imp}}^{\max} \leqslant 0 \tag{7.80}$$

同理可得

$$\dot{t}_{\text{imp}}^{\min} \geqslant 0 \tag{7.81}$$

所以

$$\dot{V}(t) \leqslant 0 \tag{7.82}$$

从而证明协同导引律可以实现弹群攻击时间的一致性。

仿真验证：

4 枚导弹从不同位置同时发射打击同一静止目标，目标位置为（14 000，0），发射初始状态如表 7.3 所示。

表 7.3　发射初始状态

导弹编号	导弹速度/(m·s^{-1})	导弹位置/m	初始弹道倾角/(°)	期望终端弹道倾角/(°)
1	300	(0, 0)	30	-90
2	300	(-1 000, 0)	45	-45
3	300	(-2 000, 0)	60	45
4	300	(-3 000, 0)	75	90

导弹间通信为切换拓扑，在飞行过程中拓扑结构不断切换，可供切换的拓扑状态为如图 7.8 所示。

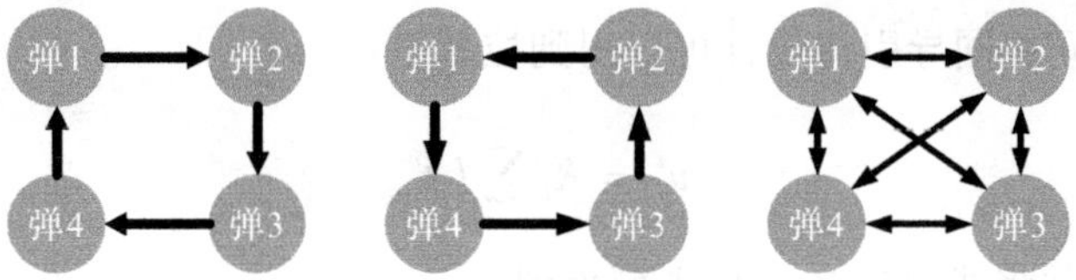

图 7.8　拓扑切换图

仿真结果如图 7.9（a）~图 7.9（c）所示。从仿真结果可以看出 4 枚导弹在导引律作用下同时命中目标，并且都满足了各自的落角约束，实现了落角约束下的时间协同制导。图中剩余时间和弹道倾角在初始阶段有一定的上下波动，这是通信拓扑的改变导致的。由于通信拓扑的瞬间改变，导弹的邻居节点发生突变，导弹的协同控制指令也发生跳变，所以发生了图中的波动。

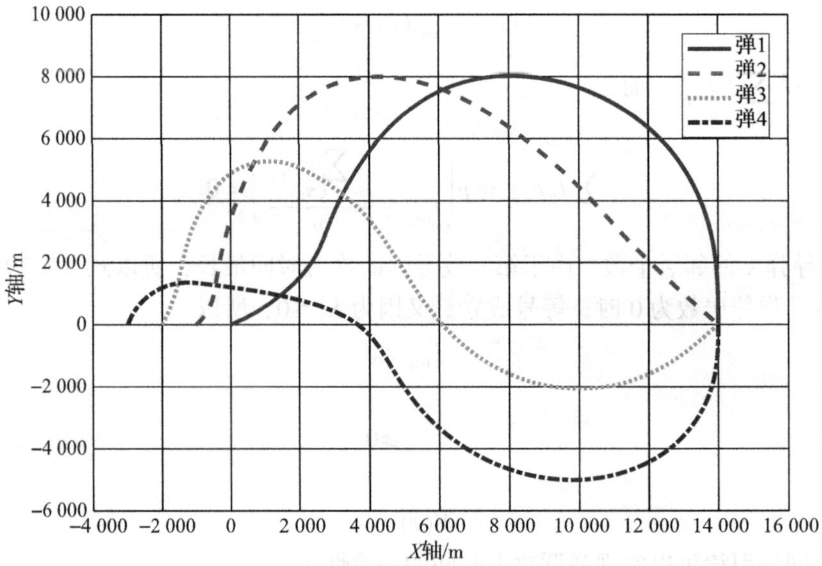

(a)

图 7-9　仿真结果 3

(a) 多弹落角约束下的协同制导轨迹图

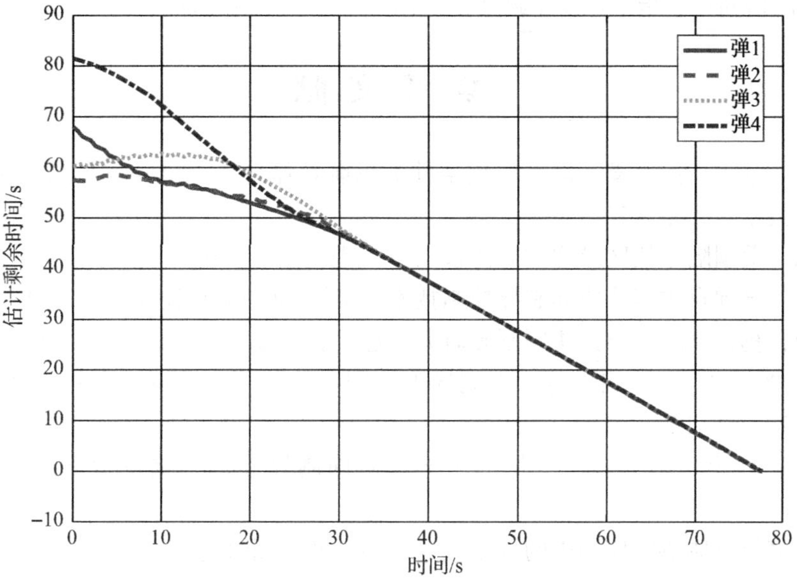

（b）

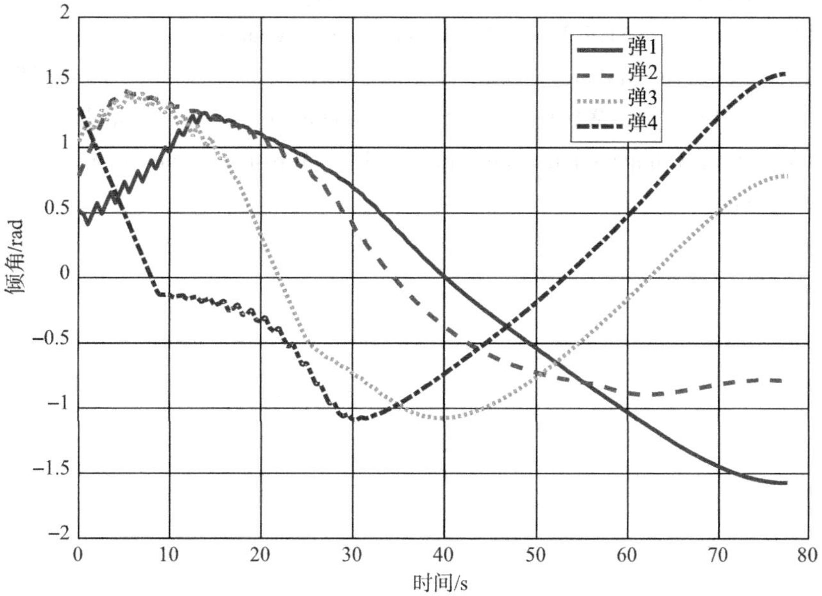

（c）

图 7 –9　仿真结果 3（续）

（b）导弹估计剩余攻击时间；（c）导弹弹道倾角图

7.6　小　　结

从仿真结果可以看出 4 枚导弹在导引律作用下同时命中目标，并且都满足了各自的落角约束，实现了落角约束下的时间协同制导。图 7.9 中剩余时间和弹道倾角在初始阶段有一定的上下波动，这是通信拓扑的改变导致的。由于通信拓扑的瞬间改变，导弹的邻居节点发生突变，导弹的协同控制指令也发生跳变，所以发生了图中的波动。

参考文献

[1] 张克，刘永才，关世义. 体系作战条件下飞航导弹突防与协同攻击问题研究 [J]. 战术导弹技术，2005 (2)：1 -7.

[2] 苏晓东. 美国陆军战区导弹防御体系 [J]. 现代兵器，1994 (8)：4 -5.

[3] 吴森堂. 导弹自主编队协同制导控制技术 [M]. 北京：国防工业出版社，2015.

[4] 赵建博，杨树兴. 多导弹协同制导研究综述 [J]. 航空学报，2017，38 (1)：020256.

[5] 林涛，刘永才，关成启，等. 飞航导弹协同作战使用方法探讨 [J]. 战术导弹技术，2005 (2)：8 -12.

[6] 赵世钰，周锐. 基于协同变量的多导弹协同制导 [J]. 航空学报，2008，29 (6)：1605 -1611.

[7] 任伟. 多航行体协同控制中的分布式一致性 [M]. 北京：电子工业出版社，2014.

[8] JEON I S，LEE J I，TAHK M J. Impact - time - control guidance law for anti - ship missiles [J]. IEEE transactions on control systems technology，2006，14 (2)：260 -266.

[9] JEON I S，LEE J I，TAHK M J. Homing guidance law for cooperative attack of multiple missiles [J]. Journal of guidance，control，and dynamics，2010，33 (1)：275 -280.

[10] WANG X，ZHANG Y，WU H. Distributed cooperative guidance of multiple anti - ship missiles with arbitrary impact angle constraint [J]. Aerospace science & technology，2015，46：299 -311.

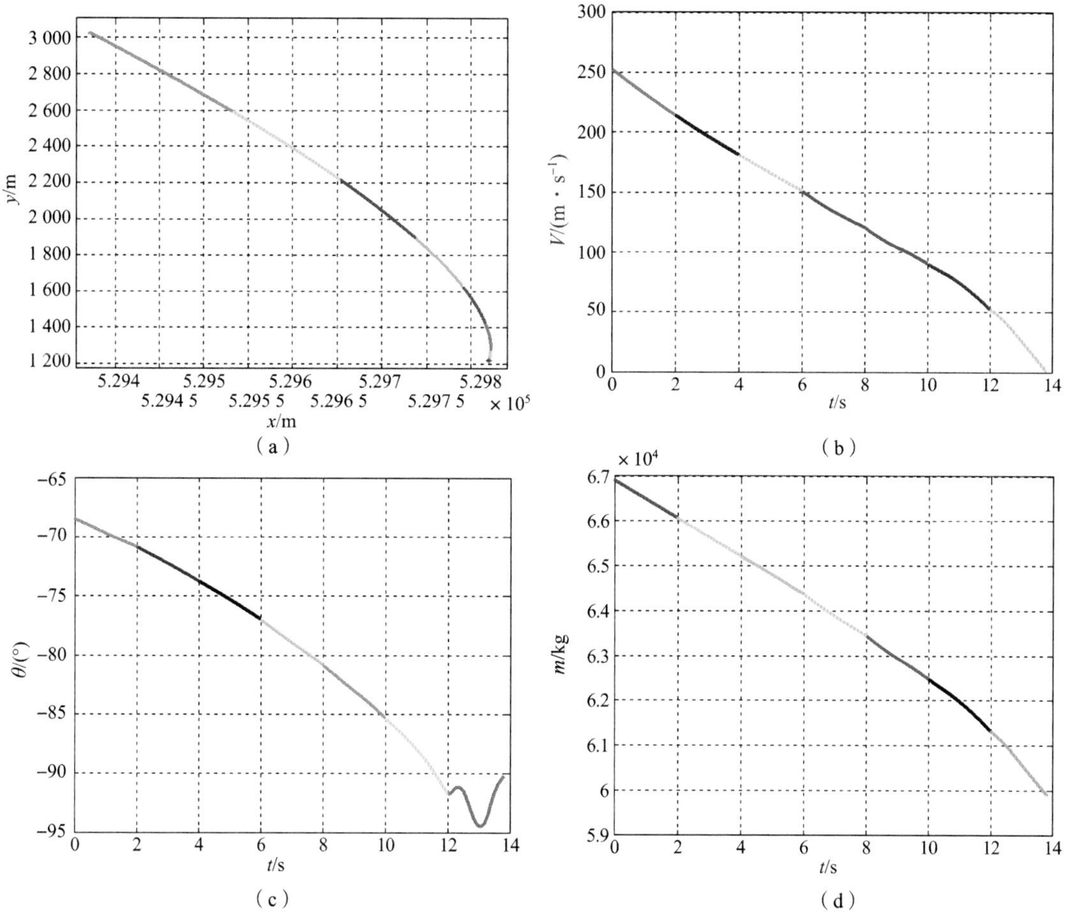

图 5.26　状态量随时间变化的曲线

（a）飞行轨迹；（b）速度；

（c）弹道倾角；（d）质量